"十四五"职业教育国家规划教材

"十三五"职业教育国家规划教材

"十二五"职业教育国家规划教材
经全国职业教育教材审定委员会审定

高等职业院校技能应用型教材

电路与模拟电子技术

（第4版）

李源生 郭 庆 主 编

李艳新 付昕瑶 张广宁 罗锋华 段 青 副主编

電子工業出版社
Publishing House of Electronics Industry
北京 • BEIJING

内 容 简 介

本书内容包括电路的基本概念和基本定律、电路的分析方法、单相正弦交流电路、三相交流电路、电路的暂态分析、半导体元器件、基本放大电路、负反馈放大器与集成运算放大器、直流稳压电源、晶闸管及其应用、电子技术基础技能训练、电子技术基础应用实践。其中，在技能训练及应用实践章节中，重点介绍常用仪器仪表的使用，元器件的识别、检测与应用，基本定理的验证，学生感兴趣的实用电路设计、安装、检测与调试，电子线路的简易制作工艺等。另外还附有常用元器件的识别与检测、万用表的使用、YB4320/20A/40/60 示波器面板控制键作用说明等。本书提供部分习题解答，读者可登录华信教育资源网（www.hxedu.com.cn）免费下载。

本书可作为高等职业院校电子信息类、自动化类、通信类及计算机类各专业的基础课教材，也可供应用型本科院校选用，以及作为有关工程技术人员的参考用书。

图书在版编目（CIP）数据

电路与模拟电子技术/李源生，郭庆主编. —4 版. —北京：电子工业出版社，2021.5

ISBN 978-7-121-34573-9

Ⅰ. ①电…　Ⅱ. ①李…　②郭…　Ⅲ. ①电路理论－高等学校－教材　②模拟电路－电子技术－高等学校－教材　Ⅳ. ①TM13　②TN710

中国版本图书馆 CIP 数据核字（2018）第 137586 号

责任编辑：薛华强
印　　刷：北京七彩京通数码快印有限公司
装　　订：北京七彩京通数码快印有限公司
出版发行：电子工业出版社
　　　　　北京市海淀区万寿路 173 信箱　邮编：100036
开　　本：787×1 092　1/16　印张：16　字数：430 千字
版　　次：2003 年 6 月第 1 版
　　　　　2021 年 5 月第 4 版
印　　次：2024 年 1 月第 6 次印刷
定　　价：49.80 元

凡所购买电子工业出版社图书有缺损问题，请向购买书店调换。若书店售缺，请与本社发行部联系，联系及邮购电话：（010）88254888，88258888。

质量投诉请发邮件至 zlts@phei.com.cn，盗版侵权举报请发邮件至 dbqq@phei.com.cn。

本书咨询联系方式：（010）88254569，QQ1140210769，xuehq@phei.com.cn。

前　言

“电路与模拟电子技术”课程是高等职业院校电子信息类、自动化类、通信类及计算机类各专业的必修课，是一门实践性较强的专业技术基础课。学习本课程的目的是使学生掌握电路基础知识和模拟电子技术的基本理论及分析方法，为学习“数字电子技术”“计算机组成原理与应用”“接口技术”等后续课程打下必要的基础，并培养一定的实践操作能力。

根据高等职业教育的培养要求，本书在理论介绍方面力求化繁为简、通俗易懂，并本着为后续课程打基础的出发点，安排适量的理论学习内容。本书注重技能训练和应用实践，书中选入了大量常见的、学生感兴趣的、便于师生制作的实用电路，可供教学演示和学生动手实践，这也是本书突出高等职业教育特色的最大特点。本书在编写内容及章节安排上，突出高等职业教育“够用”和“实用”的教改方向，去掉或避开了相对烦琐的理论推导过程。例如，在第 3 章单相正弦交流电路中，突出了利用“三个三角形”的分析方法；在第 5 章电路的暂态分析中，去掉了复杂的数学推导过程，突出了“三要素”法。在模拟电子技术部分，结合现代电子技术的发展，侧重集成电路器件的应用，并增加了第 10 章晶闸管及其应用。在第 11 章电子技术基础技能训练和第 12 章电子技术基础应用实践中，安排了与教学进度及教学内容相对应的元器件识别、检测与应用，实用电路的设计、安装、检测与调试等。

本次改版是在第 3 版的基础之上进行的，根据电路与模拟电子技术的发展和教学要求，对教材部分内容进行了修改，对已经过时的内容进行了删除。为了更有利于教师教学和学生自学、自测，在各章开篇位置增加了“教学目标”和“教学要求”等内容。

本书提供部分习题解答，读者可以登录华信教育资源网（www. hxedu. com. cn）免费下载。

本书由辽宁省交通高等专科学校李源生教授和郭庆老师担任主编，辽源职业技术学院李艳新、沈阳知天星信息技术有限公司付昕瑶、广东省南方技师学院张广宁、江西现代职业技术学院罗锋华、枣庄科技职业学院段青担任副主编。本书其他参编人员有蒋然、李琦、熊华波 、郭妍、孙文毅、苏琼 、李国新、陈姣姣。

由于编者水平有限，书中难免存在不妥之处，敬请广大读者和同行批评指正。

编　者

目　　录

第1章　电路的基本概念和基本定律

电路是学习电子技术的基础。

本章主要介绍电路中三个重要的物理量、电路的三种状态、电路分析的三个基本定律及电路中电位的概念。

❖教学目标

通过学习电路的基础知识，理解电路的概念及电路中三个重要的物理量（电流、电压和功率）的含义，理解电路的三种状态（开路状态、有载状态和短路状态），熟悉欧姆定律、基尔霍夫电流定律和基尔霍夫电压定律，为以后分析与设计电路打下坚实的基础。

❖教学要求

能力目标	知识要点	权　重	自测分数
理解电路的概念及电路中三个重要的物理量（电流、电压和功率）的含义	电路的概念，电路的组成，电路的作用；电流、电压、功率的定义、计算方法和测量方法	20%	
理解电路的三种状态（开路状态、有载状态和短路状态）	开路状态、有载状态和短路状态的特点	15%	
熟悉欧姆定律	欧姆定律的内容及应用	30%	
熟悉基尔霍夫电流定律和基尔霍夫电压定律	基尔霍夫电流定律和基尔霍夫电压定律的内容及应用	35%	

1.1 电路

电路是电流流通的路径。

1.1.1 电路的作用

电路的作用是进行电能的传输和转换，或者实现信号的传递和处理。例如，照明电路是将电能转换成光能，电饭锅电路是将电能转换成热能，电风扇电路、洗衣机电路是将电能转换成机械能，电视机电路是将电能及电信号处理并转换成图像和声音。

1.1.2 电路的组成

电路是由某些电器设备和元器件按一定方式连接组成的。任何简单或复杂的电路，都可分为电源、中间环节和负载三个部分，如图1.1所示。

电源是提供电能的设备，是电路工作的能源。电源的作用是将非电能转换成电能，如各种发电机和电池等。

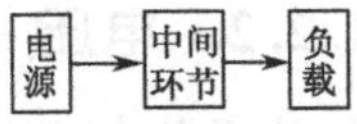

图1.1　电路组成框图

中间环节是指电源与负载之间的部分。简单照明电路的中间环节只有连接导线和开关；而较复杂的电视机电路，其中间环节有信号的接收电路、传递电路和处理电路等。

负载是用电设备，是电路中的主要耗电器件。负载的作用是将电能转换成非电能，如民用供电电路中的照明灯、电饭锅、洗衣机、冰箱、空调、电视机，工厂中的电动机等。

1.1.3 电路模型

为了便于对实际电路进行分析计算，通常忽略电路元器件的次要因素，将其理想化，并用规定的电气图形符号表示所组成的电路，这种理想条件下的图形化产物就是电路模型。如图 1.2所示为手电筒的电路模型。

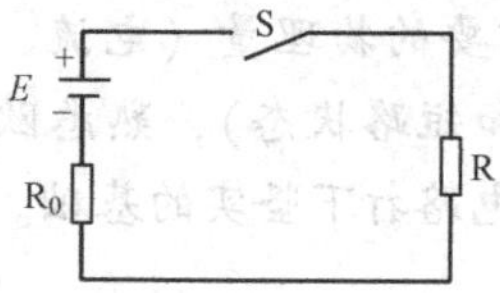

图 1.2 手电筒的电路模型

在图 1.2 中，手电筒的电源是电池，用电动势 E 和内阻 R_0 表示；负载是小电珠，用 R 表示；中间环节为筒体和开关，用连线和 S 表示。本例忽略了筒体连线、开关的电阻、电珠的电感、电池的电容等次要因素。本书后续内容所介绍的电路都是指电路模型，简称电路。

1.2 电流、电压、功率

1.2.1 电流

电荷的定向运动形成电流。如果电流的方向不随时间变化，就被称为直流；如果电流的方向和大小都不随时间变化，就被称为恒定的直流。直流电流用大写字母 I 表示。如果电流的方向和大小都随时间变化，就被称为交流，用小写字母 i 表示。

电流的单位为安培，简称安，用字母 A 表示，常用的单位还有毫安（mA）、微安（μA）及千安（kA）。

$$1\text{A} = 10^3\ \text{mA} = 10^6\ \mu\text{A},\ 1\text{kA} = 10^3\text{A}$$

习惯上规定正电荷运动的方向为电流的实际方向。当知道负电荷或电子运动的方向时，其电流的实际方向是负电荷或电子运动方向的反方向，如图 1.3 所示。

在电路的分析计算中，一般要考虑电流的方向，如果不能判断出某元件上电流的实际方向时，可以先任意假设其电流的方向，这个假设的电流方向被称为电流的参考方向。当分析计算的结果为正值时，说明电流的实际方向与参考方向一致；当分析计算的结果为负值时，说明电流的实际方向与参考方向相反。根据计算结果的正负和参考方向，就能确定出电流的实际方向，如图 1.4 所示。

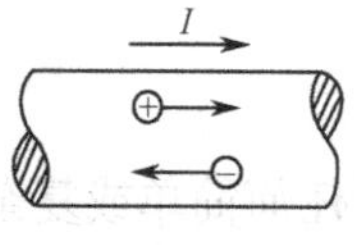

图 1.3 电流的实际方向

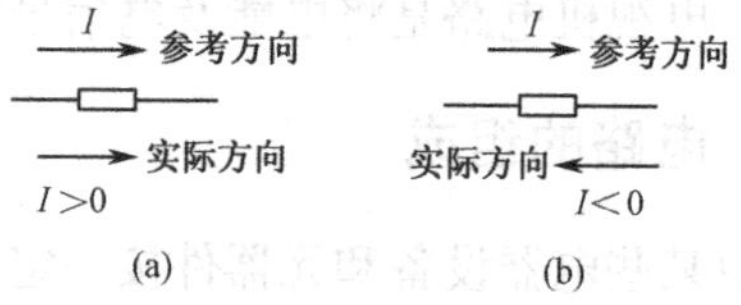

图 1.4 电流的方向

1.2.2 电压

1. 电压的含义

电场力将单位正电荷从电场中的 a 点移到 b 点所做的功被称为 a、b 两点间的电压。直

流电压用 U_{ab} 表示，交流电压用 u_{ab} 表示。电压的单位为伏特，简称伏，用字母 V 表示，常用的单位还有毫伏（mV）、微伏（μV）及千伏（kV）。

$$1\text{V} = 10^3\text{mV} = 10^6\mu\text{V},\ 1\text{kV} = 10^3\text{V}$$

习惯上把电位降低的方向作为电压的实际方向，可用字母的双下标表示，也可用 +、- 符号或箭头表示，如图 1.5 所示。

一个元件两端的电压实际方向和电压参考方向的关系与电流相似，如图 1.6 所示。

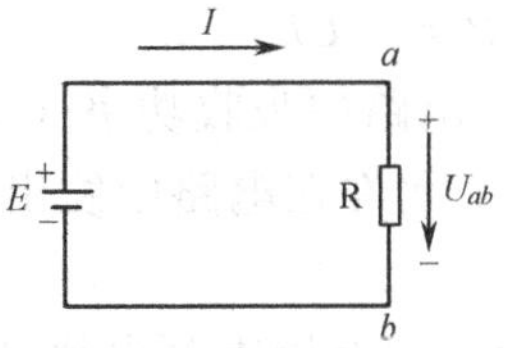

图 1.5　电压的实际方向及三种表示形式

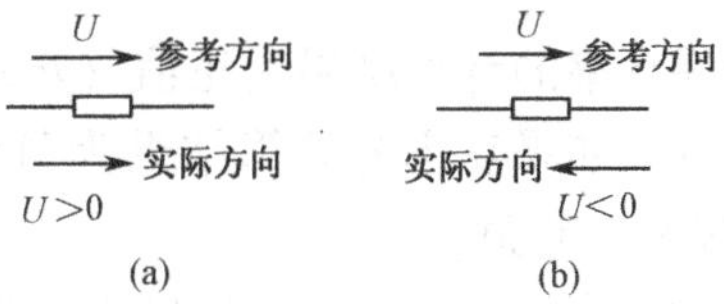

图 1.6　电压的方向

2. 电压与电位

电压的实际方向是电位降低的方向，电压等于电路中两点间的电位差。例如，电路中 a 点的电位为 U_a，b 点的电位为 U_b，电压 $U_{ab} = U_a - U_b$。

电位是电路分析中的重要概念，在电子线路的分析中经常用到。所谓电位，就是电路中某点到参考点之间的电压，被称为该点的电位。参考点是为了分析方便，在电路中任意选择的一点，用符号“⊥”表示，参考点的电位值为零，被称为零电位点，又被称为“接地”点，但并非真的与大地相连。参考点选择不同，各点的电位值就不同，电位是一个相对量。电位的单位与电压相同，也是伏。如图 1.7 所示为参考点的表示方法。

图 1.7 中选取 b 点为参考点，则有 $U_b = 0$，$U_{ab} = U_a - U_b = U_a$。

3. 电动势

电动势是电源力将单位正电荷从电源的低电位点 b 移动到高电位点 a 所做的功。例如，收录机中常用的电池就是靠化学效应将正电荷从电源的负极移动到正极，形成电动势。电动势用字母 E 表示，电动势的方向是从低电位（电源负极）指向高电位（电源正极）。因为电压的方向是从高电位指向低电位，所以，电源两端电压的方向与电动势的方向相反，如图 1.8所示。

电源两端的电压值等于电动势的值，在图 1.8 中，$U_{ab} = E$。电压、电位、电动势的单位相同，都是伏（V）。

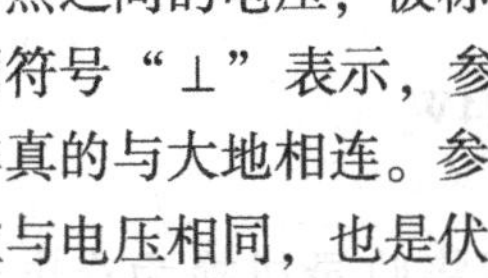

图 1.7　参考点的表示方法

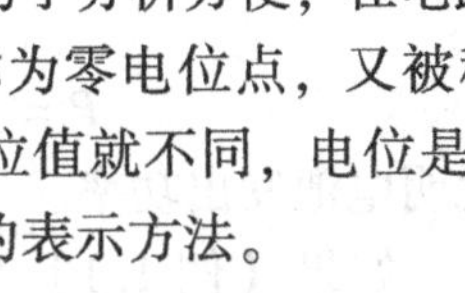

图 1.8　电动势

1.2.3　功率

电场力在单位时间内所做的功，被称为电功率，简称功率，用大写字母 P 表示。功率的单位是瓦特，简称瓦，用字母 W 表示，实际应用中的功率单位还有千瓦（kW）、毫瓦（mW）等。

如果某元件上电流和电压的参考方向一致，就被称为关联参考方向，如图 1.9（a）所示。关联时，功率的计算公式为

$$P = UI \tag{1.1}$$

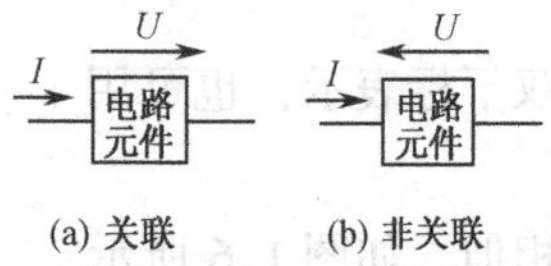

图 1.9　关联与非关联示意图

如果某元件上电流和电压的参考方向不一致，就被称为非关联参考方向，如图 1.9（b）所示。非关联时，功率的计算公式为

$$P = -UI \tag{1.2}$$

如果功率的计算结果为正值（$P>0$），则这个元件在电路中吸收功率（消耗功率），被称为负载。如果功率的计算结果为负值（$P<0$），则这个元件在电路中发出功率（产生功率），被称为电源。

【例 1.1】　有一个收录机供电电路，如图 1.10 所示。用万用表测出收录机的供电电流为 80mA，电池电压为 3V。如果忽略电池的内阻，则收录机和电池的功率各是多少？根据计算结果说明是发出功率还是吸收功率。

解： 收录机的电流与电压的参考方向是关联参考方向，所以，用公式

$$P = UI = 3\text{V} \times 80\text{mA} = 240\text{mW} = 0.24\text{W}$$

结果为正，说明收录机吸收功率。

电池的电流参考方向与电动势两端的电压参考方向相反，是非关联参考方向，所以，用公式

$$P = -UI = -3\text{V} \times 80\text{mA} = -0.24\text{W}$$

结果为负，说明电池发出功率。

【例 1.2】　如果【例 1.1】中的电池电压降为 2V，现将收录机换为充电器，电路如图 1.11所示。充电电流为 −150mA，则此时电池的功率为多少？是吸收功率还是发出功率？充电器的功率为多少？是吸收功率还是发出功率？

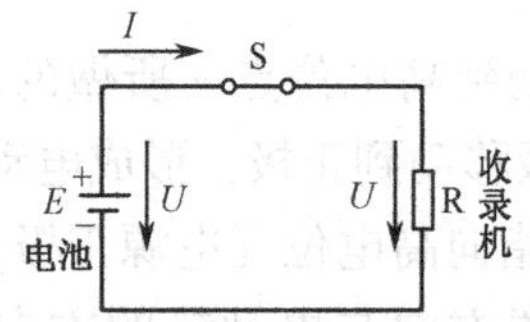

图 1.10　【例 1.1】电路图

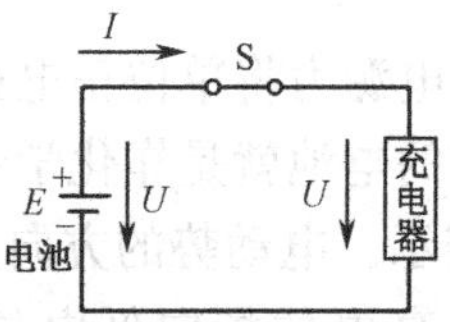

图 1.11　【例 1.2】电路图

解： 电池的电流与电压的参考方向是非关联的，所以，用公式

$$P = -UI = -2\text{V} \times (-150\text{mA}) = 300\text{mW} = 0.3\text{W}$$

结果为正，吸收功率，这时电池是充电器的负载。

充电器的电流与电压的参考方向是关联的，所以，用公式

$$P = UI = 2\text{V} \times (-150\text{mA}) = -0.3\text{W}$$

结果为负，发出功率，说明充电器是这个电路中的电源。

由以上两例可知，电源发出的功率等于负载消耗的功率。在一个电路中，功率的代数和为零，符合功率平衡关系。

电流所做的功是电能转换成其他形式能量的度量，用 W 表示，电能的计算公式为

$$W = UIt \tag{1.3}$$

式中，W 表示电路所消耗的电能，单位为焦耳（J）；U 表示电路两端的电压，单位为伏特（V）；I 表示通过电路的电流，单位为安培（A）；t 表示所用的时间，单位为秒（s）。

在实际应用中，电能的单位常用千瓦时（kW·h）。1kW·h 的电能通常叫作1度电，即

$$1\text{kW}\cdot\text{h} = 1000\text{W} \times 3600\text{s} = 3.6 \times 10^6\text{J}$$

通常规定，1千瓦的用电设备使用1小时所消耗的电量为1kW·h，即消耗1度电。

【例1.3】 假设有一个家用电饭锅，额定功率为750W，每天使用2h；一台25英寸的电视机，功率为150W，每天使用4h；一台电冰箱，输入功率为120W，电冰箱的压缩机每天工作8h。计算上述家用电器每月（30天）的总耗电量。

解：

$$(0.75\text{kW} \times 2\text{h} + 0.15\text{kW} \times 4\text{h} + 0.12\text{kW} \times 8\text{h}) \times 30$$

$$= (1.5\text{kW}\cdot\text{h} + 0.6\text{kW}\cdot\text{h} + 0.96\text{kW}\cdot\text{h}) \times 30 = 91.8\text{kW}\cdot\text{h}$$

答：每月耗电91.8度。

1.3 欧姆定律

流过电阻的电流与电阻两端的电压成正比，与电阻值成反比，这就是欧姆定律。欧姆定律是电路分析中最基本的定律，可用数学公式表示为

$$I = \frac{U}{R} \tag{1.4}$$

式中，R 为电阻值，单位为欧姆，简称欧，用字母 Ω 表示，常用的单位还有千欧（kΩ）和兆欧（MΩ），$1\text{M}\Omega = 10^6\Omega$。从式（1.4）可见，如果电阻值一定，则加在电阻两端的电压越高，流过电阻的电流就越大，电流与电压成正比；如果电压一定，则电阻值越大，流过电阻的电流就越小，电流与电阻值成反比。在工程应用中，上述结论是非常重要的。

根据欧姆定律可以推导出功率与电阻值的关系式为

$$P = UI = I^2R = \frac{U^2}{R} \tag{1.5}$$

在分析电路时，如果电流与电压的参考方向不一致，即为非关联参考方向时，如图1.12（b）和图1.12（c）所示，欧姆定律的表达式则为

$$I = -\frac{U}{R} \text{ 或 } U = -IR \tag{1.6}$$

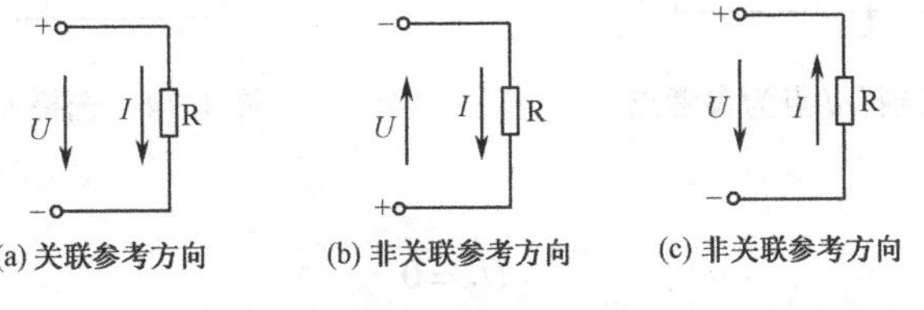

图1.12 欧姆定律与关联参考方向、非关联参考方向的关系

【例1.4】 已知图1.12中的电阻值为6Ω，电流为2A，求电阻两端的电压 U。

解： 图1.12（a）中为关联方向，则有

$$U = IR = 2\text{A} \times 6\Omega = 12\text{V}$$

图1.12（b）中为非关联方向，则有

$$U = -IR = -2\text{A} \times 6\Omega = -12\text{V}$$

图1.12（c）中为非关联方向，则有

$$U = -IR = -2\text{A} \times 6\Omega = -12\text{V}$$

计算结果：图1.12（a）中的电压是正值，说明图1.12（a）中的电压实际方向与所标

的参考方向一致；图 1.12（b）和图 1.12（c）中的电压为负值，说明图 1.12（b）和图 1.12（c）中的电压实际方向与所标的参考方向相反。

【例 1.5】 一个 100W 的灯泡，额定电压为 220V，求灯泡的电流和电阻值。

解：

$$I = \frac{P}{U} = \frac{100\text{W}}{220\text{V}} \approx 0.45\text{A}$$

$$R = \frac{U}{I} = \frac{220\text{W}}{0.45\text{A}} \approx 489\Omega$$

【例 1.6】 电路如图 1.13 所示，$E_1 = 40\text{V}$，$E_2 = 5\text{V}$，$R_1 = R_2 = 10\Omega$，$R_3 = 5\Omega$，$I_1 = 2.875\text{A}$，$I_2 = -0.625\text{A}$，$I_3 = 2.25\text{A}$。取 d 点为参考点，求各点的电位及电压 U_{ab} 和 U_{bc}。

解： 各点的电位以 d 点为参考点，则可得出电位

$$U_d = 0$$

$$U_b = U_{bd} = I_3R_3 = 2.25\text{A} \times 5\Omega = 11.25\text{V}$$

$$U_a = U_{ab} + U_{bd} = I_1R_1 + U_{bd} = 2.875\text{A} \times 10\Omega + 11.25\text{V} = 40\text{V}$$

或

$$U_a = U_{ad} = E_1 = 40\text{V}$$

$$U_c = U_{cb} + U_{bd} = I_2R_2 + U_{bd} = -0.625\text{A} \times 10\Omega + 11.25\text{V} = 5\text{V}$$

或

$$U_c = U_{cd} = E_2 = 5\text{V}$$

电压

$$U_{ab} = U_a - U_b = 40\text{V} - 11.25\text{V} = 28.75\text{V}$$

$$U_{bc} = U_b - U_c = 11.25\text{V} - 5\text{V} = 6.25\text{V}$$

如果选取图 1.13 中的 b 点为参考点，如图 1.14 所示，再求各点的电位及电压 U_{ab} 和 U_{bc}。

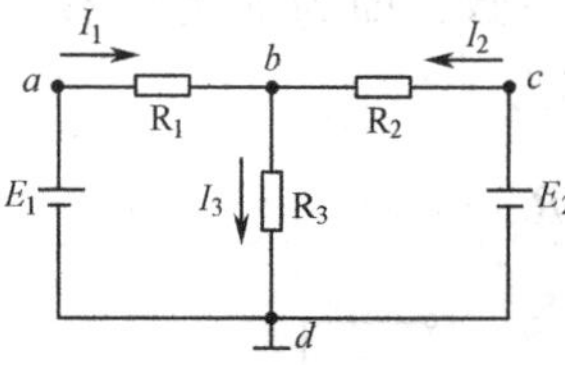

图 1.13 选择 d 点为参考点

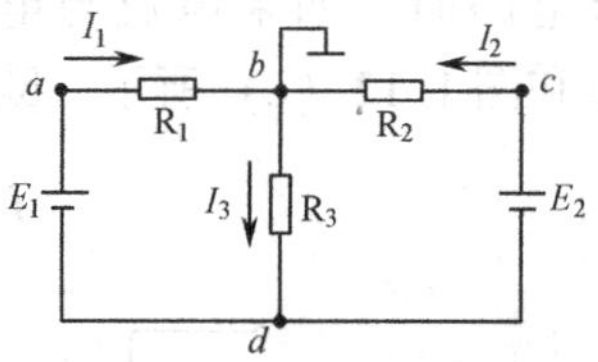

图 1.14 选择 b 点为参考点

则可得出电位

$$U_b = 0$$

$$U_d = U_{db} = -I_3R_3 = -2.25\text{A} \times 5\Omega = -11.25\text{V}$$

$$U_a = U_{ab} = I_1R_1 = 2.875\text{A} \times 10\Omega = 28.75\text{V}$$

$$U_c = U_{cb} = I_2R_2 = -0.625\text{A} \times 10\Omega = -6.25\text{V}$$

电压

$$U_{ab} = U_a - U_b = 28.75\text{V} - 0 = 28.75\text{V}$$

$$U_{bc} = U_b - U_c = 0 - (-6.25\text{V}) = 6.25\text{V}$$

对比两次计算结果可见，选择不同的参考点，电路中各点的电位值就会随之改变，所以，各点电位的高低是相对的，而任意两点之间的电位差即电压值是不变的，是绝对的。

利用电位的概念可将如图 1.13 所示的电路简化为如图 1.15 所示的形式，不画电源，只

标出电位值。这是电子电路惯用的画法。

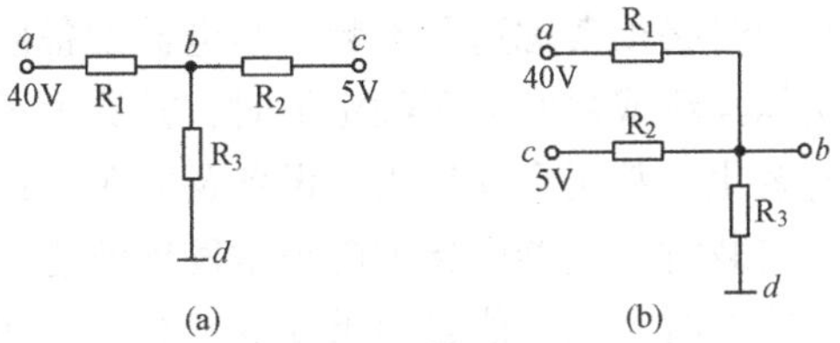

图 1.15　图 1.13 的简化电路

1.4　电路的三种状态

电路有开路、有载和短路三种状态。

1.4.1　开路状态

电源与负载断开，被称为开路状态。如图 1.16 所示，当开关断开时，为开路状态，又被称为空载状态。在开路状态时，电路不能构成回路，电流为零，负载不工作，负载两端的电压等于零，即 $U=IR=0$，而开路处的端电压 U_0 等于电源电动势 E，即 $U_0=E$。所以，当民用供电电路在开关断开时，用试电笔测试开关前的火线各点仍然带电。因此，电路开关一定要接在火线上或电源的正端，否则，开关断开时，负载仍然带电。

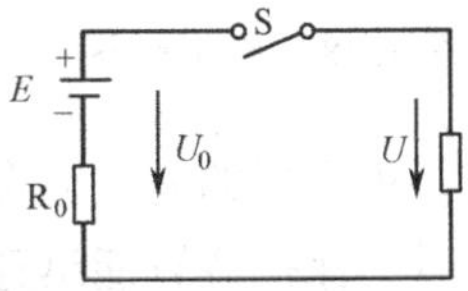

图 1.16　开路状态

1.4.2　有载状态

电源与负载接通，构成回路，被称为有载状态，如图 1.17 所示。在有载状态时，负载有电流流过，负载流过的电流和负载两端的电压运用欧姆定律可得

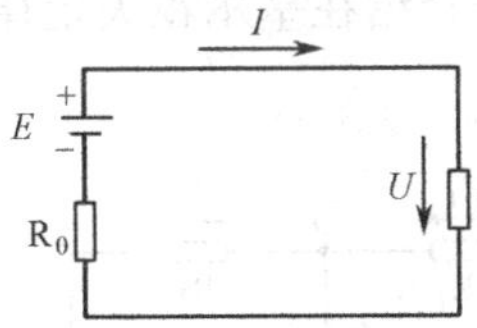

图 1.17　有载状态

$$I=\frac{E}{R_0+R} \tag{1.7}$$

$$U=IR=E-IR_0 \tag{1.8}$$

从电压表达式（1.8）可见，电源的内阻值（R_0）越小，输出的电压就越高，如果 $R_0 \ll R$，则 $U \approx E$。

有载状态时的功率平衡关系为：

电源电动势输出的功率

$$P_E=EI$$

电源内阻损耗的功率

$$P_{R_0}=I^2R_0$$

负载吸收的功率

$$P=I^2R=P_E-P_{R_0}$$

功率平衡关系

$$P_E=P+P_{R_0} \tag{1.9}$$

由功率平衡关系可见，电源内阻越小，电源内部损耗就越小，负载所获得的功率就越大。

各种用电设备都有限定的工作条件和能力，被称为电器设备的额定值。通常标在电器设备的铭牌上或说明书中，使用时必须考虑这些参数。当电器设备使用时的实际值等于额定值时，被称为额定状态；当实际电流或功率大于额定值时，被称为过载。过载会降低设备的使用寿命，使线路绝缘层加速老化，甚至会损坏用电设备及电源，这是不允许的。当实际值小于额定值时，被称为欠载，欠载时，电器设备不能正常发挥效能。

在使用或购买电器及元器件时，额定值是很重要的参数。例如，购买一个灯泡或一组音响设备，要考虑其功率；维修计算机或电视机时，若要更换电阻，应当充分了解电阻的阻值和功率。

1.4.3 短路状态

电源两端没有经过负载而直接连在一起时，被称为短路状态，如图 1.18 所示。

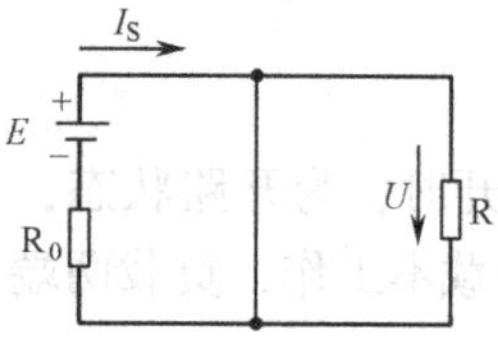

图 1.18 短路状态

短路是电路最严重、最危险的事故，是禁止出现的状态。短路时电流经短路导线与电源构成回路，导线的电阻值很小，如果忽略不计，电源两端输出电压 $U=0$，短路电流 $I_S=E/R_0$ 很大；此时如果没有短路保护，会使电源或导线严重过热而烧毁，甚至发生火灾。

产生短路的原因主要是接线不当、线路绝缘层老化损坏等。为了防止短路事故的发生，应正确连线，不要过载工作，避免损坏绝缘层。更重要的是，应在电路中接入过载和短路保护的熔断器及自动断路器，在严重过载或短路时，保护装置能迅速自动切断故障电路。

1.5 基尔霍夫定律

基尔霍夫定律分为基尔霍夫电流定律和基尔霍夫电压定律。首先介绍在基尔霍夫定律中用到的三个术语。

支路：电路中流过同一电流的分支，被称为支路。如图 1.19 所示，E_1、R_1 上流过 I_1，E_2、R_2 上流过 I_2，R_3 上流过 I_3，共有三条支路。

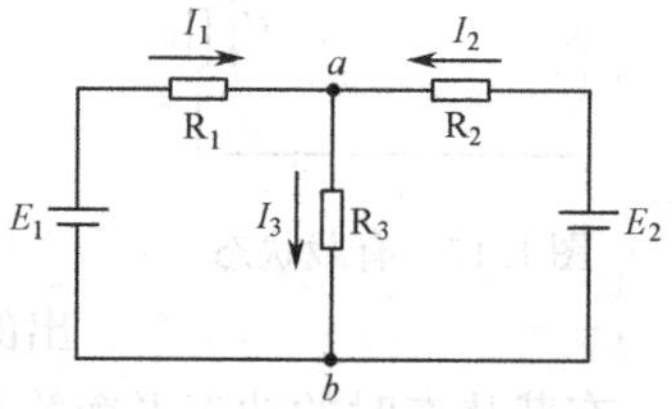

图 1.19 基尔霍夫定律举例

节点：三条或三条以上支路的连接点，被称为节点。图 1.19中共有 a 和 b 两个节点。

回路：电路中任一闭合的路径，被称为回路。如图 1.19 所示，E_1、R_1、R_3 闭合组成一个回路，E_2、R_2、R_3 闭合组成一个回路，E_1、R_1、R_2、E_2 闭合组成一个回路。所以图 1.19 中共有三个回路。

1.5.1 基尔霍夫电流定律

基尔霍夫电流定律（Kirchhoff's Current Law），简称 KCL，其主要内容为：在任一瞬间流入任一节点的电流之和等于流出该节点的电流之和。

在图 1.19 中，对节点 a 可以写为

$$I_1 + I_2 = I_3 \tag{1.10}$$

可将上式改写成

$$I_1 + I_2 - I_3 = 0$$

即

$$\sum I = 0 \tag{1.11}$$

这说明，在任一瞬间，一个节点上电流的代数和等于零。

运用 KCL 解题，首先应标出各支路电流的参考方向；列 $\sum I=0$ 表达式时，流入节点的电流取正号，流出节点的电流取负号。

KCL 不仅适用于任一节点，也可以推广应用于电路中任何一个假定的闭合面。例如，三极管放大电路，如图 1.20 所示，虚线所包围的闭合面可视为一个节点，而闭合面外三条支路的电流关系可应用 KCL 得

$$I_B + I_C = I_E$$

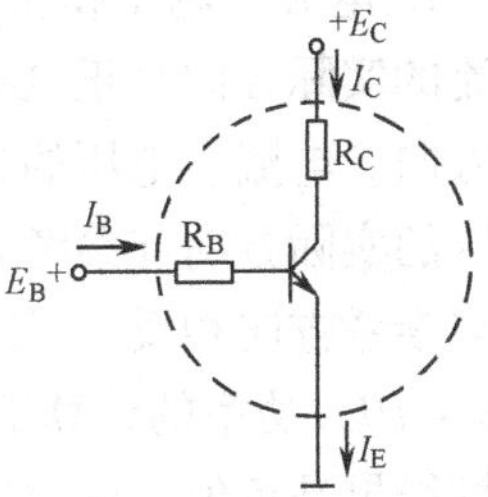

图 1.20　KCL 推广应用

或

$$I_B + I_C - I_E = 0$$

【例 1.7】 已知在如图 1.20 所示的电路中，$I_C=1.5\text{mA}$，$I_E=1.54\ \text{mA}$，求 I_B 的值。

解：根据 KCL 可得

$$I_B + I_C = I_E$$

$$I_B = I_E - I_C = 1.54\ \text{mA} - 1.5\ \text{mA} = 0.04\ \text{mA} = 40\mu\text{A}$$

1.5.2　基尔霍夫电压定律

基尔霍夫电压定律（Kirchhoff's Voltage Law），简称 KVL，其主要内容为：在任一瞬间沿任一回路绕行一周，回路中各元件上电压的代数和等于零，可用公式表示为

$$\sum U = 0 \tag{1.12}$$

运用 KVL 解题，首先应标出回路中各支路的电流方向、各元件的电压方向和回路的绕行方向（顺时针方向或逆时针方向均可），然后列 $\sum U=0$ 表达式。在列 $\sum U=0$ 表达式时，电压方向与绕行方向一致的取正号，相反的取负号。

【例 1.8】 在如图 1.21 所示电路中，列出回路Ⅰ和回路Ⅱ的 KVL 表达式。

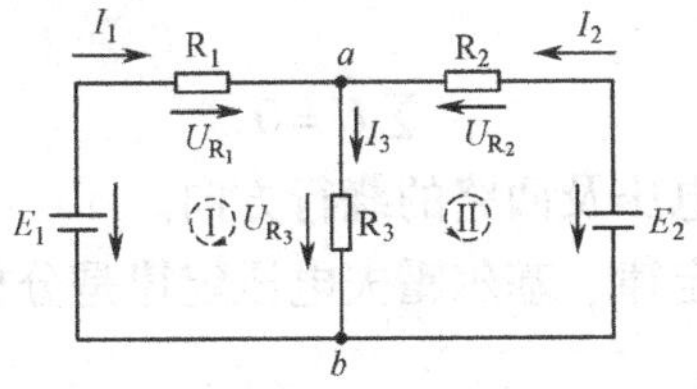

图 1.21　【例 1.8】电路图

解：标出各支路的电流方向、各元件的电压方向和回路的绕行方向，如图 1.21 所示。列回路 $\sum U=0$ 表达式。

回路Ⅰ

$$-E_1 + U_{R_1} + U_{R_3} = 0$$

$$-E_1 + I_1R_1 + I_3R_3 = 0$$

回路Ⅱ

$$-E_2 + U_{R_2} + U_{R_3} = 0$$

$$-E_2 + I_2R_2 + I_3R_3 = 0$$

本章小结

1. 电流、电压和功率是电路中三个重要的物理量。电流、电压有实际方向和参考方向，电流的实际方向是正电荷移动的方向，电压的实际方向是从高电位指向低电位（电位降低）的方向。电流、电压的参考方向是任意假定的。如果电流或电压的数值是正值，说明电流或电压的实际方向与参考方向一致；如果电流或电压的数值是负值，说明电流或电压的实际方向与参考方向相反 。对于功率的计算公式 $P=UI$，如果电流和电压为非关联参考方向，则 $P=-UI$。功率的计算结果是正值，说明这个元件吸收功率，它在电路中为负载；若功率的计算结果是负值，说明这个元件发出功率，它在电路中为电源。在进行功率的分析计算时，应注意电流和电压的关联参考方向问题。

2. 电路的三种状态：开路状态，负载与电源不接通，电路中的电流等于零，负载不工作，电源也不输出功率；有载状态，负载与电源接通，构成回路，负载有电流、电压，负载吸收功率，电源发出功率，电源发出的功率等于负载吸收的功率与电源内阻损耗的功率之和，功率平衡；短路状态，是电路最严重的故障状态，短路将烧毁电源设备或器件，应该禁止。

3. 三个基本定律：欧姆定律是说明一个电阻元件流过的电流和电阻两端电压关系的基本定律，主要用来分析一段电路或一个回路的电流、电压、功率和电阻值。使用公式

$$I=\frac{U}{R}$$

时要考虑关联方向问题。

基尔霍夫电流定律是说明电路中任一节点上各支路电流之间相互关系的基本定律。对于任一节点，有

$$\sum I=0$$

使用该定律时应先标出电流方向。

基尔霍夫电压定律是说明电路任一回路中各元件电压之间关系的基本定律。对于任一回路，有

$$\sum U=0$$

使用该定律时应先标出电流、电压及回路的绕行方向。

欧姆定律和基尔霍夫电流定律、基尔霍夫电压定律是分析与计算电路的三个主要定律。

习　题

1.1　电路一般由几部分组成？各部分的主要作用是什么？

1.2　电流、电压的参考方向与实际方向有何区别？何谓关联参考方向和非关联参考方向？

1.3　电路中的电位与电压有何区别？如图 1.22 所示，电压 $U_{ab}=-10\text{V}$，a、b 两点中哪个点电位高？

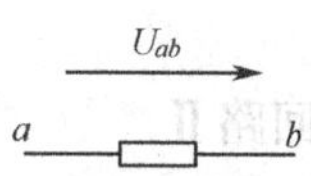

图 1.22　题 1.3 电路图

1.4　有一个 100Ω、1/8W 的金属膜电阻，在使用过程中，电流和电压的数值分别不能超过多少？

1.5　电源所带负载的大小是指负载电阻值的大小？还是指负载流过电流的大小？如果电路开路，电源所带的负载是多少？

1.6　一台标有额定输出电压为220V、输出电流为1000A的供电变压器，现只接800A的用电设备。请问，所差的200A电流哪里去了？

1.7　一台发电机，铭牌上标有50kW、240V、208A。请问，什么是发电机的空载运行、轻载运行、满载运行和过载运行？

1.8　如果万用表在量程为500mA、内阻值为1Ω的电流挡位时，误接在电压为12V、内阻值为0.5Ω的电源上，将会产生什么后果？为什么？

1.9　电池在录音机和充电器中分别是电源还是负载？其电流的方向是从电池的正端流出还是流入？

1.10　一个电热水器的说明书上标有220V、1000W。烧开一瓶水，加热时间为7min（分钟）。但在实际使用过程中，有时加热时间为9min，而有时为5min。用万用表测得加热时间为9min时的电源电压是190V，而加热时间为5min时的电源电压是240V。请问，加热时间短时是否节省了电能？为什么？

1.11　有一个交流照明供电电路，如图1.23所示，当开关断开时，灯是否带电？开关的a端和b端是否带电？如果开关接在了零线上，灯是否带电？如果电源发生短路，灯是否会被烧坏？

1.12　电路如图1.24所示，试计算开关S断开与闭合两种情况下的U_{ab}、U_{bc}和I。

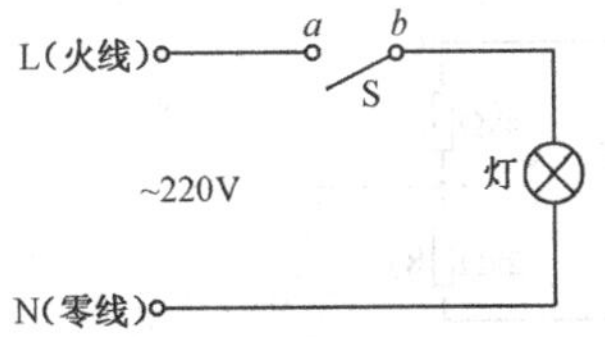

图1.23　题1.11电路图

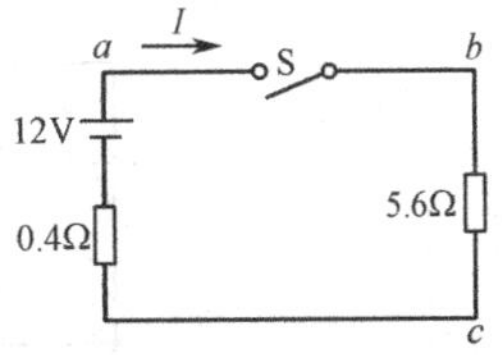

图1.24　题1.12电路图

1.13　如图1.25所示为一种测算电源内阻值的电路，当开关S断开时，用万用表电压挡测得电源的开路电压$U_0=12V$，当开关S闭合时，用万用表电流挡串联在回路中测得电流$I=119mA$。求电源电动势E和内阻值R_0。

1.14　如图1.26所示，五个元件分别代表电源或负载，电流和电压的参考方向已标明，用万用表测得$I_1=-4A$，$I_2=6A$，$I_3=10A$，$U_1=140V$，$U_2=-90V$，$U_3=60V$，$U_4=-80V$，$U_5=30V$。

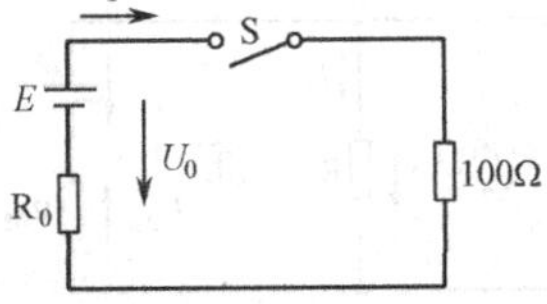

图1.25　题1.13电路图

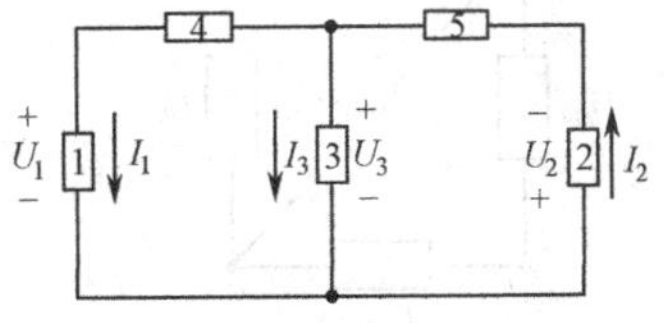

图1.26　题1.14电路图

（1）试标出各电流的实际方向和各电压的实际极性。

（2）判断：哪些元件是电源？哪些元件是负载？

（3）计算各元件的功率，并说明电源发出的功率和负载取用的功率是否平衡。

1.15　在如图 1.27 所示的两个电路中，若在 12V 的直流电源上使 6V、50mA 的指示灯正常发光，应该采用哪个连接电路？为什么？

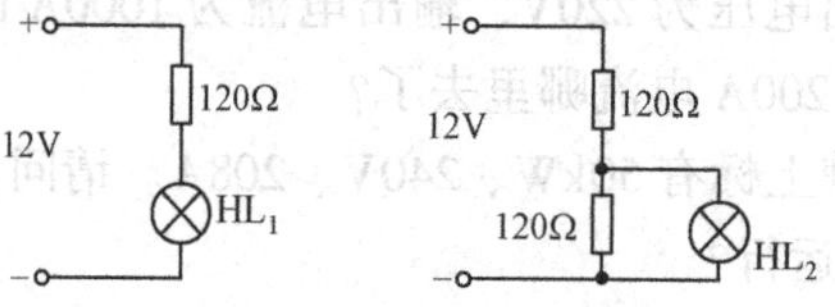

图 1.27　题 1.15 电路图

1.16　在如图 1.28 所示的电路中，$U_{CC}=6V$，$R_C=2k\Omega$，$I_C=1mA$，$R_B=270k\Omega$，$I_B=0.02mA$，E 点电位为零。求 A、B、C 三点的电位及电流 I_E（图中 VT 为三极管）。

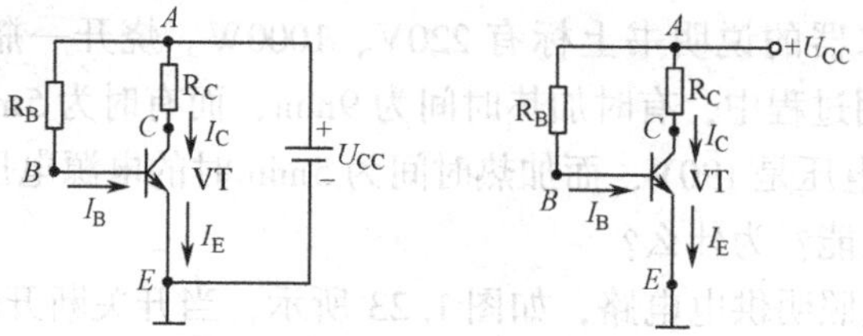

(a) 完整电路　　(b) 简化画法

图 1.28　题 1.16 电路图

1.17　在如图 1.29 所示的两个电路中，求 a、b、c 各点的电位及各电阻两端的电压。

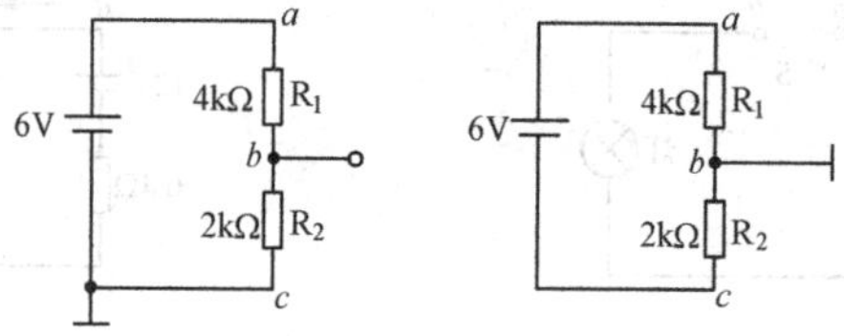

(a)　　(b)

图 1.29　题 1.17 电路图

1.18　有一闭合回路如图 1.30 所示，各支路的元件是任意的，但已知：$U_{ab}=5V$，$U_{bc}=-4V$，$U_{da}=-3V$。求 U_{cd}与 U_{ca}。

1.19　在如图 1.31 所示的电路中，根据 KCL 和 KVL 列出节点 a 和回路Ⅰ、回路Ⅱ的表达式。

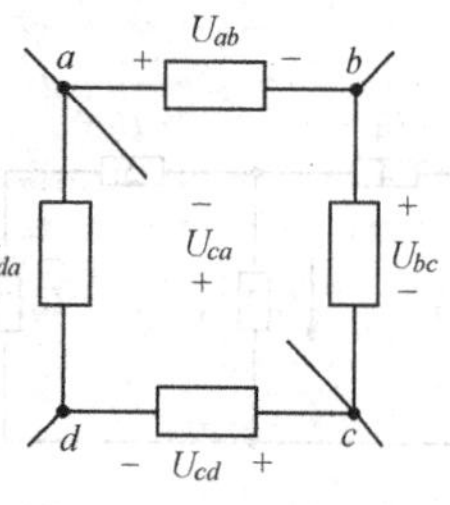

图 1.30　题 1.18 电路图

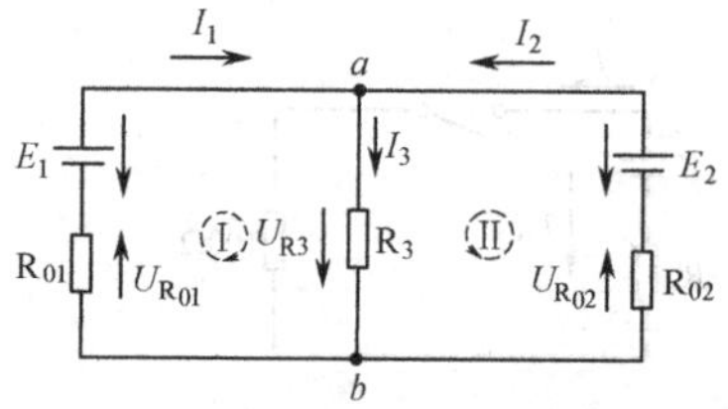

图 1.31　题 1.19 电路图

第2章　电路的分析方法

本章重点介绍运用三个基本定律分析复杂电路的三种常用方法，并介绍电阻的串联和并联的概念。

❖教学目标

通过本章的学习，掌握电阻的串联电路和并联电路的分析计算方法，加深对欧姆定律的理解；理解并掌握叠加原理、戴维南定理，能够利用电路基本分析方法求解复杂直流电路。

❖教学要求

能力目标	知识要点	权　重	自测分数
掌握电阻的串联电路和并联电路的分析计算方法	电阻的串联、并联，欧姆定律的应用	40%	
理解并掌握叠加原理	叠加原理的内容及应用	30%	
理解并掌握戴维南定理	戴维南定理的内容及应用	30%	

2.1　电阻的串联和并联

2.1.1　电阻的串联

两个或多个电阻相继连接，被称为电阻的串联。串联电阻通过的是同一电流。两个电阻串联，如图2.1（a）所示。

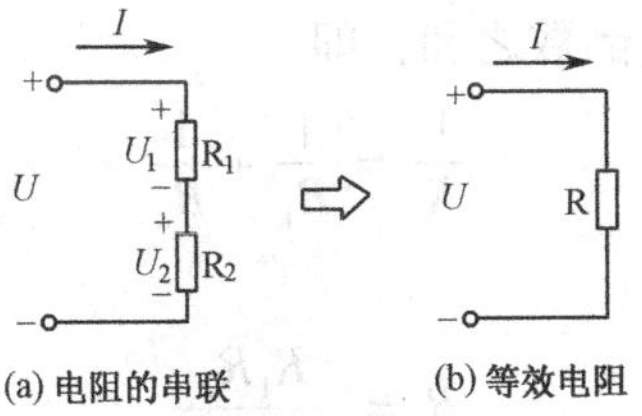

图2.1　电阻串联的等效变换

串联后的总电阻可用一个等效电阻R代替，如图2.1（b）所示。串联等效电阻的阻值等于各串联电阻的阻值之和，即

$$R = R_1 + R_2 \tag{2.1}$$

根据KVL可得

$$U = U_1 + U_2 = IR_1 + IR_2 = I(R_1 + R_2) = IR \tag{2.2}$$

$$U_1 = IR_1 = \frac{U}{R}R_1 = \frac{R_1}{R_1 + R_2}U$$

$$U_2 = IR_2 = \frac{U}{R}R_2 = \frac{R_2}{R_1 + R_2}U \tag{2.3}$$

由式（2.3）可见，串联电阻具有分压作用。串联电阻的阻值越大，分压值越大，分压值与分压电阻值成正比。

电阻串联的特点：电流相同，总电阻值等于各电阻值之和，总电压等于各电压之和，串联电阻有分压作用。

电阻串联分压的应用很多。例如，有一个固定的12V电源，需要调整后获得固定的6V电源，或0～12V可调的电源，则可利用电阻串联分压的方式获得，如图2.2所示。

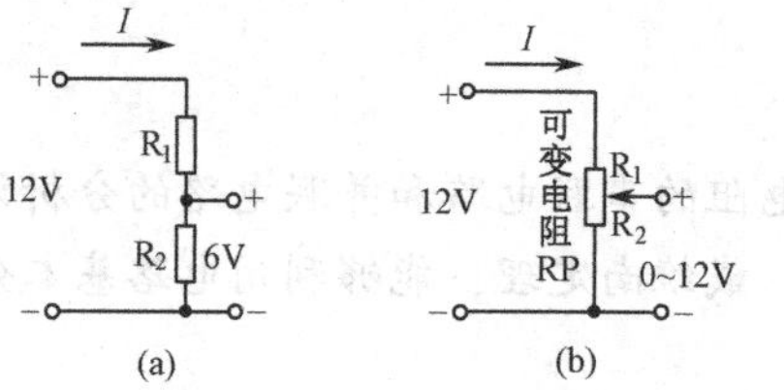

图2.2　电阻串联分压的应用

2.1.2　电阻的并联

两个或多个电阻并排连接，被称为电阻的并联。并联电阻两端是同一电压。两个电阻并联，如图2.3（a）所示。

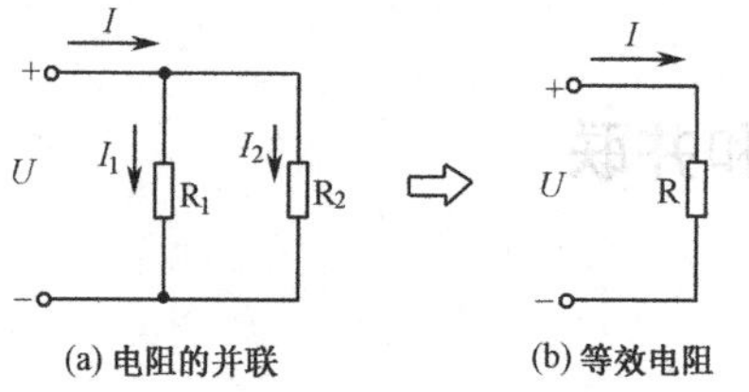

图2.3　电阻并联的等效变换

并联后的总电阻可用一个等效电阻R代替，如图2.3（b）所示。并联等效电阻的阻值的倒数等于各并联电阻的阻值的倒数之和，即

$$\frac{1}{R}=\frac{1}{R_1}+\frac{1}{R_2} \tag{2.4}$$

只有两个电阻并联时

$$R=\frac{R_1R_2}{R_1+R_2} \tag{2.5}$$

根据KCL可得

$$I=I_1+I_2 \tag{2.6}$$

$$U=RI=\frac{R_1R_2}{R_1+R_2}I$$

$$I_1=\frac{U}{R_1}=\frac{R_2}{R_1+R_2}I$$

$$I_2=\frac{U}{R_2}=\frac{R_1}{R_1+R_2}I \tag{2.7}$$

由式（2.7）可见，并联电阻具有分流作用。并联电阻的阻值越大，分得的电流越小，分流值与分流电阻值成反比。

电阻并联的特点：电压相同，总电流等于各电流之和，总电阻的阻值的倒数等于各电阻的阻值的倒数之和，电阻并联具有分流作用。

民用供电电路中的照明灯、电视机、电冰箱等所有电器都是并联连接在220V电源上的，一个电器断电，不影响其他电器工作。

【例2.1】 一台使用两节5号电池供电的收录机，用万用表与电池串联测得它的最大工作电流为100mA，想要改用直流电源供电。现有一个9V的直流电源，采用串联分压的方式，试选择串联电阻，并画出电路图。

解：画出如图2.4所示的电路，其中R_1是要选择的电阻，R_2为收录机工作时的等效电阻。

$$R_2 = \frac{3V}{100mA} = 30\Omega,\ R_1 = \frac{9V - 3V}{100mA} = 60\Omega$$

查电阻手册可知电阻的标称阻值没有60Ω，则选取最接近60Ω，标称阻值为56Ω的电阻。

在购买电阻时不仅要提供阻值，还应说明功率值，$P_{R_1} = IU_{R_1} = 100mA \times 6V = 0.6W$。查电阻手册可知没有功率为0.6 W的电阻，则选取大于0.6W并最接近计算值1W的电阻。

购买56Ω、1W的电阻作为R_1。上述分析忽略了电源的内阻。如果实际使用时收录机不能正常工作（电压低于3V），用万用表测得电源的实际输出电压$U=6V$，则说明电源内阻分掉了3V的压降，如图2.5所示。

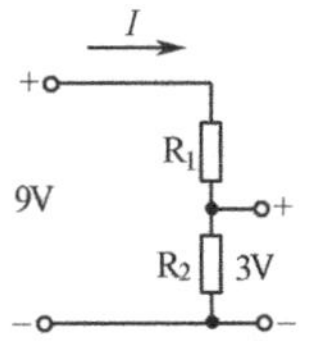

图2.4 分压电路

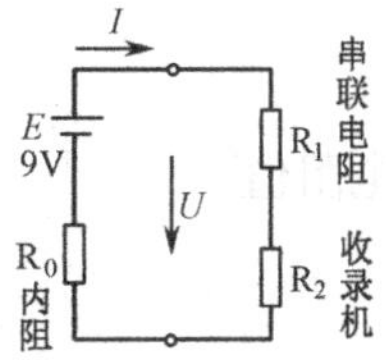

图2.5 实际电路

接下来二次选择R_1。

实际接通电路后

$$I = \frac{U}{R_1 + R_2} = \frac{6V}{56\Omega + 30\Omega} \approx 69.8mA$$

电源内阻的计算方法：电路开路状态时的电源输出电压$U_0 = E = 9V$，减去电路有载时的电源输出电压6V，除以实际电流69.8mA。

$$R_0 = \frac{U_0 - U}{I} = \frac{E - U}{I} = \frac{9V - 6V}{69.8mA} \approx 43\Omega$$

为了达到收录机工作时的电流$I = 100mA$，$U_{R_2} = 3V$，总电阻值R应为

$$R = \frac{E}{I} = \frac{9V}{100mA} = 90\Omega$$

即

$$R = R_1 + R_2 + R_0 = 90\Omega$$

二次选择R_1，并计算其阻值

$$R_1 = R - R_0 - R_2 = 90\Omega - 43\Omega - 30\Omega = 17\Omega$$

查电阻手册，根据标称阻值选取$R_1 = 16\Omega$。功率

$$P_{R_1} = I^2 R_1 = (100mA)^2 \times 16\Omega = 0.16W$$

所以，查电阻手册二次选择 R_1 时，取 16Ω、1/4W 的电阻。

从这个例题可见，电路的设计一般不是一次就能完成的，通常要经过实验调试才能最后确定。

【例 2.2】 假设家中有一台 180W 的电视机，一台 140W 的电冰箱，一台 160W 的空调，一个 750W 的电饭锅，一套 400W 的照明灯组合。在这些电器同时工作时，求电源的输出功率、供电电流，以及电路的等效负载电阻，选择熔断器 FU，画出电路图。

解：画出供电电路，如图 2.6 所示。

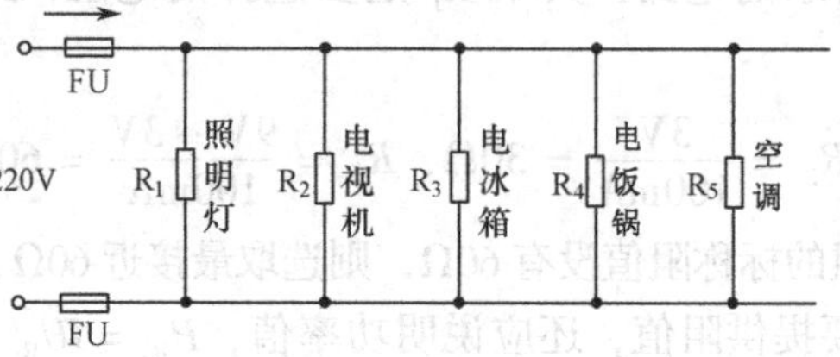

图 2.6 供电电路

电源的输出功率

$$P = P_1 + P_2 + P_3 + P_4 + P_5 = 180\text{W} + 140\text{W} + 160\text{W} + 750\text{W} + 400\text{W} = 1630\text{W}$$

电源的供电电流

$$I = \frac{P}{U} = \frac{1630\text{W}}{220\text{V}} \approx 7.4\text{A}$$

电路的等效电阻值

$$R = \frac{U}{I} = \frac{220\text{W}}{7.4\text{A}} \approx 29.7\Omega$$

在民用供电中，熔断器 FU 的电流应等于或略大于电源输出的最大电流，查看手册选取 10A 的熔断器。

2.2 支路电流法

支路电流法是以支路电流为求解对象，直接应用 KCL 和 KVL 分别对节点和回路列出所需的方程组，然后求出各支路电流。

【例 2.3】 如图 2.7 所示为手机充电电路。手机充电电源 $E_1 = 7.6\text{V}$，内阻值 $R_{01} = 20\Omega$；手机电池 $E_2 = 4\text{V}$，内阻值 $R_{02} = 3\Omega$；手机处于开通状态，手机等效电阻值 $R_3 = 70\Omega$。试求各支路电流。

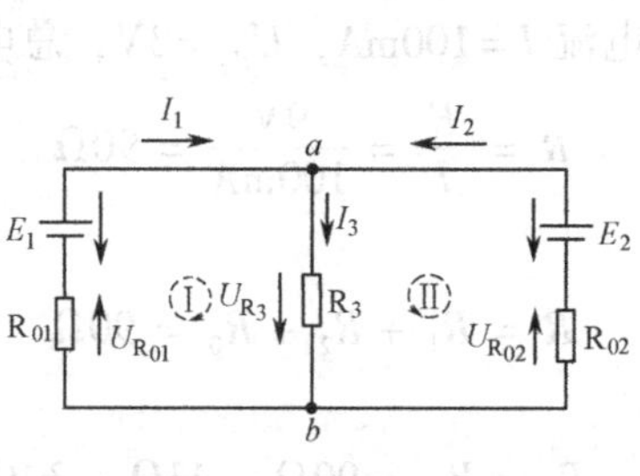

图 2.7 支路电流法

解题步骤：

(1) 标出各支路电流的参考方向，如果有 n 个节点，则列出 $n-1$ 个独立节点的 $\sum I = 0$

方程。标出各支路电流参考方向，如图 2.7 所示，共有 3 个待求电流。

独立节点 a 的方程

$$I_1 + I_2 - I_3 = 0$$

（2）标出各元件电压的参考方向，选择足够的回路，标出绕行方向，列出 $\sum U = 0$ 的方程。

所谓“足够的”是指，如果待求量为 m 个，还应列出 $m-(n-1)$ 个回路电压方程。本题还应列出 $3-(2-1)=2$ 个回路电压方程。确定两个回路，如图 2.7 所示。

回路Ⅰ的电压方程

$$U_{R_{01}} - E_1 + U_{R_3} = 0$$

回路Ⅱ的电压方程

$$U_{R_{02}} - E_2 + U_{R_3} = 0$$

（3）解联立方程组，求出各支路电流值。

$$\begin{cases} I_1 + I_2 - I_3 = 0 \\ 20I_1 - 7.6 + 70I_3 = 0 \\ 3I_2 - 4 + 70I_3 = 0 \end{cases}$$

求得各支路电流：$I_1 \approx 165\text{mA}$，$I_2 \approx -103\text{mA}$，$I_3 \approx 62\text{mA}$，其中 I_2 为负值，说明 I_2 的实际方向与图中所标的参考方向相反。E_2 充电吸收功率，为负载。

2.3 叠加原理

叠加原理是指在一个线性电路中，如果有多个电源同时作用，则任一支路的电流或电压等于这个电路中各电源单独作用时，在该支路中产生的电流或电压的代数和。

【例 2.4】 现仍以【例 2.3】为例，采用叠加原理求解各支路电流。

解题步骤：

（1）画出各电源单独作用的电路，将其他电源短接，内阻保留，如图 2.8（b）和图 2.8（c）所示。

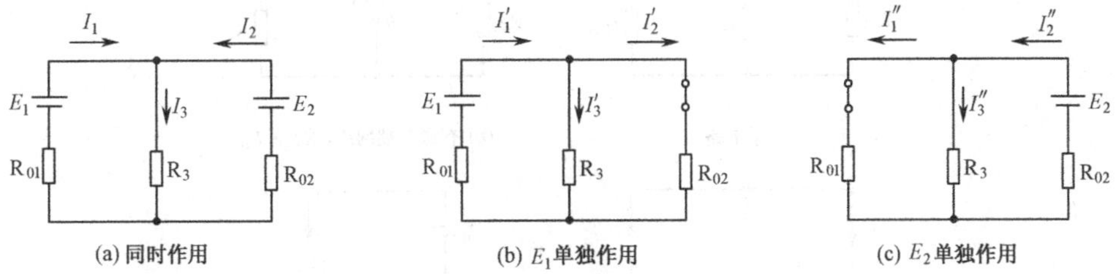

图 2.8　叠加原理

（2）求单独作用的各支路电流。

E_1 单独作用时（式中“//”表示两个电阻并联）

$$I'_1 = \frac{E_1}{R_{01} + R_3 /\!/ R_{02}} \approx 332\text{mA}$$

$$I'_2 = \frac{R_3}{R_3 + R_{02}} I'_1 \approx 318\text{mA}$$

$$I'_3 = I'_1 - I'_2 = 14\text{mA}$$

E_2 单独作用时

$$I''_2 = \frac{E_2}{R_{02} + R_3 /\!/ R_{01}} \approx 215\text{mA}$$

$$I''_1 = \frac{R_3}{R_{01} + R_3} I''_2 \approx 167\text{mA}$$

$$I''_3 = I''_2 - I''_1 = 48\text{mA}$$

(3) 求同时作用时各支路电流。当各电源单独作用时的电流参考方向与电源同时作用时的电流参考方向一致时取正号，不一致时取负号。

$$I_1 = I'_1 - I''_1 = 165\text{mA}$$

$$I_2 = -I'_2 + I''_2 = -103\text{mA}$$

$$I_3 = I'_3 + I''_3 = 62\text{mA}$$

应用叠加原理计算的结果与支路电流法计算结果相同。叠加原理一般适合电源个数比较少的电路。

2.4 戴维南定理

戴维南定理是指任何一个线性有源二端网络，对外部电路而言，都可以用一个电动势 E_0 和内阻 R_0 串联的电源等效代替。电动势等于有源二端网络的开路电压，内阻等于有源二端网络化成无源网络（理想的电压源短接，理想的电流源断开）后，二端之间的等效电阻。

【例 2.5】 在【例 2.3】中应用戴维南定理求电流 I_3，电路如图 2.9（a）所示。

解题步骤：

(1) 将待求支路断开，使剩下的电路成为有源二端网络，如图 2.9（b）所示。

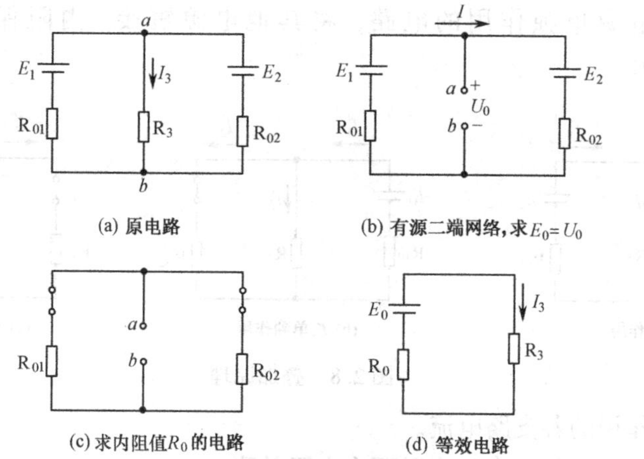

图 2.9 戴维南定理

求电动势

$$E_0 = U_0 = E_2 + IR_{02} = E_2 + \frac{E_1 - E_2}{R_{01} + R_{02}} R_{02} = 4\text{V} + \frac{7.6\text{V} - 4\text{V}}{20\Omega + 3\Omega} \times 3\Omega \approx 4.5\text{V}$$

(2) 将有源二端网络化成无源网络后，如图 2.9（c）所示。

求内阻

$$R_0 = R_{01} // R_{02} \approx 2.6\Omega$$

(3) 根据戴维南定理所求得的等效电路如图 2.9（d）所示。

求电流

$$I_3 = \frac{E_0}{R_0 + R_3} = \frac{4.5V}{2.6\Omega + 70\Omega} \approx 0.062A = 62mA$$

戴维南定理一般适合只求某一支路的电流或电压。

本章小结

1. 两个电阻串联的特点是电流相同，总电阻值 $R = R_1 + R_2$，总电压 $U = U_1 + U_2$。

两个电阻串联体现分压作用

$$U_1 = \frac{R_1}{R_1 + R_2} U$$

2. 两个电阻并联的特点是电压相同，总电阻值 $R = \frac{R_1 R_2}{R_1 + R_2}$，总电流 $I = I_1 + I_2$。

两个电阻并联体现分流作用

$$I_1 = \frac{R_2}{R_1 + R_2} I$$

3. 支路电流法是直接应用 KCL、KVL 列方程组求解。一般适合求解各支路电流或电压。

4. 叠加原理是将各电源单独作用的结果叠加后，得出电源共同作用的结果。一般适合求解电源较少的电路。

5. 戴维南定理是先求出有源二端网络的开路电压和等效内阻，然后将复杂的电路化成一个简单的回路，一般适合求解某一支路的电流或电压。

支路电流法、叠加原理、戴维南定理是分析复杂电路最常用的三种方法。

习　题

2.1　家中开启的电器越多，电源的负载电阻越大还是越小？电源的负载是加重了还是减轻了？电源输出的电流是增大了还是减小了？

2.2　电路如图 2.10 所示，灯 1（HL_1）为 220V、40W，灯 2（HL_2）为 220V、100W，求：

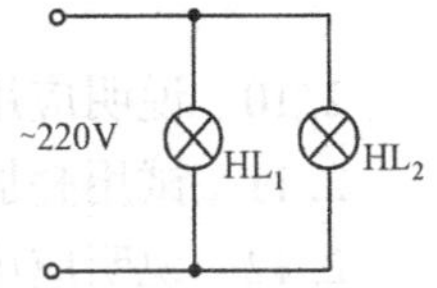

图 2.10　题 2.2 电路图

(1) 每个灯的电阻值是多少？

(2) 通过每个灯的电流是多少？电源输出的电流是多少？

(3) 如果将两个灯串联到 220V 的电源上，灯的亮度将会发生怎样的变化？为什么？

2.3　在如图 2.11 所示的两个电路中，计算电流 I 及各电阻上的电压。

2.4　在如图 2.12 所示的两个电路中，计算 a、b 两点间的等效电阻值 R_{ab}。

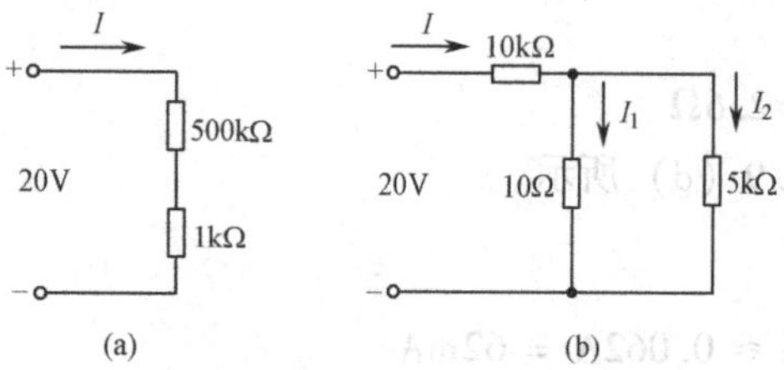

图 2.11　题 2.3 电路图

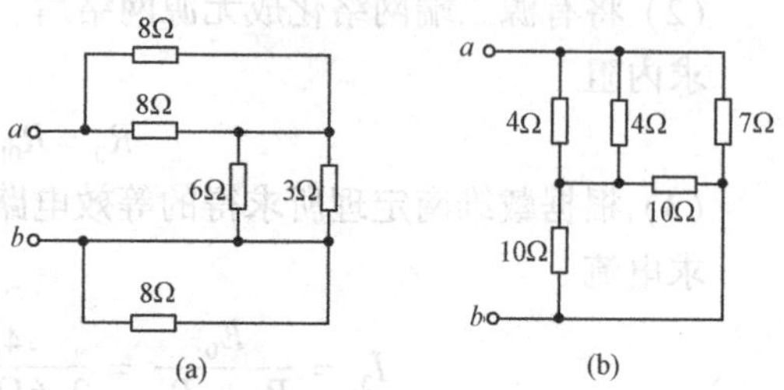

图 2.12　题 2.4 电路图

2.5　如图 2.13 所示为由电阻和电位器组成的分压电路，电位器的阻值 $RP=270\Omega$，两个串联电阻的阻值分别为 $R_1=350\Omega$，$R_2=550\Omega$。设输入电压 $U_1=12V$。试求输出电压 U_2 的变化范围。

2.6　有一个电流表头，量程 $I_G=100\mu A$，内阻 $R_G=1k\Omega$。如果要把它改装成量程为 3V、30V 及 300V 的多量程电压表，如图 2.14 所示。试计算 R_1、R_2 及 R_3。

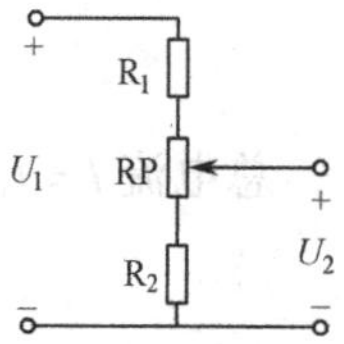

图 2.13　题 2.5 电路图

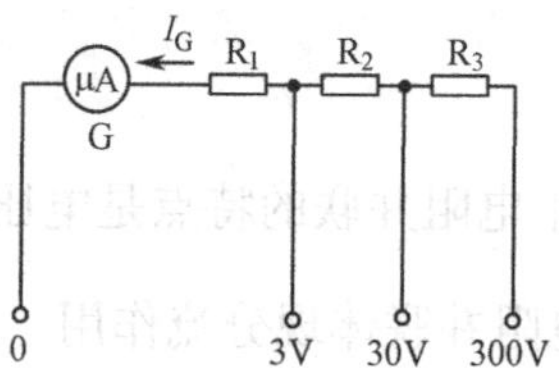

图 2.14　题 2.6 电路图

2.7　说明应用支路电流法求解复杂电路的步骤和适用条件。

2.8　在如图 2.15 所示的电路中，用支路电流法求各支路的电流，并说明 E_1 和 E_2 是起电源作用还是起负载作用。图中 $E_1=12V$，$E_2=15V$，$R_1=3\Omega$，$R_2=1.5\Omega$，$R_3=9\Omega$。

2.9　在如图 2.16 所示的电路中，$E_1=140V$，$E_2=90V$，$R_1=20\Omega$，$R_2=5\Omega$，$R_3=6\Omega$。试求各支路电流。

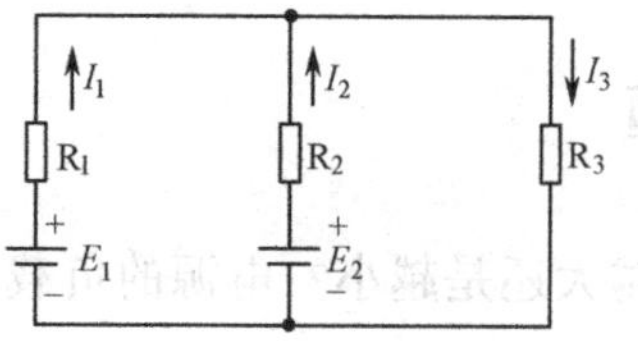

图 2.15　题 2.8 电路图

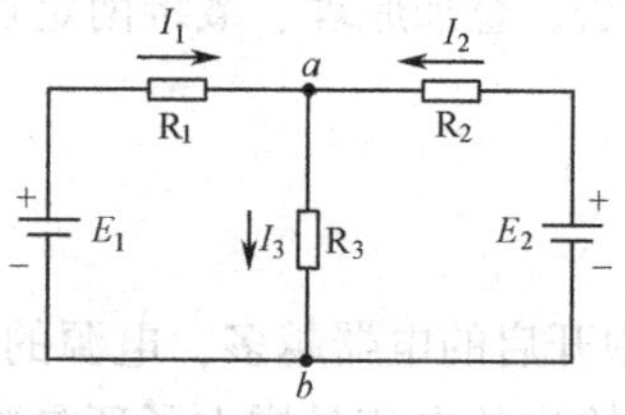

图 2.16　题 2.9 电路图

2.10　说明应用叠加原理求解复杂电路的步骤和适用条件。

2.11　试用叠加原理求解题 2.8 和题 2.9 中的各支路电流。

2.12　说明应用戴维南定理求解复杂电路的步骤和适用条件。

2.13　试用戴维南定理求解题 2.8 和题 2.9 中的电流 I_3。

第3章　单相正弦交流电路

我们在日常生活中频繁使用的交流电是指单相正弦交流电。本章主要介绍交流电的相量表示法及电阻、电感、电容在交流电路中的电流、电压、功率的分析方法。

❖教学目标

通过学习单相正弦交流电的知识，理解交流电的三要素：幅值、频率和初相；掌握正弦量的相量表示法及相关的运算方法；掌握纯电阻电路、纯电感电路和纯电容电路的特点，掌握电阻、电感、电容串联的电路，了解提高功率因数的意义，掌握提高功率因数的方法；掌握电阻、电感、电容串联和并联谐振的概念及谐振的规律。

❖教学要求

能力目标	知识要点	权　重	自测分数
理解交流电的三要素	幅值、频率和初相	10%	
掌握正弦量的相量表示法及相关的运算方法	交流电的复数表示形式，相量与复数的关系，相量运算	20%	
掌握纯电阻电路、纯电感电路和纯电容电路的特点	纯电阻电路、纯电感电路和纯电容电路的特点，电流与电压的关系，功率的计算方法	30%	
掌握电阻、电感、电容串联的电路，掌握提高功率因数的方法	阻抗、功率、电压的计算方法；功率因数的概念及计算方法；如何提高功率因数	20%	
掌握电阻、电感、电容串联和并联谐振的概念及谐振的规律	谐振的概念，电阻、电感、电容串联和并联谐振的特点，谐振频率的计算方法	20%	

3.1　交流电的三要素

大小和方向随时间按正弦规律变化的电流、电压和电动势被统称为交流电，交流电的瞬时值用小写字母 i、u 和 e 表示。交流电的三要素为幅值、频率和初相。如果已知这三个量，交流电就可以确定了。

3.1.1　幅值

现以电压为例，交流电的瞬时值表达式为

$$u = U_m\sin(\omega t + \psi) \tag{3.1}$$

式（3.1）中的 U_m 被称为交流电的幅值，又被称为最大值。式（3.1）对应的几何图形被称为交流电的波形图，如图 3.1 所示。

幅值是一瞬间的最大值，而分析和计算通常用有效值。交流电在电阻上产生的热效应与某一直流电在这个电阻上产生的热效应相同时，则称此直流电为这个交流电的有效值。有效

值用大写字母 I、U、E 表示。有效值与幅值的关系为

$$U_m = \sqrt{2}U \tag{3.2}$$

例如，常说的民用电 220V，即有效值，其幅值为 $U_m = \sqrt{2}U \approx 311V$。用万用表测得的交流电数值均为有效值。

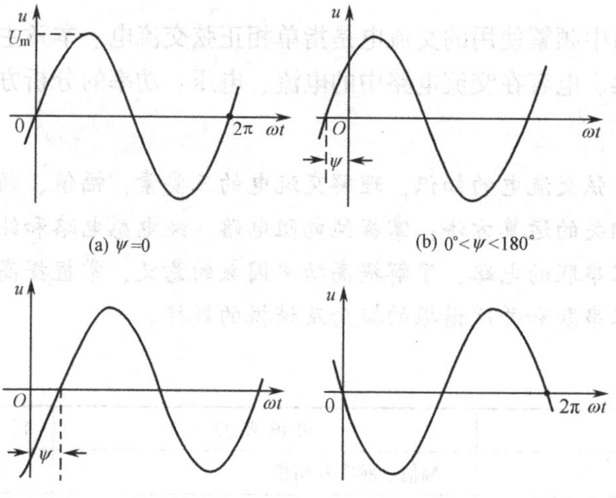

图 3.1　交流电的波形

3.1.2　频率

每秒内交流电变化的次数，被称为频率 f，单位是赫兹（Hz）。交流电变化一次所需要的时间被称为周期 T，T 的单位是秒（s）。频率与周期的关系为

$$f = \frac{1}{T} \tag{3.3}$$

我国的交流电频率为 $f = 50Hz$，习惯上被称为工频。

式（3.1）中的 ω 被称为角频率，单位是弧度/秒（rad/s）。ω 与 f 和 T 之间的关系为

$$\omega = 2\pi f = \frac{2\pi}{T} \tag{3.4}$$

【例 3.1】　已知我国的交流电频率为 $f=50Hz$，求 T 和 ω。

解：

$$T = \frac{1}{f} = \frac{1}{50Hz} = 0.02s$$

$$\omega = 2\pi f \approx 2 \times 3.14 \times 50Hz = 314rad/s$$

3.1.3　初相

式（3.1）中的$(\omega t + \psi)$被称为交流电的相位。它表示交流电在某时刻所处的变化状态，决定该时刻瞬时值的大小、方向和变化趋势。当 $t=0$ 时，$\omega t=0$，此时的相位为 ψ，被称为交流电的初相，它表示计时开始时交流电所处的变化状态，图 3.1 展示了不同相位的交流电波形。

幅值、频率和初相分别表示交流电变化的幅度、快慢和起始状态。如果已知这三个量，交流电就可以确定了。所以，幅值、频率和初相是交流电的三要素。

3.2　交流电的相量表示法

交流电的瞬时值表达式以三角函数式的形式表示交流电的变化规律，由交流电的波形图可以直观地看出交流电的形状变化；而交流电的相量表示法就是为了便于交流电的分析和计算。

用复数的运算方法进行交流电的分析和计算，这被称为交流电的相量表示法。

3.2.1　复数的两种表示形式

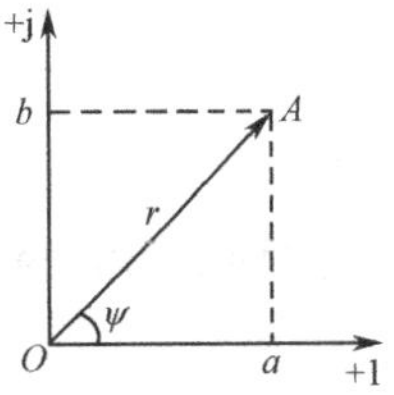

图 3.2　复数 A

图 3.2 被称为复平面图，A 为复数，横轴为实轴，单位是 +1，a 是 A 的实部，A 与实轴的夹角 ψ 被称为辐角，纵轴为虚轴，单位是 $\mathrm{j}=\sqrt{-1}$。在数学中，虚轴的单位用 i，这里为了和电流符号进行区别而改用 j。b 是 A 的虚部，r 为 A 的模。这些量之间的关系为

$$\begin{cases} a = r\cos\psi \\ b = r\sin\psi \\ r = \sqrt{a^2 + b^2} \\ \psi = \arctan\dfrac{b}{a} \end{cases} \tag{3.5}$$

根据以上关系，可以得出两种常用的复数表示形式（代数式与极坐标式），分别如下

$$\begin{cases} A = a + \mathrm{j}b \\ A = r\underline{/\psi} \end{cases} \tag{3.6}$$

其中，代数式适合复数的加、减运算，极坐标式适合复数的乘、除运算。

例如

$$A_1 = a_1 + \mathrm{j}b_1,\ A_2 = a_2 + \mathrm{j}b_2$$

则有

$$A = A_1 + A_2 = (a_1 + a_2) + \mathrm{j}(b_1 + b_2)$$

$$A = A_1 - A_2 = (a_1 - a_2) + \mathrm{j}(b_1 - b_2)$$

又如

$$A_1 = r_1\underline{/\psi_1},\ A_2 = r_2\underline{/\psi_2}$$

则有

$$A = A_1 \cdot A_2 = r_1 \cdot r_2\underline{/\psi_1 + \psi_2}$$

$$A = \frac{A_1}{A_2} = \frac{r_1}{r_2}\underline{/\psi_1 - \psi_2}$$

3.2.2　相量与复数

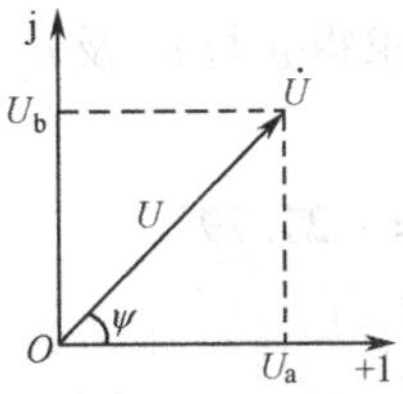

图 3.3　相量 $\dot{U}$

现以交流电压 $u = U_{\mathrm{m}}\sin(\omega t + \psi)$ 为例，其相量图如图 3.3 所示。对比图 3.3 与图 3.2 后不难看出，交流电的相量与复数的对应关系如下。

交流电的相量

$$\dot{U} = A$$

交流电的有效值

$$U = r$$

交流电的初相

$$\psi = \psi$$

$$\begin{cases} U_a = U\cos\psi \\ U_b = U\sin\psi \\ U = \sqrt{U_a^2 + U_b^2} \\ \psi = \arctan \dfrac{U_b}{U_a} \end{cases} \tag{3.7}$$

两种常用的相量表示形式（代数式与极坐标式），分别如下

$$\begin{cases} \dot{U} = U_a + jU_b \\ \dot{U} = U \underline{/\psi} \end{cases} \tag{3.8}$$

3.2.3 相量的运算

相量只是正弦交流电的一种表示方法和运算的工具，只有同频率的正弦交流电才能进行相量运算，所以，相量运算只含有交流电的有效值（或幅值）和初相两个要素。

【例3.2】 已知交流电 u_1 和 u_2 的有效值分别为 $U_1 = 100\text{V}$，$U_2 = 60\text{V}$，u_2 比 u_1 滞后60°，求：总电压 $u = u_1 + u_2$ 的有效值，并画出相量图；总电压 u 与 u_1 及 u_2 之间的相位差。

解：本题未给出电压的初相，只给出了 u_1 和 u_2 的有效值和相位差。所谓相位差是指两个交流电相位的差值。因为只有同频率的交流电才能进行相量运算，所以，相位差即初相差 $\varphi = \psi_1 - \psi_2 = 60°$，现可任选 u_1 和 u_2 其中之一为参考相量，如果选择 u_1 为参考相量，则 $\psi_1 = 0°$，那么，两个电压的有效值相量分别为

$$\dot{U}_1 = U_1 \underline{/\psi_1} = 100 \underline{/0°} = 100\text{V}$$

$$\dot{U}_2 = U_2 \underline{/\psi_2} = 60 \underline{/-60°} = (30 - j51.96)\text{V}$$

总电压的有效值相量

$$\dot{U} = \dot{U}_1 + \dot{U}_2 = 100\text{V} + (30 - j51.96)\text{V} = (130 - j51.96)\text{V} = 140 \underline{/-21.79°}\ \text{V}$$

总电压的有效值与初相为

$$U = 140\text{V},\ \psi = -21.79°$$

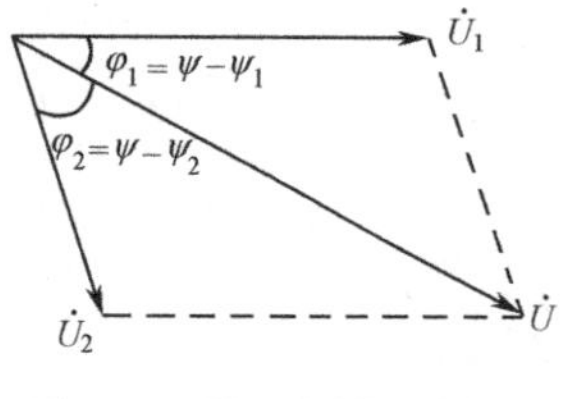

图3.4 【例3.2】的相量图

相量图如图3.4所示。画图时，将参考相量 $\dot{U}_1$ 画在正实轴位置。在这种情况下，坐标轴可省去不画。根据 $\dot{U}_2$ 与 $\dot{U}_1$ 的相位差确定 $\dot{U}_2$ 的位置，并画出 $\dot{U}_2$，利用平行四边形法则画出 $\dot{U}$。由所得结果可以求得 u 与 u_1 及 u_2 的相位差分别为

$$\varphi_1 = \psi - \psi_1 = -21.79° - 0° = -21.79°$$

$$\varphi_2 = \psi - \psi_2 = -21.79° - (-60°) = 38.21°$$

两个相位差说明，u 比 u_1 滞后21.79°，u 比 u_2 超前38.21°。

3.3 单一参数的交流电路

单一参数是指在电路中只有电阻 R、电感 L、电容 C 中的一种元件。掌握了单一参数在电路中的作用，混合参数电路的分析就很容易掌握了。

3.3.1 电阻电路

日常生活中所用的白炽灯、电饭锅、电热水器等在交流电路中都可以看成电阻元件，电阻电路如图 3.5（a）所示。

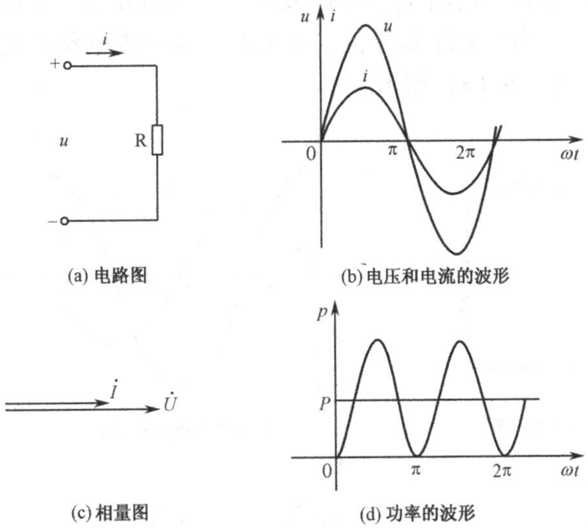

(a) 电路图　(b) 电压和电流的波形　(c) 相量图　(d) 功率的波形

图 3.5　电阻电路

1. 电阻 R 上的电压与电流的关系

如果选择电流为参考量，即电流的初相为 0°，则有

$$i = I_m \sin\omega t$$

则电阻两端的电压

$$u = Ri = RI_m \sin\omega t = U_m \sin\omega t \tag{3.9}$$

由式（3.9）可见，对于电阻电路，u 与 i 同频同相。其有效值及相量的关系分别为

$$U = RI \tag{3.10}$$

$$\dot{U} = R\dot{I} \tag{3.11}$$

电压与电流的波形图和相量图分别如图 3.5（b）和图 3.5（c）所示。

2. 功率

电阻的瞬时功率

$$p = ui = U_m I_m \sin^2\omega t = UI(1 - \cos 2\omega t) = UI - UI\cos 2\omega t \tag{3.12}$$

由式（3.12）可见，p 的频率是 i 的频率的 2 倍，其波形如图 3.5（d）所示，由波形图可见，功率虽然随时间有大小变化，但均为正值。由波形图和式（3.10）均可得出平均功率为

$$P = UI = I^2R = \frac{U^2}{R} \tag{3.13}$$

平均功率也可以通过积分计算求得

$$P = \frac{1}{T}\int_0^T p\mathrm{d}t = UI$$

若求出的功率 P 为正值，则说明电阻是吸收功率的元件，它把电功率转换成其他有用的功率消耗掉了，所以，电阻也被称为耗能元件。其平均功率又被称为有功功率。

3.3.2 电感电路

在生产和生活中所接触到的将电能转换成机械能的电动机，如搅拌机、粉碎机、电风扇、洗衣机、改变电压大小的变压器等，主要是电感在交流电路中发挥作用（暂时忽略导线电阻），电感电路如图 3.6（a）所示。

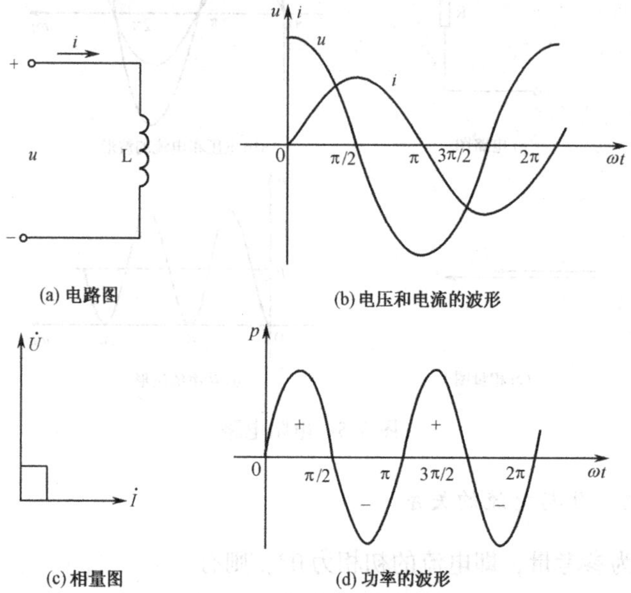

图 3.6　电感电路

1. 电感 L 上的电压与电流的关系

如果仍选择电流为参考量，即电流的初相为 0°，则有

$$i = I_{\mathrm{m}}\sin\omega t$$

则电感两端的电压

$$u = L\frac{\mathrm{d}i}{\mathrm{d}t} = L\frac{\mathrm{d}I_{\mathrm{m}}\sin\omega t}{\mathrm{d}t} = \omega L I_{\mathrm{m}}\cos\omega t = U_{\mathrm{m}}\sin(\omega t + 90°) \tag{3.14}$$

由式（3.14）可见，对于电感电路，u 与 i 同频不同相，u 比 i 超前 90°，其波形如图 3.6（b）所示。其有效值的关系为

$$U = X_{\mathrm{L}}I \quad 或 \quad I = \frac{U}{X_{\mathrm{L}}} \tag{3.15}$$

式中

$$X_L = \omega L = 2\pi f L \tag{3.16}$$

X_L 被称为感抗，单位也是欧姆（Ω），它是表示电感对电流阻碍作用的物理量。X_L 与电感 L 和频率 f 成正比。如果 L 确定，则 f 越高，X_L 越大；f 越低，X_L 越小。在直流电路中，直流电的 $f=0, X_L=2\pi fL=0$，说明电感在直流电路中可视为短路，即电感有通直流、隔交流的作用。电感两端的电压与电流的相量关系为

$$\dot{U} = jX_L\dot{I} \quad 或 \quad \dot{I} = \frac{\dot{U}}{jX_L} \tag{3.17}$$

相量图如图 3.6（c）所示。图 3.6（c）中 i 的 $\psi=0°$，$\dot{I}=I\underline{/0°}$，则

$$\dot{U} = jX_L\dot{I} = \underline{/90°}\, X_L I\underline{/0°} = X_L I\underline{/90°+0°} = U\underline{/90°}$$

2. 功率

电感的瞬时功率

$$p = ui = U_m I_m \sin(\omega t + 90°)\sin\omega t = U_m I_m \cos\omega t \sin\omega t = UI\sin 2\omega t \tag{3.18}$$

由式（3.18）可见，电感的瞬时功率 p 的频率是 u 或 i 的频率的 2 倍，并按正弦规律变化，如图 3.6（d）所示。由 p 的波形图可见，在 0 ~ π/2 区间 p 为正值，电感吸收功率并把吸收的电功率转换成磁场能量储存起来；在 π/2 ~ π 区间 p 为负值，电感发出功率，将其存储的磁场能量再转换成电场能量送回电源。电感并不消耗功率，所以称电感为储能元件。

由图 3.6（d）可见，电感的平均功率 $P=0$。虽然电感不消耗功率，但电感与电源之间有着能量的互换，互换的能量用无功功率 Q 计量

$$Q = UI = I^2X_L = \frac{U^2}{X_L} \tag{3.19}$$

无功功率的单位为乏（var）。

【例 3.3】 在功放机的电路中，有一个高频扼流线圈，用来阻挡高频信号而让音频信号通过，已知扼流圈的电感 $L=10\text{mH}$。求它对电压为 5V，频率为 $f_1=500\text{kHz}$ 的高频信号及 $f_2=1\text{kHz}$ 的音频信号的感抗及无功功率分别是多少。

解：

$$X_{L1} = 2\pi f_1 L \approx 2 \times 3.14 \times 500\text{kHz} \times 10\text{mH} = 31.4\text{k}\Omega$$

$$I_1 = \frac{U}{X_{L1}} = \frac{5\text{V}}{31.4\text{k}\Omega} \approx 0.16\text{mA}$$

$$Q_1 = I_1 U = 0.16\text{mA} \times 5\text{V} = 0.8\text{mvar}$$

$$X_{L2} = 2\pi f_2 L \approx 2 \times 3.14 \times 1\text{kHz} \times 10\text{mH} = 62.8\Omega$$

$$I_2 = \frac{U}{X_{L2}} = \frac{5\text{V}}{62.8\text{mH}} \approx 79.62\text{mA}$$

$$Q_2 = I_2 U = 79.62\text{mA} \times 5\text{V} \approx 398\text{mvar}$$

3.3.3 电容电路

在工厂里，使用的电动机较多，电感量很大，工厂占用的无功功率很大，虽然无功功率并没消耗掉，但这部分功率也无法供给其他用电户使用。所以，电力部门对无功功率的占用量有一定的限制，超过限制，电力部门要对工厂进行罚款。为了减少电感对无功功率的占用量，通常采用并联电容的方法。还有民用单相异步电动机（如洗衣机、电风扇等），在工作

时也须接入电容进行分相，如果电容坏了，电动机就不能启动运转。在模拟电子技术中，电容和电感的应用很多。下面讨论电容元件在交流电路中的作用。电容电路如图 3.7（a）所示。

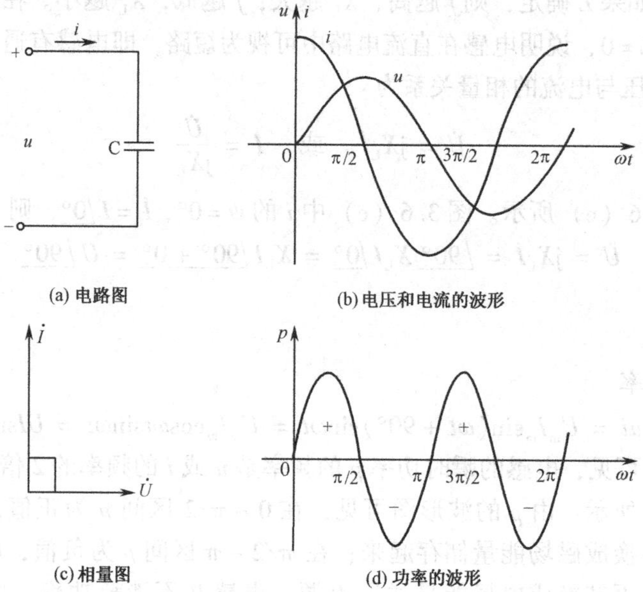

(a) 电路图　　(b) 电压和电流的波形

(c) 相量图　　(d) 功率的波形

图 3.7　电容电路

1. 电容 C 上的电压与电流的关系

如果选择电压为参考量，即电压的初相为 0°，则有

$$u = U_{\mathrm{m}}\sin\omega t$$

则电容上流过的电流

$$i = C\frac{\mathrm{d}u}{\mathrm{d}t} = C\frac{\mathrm{d}U_{\mathrm{m}}\sin\omega t}{\mathrm{d}t} = \omega C U_{\mathrm{m}}\cos\omega t = I_{\mathrm{m}}\sin(\omega t + 90°) \tag{3.20}$$

由式（3.20）可见，对于电容电路，u 与 i 也是同频不同相，i 比 u 超前 90°，其波形如图 3.7（b）所示。有效值的关系为

$$U = X_{\mathrm{C}}I \quad 或 \quad I = \frac{U}{X_{\mathrm{C}}} \tag{3.21}$$

式中

$$X_{\mathrm{C}} = \frac{1}{\omega C} = \frac{1}{2\pi f C} \tag{3.22}$$

X_{C} 被称为容抗，单位仍是欧姆（Ω），它是表示电容对电流阻碍作用的物理量。X_{C} 与频率 f 成反比。如果 C 确定，则 f 越高，X_{C} 越小；f 越低，X_{C} 越大。在直流电路中，直流电的 $f=0$，$X_{\mathrm{C}}=\frac{1}{2\pi fC}$，$X_{\mathrm{C}}$ 趋于∞，说明电容在直流电路中可视为开路，即电容有隔直流、通交流的作用。电容两端的电压与电流的相量关系为

$$\dot{U} = -\mathrm{j}X_{\mathrm{C}}\dot{I} \quad 或 \quad \dot{I} = \frac{\dot{U}}{-\mathrm{j}X_{\mathrm{C}}} = \mathrm{j}\frac{\dot{U}}{X_{\mathrm{C}}} \tag{3.23}$$

相量图如图 3.7（c）所示。图 3.7（c）中 u 的 $\psi=0°$，$\dot{U}=U\underline{/0°}$，则

$$\dot{I} = \mathrm{j}\frac{\dot{U}}{X_C} = \angle 90^\circ \frac{U\angle 0^\circ}{X_C} = \frac{U}{X_C}\angle 90^\circ + 0^\circ = I\angle 90^\circ$$

2. 功率

电容的瞬时功率

$$p = ui = U_m I_m \sin\omega t \sin(\omega t + 90^\circ) = U_m I_m \sin\omega t \cos\omega t = UI\sin 2\omega t \tag{3.24}$$

由式（3.24）可见，电容的瞬时功率 p 的频率也是 u 或 i 的频率的2倍，并按正弦规律变化，如图3.7（d）所示。由 p 的波形图可见，在 $0\sim\pi/2$ 区间 p 为正值，电容吸收功率，并把吸收的电功率以电场能量的形式储存起来；在 $\pi/2\sim\pi$ 区间 p 为负值，电容发出功率，将其储存的电场能量再送回电源，电容并不消耗功率，所以电容也为储能元件。

由图3.7（d）可见，电容的平均功率 $P=0$。电容与电源之间互换的能量用无功功率 Q 计量，单位是乏（var）

$$Q = UI = I^2X_C = \frac{U^2}{X_C} \tag{3.25}$$

【例3.4】 在收录机的输出电路中，通常利用电容短接掉高频干扰信号，保留音频信号。如果高频滤波电容为0.1μF，干扰信号的频率 $f_1=1000\text{kHz}$，音频信号的频率 $f_2=1\text{kHz}$，则电容对干扰信号与音频信号的容抗分别为多少？

解：

$$X_{C1}=\frac{1}{2\pi f_1 C}\approx\frac{1}{2\times 3.14\times 1000\text{kHz}\times 0.1\mu\text{F}}\approx 1.6\Omega$$

$$X_{C2}=\frac{1}{2\pi f_2 C}\approx\frac{1}{2\times 3.14\times 1\text{kHz}\times 0.1\mu\text{F}}\approx 1.6\text{k}\Omega$$

3.4 电阻、电感、电容串联的电路

电阻、电感、电容串联的电路（RLC串联电路）如图3.8所示。下面讨论串联后的电压、电流、阻抗及功率的关系。

3.4.1 电压三角形

在图3.8中，电阻、电感、电容串联，三者流过的电流 $\dot{I}$ 是相同的，设电流为参考量

$$i = I_m\sin\omega t$$

电流的相量极坐标式

$$\dot{I} = I\angle 0^\circ$$

根据KVL定律可得

$$u = u_R + u_L + u_C$$

对应的电压有效值相量表达式为

$$\dot{U} = \dot{U}_R + \dot{U}_L + \dot{U}_C \tag{3.26}$$

由式（3.26）可得RLC串联电路的电压关系如图3.9所示。

图3.9（a）为电压相量图，φ 为电压 $\dot{U}$ 与电流 $\dot{I}$ 之间的相位差；图3.9（b）为电压相量三角形，图3.9（c）为电压有效值三角形，简称电压三角形。其有效值之间的关系为

$$U = \sqrt{U_R^2 + U_X^2} = \sqrt{U_R^2 + (U_L - U_C)^2} \tag{3.27}$$

$\dot{U}$ 与 $\dot{I}$ 之间的相位差

$$\varphi = \psi_u - \psi_i = \arctan \frac{U_X}{U_R} \tag{3.28}$$

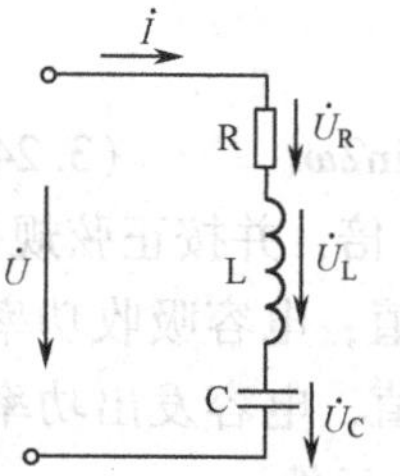

图 3.8　RLC 串联电路

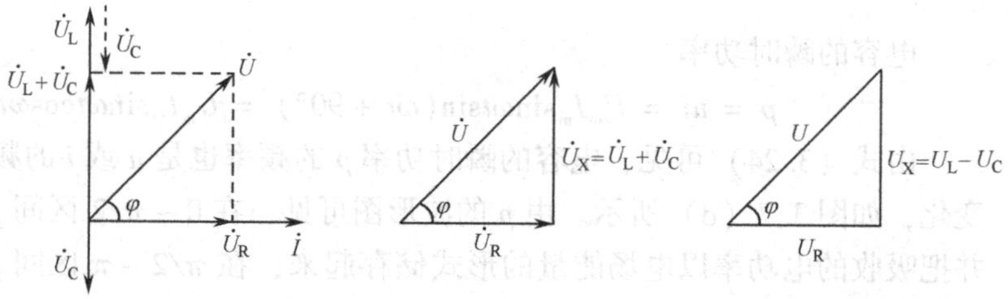

(a) 电压相量图　(b) 电压相量三角形　(c) 电压有效值三角形

图 3.9　电压关系图

3.4.2　阻抗三角形

将图 3.9（c）中的电压三角形的各边除以电流 I，就可以得到 RLC 串联电路的阻抗三角形，如图 3.10所示。

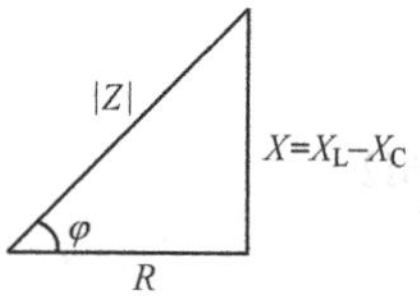

图 3.10　阻抗三角形

RLC 串联后对电流的阻碍作用被称为阻抗，用字母 Z 表示，单位为欧姆（Ω）。阻抗的复数表达式为

$$Z = R + jX_L + (-jX_C) = R + j(X_L - X_C) = R + jX \tag{3.29}$$

式中的 X 被称为电抗，单位为欧姆（Ω），X 的表达式为

$$X = X_L - X_C \tag{3.30}$$

阻抗值为

$$|Z| = \sqrt{R^2 + X^2} = \sqrt{R^2 + (X_L - X_C)^2} \tag{3.31}$$

阻抗三角形中的 φ 被称为阻抗角（也是 $\dot{U}$ 与 $\dot{I}$ 之间的相位差），φ 的表达式为

$$\varphi = \arctan \frac{X}{R} \tag{3.32}$$

电压有效值与电流有效值之间的关系为

$$I = \frac{U}{|Z|} \tag{3.33}$$

3.4.3　功率三角形

将电压三角形的各边乘以电流 I，就可以得到功率三角形，如图 3.11所示。

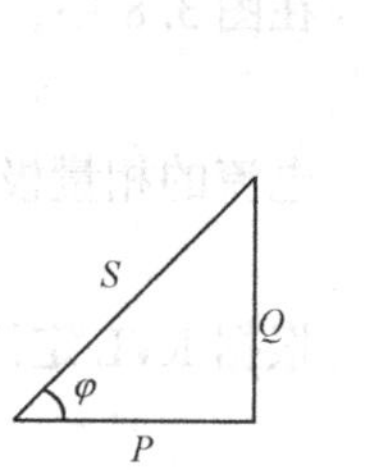

图 3.11　功率三角形

图 3.11 中 P 为有功功率，即电阻消耗的功率，单位是瓦（W）

$$P = U_R I = S\cos\varphi \tag{3.34}$$

图 3.11 中 Q 为总的无功功率，是 LC 串联后与电源之间的互换功率，单位是乏（var）

$$Q = Q_L - Q_C = S\sin\varphi \tag{3.35}$$

式（3.35）说明 L 和 C 两种储能元件同时接在电路中，两者之间可进行存储能量互换，减少了与电源之间的能量互换。

图 3.11 中的 S 被称为视在功率，是电源提供的功率，单位为伏安（VA）。

$$S = UI = \sqrt{P^2 + Q^2} = \frac{P}{\cos\varphi} \tag{3.36}$$

图 3.11 中的 φ 被称为功率因数角。功率因数角、阻抗角和总电压与电流之间的相位差三者在数值上是相等的。

电压三角形、阻抗三角形和功率三角形是分析计算 RLC 串联或其中两种元件串联的重要依据。

3.5 功率因数的提高

电力部门监测无功功率用的是功率因数表。功率因数是有功功率与视在功率之比，用字母 λ 表示，即

$$\lambda = \frac{P}{S} = \cos\varphi \tag{3.37}$$

在只有电感或电容的电路中，$P=0$、$S=Q$、$\lambda=0$，功率因数最低；在只有电阻的电路中，$Q=0$、$S=P$、$\lambda=1$，功率因数最高。如果工厂中的电动机很多，电感 L 很大，则可以采用并联电容的方法提高功率因数，电路如图 3.12（a）所示。图 3.12（a）中的 R 为电感线圈的导线电阻。

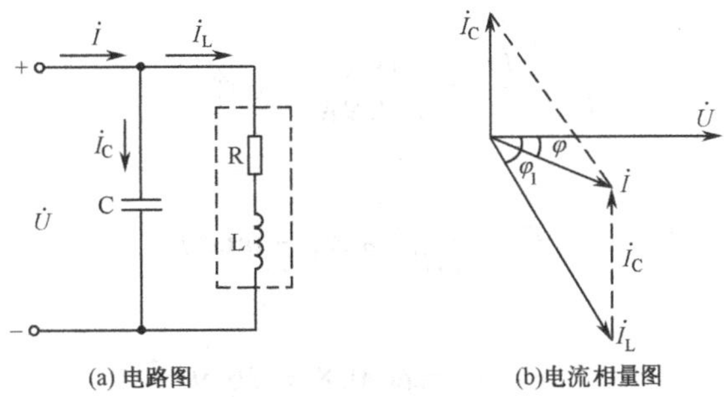

图 3.12　提高功率因数的方法

图 3.12（b）是并联电容后的电流相量图。并联电路选择电压为参考量 $\dot{U}=U\angle 0^\circ$，电流之间的相量关系可根据 KCL 定律得出 $\dot{I}=\dot{I}_C+\dot{I}_L$。由图 3.12（b）和式（3.36）的变形公式$P=S\cos\varphi=UI\cos\varphi$ 得出电容支路电流的有效值为

$$I_C = I_L\sin\varphi_1 - I\sin\varphi = \frac{P}{U\cos\varphi_1}\sin\varphi_1 - \frac{P}{U\cos\varphi}\sin\varphi = \frac{P}{U}(\tan\varphi_1 - \tan\varphi)$$

又根据电容电路有

$$I_C = \frac{U}{X_C} = \omega CU$$

则

$$\omega CU = \frac{P}{U}(\tan\varphi_1 - \tan\varphi)$$

$$C = \frac{P}{\omega U^2}(\tan\varphi_1 - \tan\varphi) \tag{3.38}$$

式中，φ_1 为没有并联电容时的功率因数角，可根据条件在三个三角形中的任意一个求得。φ 为并联接入电容后的功率因数角，可根据要达到的 λ 的值反推出 φ 的值，具体关系为 $\lambda=$

cosφ。一般要求0.9 ≤λ<1，如果λ=1，电路则产生谐振，损坏电器设备。提高功率因数能使电源设备得到充分利用，又能减小供电电流，减少线路的损耗。

【例3.5】 某供电设备输出电压为220V，额定视在功率为220kW，如果向额定功率为33kW，功率因数λ_1=0.8的小型民办工厂供电，则能给几个这种规模的工厂供电？若把功率因数提高到λ=0.95，又能给几个这种规模的工厂供电？每个工厂应并联多大的电容？

解：供电设备输出的额定电流为

$$I_{\mathrm{N}} = \frac{S}{U} = \frac{220\mathrm{kW}}{220\mathrm{V}} = 1\mathrm{kA}$$

当λ_1=0.8时，每个工厂取用的电流为

$$I_1 = \frac{P}{U\lambda_1} = \frac{33\mathrm{kW}}{220\mathrm{V} \times 0.8} = 187.5\mathrm{A}$$

可供给的工厂数量为

$$\frac{I_{\mathrm{N}}}{I_1} = \frac{1\mathrm{kA}}{187.5\mathrm{A}} \approx 5 \text{个}$$

当λ=0.95时，每个工厂取用的电流为

$$I = \frac{P}{U\lambda} = \frac{33\mathrm{kW}}{220\mathrm{V} \times 0.95} \approx 157.9\mathrm{A}$$

可供给的工厂数量为

$$\frac{I_{\mathrm{N}}}{I} = \frac{1\mathrm{kA}}{157.9\mathrm{A}} \approx 6 \text{个}$$

应并联的电容

$$C = \frac{P}{\omega U^2}(\tan\varphi_1 - \tan\varphi)$$

式中

$$\varphi_1 = \arccos 0.8 = 36.9°$$
$$\varphi = \arccos 0.95 = 18.2°$$

$$C \approx \frac{33\mathrm{kW}}{2 \times 3.14 \times 50\mathrm{Hz} \times (220\mathrm{V})^2}(\tan 36.9° - \tan 18.2°) \approx 916\mu\mathrm{F}$$

3.6 电路中的谐振

谐振在计算机、收音机、电视机、手机等电子设备的电子线路中都有应用，也被广泛用于工业生产中的高频淬火、高频加热等。但是，谐振有时也会产生干扰和损坏元件等不利现象。研究谐振产生的条件和特点，可以取其利而避其害。

所谓谐振，是指在含有电容和电感的电路中，当调节电路的参数或电源的频率，使电路的总电压和总电流相位相同时，整个电路的负载呈电阻性，这时电路就产生了谐振。谐振分为串联谐振和并联谐振。

3.6.1 串联谐振

RLC串联电路如图3.13（a）所示。

当$\dot{U}$与$\dot{I}$同相时，即φ=0，电路产生串联谐振。由阻抗三角形可以得出，串联谐振的

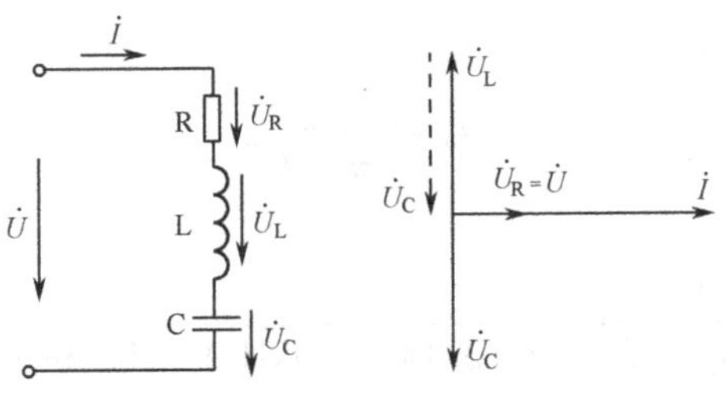

(a) 电路图　　　　(b) 相量图

图 3.13　串联谐振

条件是

$$X_L = X_C \quad 即 \quad 2\pi f_0 L = \frac{1}{2\pi f_0 C}$$

式中，f_0 为谐振频率

$$f_0 = \frac{1}{2\pi\sqrt{LC}} \tag{3.39}$$

式（3.39）说明，当调节 L 或 C 时就可以改变谐振频率 f_0，而当电源的频率 $f=f_0$ 时就可产生谐振。

串联谐振的特点：

① 电路的阻抗最小并呈电阻性，根据阻抗三角形得

$$|Z_0| = \sqrt{R^2 + (X_L - X_C)^2} = R$$

② 电路中的电流最大，谐振时的电流为

$$I = \frac{U}{|Z_0|} = \frac{U}{R}$$

③ 当 $X_L = X_C \gg R$ 时，$U_L = U_C \gg U$，串联谐振可以在电容和电感两端产生高压，故又被称为电压谐振。其电压的相量关系如图 3.13（b）所示。

谐振电容两端的电压 U_C 或电感两端的电压 U_L 与总电压 U 的比值，被称为串联谐振电路的品质因数，用字母 Q 表示。

$$Q = \frac{U_C}{U} = \frac{U_L}{U} = \frac{1}{\omega_0 CR} = \frac{\omega_0 L}{R} \tag{3.40}$$

【例 3.6】 某收音机的输入电路如图 3.14 所示。各地电台发射的无线电波在天线线圈中分别产生感应电动势 e_1、e_2、e_3。如果线圈的电阻为 16Ω，电感为 0.3mH，若收听某广播电台 560kHz 的广播，应将调谐的可变电容 C 调到多少？如果调谐回路中感应电压为 2μV，求谐振电流、谐振线圈上的电压 U_L 及谐振电路的品质因数 Q。

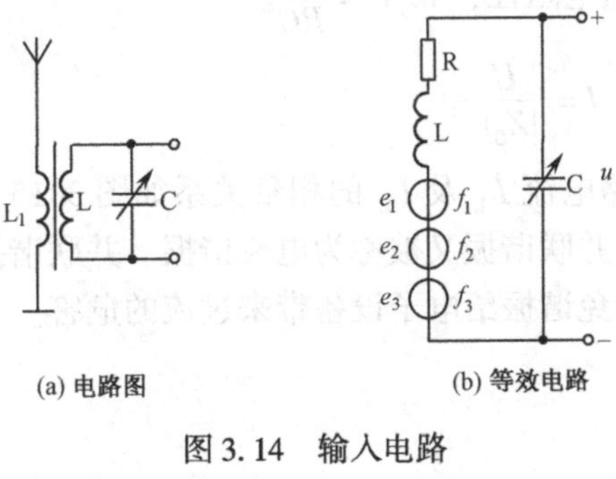

(a) 电路图　　　　(b) 等效电路

图 3.14　输入电路

解：串联谐振频率

$$f_0=\frac{1}{2\pi\sqrt{LC}}$$

电容

$$C=\frac{1}{(2\pi f_0)^2L}\approx\frac{1}{(2\times3.14\times560\text{kHz})^2\times0.3\text{mH}}\approx269\text{pF}$$

谐振时

$$I=\frac{U}{R}=\frac{2\mu\text{F}}{16\Omega}=0.125\mu\text{A}$$

$$X_L=2\pi f_0L\approx2\times3.14\times560\text{kHz}\times0.3\text{mH}\approx1\text{k}\Omega$$

$$U_L=IX_L=0.125\mu\text{A}\times1\text{k}\Omega=125\mu\text{V}$$

$$Q=\frac{U_L}{U}=\frac{125\mu\text{V}}{2\mu\text{V}}=62.5$$

3.6.2 并联谐振

电感与电容并联的电路如图 3.15（a）所示。

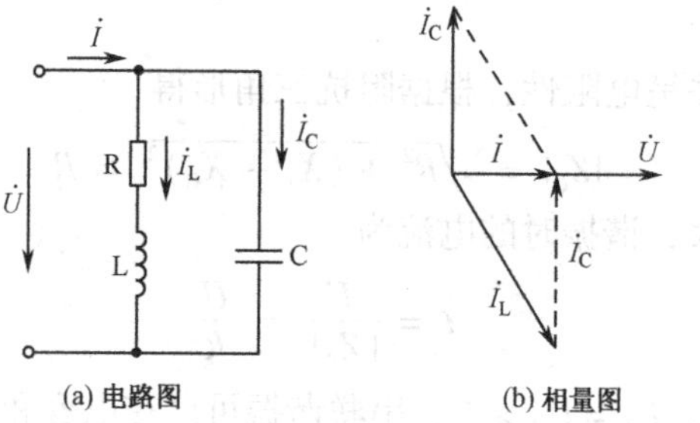

图 3.15 并联谐振

图 3.15（a）中的电感，其线圈的电阻值 R 一般很小，特别是在频率较高时，$R\ll\omega L$，$\dot{U}$ 与 $\dot{I}$ 同相时，即 $\varphi=0$，电路产生并联谐振。由复阻抗的串、并联关系可推导出并联谐振的条件是（在 $R\ll X_L$ 时，一般情况都能满足）$X_L=X_C$。

谐振频率

$$f_0=\frac{1}{2\pi\sqrt{LC}}$$

并联谐振的特点：

① 电路的阻抗最大，呈电阻性，$|Z_0|=\dfrac{L}{RC}$。

② 电路的总电流最小，$I=\dfrac{U}{|Z_0|}$。

③ 谐振总电流 $\dot{I}$ 和支路电流 $\dot{I}_L$ 及 $\dot{I}_C$ 的相量关系如图 3.15（b）所示。并联谐振各支路电流大于总电流，所以，并联谐振又被称为电流谐振。并联谐振在电子线路中有着广泛的应用，而在电力工程中应避免谐振给电子设备带来过流的危害。

本章小结

1. 幅值、频率和初相是正弦交流电的三要素；知道了这三个参数，就可以确定交流电。常用的参数还有有效值。例如，电压有效值 $U=\frac{U_m}{\sqrt{2}}$，周期 $T=\frac{1}{f}$。

2. 正弦交流电主要有瞬时值表达式、波形图和相量表示法三种形式。相量表示法利用复数的运算方法对正弦交流电进行分析和运算。相量的代数式适合进行交流电的加、减运算，相量的极坐标式适合进行交流电的乘、除运算。

3. 电阻电路的电压与电流同相，电感电路的电压超前电流 90°，电容电路的电压滞后电流 90°；电阻为耗能元件，电感、电容均为储能元件。利用相量图可得出 RLC 串联电路的电压三角形、阻抗三角形和功率三角形。这三个三角形是分析串联电路各量值关系的重要依据。并联电路可利用电流相量关系进行分析。

4. 串联谐振的条件是 $X_L=X_C$，$\dot{U}$ 与 $\dot{I}$ 同相。特点是阻抗最小（$|Z_0|=R$），电流最大，如果 $X_L=X_C\gg R$，则 $U_L=U_C\gg U$，所以，串联谐振又被称为电压谐振。

并联谐振在 $R\ll X_L$ 时（一般情况都能满足），其谐振条件也为 $X_L=X_C$，$\dot{U}$ 与 $\dot{I}$ 同相。特点是阻抗最大，总电流 I 最小，$I_L\approx I_C\gg I$，所以，并联谐振又被称为电流谐振。

习　题

3.1　我国民用照明电的频率和周期、电压的有效值和幅值分别是多少？写出电压初相为零的瞬时值表达式，画出波形图，并计算当 $t=5$ms 时，电压的瞬时值。

3.2　用交流电压表或电流表测出的值是交流电的幅值还是有效值？

3.3　有一台加热器，用万用表测出其阻值为 80Ω，现接到 $u=311\sin 314t$ V 的交流电源上，写出加热器流过的电流瞬时值表达式，并计算每天使用 1h，则 30 天消耗多少度电？

3.4　一个额定功率为 500W 的电熨斗，接在 220V 的工频电源上。求电熨斗的电阻值及电流。如每天使用 1h，30 天共耗多少度电？如果电源频率改为 60Hz，上述计算的值是否有变化？

3.5　写出 $u_A=220\sqrt{2}\sin 314t$ V，$u_B=220\sqrt{2}\sin(314t-120°)$ V 和 $u_C=220\sqrt{2}\sin(314t+120°)$ V 的相量代数式和极坐标式，并画出相量图。

3.6　在电视机的电源滤波电路中，有一个 0.6mH 的电感。试计算它对 50Hz 电源的感抗和对 100kHz 的微波干扰信号的感抗。

3.7　已知相量 $\dot{A}=8+\mathrm{j}6$，$\dot{B}=8\angle -60°$。求：（1）$\dot{A}+\dot{B}$；（2）$\dot{A}-\dot{B}$；（3）$\dot{A}\times\dot{B}$；（4）$\dot{A}/\dot{B}$。

3.8　有一电风扇电动机的电感为 0.1H，电阻忽略不计，接在工频 220V 的电源上，求电动机电流和无功功率，并画出以电流为参考量的电压与电流相量图。

3.9　为了提高功率因数，将一个 4.7μF 的无极性电容与感性负载并联接在工频 220V 的电源上。求电容上的电流和电容的无功功率，并画出以电压为参考量的电容上的电压相量图，以及电容上的电流相量图。

3.10 在如图3.16所示的电路中，已知 $R=50\Omega$，$L=31.8\text{mH}$，$C=318\mu\text{F}$。求电源电压为220V，频率分别为50Hz和1kHz两种情况下各元件流过的电流，并以电源电压为参考量，画出 $\dot{I}_R$、$\dot{I}_L$、$\dot{I}_C$ 和 $\dot{I}$ 的相量图。

3.11 在如图3.17所示的电路中，HL_A、HL_B、HL_C 三个照明灯相同，当接到交流电源上时，若在电阻、电容、电感中有 $R=X_C=X_L$，则照明灯的亮度有什么不同？若改接到电压相同的直流电源上，稳定后，与接交流电源时相比，各照明灯亮度有什么变化？

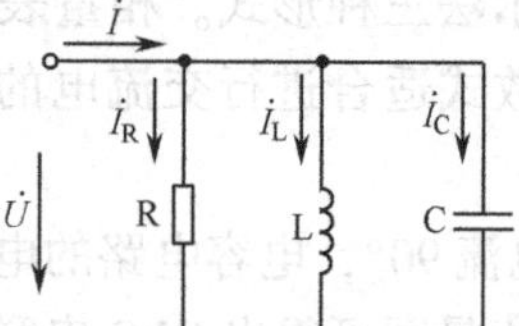

图3.16 题3.10电路图

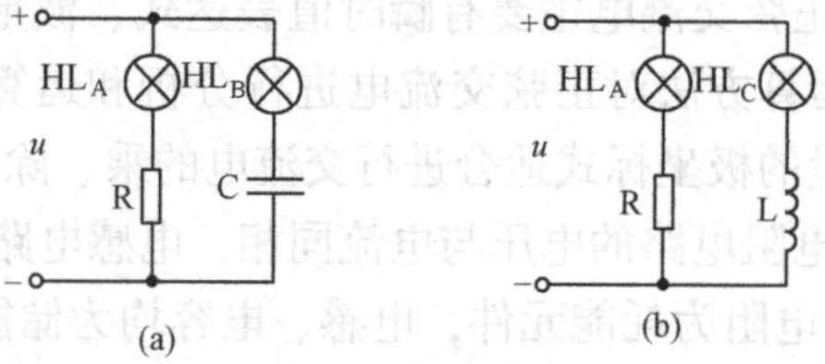

图3.17 题3.11电路图

3.12 将一个电感线圈接在12V的直流电源上时，通过的电流为0.8A，若改接在1kHz、12V的交流电源上，通过的电流为0.6A，求此线圈的电阻和电感。

3.13 已知在串联的电阻、电感、电容中有 $R=30\Omega$、$L=127\text{mH}$、$C=40\mu\text{F}$，流过的电流为 $i=4.4\sqrt{2}\sin 314t$ A。求：

（1）感抗、容抗和阻抗模；

（2）各元件上电压的有效值及总电压的瞬时值表达式；

（3）有功功率、无功功率和视在功率；

（4）画出电压三角形、阻抗三角形和功率三角形。

3.14 调幅半导体收音机的中频变压器的电感为0.6mH。请问，应并联多大的电容才能谐振在465kHz的中频频率上？

3.15 某收音机的输入电路如图3.14所示。如果天线回路中的电感为0.33mH，可变电容 C 应在多大范围内可调，才能收听到530～1600kHz的中波段广播。

3.16 有一日光灯电路如图3.18所示。灯管与镇流器串联接在工频220V的交流电源上，灯管的电阻值 $R_1=300\Omega$，镇流器的线圈电感 $L=1.5\text{H}$、电阻值 $R=20\Omega$。试求：

（1）电路中的电流 I；

（2）灯管两端的电压 U_{R_1}，镇流器两端的电压 U_{LR}；

（3）电路消耗的有功功率 P 和无功功率 Q 及功率因数 λ；

（4）画出以电流 $\dot{I}$ 为参考量的 $\dot{U}_{R_1}$、$\dot{U}_{LR}$ 和 $\dot{U}$；

（5）如果要将功率因素提高到0.95，应并联多大的电容？

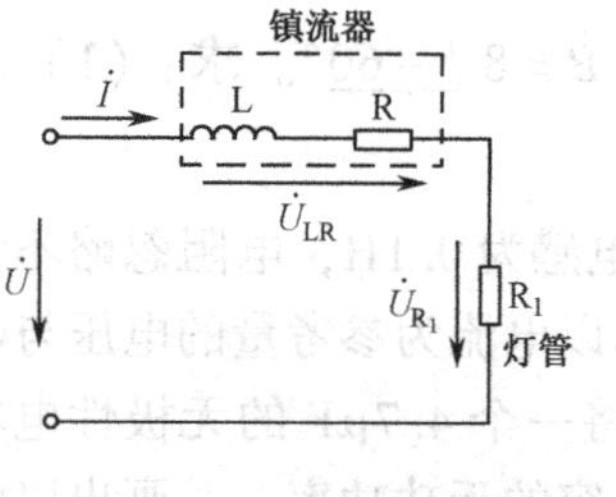

图3.18 题3.15电路图

第4章　三相交流电路

目前，发电及供电系统都采用三相交流电。在日常生活中所使用的交流电只是三相交流电中的一相，而工厂生产所用的三相电动机就需要三相制供电。三相交流电也被称为动力电。

本章主要介绍三相交流电源、三相负载的连接及电压、电流和功率的分析，以及安全用电知识。

❖教学目标

通过学习三相交流电的知识，理解三相负载、线电压、相电压、线电流、相电流及中线的概念，掌握以上各物理量的相量及数值之间的关系；熟悉三相负载的连接及其特点，熟悉三相功率的计算方法；掌握常用的安全用电知识。

❖教学要求

能力目标	知识要点	权　重	自测分数
理解三相交流电的概念，掌握各物理量之间的关系	三相负载、线电压、相电压、线电流、相电流及中线，三相交流电各物理量之间的关系	30%	
熟悉三相负载的连接及其特点	三相负载与三相交流电源间的星形连接电路和三角形连接电路的连接方法与特点，三相功率的计算方法	40%	
掌握常用的安全用电知识	常见的触电事故，安全用电措施	30%	

4.1　三相交流电源

三相交流电是由三相同步发电机产生的。三相同步发电机内有三个结构相同、彼此间隔120°且对称分布的固定绕组，在同一旋转磁场中切割磁力线，产生三相对称的交流电，如图4.1所示。

图4.1（a）中的u_A、u_B、u_C分别为三个对称的单相交流电，A、B、C所对应的引出线分别被称为A相线、B相线、C相线，俗称火线。N引出线被称为中线，俗称零线。相线与中线之间的电压u_A、u_B、u_C被称为相电压，其有效值用U_p表示。u_A、u_B、u_C的表达式如下

$$\begin{cases} u_A = U_m \sin\omega t \\ u_B = U_m \sin(\omega t - 120^\circ) \\ u_C = U_m \sin(\omega t - 240^\circ) = U_m \sin(\omega t + 120^\circ) \end{cases}$$

三相电的波形图如图4.1（b）所示，三相电的相量图如图4.1（c）所示。相线与相线之间的电压u_{AB}、u_{BC}、u_{CA}被称为线电压，其有效值用U_l表示。U_l与U_p的关系式为

$$U_l = \sqrt{3} U_p \tag{4.1}$$

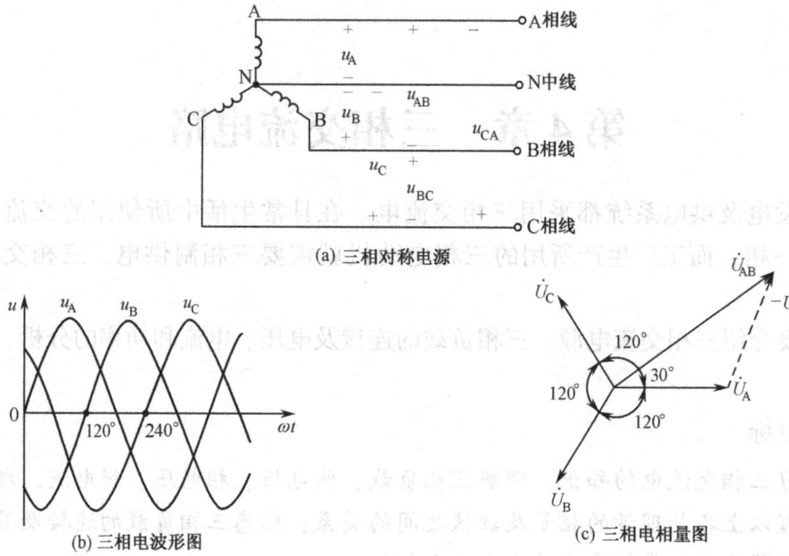

(a) 三相对称电源

(b) 三相电波形图

(c) 三相电相量图

图 4.1　三相交流电

例如，在低压配电系统中，相电压为 220V，线电压

$$U_1 = \sqrt{3} \times 220\text{V} \approx 380\text{V}$$

4.2　三相负载

三相负载与三相交流电源的连接方式有两种：一种是星形连接（Y 连接），另一种是三角形连接（△连接）。

4.2.1　负载的星形连接

如图 4.2 所示为三相负载与三相交流电源间的星形连接电路，也被称为三相四线制。

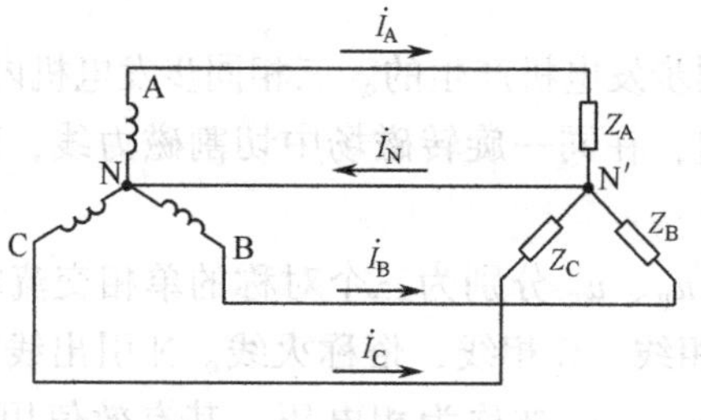

图 4.2　三相四线制

三相四线制中各相电源与各相负载经中线构成各自独立的回路，可以利用单相交流电的分析方法对每相负载进行独立的分析。

每相负载所流过的电流被称为相电流，其有效值用字母 I_p 表示；流过相线的电流被称为线电流，其有效值用字母 I_1 表示。负载以星形连接时，线电流与相电流、线电压与相电压的关系为

$$\begin{cases} I_l = I_p = \dfrac{U_p}{|Z_p|} \\ U_l = \sqrt{3}U_p \end{cases} \tag{4.2}$$

各相电流与各相电压及各相负载之间的相量关系为

$$\dot{I}_A = \frac{\dot{U}_A}{Z_A},\ \dot{I}_B = \frac{\dot{U}_B}{Z_B},\ \dot{I}_C = \frac{\dot{U}_C}{Z_C}$$

中线上的电流可根据 KCL 得

$$\dot{I}_N = \dot{I}_A + \dot{I}_B + \dot{I}_C \tag{4.3}$$

三相四线制的中线不能断开，中线上不允许安装熔断器和开关，否则，一旦中线断开，各相电路都不能独立正常工作，会出现过压或欠压的现象，甚至会导致负载的损坏。

如果负载 $Z_A = Z_B = Z_C$，则被称为对称负载，这时的 $I_A = I_B = I_C$，且三者的相位互差 120°，如以 $\dot{I}_A$ 为参考量，则电流相量关系如图 4.3 所示。

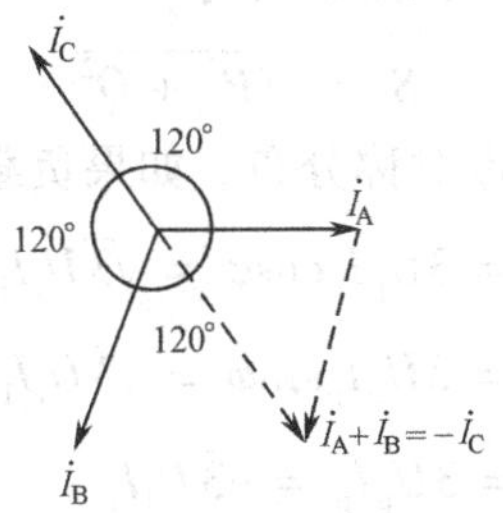

图 4.3　对称负载电流相量图

根据相量关系可得

$$\dot{I}_N = \dot{I}_A + \dot{I}_B + \dot{I}_C = 0$$

对称负载星形连接中 $\dot{I}_N=0$，中线可以省去，构成星形连接三相三线制。工厂中使用的额定功率 $P_N \leqslant 3\text{kW}$ 的三相异步电动机，均采用星形连接三相三线制。

4.2.2　负载的三角形连接

如果三相异步电动机的额定功率 $P_N \geqslant 4\text{kW}$，则应采用三角形连接，负载的三角形连接电路如图 4.4 所示。

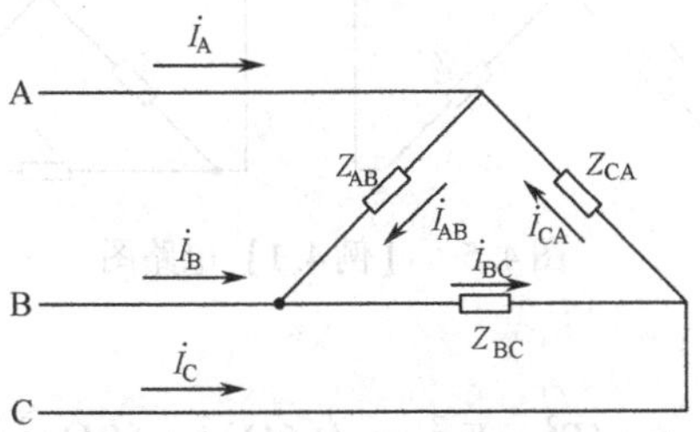

图 4.4　负载的三角形连接

图中 Z_{AB}、Z_{BC}、Z_{CA} 分别为三相负载，$\dot{I}_{AB}$、$\dot{I}_{BC}$、$\dot{I}_{CA}$ 分别是每相负载流过的电流，被称为相电流，有效值为 I_p。

$\dot{I}_A$、$\dot{I}_B$、$\dot{I}_C$ 是线电流，有效值为 I_l。负载的三角形连接特点是

$$U_l = U_p \tag{4.4}$$

$$I_l = \sqrt{3} I_p \tag{4.5}$$

$$I_p = \frac{U_p}{|Z_p|} = \frac{U_l}{|Z_p|} \tag{4.6}$$

三相负载的三角形连接只有三相三线制。

4.2.3　三相功率

三相负载总的功率计算形式与负载的连接方式无关。三相负载总的有功功率等于各相负载有功功率之和，即

$$P = P_A + P_B + P_C \tag{4.7}$$

三相负载总的无功功率等于各相负载无功功率的代数和，即

$$Q = Q_A + Q_B + Q_C \tag{4.8}$$

三相负载总的视在功率根据功率三角形可得

$$S = \sqrt{P^2 + Q^2} \tag{4.9}$$

负载与三相交流电源连接时尽量对称分布。如果负载对称，则三相负载总的功率分别为

$$\begin{cases} P = 3U_p I_p \cos\varphi = \sqrt{3} U_l I_l \cos\varphi \\ Q = 3U_p I_p \sin\varphi = \sqrt{3} U_l I_l \sin\varphi \\ S = 3U_p I_p = \sqrt{3} U_l I_l \end{cases} \tag{4.10}$$

式中，φ 是相电压 U_p 与相电流 I_p 之间的相位差。

应该注意，虽然三角形连接和星形连接计算功率的形式相同，但具体的计算值并不相等，现举例说明。

【例】 如图 4.5 所示为三相对称负载，每相负载的电阻值 $R = 6\Omega$，感抗 $X_L = 8\Omega$，接入 380V 三相三线制电源。试比较星形和三角形连接时三相负载总的有功功率。

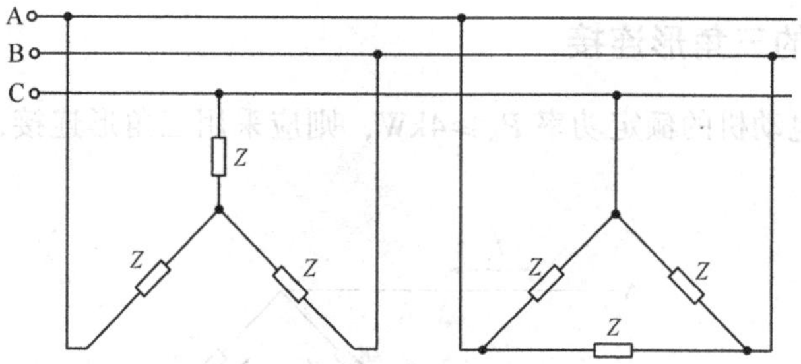

图 4.5　【例 4.1】电路图

解：各相负载的阻抗

$$|Z| = \sqrt{R^2 + X_L{}^2} = \sqrt{(6\Omega)^2 + (8\Omega)^2} = 10\Omega$$

星形连接时，负载的相电压

$$U_p = \frac{U_l}{\sqrt{3}} = \frac{380\text{V}}{\sqrt{3}} \approx 220\text{V}$$

线电流等于相电流

$$I_l = I_p = \frac{U_p}{|Z|} = \frac{220V}{10\Omega} = 22A$$

负载的功率因数

$$\cos\varphi = \frac{R}{|Z|} = \frac{6\Omega}{10\Omega} = 0.6$$

故星形连接时三相负载总的有功功率为

$$P_Y = \sqrt{3}U_l I_l \cos\varphi = \sqrt{3} \times 380V \times 22A \times 0.6 \approx 8.7kW$$

改为三角形连接时，负载的相电压等于电源的线电压

$$U_p = U_l = 380V$$

负载的相电流

$$I_p = \frac{U_p}{|Z|} = \frac{380V}{10\Omega} = 38A$$

则线电流

$$I_l = \sqrt{3}\ I_p = \sqrt{3} \times 38A \approx 66A$$

负载的功率因数不变，仍为 $\cos\varphi = 0.6$，故三角形连接时三相负载总的有功功率为

$$P_\Delta = \sqrt{3}U_l I_l \cos\varphi = \sqrt{3} \times 380V \times 66A \times 0.6 \approx 26.1\ kW$$

可见，$P_\Delta = 3P_Y$。

本例结果表明，在三相电源的线电压一定时，对称负载三角形连接时的功率是星形连接时的 3 倍。其原因是三角形连接时负载的相电压是星形连接时的$\sqrt{3}$倍，从而使三角形连接时的相电流变为星形连接时的$\sqrt{3}$倍；且三角形连接时线电流又是相电流的$\sqrt{3}$倍，所以，三角形连接时的线电流是星形连接时线电流的 3 倍。因此，$P_\Delta = 3P_Y$。

4.3 安全用电

在生产和生活中，人们经常接触到电器设备，如果不小心触及带电部分，或者触及电器设备的绝缘破损部分，就会发生触电事故。

电流通过人体，给人体造成损伤，根据伤害性质不同可分为电伤和电击两种情况。电伤是指对人体外部的伤害，如皮肤的灼伤、烙印等；电击是指电流通过人体内部组织引起的伤害，若不及时摆脱带电体，就有生命危险。

4.3.1 触电事故

人们使用的电器设备主要是 220V 单相和 380/220V 三相的电器设备。1kV 以上的高压设备只有专业人员才能接近，因此，低压触电事故较高压触电事故多一些。触电事故对人体的损伤程度一般与下列因素有关。

1. 安全电压及人体电阻

据有关资料显示，工频交流 10mA 以上，直流在 50mA 以上的电流通过人体心脏时，触电者已不能摆脱电源，就有生命危险。在小于上述电流的情况下，触电者能自己摆脱带电体，但时间过长同样有生命危险。一般情况下，人体触及 36V 以下的电压，通过人体的电

流不会产生危险，故把36V电压作为安全电压。

人体电阻越高，触电时通过人体的电流越小，伤害程度也越轻。通常情况下，人体电阻约为$10^4 \sim 10^5\Omega$。若皮肤潮湿，如出汗时，人体电阻急剧下降，约为$1k\Omega$。人体电阻还与触电时人体接触带电体的面积及触电电压等有关，接触面积越大，触电电压越高，人体电阻越小。

2. 触电形式

最危险的触电事故是电流通过人的心脏，因此，当触电电流从一只手流到另只一手，或由手流到脚部都是比较危险的。但并不是说人体其他部位通过电流就没有危险，因为人体任何部位触电都可能引起肌肉收缩和痉挛以及脉搏、呼吸和神经中枢的急剧失调而丧失意识，造成触电伤亡事故。下面分两种情况进行介绍。

（1）中点不接地的三相三线制供电系统。

在三相电源中点不接地的供电系统中，当电路绝缘完好时，人体误触及一相电源不会触电，因为三相对地绝缘电阻对称，形成三相负载星形连接，负载端中点与电源中点间的中点电压为零，即电源中点对地的电位为零。当一相电源的绝缘破损，如图4.6所示的A相电源的绝缘破损，人站在地面误触及该绝缘破损处，而B、C电源相对地的绝缘不良，对地的等效绝缘电阻值R变小或其中B、C一相电源接地，人体就有较大的电流通过，因此发生触电事故。

通过人体的电流为

$$I_{\mathrm{R}} \approx \frac{U_{\mathrm{p}}}{R_{\mathrm{R}}}$$

式中，U_{p}为电源相电压，人体电阻值R_{R}包括人所穿鞋子的电阻值，而鞋子的电阻值受地面潮湿程度的影响。R_{R}越小，I_{R}越大，触电程度越严重。

（2）中点接地的三相供电系统。

如图4.7所示为中点接地的三相供电系统。$\mathrm{R_0}$为中点接地电阻。所谓接地，通常是将专用钢管或钢板深埋大地中，并牢固地与中点相接，接地电阻值按规定不大于4Ω。此时，若人误触及一相电源的带电导线，则流过人体的电流为

$$I_{\mathrm{R}} = \frac{U_{\mathrm{p}}}{R_0 + R_{\mathrm{R}}} \approx \frac{U_{\mathrm{p}}}{R_{\mathrm{R}}}$$

由此可见，上述两种情况下，误触及带电导线对人体都是很危险的。因此，在使用家用电器时，要避免由绝缘破损而引起的触电伤亡事故。

如果是双线触电，则更危险。

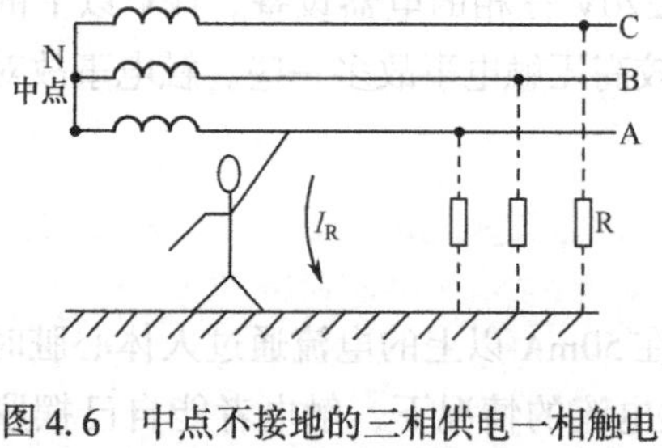

图4.6　中点不接地的三相供电一相触电

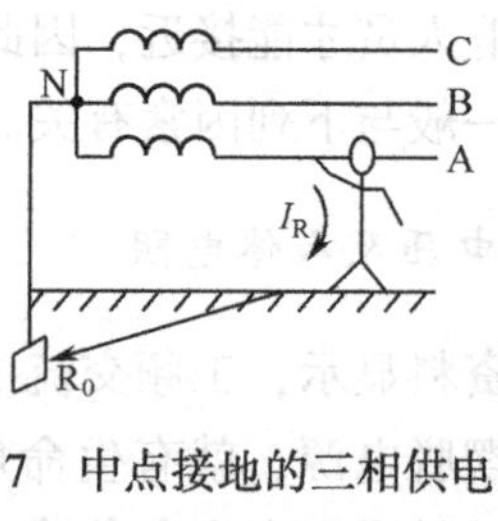

图4.7　中点接地的三相供电系统

4.3.2 安全用电措施

1. 保护接地

保护接地多用在三相电源中点不接地的供电系统中。例如，车间的动力用电与照明用电不共用同一电源时，就采用此种供电系统。用接地线将三相用电设备的外壳与接地电阻焊接起来，形成保护接地，如图 4.8 所示。

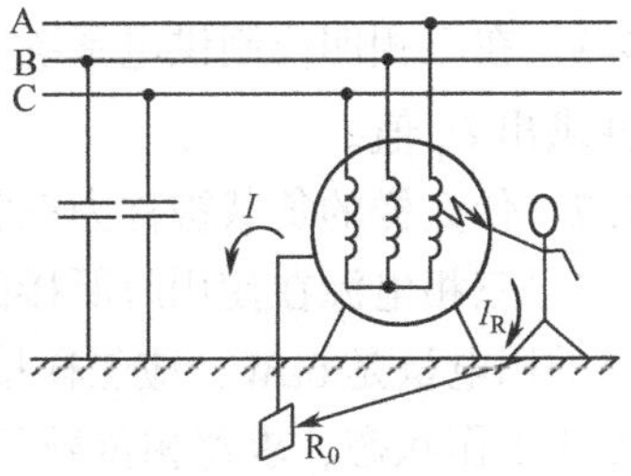

图 4.8 保护接地

假设图 4.8 中的一相电源 A 因绝缘损坏而与电动机的金属外壳短路，若此时人体触及电动机，A 相电源中的电流将分两路入地，所以，大部分电流通过接地电阻（它远小于人体电阻）入地，流过人体的电流极其微小，因此可以避免触电事故。

2. 保护接零

在动力和照明共用的低压三相四线制供电系统中，电源中点接地，这时应采用保护接零（接中线）措施。保护接零就是用导线将电器设备外壳与中线相连，如图 4.9 所示。

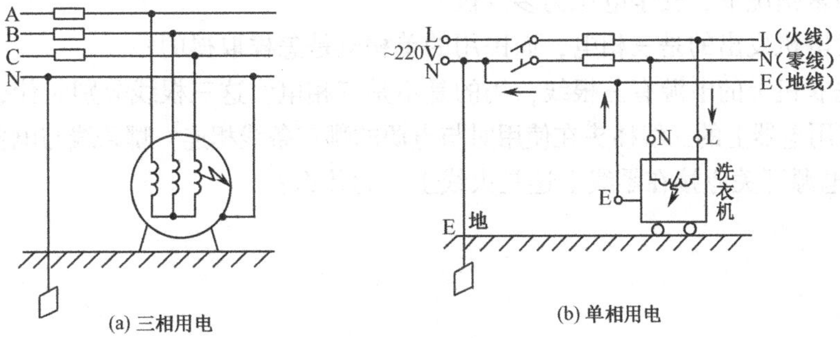

图 4.9 保护接零（接中线）

在图 4.9（a）中，假设电动机的 C 相电源的绕组碰壳，则 C 相电源的导线与中线形成短路（C 相电源短路）致使该相熔丝熔断，因此，可以避免触电事故。

图 4.9（b）给出了使用单相用电设备时的正确接线方式。用导线将用电设备的外壳与粗脚接线端相连，通过插座与地线相连。一旦漏电碰壳，电流经外壳地线入地，可避免触电事故。有的用户在使用洗衣机、电风扇、电冰箱等电器时不接地线，这是非常危险的。

电器的电源开关应安装在火线上，开关断开时电器不带电，如果开关接在零线上，开关断开时电器仍然带电，也很容易发生触电事故。

如果遇到触电事故，应首先切断电源，然后立即采取有效的急救措施。

本章小结

三相交流发电机产生按正弦规律变化的，三相幅值相等、频率相同、相位互差 120°的交流电。

在三相四线制供电系统中，负载星形连接时，$I_l = I_p$，$U_l = \sqrt{3}U_p$；负载三角形连接时，

$U_l = U_p$，$I_l = \sqrt{3} I_p$。三相负载的有功功率 $P = P_A + P_B + P_C$。如果三相负载对称，则 $P = 3U_p I_p \cos\varphi = \sqrt{3} U_l I_l \cos\varphi$。中线上不允许接熔断器及开关。

习　题

4.1　在三相四线制供电系统中，若相电压 $u_A = 220\sqrt{2}\sin\omega t$ V，试写出 u_B 和 u_C 的表达式，并求出 U_l 值。

4.2　什么样的负载被称为三相对称负载？

4.3　三相电源在使用时所接的三相负载尽量对称分布。例如，现有民用六层楼房，每层楼总的用电量是6kW，应怎样接入线电压为380V 的三相四线制电源？画出接线图。若负载都处于工作状态，求每相负载的相电压、相电流、线电流和中线电流；如果 A 相电源中断，再求中线电流。

4.4　三相对称负载每相的电阻值 $R = 8\Omega$，感抗 $X_L = 6\Omega$，星形连接在线电压 $U_l = 380$V 的三相电源上。求相电压、相电流、线电流、中线电流和三相负载总的有功功率、无功功率及视在功率。

4.5　三相四线制供电系统的中线上为什么不允许接熔断器及开关？

4.6　通常情况下，安全电压为多少伏？

4.7　发电机发出的是三相电，而民用的单相电是怎样取得的？

4.8　洗衣机上的电源有三根线，用的是不是三相电？这三根线分别叫什么线？

4.9　家用电器上的三线插头在使用时与电源的哪三条线相连？哪条线与电器的外壳相连？

4.10　电源开关应接在零线上还是火线上？为什么？

第5章　电路的暂态分析

在含有储能元件（电容、电感）的电路中，当电路的结构或元件的参数发生变化时，使储能元件储存能量或释放能量而导致电路中的电压及电流产生暂时的变化过程，我们将这个暂时的变化过程称为电路的暂态。暂态过程的时间一般都很短暂，但对于高速运行的计算机和电子线路而言，其影响和作用却是很大的。暂态过程发生之前或暂态过程结束之后的电路状态均被称为稳态。

本章主要讨论运用三要素法分析暂态过程中电压和电流的变化规律及常用的微分电路和积分电路。

❖教学目标

通过学习电路的暂态了解并分析电路暂态产生的原因，运用三要素法分析暂态过程中电路各元件的电压和电流的变化规律，深刻理解电路参数对暂态过程的影响；熟悉微分电路和积分电路的结构与条件，理解输出与输入波形的关系及微分电路和积分电路的含义。

❖教学要求

能力目标	知识要点	权重	自测分数
掌握电路暂态过程产生的原因	储能元件，换路的三个瞬间及换路定则	30%	
掌握三要素法	初始值、稳态值、时间常数的计算方法；暂态过程的分析方法	50%	
能够识别、分析微分电路和积分电路	微分电路和积分电路的结构与条件，输出与输入波形的关系，微分电路和积分电路的含义	20%	

5.1　换路定则

电路的结构或元件的参数发生变化被称为换路。在换路瞬间，电容两端的电压不能跃变$\left(u_C = \frac{1}{C}\int i_C \mathrm{d}t\right)$，电感中的电流不能跃变$\left(i_L = \frac{1}{L}\int u_L \mathrm{d}t\right)$，这被称为换路定则。如果设换路的瞬间$t=0$，换路前的终了瞬间$t=0_-$，换路后的初始瞬间$t=0_+$，则换路定则用公式表示为

$$\begin{cases} u_C(0_+) = u_C(0_-) \\ i_L(0_+) = i_L(0_-) \end{cases} \tag{5.1}$$

5.2　暂态分析的三要素法

含有一个储能元件或可等效为一个储能元件的电路换路时，电路从一种稳态经过暂态过程（也被称为过渡过程）进入另一种稳态。在这个暂态过程中，各元件上的电压和电流的变化规律可用公式表示为

$$f(t) = f(\infty) + [f(0_+) - f(\infty)]\mathrm{e}^{-\frac{t}{\tau}} \tag{5.2}$$

式中，$f(t)$表示任一时刻的待求量，$f(0_+)$表示换路后初始瞬间值，即$t=0_+$时的初始值，$f(\infty)$表示换路后$t=\infty$时的稳态值，τ为换路后的电路时间常数。如果求得$f(0_+)$、$f(\infty)$和τ这“三要素”，就能写出暂态过程待求电压或电流的变化规律，并能求出任一时刻的值。

5.2.1 初始值$f(0_+)$

根据换路定则，就可以求得换路后电容电压的初始值$u_C(0_+)$和电感电流的初始值$i_L(0_+)$，以及电路中各元件的电压和电流的初始值$f(0_+)$。

【例5.1】 求如图5.1（a）所示的电路换路后（S闭合），各元件上的初始值。设换路前（S断开）$u_C(0_-)=0$，如图5.1（b）所示，电路中$E=12V$，$R_1=R_2=10k\Omega$，$C=1000pF$。

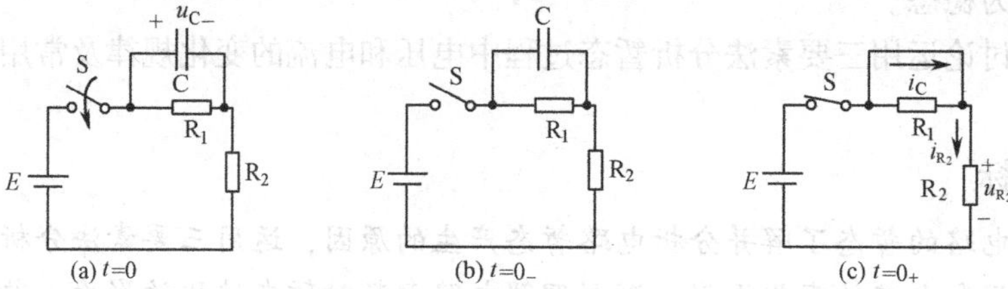

图5.1 【例5.1】电路图

解：根据换路定则，$u_C(0_+)=u_C(0_-)=0$，电容元件相当于短路。画出换路后初始瞬间$t=0_+$的电路，如图5.1（c）所示。

$$u_{R_1}(0_+)=u_C(0_+)=0$$

$$u_{R_2}(0_+)=E=12V$$

$$i_C(0_+)=i_{R_2}(0_+)=\frac{u_{R_2}(0_+)}{R_2}=\frac{12V}{10k\Omega}=1.2mA$$

$$i_{R_1}(0_+)=\frac{u_{R_1}(0_+)}{R_1}=0$$

【例5.2】 电路如图5.2（a）所示，$R_1=R_2=R_3=3\Omega$，$L=3H$，$E=6V$，开关S长期处于1位置。$t=0$时S向2位置闭合，求各元件上的初始值。

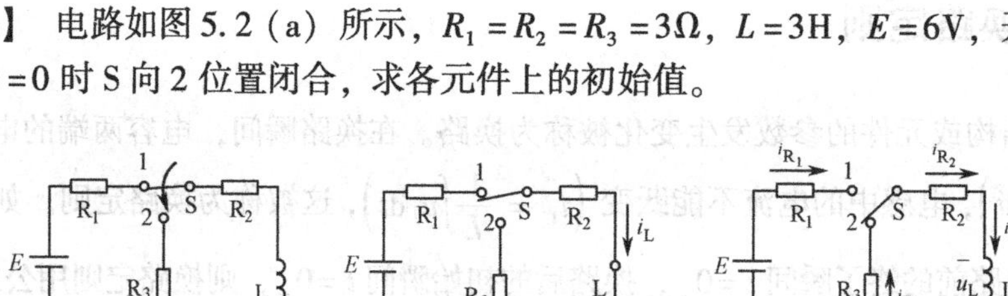

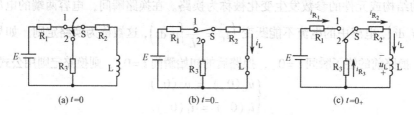

图5.2 【例5.2】电路图

解：$t=0_-$时的等效电路如图5.2（b）所示。在稳态时，$X_L=2\pi fL=0$，所以，电感L视为短路。根据换路定则

$$i_L(0_+)=i_L(0_-)=\frac{E}{R_1+R_2}=\frac{6V}{3\Omega+3\Omega}=1A$$

由$t=0_+$时的电路图5.2（c），可求得

$$i_{R_1}(0_+)=0$$

$$i_{R_2}(0_+) = i_{R_3}(0_+) = i_L(0_+) = 1\text{A}$$
$$u_{R_1}(0_+) = i_{R_1}(0_+)R_1 = 0$$
$$u_{R_2}(0_+) = i_{R_2}(0_+)R_2 = 1\text{A} \times 3\Omega = 3\text{V}$$
$$u_{R_3}(0_+) = i_{R_3}(0_+)R_3 = 1\text{A} \times 3\Omega = 3\text{V}$$
$$u_L(0_+) = u_{R_3}(0_+) + u_{R_2}(0_+) = 3\text{V} + 3\text{V} = 6\text{V}$$

从【例5.1】和【例5.2】的计算结果可见，只有储能元件$u_C(0_+)=u_C(0_-)$和$i_L(0_+)=i_L(0_-)$不能跃变，其余各值都是可以跃变的。因此，其余各值只计算$t=0_+$时的值，与$t=0_-$时无关。

5.2.2 稳态值$f(\infty)$

稳态值$f(\infty)$是指换路后$t=\infty$时，储能元件储存能量或释放能量的过程已经结束，电路中的各量值达到稳定的数值后，所要求解的某个量值。

【例5.3】 求如图5.1（a）所示的电路换路后各元件上的稳态值$f(\infty)$。

解：如图5.1（a）所示的电路换路后进入稳态，是指电路中的储能元件电容C充电结束，即$i_C(\infty)=0$,电容C相当于开路，这时的等效电路如图5.3所示。

$$i_{R_1}(\infty) = i_{R_2}(\infty) = \frac{E}{R_1 + R_2} = \frac{12\text{V}}{10\text{k}\Omega + 10\text{k}\Omega} = 0.6\text{mA}$$
$$u_{R_1}(\infty) = i_{R_1}(\infty)R_1 = 0.6\text{mA} \times 10\text{k}\Omega = 6\text{V}$$
$$u_{R_2}(\infty) = i_{R_2}(\infty)R_2 = 0.6\text{mA} \times 10\text{k}\Omega = 6\text{V}$$
$$u_C(\infty) = u_{R_1}(\infty) = 6\text{V}$$

【例5.4】 求如图5.2（a）所示的电路换路后各元件上的稳态值$f(\infty)$。

解：如图5.2（a）所示的电路换路后进入稳态，是指电路中的储能元件电感L释放能量结束，即$u_L(\infty)=0$，电感L相当于短路，这时的等效电路如图5.4所示。

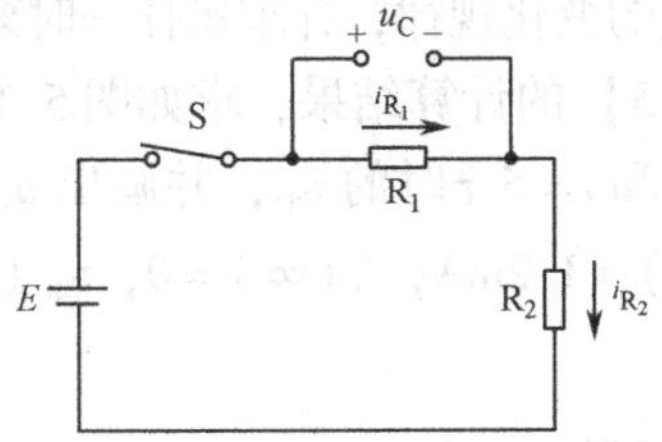

图5.3 【例5.3】电路图($t=\infty$)

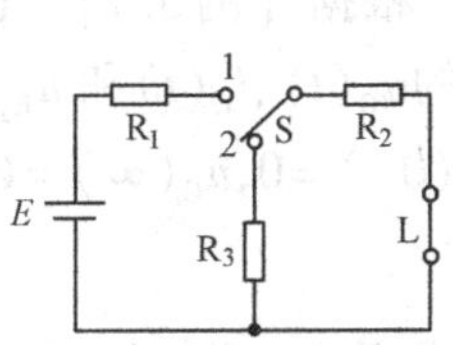

图5.4 【例5.4】电路图($t=\infty$)

因为$u_L(\infty)=0$，所以

$$i_L(\infty) = i_{R_3}(\infty) = i_{R_2}(\infty) = \frac{u_L(\infty)}{R_2 + R_3} = 0$$
$$i_{R_1}(\infty) = 0$$
$$u_{R_1}(\infty) = i_{R_1}(\infty)R_1 = 0$$
$$u_{R_2}(\infty) = i_{R_2}(\infty)R_2 = 0$$
$$u_{R_3}(\infty) = i_{R_3}(\infty)R_3 = 0$$

从【例 5.3】和【例 5.4】的分析计算结果可见，换路后 $t=\infty$ 时，电容元件 C 的 $i_C(\infty)=0$，可视为开路。电感元件 L 的 $u_L(\infty)=0$，可视为短路。

5.2.3 时间常数τ

对于 RC 电路，时间常数τ等于换路后电路中的等效电阻 R 和电容 C 的乘积。R 的单位为欧（Ω），C 的单位为法（F），τ的单位为秒（s）。

$$\tau = RC \tag{5.3}$$

对于 RL 电路，时间常数τ等于换路后电路中的电感 L 和等效电阻 R 的比值。L 的单位为亨（H），R 的单位为欧（Ω），τ的单位为秒（s）。

$$\tau = \frac{L}{R} \tag{5.4}$$

【例 5.5】 求如图 5.1（a）所示的电路换路后的时间常数τ。

解： $\tau = RC = (R_1 /\!/ R_2)C = 5\times10^{-6}\text{s} = 5\mu\text{s}$

【例 5.6】 求如图 5.2（a）所示的电路换路后的时间常数τ。

解： $\tau = \frac{L}{R} = \frac{L}{R_2+R_3} = \frac{3\text{H}}{3\Omega+3\Omega} = 0.5\text{s}$

换路后的时间常数τ值越大，储能元件储存能量或释放能量的过程就越慢，所需要的时间就越长。τ值越小，储能元件储存能量或释放能量的过程就越快，所需要的时间就越短。因此，τ值是说明储能元件储存能量或释放能量快慢的物理量，理论上储存能量或释放能量所需要的时间 $t=\infty$。但是，由于是按指数规律变化的，开始变化较快，而后逐渐缓慢，所以，在实际的工程中，通常认为当 $t=5\tau$时，储能元件储存能量或释放能量的过程结束，电路达到稳定状态。

5.2.4 求任一量$f(t)$

现在已经求得如图 5.1（a）和图 5.2（a）所示的电路换路后的τ值和各量的$f(0_+)$、$f(\infty)$三要素，就可直接利用式（5.2）写出暂态过程任一量的变化规律，并求出任一时刻的值。

【例 5.7】 根据【例 5.1】、【例 5.3】和【例 5.5】的计算结果，求如图 5.1（a）所示的电路换路后的$u_C(t)$、$i_C(t)$和 $u_{R_2}(t)$及 $t=\tau$、$t=3\tau$和 $t=5\tau$时的 u_C，并画出 $u_C(t)$的变化曲线。已知 $u_C(0_+)=0$，$u_C(\infty)=6\text{V}$，$\tau=5\mu\text{s}$，$i_C(0_+)=1.2\text{mA}$，$i_C(\infty)=0$，$u_{R_2}(0_+)=12\text{V}$，$u_{R_2}(\infty)=6\text{V}$。

解： 根据式$f(t)=f(\infty)+[f(0_+)-f(\infty)]\text{e}^{-\frac{t}{\tau}}$可得

$$\begin{aligned} u_C(t) &= u_C(\infty)+[u_C(0_+)-u_C(\infty)]\text{e}^{-\frac{t}{\tau}} \\ &= 6+(0-6)\text{e}^{-\frac{t}{5\times10^{-6}}} \\ &= 6-6\text{e}^{-2\times10^5 t} \end{aligned}$$

当 $t=\tau$时

$$u_C(\tau) = 6-6\text{e}^{-\frac{\tau}{\tau}} = 6-6\text{e}^{-1} = 6-6\times0.368 \approx 3.8(\text{V})$$

当 $t=3\tau$时

$$u_C(3\tau) = 6-6\text{e}^{-\frac{3\tau}{\tau}} = 6-6\times0.05 \approx 5.7(\text{V})$$

当 $t=5\tau$时

$$u_C(5\tau) = 6 - 6e^{-\frac{5\tau}{\tau}} = 6 - 6e^{-5} = 6 - 6 \times 0.007 \approx 6(V)$$

可见，$u_C(5\tau) \approx u_C(\infty)$。所以，可以认为 $t = 5\tau$ 时，暂态过程基本结束。

$$i_C(t) = i_C(\infty) + [i_C(0_+) - i_C(\infty)]e^{-\frac{t}{\tau}} = 0 + (1.2 \times 10^{-3} - 0)e^{-\frac{t}{\tau}} = 1.2 \times 10^{-3}e^{-2\times10^5 t}$$

$$u_{R_2}(t) = u_{R_2}(\infty) + [u_{R_2}(0_+) - u_{R_2}(\infty)]e^{-\frac{t}{\tau}} = 6 + (12 - 6)e^{-2\times10^5 t} = 6 + 6e^{-2\times10^5 t}$$

$u_C(t)$ 的变化曲线如图 5.5 所示。

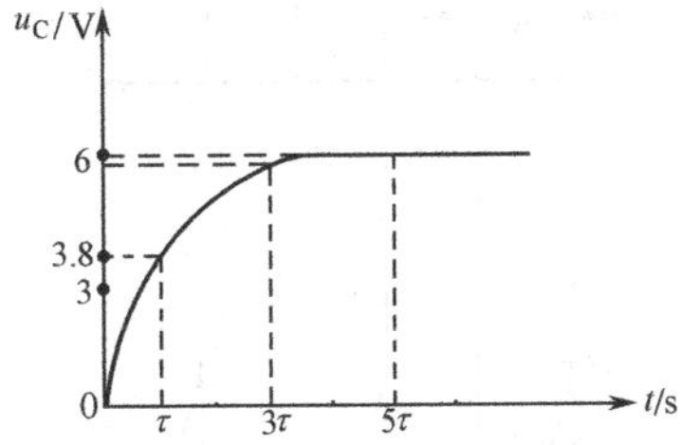

图 5.5　【例 5.7】中 $u_C(t)$ 的变化曲线

【例 5.8】 根据【例 5.2】、【例 5.4】和【例 5.6】的计算结果，求如图 5.2（a）所示的电路换路后的 $u_L(t)$ 和 $i_L(t)$。已知 $u_L(0_+) = 6V$，$u_L(\infty) = 0$，$\tau = 0.5s$，$i_L(0_+) = 1A$，$i_L(\infty) = 0$。

解：

$$u_L(t) = u_L(\infty) + [u_L(0_+) - u_L(\infty)]e^{-\frac{t}{\tau}} = 0 + (6 - 0)e^{-\frac{t}{0.5}} = 6e^{-2t}$$

$$i_L(t) = i_L(\infty) + [i_L(0_+) - i_L(\infty)]e^{-\frac{t}{\tau}} = 0 + (1 - 0)e^{-\frac{t}{0.5}} = e^{-2t}$$

从【例 5.7】和【例 5.8】可见，只要求得 $f(0_+)$、$f(\infty)$ 和 τ，利用式（5.2）就可以很容易地求出暂态过程任一量的变化规律和任一时刻的值。

5.3　微分电路与积分电路

在电子技术中，常用 RC 串联电路输入矩形脉冲，通过电容 C 的充放电作用，即暂态过程，在输出端获得尖脉冲信号或锯齿波信号，使输出信号与输入信号之间符合微分运算或积分运算的关系。

5.3.1　微分电路

按照如图 5.6（a）所示连接 RC 电路。输入信号 u_i 是占空比为 50% 的脉冲序列，如图 5.6（b）所示。所谓占空比是指脉冲宽度 t_w 与周期 T 之比，即 t_w/T。当电路的时间常数 $\tau = RC \ll t_w$ 时（一般取 $\tau < 0.2t_w$），电路的充放电过程将进行得很快。

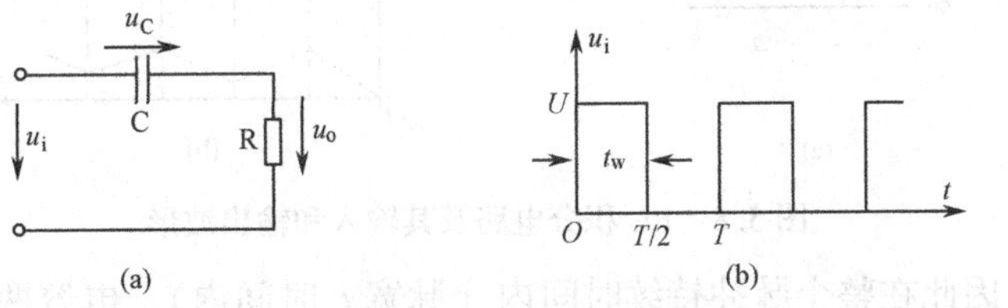

图 5.6　RC 微分电路及输入脉冲信号

在 $t=0$ 瞬间，因 $u_C(0_+)=0$，且不能跃变，因此 $u_o=u_i$，之后 C 两端电压增长，充电电流衰减，由于$\tau \ll t_w$，因此，C 的充电过程进行得很快，在 $t<t_w$ 范围内，u_C 已充到稳态值，$u_C=U$，而 u_o 也衰减到零（$u_o=u_i-u_C$）。这样，在输出端 R 上产生一个正尖脉冲，如图 5.7 所示。

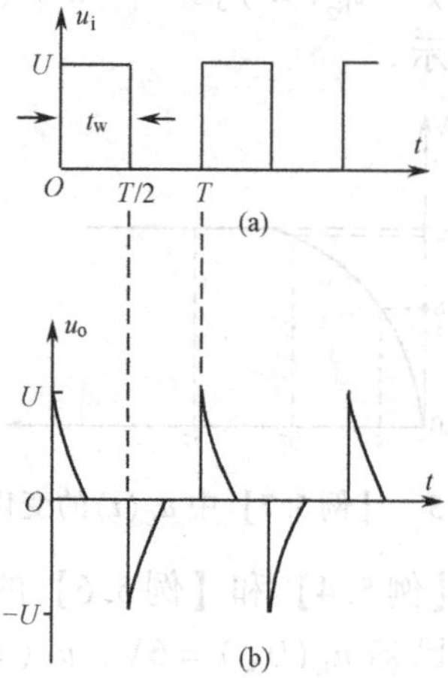

图 5.7　RC 微分电路的输入和输出波形

在 $t=T/2$ 瞬间，u_i 为零，此时 RC 电路自成回路放电，由于 u_C 不能跃变，所以，$u_o=-u_C=-U$。C 放电过程很快，因此，在 R 上输出一个负尖脉冲。

因为$\tau \ll t_w$，电容 C 的充放电速度很快，u_o 存在的时间很短，所以 $u_i=u_C+u_o\approx u_C$，而 $u_o=Ri_C=RC\dfrac{du_C}{dt}=RC\dfrac{du_i}{dt}$。

上式表明，输出电压 u_o 近似地与输入电压 u_i 的微分成正比，因此，称这种电路为微分电路。在微分电路中，输入矩形脉冲，输出可获得正、负尖脉冲。

5.3.2　积分电路

按照如图 5.8（a）所示连接 RC 电路，电路的时间常数$\tau \gg t_w$，在脉冲序列的作用下，此电路为积分电路。

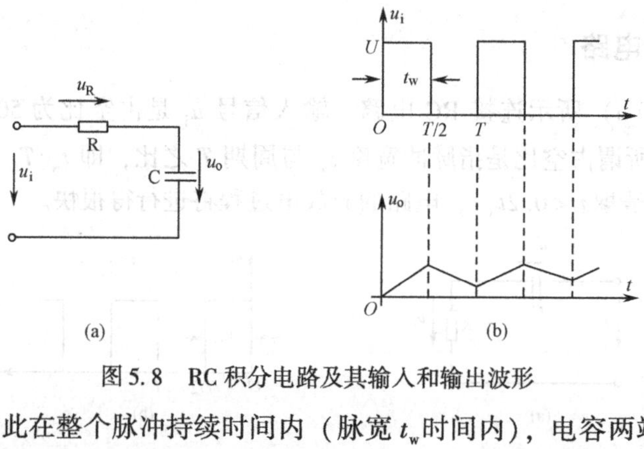

图 5.8　RC 积分电路及其输入和输出波形

由于$\tau \gg t_w$，因此在整个脉冲持续时间内（脉宽 t_w时间内），电容两端电压 $u_C=u_o$ 缓慢增长。当 u_C 还未增长到稳定状态时，脉冲已经消失（$t=t_w=T/2$ 时）。之后电容缓慢放电，输出电压 $u_o=u_C$ 缓慢衰减。u_C 的增长和衰减虽然仍按指数函数变化，但由于$\tau \gg t_w$，其变

化曲线尚处于指数曲线的初始段，近似为线段，因此，输入和输出波形如图5.8（b）所示。由于充放电过程非常缓慢，所以有

$$u_o = u_C \ll u_R$$

而

$$u_i = u_R + u_o \approx u_R = iR$$
$$i \approx u_i/R$$

所以

$$u_o = u_C = \frac{1}{C}\int i\mathrm{d}t = \frac{1}{RC}\int u_i\mathrm{d}t$$

上式表明，输出电压 u_o 近似地与输入电压 u_i 的积分成正比，因此，称这种电路为积分电路。在积分电路中，输入矩形脉冲，输出可获得锯齿波。

本章小结

电路中含有储能元件，即电感或电容，才会形成暂态过程。

在电路发生变化的瞬间，电容两端的电压不能跃变，电感中流过的电流不能跃变，这是暂态分析的重要依据，被称为换路定则，用公式表示为

$$\begin{cases} u_C(0_+) = u_C(0_-) \\ i_L(0_+) = i_L(0_-) \end{cases}$$

暂态分析时，首先要分别求出初始值 $f(0_+)$、稳态值 $f(\infty)$ 和换路后的时间常数 τ 这三个要素，然后代入公式

$$f(t) = f(\infty) + [f(0_+) - f(\infty)]\ \mathrm{e}^{-\frac{t}{\tau}}$$

就可得出电路中任一电压或电流在暂态过程中的变化规律及任一时刻的值。

微分电路是电容、电阻串联，在电阻两端取输出信号，条件是 $\tau \ll t_w$，输入矩形脉冲，输出为正、负尖脉冲。

积分电路是电阻、电容串联，在电容两端取输出信号，条件是 $\tau \gg t_w$，输入矩形脉冲，输出为锯齿波。

习　　题

5.1　在如图5.9所示的电路中，试确定开关S断开初始瞬间的电压 u_C 和电流 i_C、i_1、i_2 的值。S断开前电路已处于稳态。

5.2　在如图5.10所示的电路中，开关S原先闭合在1端，电路已经处于稳态，在 $t=0$ 时，将开关S从1端闭合到2端。试求换路后 i_1、i_2、i_L 以及 u_L 的初始值。

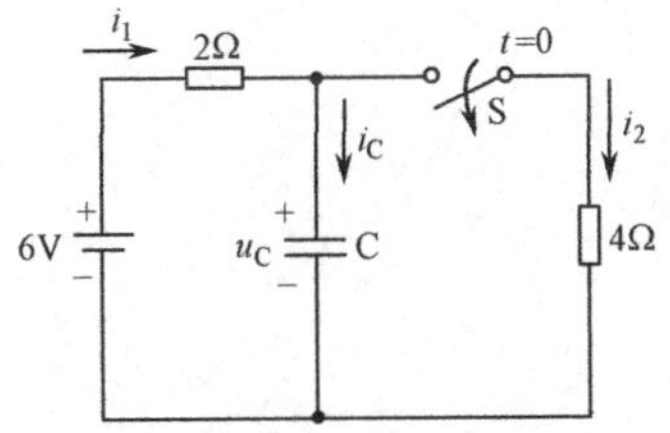

图5.9　题5.1电路图

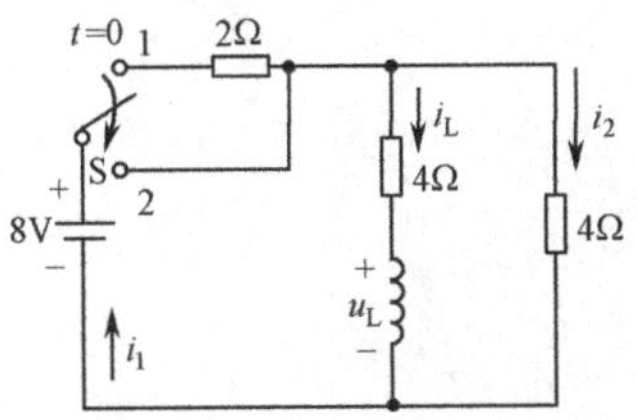

图5.10　题5.2电路图

5.3　在如图5.11所示的电路中，已知 $R=2\Omega$，电压表的内阻为2.5kΩ，电源电动势 $E=4$V。试求开关S断开瞬间电压表两端的电压。换路前电路已经处于稳态。

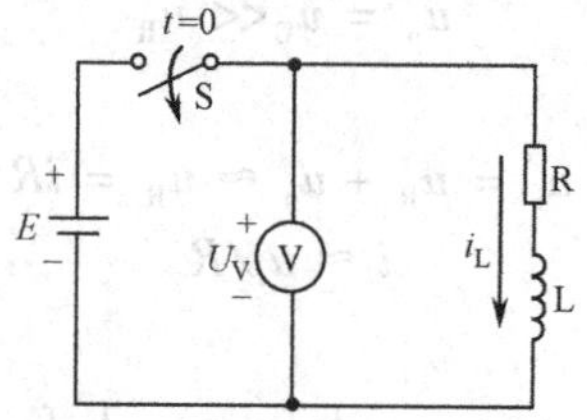

图5.11　题5.3电路图

5.4　求如图5.9所示的电路换路后各量的稳态值 $f(\infty)$。

5.5　求如图5.10所示的电路换路后各量的稳态值 $f(\infty)$。

5.6　在如图5.9所示的电路中，当 $C=10\mu F$ 时，求电路的时间常数 τ 及各量的暂态表达式 $f(t)$。

5.7　在如图5.10所示的电路中，当 $L=0.2H$ 时，求电路的时间常数 τ 及各量的暂态表达式 $f(t)$。

5.8　在如图5.9所示的电路中，当 $t=\tau$ 和 $t=5\tau$ 时，求 u_C 的值。

5.9　在如图5.10所示的电路中，当 $t=\tau$ 和 $t=5\tau$ 时，求 i_L 的值。

5.10　画出微分电路和积分电路，说明构成微分电路和积分电路的条件，并画出输入矩形脉冲时所对应的输出波形。

第6章　半导体元器件

常用的半导体元器件有二极管、三极管和场效应管。本章重点介绍常用半导体元器件的结构、伏-安特性和主要参数。

半导体元器件是构成电子电路的最基本单元。掌握半导体元器件的特征是分析电子电路的基础。

❖教学目标

通过本章的学习，了解半导体二极管、三极管和场效应管的结构及工作原理；掌握二极管、三极管和场效应管的伏-安特性及主要参数；学会检测二极管、三极管和场效应管的质量，能够识别二极管、三极管和场效应管的管脚。

❖教学要求

能力目标	知识要点	权　重	自测分数
能够识别二极管的极性，能够检测二极管的质量	二极管的结构、工作原理、伏-安特性、主要参数	20%	
能够识别三极管的管脚、类型	三极管的结构、分类、工作原理	30%	
能够测试三极管的特性曲线，能够检测三极管的质量	三极管的电流分配和放大作用；三极管的伏-安特性、主要参数	30%	
能够识别场效应管的管脚和类型，能够检测场效应管的质量	场效应管的结构、分类和工作原理；场效应管的伏-安特性、主要参数	20%	

6.1　半导体

导电能力较强的物质被称为导体，如铜、铝等。没有导电能力的物质被称为绝缘体，如塑料、陶瓷等。导电能力介于导体与绝缘体之间的物质被称为半导体。制造半导体元器件最常用的半导体材料为硅和锗。

6.1.1　半导体的三个特性

1. 热敏特性和光敏特性

在通常状态下，半导体类似于绝缘体，几乎不导电。但在加热或光照加强时，半导体的阻值显著下降，导电能力增强，类似于导体。利用半导体的热敏特性和光敏特性可以制成热敏电阻、光敏电阻及光电二极管等元器件，用于实现自动测量及自动控制等。

对于半导体的光敏特性和热敏特性，可以通过下面的简单演示实验进行验证。找一个电子音乐门铃，将其按钮开关取下，在两个接线端之间接入一个光敏电阻。当遮挡光线时，光敏电阻的阻值很大，相当于按钮断开，门铃不响。如果不遮挡光线，使光照在光敏电阻上，则光敏电阻的阻值减小，相当于按钮接通，门铃可响。当光线不足时，可以用手电筒或白炽灯作为光源。如果在两个接线端之间接入一个热敏电阻，用打火机作为热源，就可以验证半导体的热敏特性。

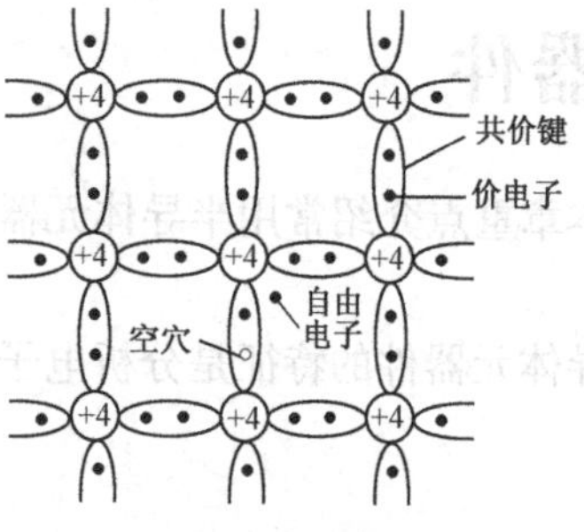

图 6.1　半导体内部结构示意图

半导体具有热敏特性和光敏特性，这是由半导体的内部结构所决定的，如图 6.1 所示。

纯净的半导体又被称为本征半导体。用于制造半导体元器件的硅和锗都是四价元素，其最外层原子轨道上有四个电子，这四个电子为相邻的原子所共有，形成共价键结构。

在共价键结构中，原子最外层虽然具有八个电子而处于较稳定的状态，但是共价键中的电子不像在绝缘体中的价电子那样被束缚得很紧，温度增高或光照增强，有些电子获得能量，即可挣脱共价键的束缚，成为自由电子。温度越高或光照越强，产生的自由电子便越多。在电子挣脱共价键的束缚成为自由电子后，共价键中就留下一个空位，被称为空穴。一般情况下，原子是中性的。当电子挣脱共价键的束缚成为自由电子后，原子的中性便被破坏，从而显现带正电。

在外电场的作用下，有空穴的原子可以吸引相邻原子中的价电子，填补这个空穴。同时，在失去了一个价电子的相邻原子的共价键中出现另一个空穴，它也可以由相邻原子中的价电子来递补，而在该原子中又出现一个空穴，如此继续下去，就好像空穴在运动。而空穴运动的方向与价电子运动的方向相反，空穴运动相当于正电荷的运动。

因此，当半导体两端加上外电压时，半导体中将出现两部分电流：一种是带负电荷的自由电子做定向运动所形成的电子流；另一种是相当于带正电荷的空穴做与电子流相反方向运动形成的空穴电流。在半导体中，同时存在着电子导电和空穴导电，这是半导体导电方式的最大特点，也是半导体和导体在导电机理上的本质差别。自由电子和空穴均被称为载流子。

本征半导体中的自由电子和空穴总是成对出现，同时又不断复合。在一定温度或光照下，载流子的产生和复合达到动态平衡，于是半导体中的自由电子和空穴便维持在一定数目。温度越高或光照越强，载流子数目越多，导电性能也就越好。所以，温度或光照对半导体导电性能的影响很大。

2. 掺杂特性

如果在半导体里掺入少量的杂质，也会使半导体的导电能力增强。例如，在半导体硅或锗中掺入少量硼元素，因为硼元素的外层电子只有三个，它和外层电子数是四的硅或锗原子组成共价键时，就会自然形成一个空穴，这就使半导体中的空穴载流子增多，导电能力增强。这种掺入三价元素，空穴为多数载流子，而自由电子为少数载流子的半导体被称为空穴型半导体，简称 P 型半导体。

如果在半导体中掺入少量磷元素，因为磷元素的外层电子为五个，它和半导体原子组成共价键时，就多出一个电子。这个多出来的电子不受共价键束缚，很容易成为自由电子而导电。这种掺入五价元素，电子为多数载流子，空穴为少数载流子的半导体被称为电子型半导体，简称 N 型半导体。

单独的 N 型或 P 型半导体，只是在导电能力上得到了改善。因掺杂浓度的不同可得到不同值的半导体电阻。制造半导体二极管、三极管、场效应管等半导体元器件，则是将 P 型半导体和 N 型半导体结合，构成 PN 结。

6.1.2 PN 结

1. PN 结的形成

在一块纯净的半导体晶片上，采用特殊的掺杂工艺，在两侧分别掺入三价元素和五价元素，一侧形成 P 型半导体，另一侧形成 N 型半导体，如图 6.2 所示。

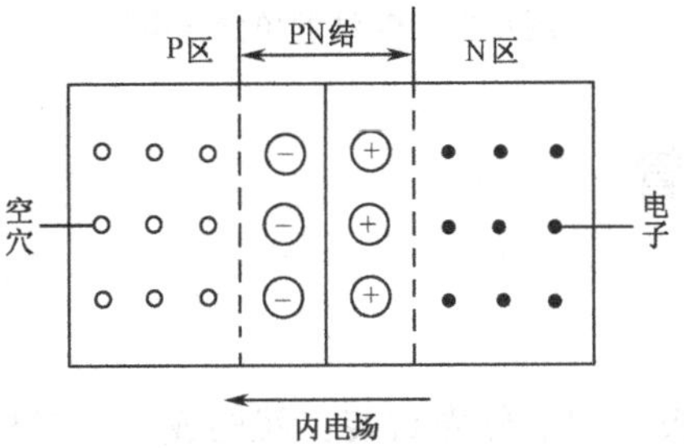

图 6.2 PN 结的形成

P 区的空穴浓度大，会向 N 区扩散；N 区的电子浓度大，会向 P 区扩散。这种在浓度差作用下多数载流子的运动被称为扩散运动。空穴带正电，电子带负电，这两种载流子在扩散到对方区域后复合而消失，但在结合面的两侧分别留下了不能移动的正负离子，呈现出一个空间电荷区。这个空间电荷区就被称为 PN 结。PN 结在形成过程中，会伴随产生一个由 N 区指向 P 区的内电场。内电场的产生对 P 区和 N 区间多数载流子的相互扩散运动起阻碍作用。同时，在内电场的作用下，P 区中的少数载流子电子和 N 区中的少数载流子空穴则会越过交界面向对方区域运动。这种在内电场作用下少数载流子的运动被称为漂移运动。漂移运动和扩散运动最终达到动态平衡，PN 结的宽度也保持在相对稳定的范围。

2. PN 结的单向导电性

PN 结外加正向电压，即 P 区接电源的正极，N 区接电源的负极，被称为 PN 结正偏，如图6.3 (a)所示。

外加电压在 PN 结上所形成的外电场与 PN 结的内电场方向相反，相当于削弱了内电场的作用，使 PN 结变窄，破坏了原有的动态平衡，加强了多数载流子的扩散运动，形成较大的正向电流。这时称 PN 结为正向导通状态。

如果给 PN 结外加反向电压，即 P 区接电源的负极，N 区接电源的正极，被称为 PN 结反偏，如图 6.3 (b) 所示。外加电压在 PN 结上所形成的外电场与 PN 结的内电场方向相同，相当于增强了内电场的作用，使 PN 结变厚，破坏了原有的动态平衡，加强了少数载流子的漂移运动。由于少数载流子的数量很少，所以只有很小的反向电流，一般情况下可以忽略不计。这时称 PN 结为反向截止状态。

综上所述，PN 结正偏（P 正 N 负）导通，反偏（P 负 N 正）截止，具有单向导电性。这是 PN 结的重要特性，PN 结是制造各种半导体元器件的基础。

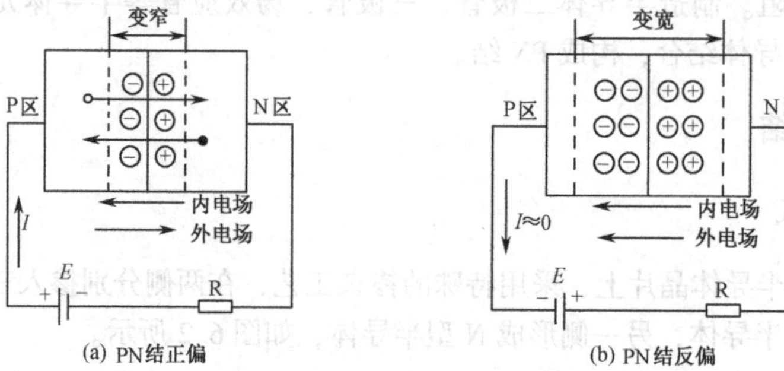

(a) PN结正偏 (b) PN结反偏

图 6.3 PN结的单向导电性

6.2 半导体二极管

6.2.1 结构和分类

一个PN结引出两个电极，加上外壳封装，就构成一个二极管，如图6.4（a）所示。P区的引出线被称为阳极，N区的引出线被称为阴极。

二极管的符号如图6.4（b）所示。二极管的箭头符号表示PN结正偏时电流的方向。因为二极管内部就是一个PN结，PN结具有单向导电性，所以，二极管也具有单向导电性。

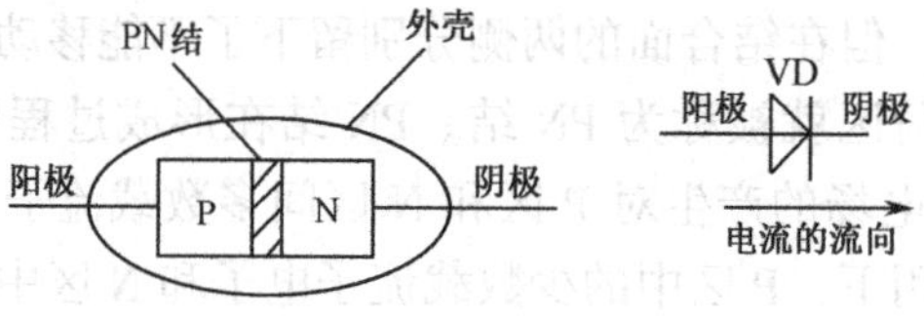

(a) (b)

图 6.4 二极管的结构和符号

按照PN结的接触面大小，二极管可分为点接触型和面接触型。按照制造所用的半导体材料，二极管可分为硅管和锗管。按照不同的用途，二极管可分为普通管、整流管、开关管等。

对于二极管的单向导电性，可以通过下面的简单演示实验进行验证。用一个普通型的二极管、两节5号电池、一个2.5V小电珠按照如图6.5（a）所示连接电路，则小电珠亮，电路中有电流，说明PN结正偏导通。如果按照如图6.5（b）所示连接电路，则小电珠不亮，电路中没有电流，说明PN结反偏截止。也可以将小电珠换成3V的直流小电动机进行演示验证，电动机轴头上焊装一个小风叶，用来观察旋转情况。

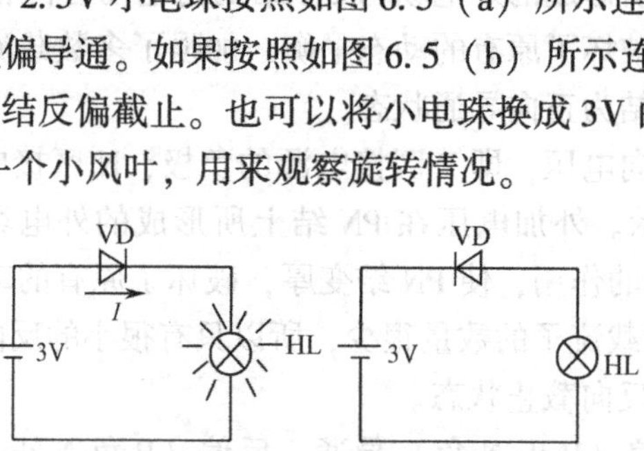

(a) 灯亮 (b) 灯不亮

图 6.5 二极管单向导电演示电路

6.2.2 伏–安特性和主要参数

1. 伏–安特性

伏–安特性是指二极管流过的电流与二极管两端电压之间的关系曲线，如图6.6所示。

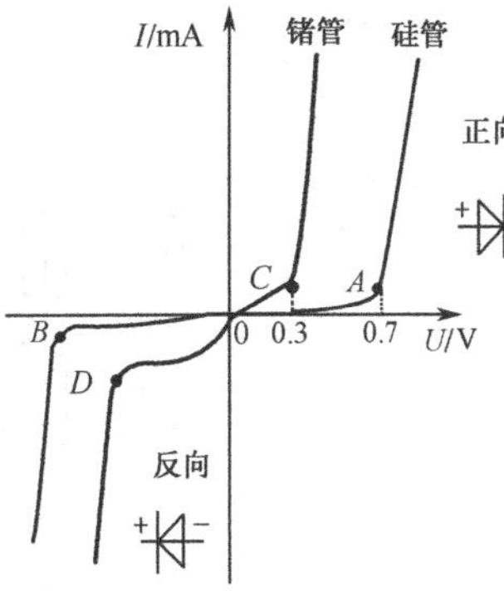

图6.6 二极管的伏–安特性

当二极管承受正偏电压而外加电压还不足以克服内电场作用时，二极管不能导通，几乎没有电流。若正偏电压继续增大达到某一数值，PN结内电场被抵消，正向电流急剧增大，二极管导通，一般硅管导通压降约为0.7V，锗管导通压降约为0.3V，如图6.6所示的A点和C点。二极管外加正向电压所得到的电压–电流关系曲线被称为正向特性。

如果二极管外加反向电压，二极管内部的PN结被加宽，只有少数的载流子漂移形成很微弱的反向电流，这被称为反向饱和电流，硅管约为几微安，锗管约为几百微安，一般情况下忽略不计，二极管反偏截止。但是，当反偏电压超过某一数值，就会产生急剧增大的反向电流，如图6.6所示的B点和D点。原因是外加反向电场过强，使半导体内被共价键束缚的电子被强行拉出，形成自由电子和空穴，大量的电子高速运动又会碰撞出更多的电子并产生更多的空穴，形成更多的载流子。这种反偏导通的现象被称为反向击穿。对应的电压被称为反向击穿电压。除稳压二极管外，反向击穿会损坏二极管。

2. 主要参数

参数是选择和使用二极管的依据。二极管的主要参数有以下三项。

（1）最大整流电流I_F。I_F是指二极管长时间使用时，允许流过二极管的最大正向平均电流。使用时电流超过I_F，二极管的PN结将过热而烧断，这时测其阻值，正、反向均为无穷大。

（2）最高反向工作电压U_{RM}。U_{RM}是指二极管两端允许施加的最大反向电压。为了安全，一般取反向击穿电压值的二分之一作为最高反向工作电压U_{RM}。二极管一旦过压击穿损坏，这时测其阻值，正、反向均为零，失去了单向导电性。

（3）最大反向电流I_{RM}。I_{RM}是指二极管承受最高反向工作电压时的反向电流。这个电流越小，二极管的单向导电性越好。当温度升高时，I_{RM}增大。同一型号的二极管，反向阻值越大，其反向电流I_{RM}就越小。

6.2.3 二极管的应用

利用二极管的单向导电性，可实现整流、限幅、钳位、检波、保护、开关等功能。

1. 整流电路

整流电路是利用二极管的单向导电作用，将交流电变成直流电的电路。下面通过一个简单的演示实验验证二极管的整流作用，电路如图6.7所示。

图6.7（a）中Ⓜ为3V的直流小电动机，其轴头上焊装了一个小风叶，以显示其是否旋转。若开关S在1位，当遇到交流电的正半周时，二极管导通；当遇到交流电的负半周时，二极管截止。所以，直流电动机上得到的是只有正半周的直流电，如图6.7（b）所示。

由于直流电动机的运转惯性，虽然直流电是脉动的，但直流电动机是连续转动的。若开关 S 在 2 位，交流电没有经过二极管，而直接加到了直流电动机上，直流电动机不转动。

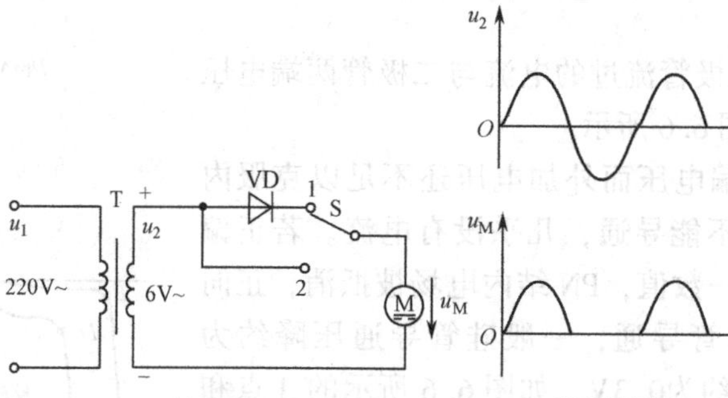

(a) 电路　　(b) 半波整流

图 6.7　半波整流演示电路

日常生活中使用的电热毯的调温开关的低温挡，其实就是串联了一个二极管，使电热丝上只得到半波整流的电压，电流减小，从而降低了发热量。

2. 限幅电路

限幅电路是限制输出信号幅度的电路，在计算机、电视机等很多电子电路中都有应用。如果输入信号幅度变化较大，要使其输出信号限制在一定的范围内，则可接入限幅电路，如图 6.8（a）所示。

为了便于分析，忽略二极管正向压降和反向电流，即设 VD 为理想的二极管。当输入信号 $u_i > E$ 时，二极管正偏导通，输出电压 $u_o = E$，即输出电压正半周幅度被限制为数值 E，输入电压超出 E 的部分降在电阻 R 上，$u_R = u_i - E$；当 $u_i < E$ 时，二极管反偏截止，电路中电流为零，R 上的压降为零，所以，$u_o = u_i$，波形如图 6.8（b）所示。如果要实现双向限幅，则再并联一个二极管 VD 且 E 反方向串联的支路即可。

3. 钳位电路

钳位电路是使输出电位钳制在某一数值上保持不变的电路。钳位电路在数字电子技术中应用最广。例如，如图 6.9 所示为数字电路中最基本的与门电路，就是一种常见的钳位电路形式。

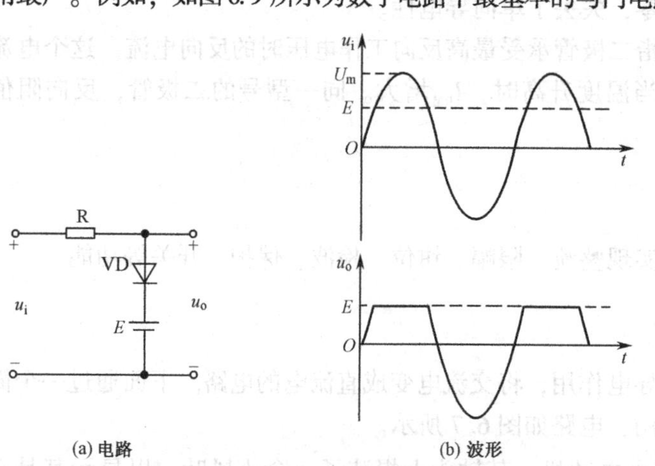

(a) 电路　　(b) 波形

图 6.8　单向限幅电路

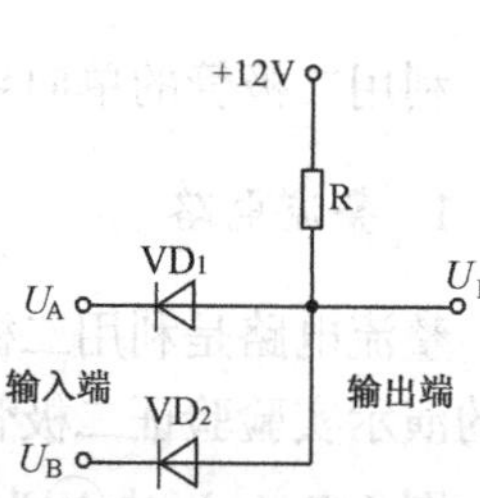

图 6.9　钳位电路（与门）

设二极管为理想元件，当输入 $U_A = U_B = 3V$ 时，二极管 VD_1、VD_2 正偏导通，输出被钳

制在 U_A 和 U_B 上，即 $U_F = 3V$；当 $U_A = 0$，$U_B = 3V$ 时，VD_1 导通，输出被钳制在 U_A 上，即 $U_F = U_A = 0$，VD_2 反偏截止。

4. 检波电路

检波电路是把信号从已调波中检出来的电路。检波电路在调幅收音机及电视机中都有应用。电路如图 6.10 所示。

调幅广播为了能使音频（低频）信号远距离传送，需将音频信号叠加在高频载波信号之上发射出去，如图 6.10 中的 u_i 波形。接收端半导体收音机经检波电路，首先由二极管 VD 去掉负半周，得到 u_A 波形，然后利用电容 C 滤掉高频载波信号，检出音频信号 u_o，再经放大后传送到扬声器就可还原为声音了。

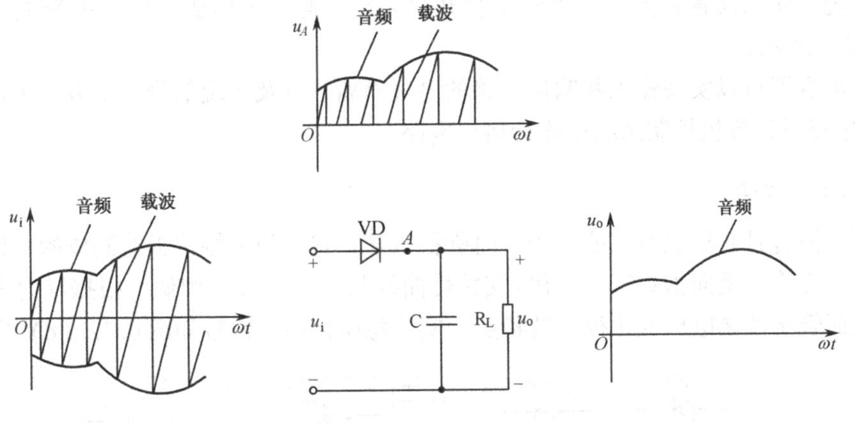

图 6.10 检波电路

6.2.4 特殊二极管

1. 发光二极管

发光二极管正偏导通时发光，反偏截止，具有单向导电并发光的特点。在日常生活中，热水器电源指示灯、计算机上的电源指示灯用的都是发光二极管。发光二极管除可以单独使用外，也可以组合使用，即将多个发光二极管组合制成发光数码管。

发光二极管的内部结构是一个 PN 结，所以发光二极管具有单向导电性。如果将两节 5 号电池和一个发光二极管串联，就可以演示发光二极管的单向导电发光特性实验。演示电路如图 6.11 所示。

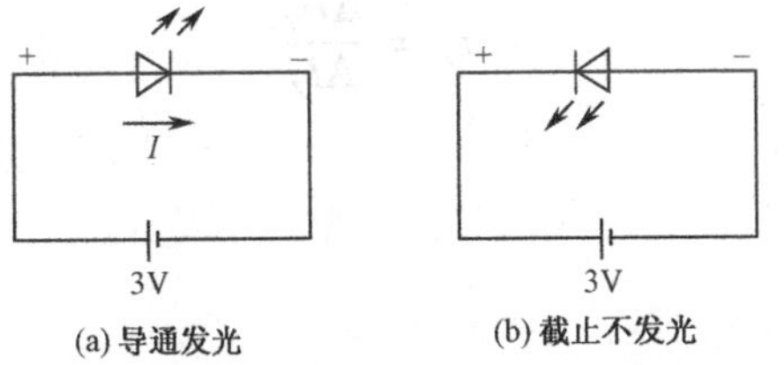

图 6.11 发光二极管的单向导电发光特性演示实验电路

发光二极管采用合成的发光材料制成，外壳为透明树脂，可根据需要制成各种形状和颜色。发光二极管的符号如图 6.12 (a)所示，简称 LED。

遥控器中安装的红外发光二极管也属于发光二极管，这种二极管发出的是不可见的红外线。

2. 光电二极管

光电二极管利用的是PN结的反向特性和半导体的光敏特性，当光照增强时，半导体中电子空穴对增多，在外加反偏压作用下，反向电流增加。利用光电二极管制成光电传感器，可以把非电信号转变为电信号，从而实现控制或测量等功能。光电二极管的符号如图6.12（b）所示。

3. 光电耦合器

如果把发光二极管和光电二极管组合并封装在一起，则构成二极管型光电耦合器，如图6.12（c）所示。

光电耦合器可以实现输入和输出电路的电气隔离，以及实现信号的单方向传递。它常用在数–模电路或计算机控制系统中作为接口电路。

4. 稳压二极管

稳压二极管具有稳定电压的作用，简称稳压管。它是利用特殊工艺制成的，稳压二极管加反偏压，工作在反向击穿区，其伏–安特性曲线与普通二极管相似，根据反向击穿区电流变化很大而管子两端电压变化很小的特点，实现稳压作用，符号如图6.12（d）所示。

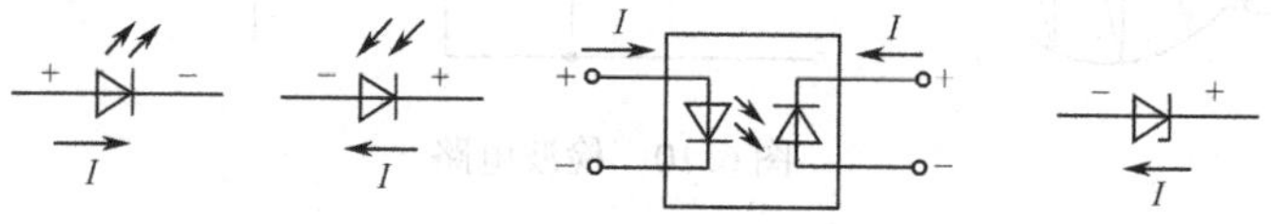

(a) 发光二极管 (b) 光电二极管 (c) 光电耦合器 (d) 稳压二极管

图6.12 特殊二极管的符号及工作电流方向

稳压管的主要参数如下。

① 稳定电压 U_Z 是稳压管反向击穿稳定工作的电压。稳压管的型号不同，则 U_Z 值不同，根据需要查手册确定。

② 稳定电流 I_Z 是指稳压管工作的最小电流值。如果电流小于 I_Z，则稳压性能差，甚至失去稳压作用。

③ 动态电阻 r_Z 是稳压管在反向击穿工作区，电压的变化量与对应电流的变化量的比值，即

$$r_Z = \frac{\Delta U_Z}{\Delta I_Z}$$

r_Z 越小，稳压性能越好。

6.3 三极管

三极管是电子电路中最基本的电子元器件之一，在模拟电子电路中，其主要作用是构成放大电路。

6.3.1 三极管的结构和分类

三极管是由两个 PN 结、三个区、三个引出电极构成的，如图 6.13 所示。

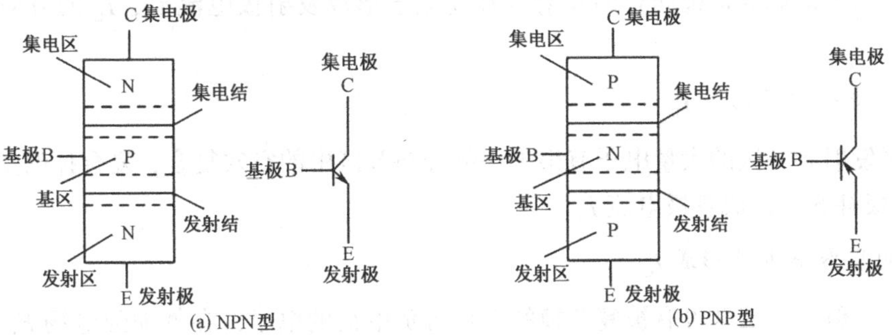

图 6.13　三极管的结构示意图和符号

三极管内部的三个区分别被称为集电区、基区和发射区。三个区相比较，基区最薄，发射区掺杂浓度最高，集电区面积最大。集电区和发射区虽然属于同一类型的掺杂半导体，但不能互换使用。与集电区相连接的 PN 结被称为集电结，与发射区相连接的 PN 结被称为发射结。由三个区引出的三个电极分别被称为集电极 C、基极 B 和发射极 E。

按三个区的组成形式，三极管可分为 NPN 型和 PNP 型，分别如图 6.13（a）和图 6.13（b）所示。从符号上区分，NPN 型发射极箭头向外，PNP 型发射极箭头向里。发射极的箭头方向除用来区分类型外，更重要的是表示三极管工作时发射极的电流方向。

如果按照所用的半导体材料，三极管可分为硅管和锗管；按照功率大小可分为大、中、小功率管；按照频率特性可分为低频管和高频管。

6.3.2 电流分配和放大作用

三极管要实现放大作用，其条件是发射结正偏，集电结反偏。例如，NPN 型三极管，$U_{BE}>0$，发射结正偏，$U_{BC}<0$，集电结反偏；PNP 型三极管，$U_{BE}<0$，发射结正偏，$U_{BC}>0$，集电结反偏。

下面以常用的 NPN 型三极管为例进行讨论，如图 6.14 所示。

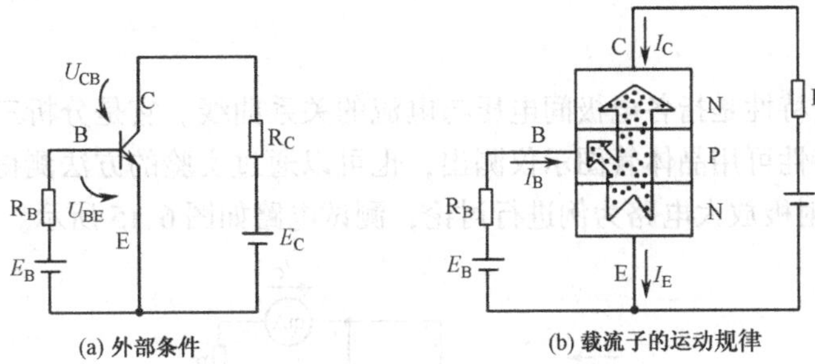

图 6.14　NPN 型三极管电流分配

图 6.14（a）为 NPN 型三极管放大工作必须提供的外部条件，图中的基极电源 E_B 使发射结正偏，集电极电源 $E_C>E_B$ 使集电结反偏。三极管内部载流子的运动规律如图 6.14（b）所示。图中所画出的载流子的运动方向是电子流方向，电子带负电荷。下面分析电子流的运动过程及各极电流的形成原因。

1. 发射区发射电子形成 I_E

发射结正偏，由于发射区掺杂浓度高而产生的大量自由电子，在外电场的作用下，被发射到基区。两个电源的负极同时向发射区补充电子形成发射极电流 I_E，I_E 的方向与电子流方向相反。

2. 基区复合电子形成 I_B

发射区发射到基区的大量电子有很少一部分与基区中的空穴复合，复合掉的空穴由基极电源 E_B 正极补充，形成基极电流 I_B。

3. 集电区收集电子形成 I_C

集电结反偏，在基区没有被复合掉的大量带负电荷的电子，在外加强电场 E_C 正极吸引力的作用下被收集到集电区，并流向集电极电源正极，形成集电极电流 I_C。

根据 KCL 定律，三个电流之间的关系为

$$I_E = I_B + I_C \tag{6.1}$$

如果发射结正偏压 U_{BE} 增大，则发射区发射的载流子增多，I_B、I_C 和 I_E 都相应增大。通过实验可以验证：改变 U_{BE} 时，I_C 与 I_B 几乎是按一定比例变化的。其比值定义为 $\bar{\beta}$，被称为三极管的直流电流放大系数，一般在 20～200 倍，故有

$$\bar{\beta} = \frac{I_C}{I_B} \tag{6.2}$$

可推得

$$I_C = \bar{\beta} I_B \tag{6.3}$$

$$I_E = I_B + I_C = I_B + \bar{\beta} I_B = (1 + \bar{\beta}) I_B \tag{6.4}$$

从式（6.3）和式（6.4）可见，当 I_B 有很小的变化时，就会导致 I_C 及 I_E 有较大的变化，这就是所谓的三极管的电流放大作用。这种放大作用的实质是一种电流的控制作用，即以很小的基极电流 I_B 控制较大的集电极电流 I_C。

6.3.3 伏-安特性和主要参数

1. 伏-安特性

三极管的伏-安特性是指各电极间电压与电流的关系曲线。它是分析三极管放大电路的重要依据。伏-安特性可用晶体管图示仪测出，也可以通过实验的方法测得。下面以常用的 NPN 型三极管共发射极放大电路为例进行讨论，测试电路如图 6.15 所示。

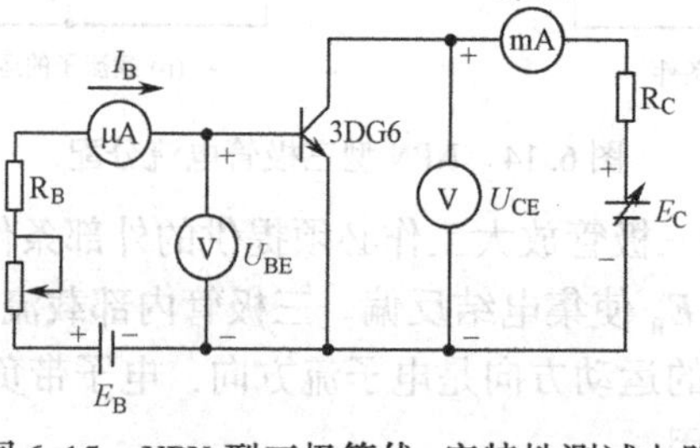

图 6.15　NPN 型三极管伏-安特性测试电路

(1) 输入特性。输入特性是指在集射极之间电压 U_{CE} 为常数时，基极电流 I_B 与基射极电压 U_{BE} 之间的关系曲线 $I_B = f(U_{BE})$ 如图 6.16 (a) 所示。

当 $U_{CE} \geqslant 1V$ 时，集电结反偏，三极管可以工作在放大区，I_B 由 U_{BE} 确定。它和二极管的伏-安特性曲线基本相同，也有一段死区，只有 U_{BE} 大于死区电压，才有 I_B 电流，三极管才工作在放大区。在放大区，硅管的发射结压降 U_{BE} 一般取 0.7V，锗管的发射结压降 U_{BE} 一般取 0.3V。

(2) 输出特性。输出特性是指在基极电流 I_B 为常数时，集电极电流 I_C 与集射极电压 U_{CE} 之间的关系曲线 $I_C = f(U_{CE})$ 如图 6.16 (b) 所示。输出特性曲线可分为三个区，也就是三极管的三种工作状态。

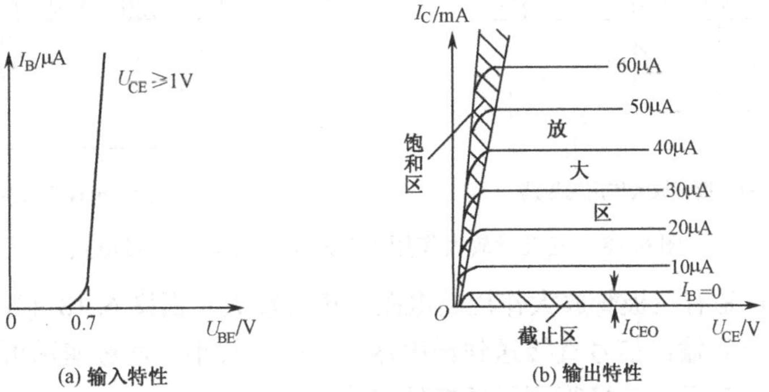

图 6.16 伏-安特性曲线

① 放大区：输出特性曲线近似于水平的部分被称为放大区。三极管工作在放大区的条件是发射结正偏，集电结反偏，特点是 $I_C = \bar{\beta} I_B$。在放大区，当发射结 U_{BE} 一定时，I_B 为定值，发射到基区的电子数也是定值；当 $U_{CE} \geqslant 1V$ 时，集电结反偏，足以把基区没有复合的电子全部收集到集电极，所以，U_{CE} 再增加时已没有更多的载流子参与导电。因此，在放大区，I_C 仅由 I_B 决定。

② 截止区：$I_B = 0$ 曲线以下的区域被称为截止区。三极管处于截止区的条件是两个 PN 结均反偏，特点是 $I_B = 0$，$I_C = I_{CEO}$（穿透电流）≈ 0，无放大作用。

③ 饱和区：输出特性曲线迅速上升和弯曲部分之间的区域被称为饱和区。三极管工作在饱和区的条件是两个 PN 结均正偏，特点是集电极与发射极之间的压降很小，$U_{CE} \leqslant 1V$，有 I_B 和 I_C，但 $I_C \neq \bar{\beta} I_B$。I_C 已不受 I_B 控制，无放大作用。

【例】 在收音机的放大电路中，如果测得如图 6.17 所示的各管脚的电压值，则各三极管分别工作在哪个区？

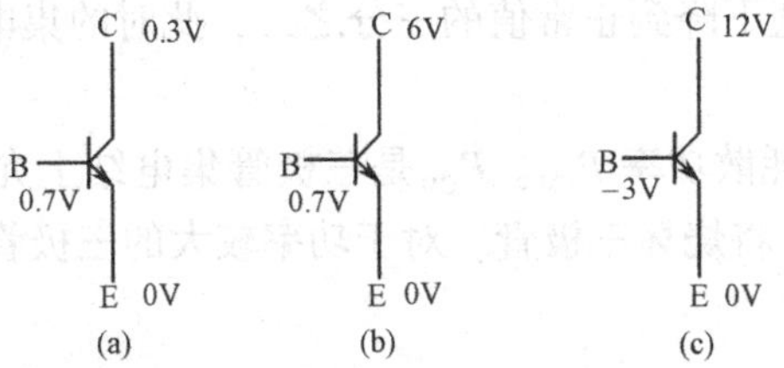

图 6.17 【例 6.1】的电路图

解：分析这类问题主要根据各极之间的电压进行判断，图 6.17 中均为 NPN 型三极管。

在图 6.17（a）中，$U_B > U_E$，$U_B > U_C$，两个 PN 结均正偏，三极管工作在饱和区。

在图 6.17（b）中，$U_B > U_E$，$U_B < U_C$，发射结正偏，集电结反偏，三极管工作在放大区。

在图 6.17（c）中，$U_B < U_E$，$U_B < U_C$，两个 PN 结均反偏，三极管工作在截止区。

三极管的放大作用可以通过适当改接音乐门铃电路进行演示验证，如图 6.18 所示。

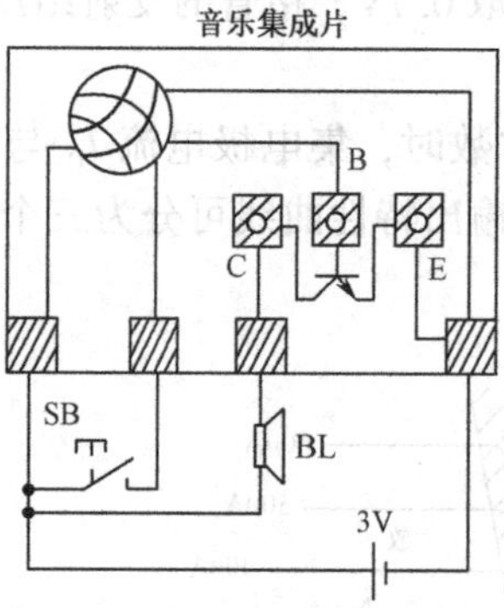

(a) 有三极管放大作用的电路

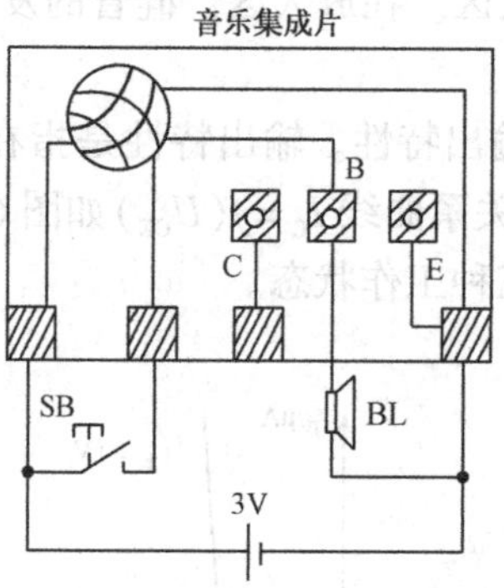

(b) 无三极管放大作用的电路

图 6.18　三极管放大作用的演示电路（音乐门铃电路）

图 6.18（a）是有三极管放大作用的电路，声音较大；而图 6.18（b）是无三极管放大作用的电路，将音乐输出信号直接送到扬声器上，声音较小。通过演示可以验证三极管有放大作用。为了便于演示，三极管可用插接件连接。

2. *主要参数*

三极管的参数是选择和使用三极管的重要依据。

（1）电流放大系数 $\bar{\beta}$ 和 β（在手册中常用 h_{FE} 表示）。

$\bar{\beta}$ 是三极管共射连接时的直流放大系数，$\bar{\beta} = \dfrac{I_C}{I_B}$。

β 是三极管共射连接时的交流放大系数，它是集电极电流变化量 ΔI_C 与基极电流变化量 ΔI_B 的比值，即 $\beta = \Delta I_C / \Delta I_B$。$\beta$ 和 $\bar{\beta}$ 在数值上相差很小，一般情况下可以互相代替使用。

电流放大系数是衡量三极管电流放大能力的参数。但是，若 β 值过大则热稳定性差，因此用作放大时，一般 β 取 80 左右为宜。

（2）穿透电流 I_{CEO}。当三极管基极开路时，集电极与发射极之间的电流就是穿透电流 I_{CEO}。它受温度影响很大，I_{CEO} 值越小，三极管的温度稳定性越好。

（3）集电极最大允许电流 I_{CM}。三极管的集电极电流 I_C 增大时，其 β 值将减小，当 I_C 增加到某一数值时，使 β 值下降到正常值的三分之二，此时的集电极电流被称为集电极最大允许电流 I_{CM}。

（4）集电极最大允许耗散功率 P_{CM}。P_{CM} 是三极管集电结上允许的最大功率损耗，如果集电极耗散功率 $P_C > P_{CM}$，将烧坏三极管。对于功率较大的三极管，应加装散热器。集电极耗散功率

$$P_C = U_{CE} I_C \tag{6.5}$$

（5）反向击穿电压 $U_{(BR)CEO}$。当三极管基极开路时，集射极之间的最大允许电压就是反向击穿电压 $U_{(BR)CEO}$。当集射极之间的电压大于此值时，三极管将被击穿损坏。

6.4　场效应管

三极管是以较小的输入电流控制较大的输出电流的放大元件，在放大工作时，要有一定的输入电流，故将其称为电流控制元件。

场效应管是以较小的输入电压控制较大的输出电流的放大元件，在放大工作时，要有一定的输入电压，无输入电流，故将其称为电压控制元件。

场效应管具有输入电阻高（最高可达 $10^{15}\Omega$）、噪声低、热稳定性好、抗辐射能力强、耗电少等优点，因此得到广泛应用。按结构的不同，场效应管可分为结型和绝缘栅型两大类，本节重点介绍常用的绝缘栅型场效应管，简单介绍结型场效应管。

6.4.1　绝缘栅型场效应管的结构和符号

如图 6.19（a）所示为 N 沟道绝缘栅型场效应管（NMOS 管）的结构示意图。

N 沟道绝缘栅型场效应管以一块掺杂浓度较低的 P 型硅片作为衬底，在 P 型衬底上制成两个掺杂浓度很高的 N 型区，并引出两个电极，分别为漏极 D 和源极 S。然后，在衬底表面生成一层很薄的二氧化硅绝缘层，并在其表面覆盖一层金属片，引出一个电极，被称为栅极 G。由于栅极与其他电极是绝缘的，所以被称为绝缘栅型场效应管，又被称为金属 - 氧化物 - 半导体场效应管，根据英文缩写简称 MOS 管。在工作时，漏极与源极之间形成导电沟道，被称为 N 沟道，故 N 沟道绝缘栅型场效应管简称 NMOS 管。

按照导电沟道的不同构造，NMOS 管又分为增强型和耗尽型两种。增强型中的二氧化硅薄层里不掺或掺少量带电荷的杂质，其符号如图 6.19（b）所示。耗尽型中的二氧化硅薄层里掺入了较多带电荷的杂质，符号如图 6.19（c）所示。

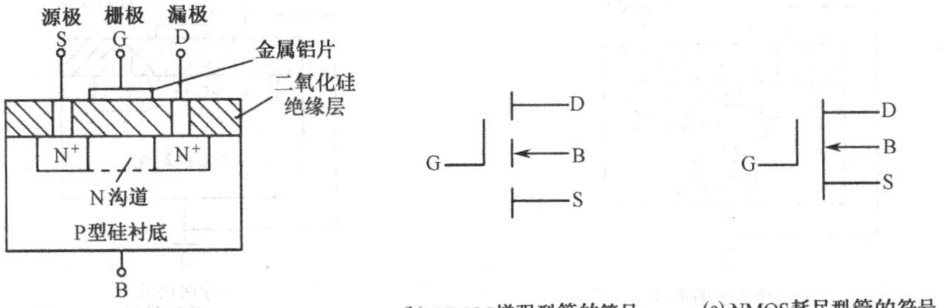

(a) NMOS管的结构　(b) NMOS增强型管的符号　(c) NMOS耗尽型管的符号

图 6.19　NMOS 管的结构和符号

如图 6.20（a）所示为 P 沟道绝缘栅型场效应管（PMOS 管）的结构示意图。图 6.20（b）与图 6.20（c）分别为 PMOS 增强型管与 PMOS 耗尽型管的符号。

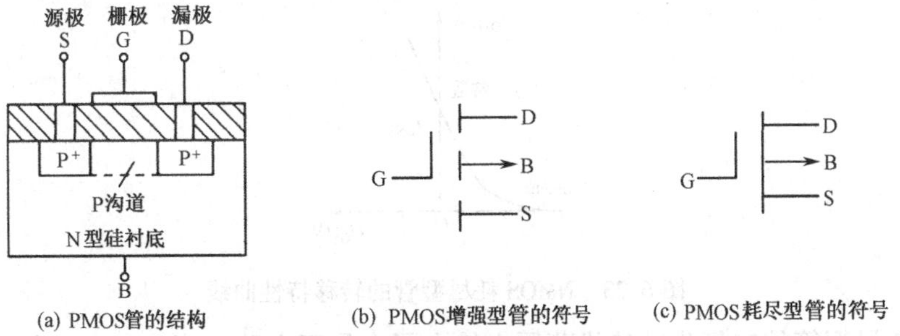

(a) PMOS管的结构　(b) PMOS增强型管的符号　(c) PMOS耗尽型管的符号

图 6.20　PMOS 管的结构和符号

6.4.2 绝缘栅型场效应管的伏-安特性和主要参数

如图 6.21 所示为 N 沟道增强型绝缘栅型场效应管（NMOS 增强型管）的伏-安特性曲线。其中，图 6.21（a）展示了场效应管栅源电压 U_{GS} 对漏极电流 I_D 的控制特性，我们称之为转移特性曲线。其中，使场效应管刚开始形成导电沟道的临界电压 $U_{GS(th)}$ 被称为开启电压。图 6.21（b）被称为输出特性曲线，它与三极管的输出特性曲线相似。当 $U_{GS}=0$ 时，管内无导电沟道，即使漏源间加上直流电压 U_{DS}，漏极也无电流，$I_D=0$。只有 U_{GS} 增大到某一值时，在外加电场的作用下，P 型衬底表面感应出一个自由电子占多数的 N 型层，我们将其称为反型层。反型层沟通了漏区和源区，成为它们之间的导电沟道，漏极才有电流 I_D。导电沟道如图 6.22（a）所示，导通状态如图 6.22（b）所示。

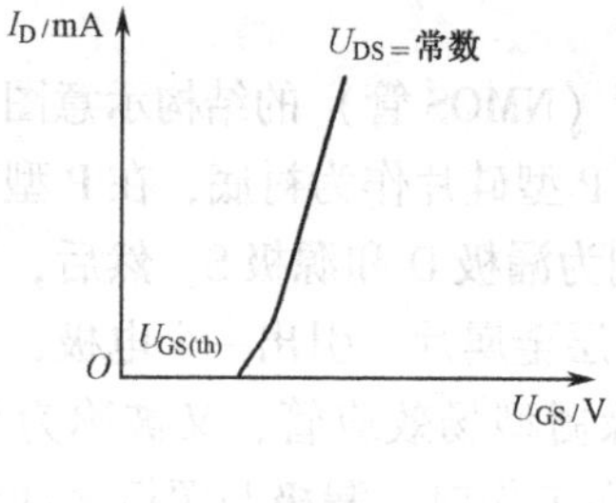

(a) 转移特性曲线

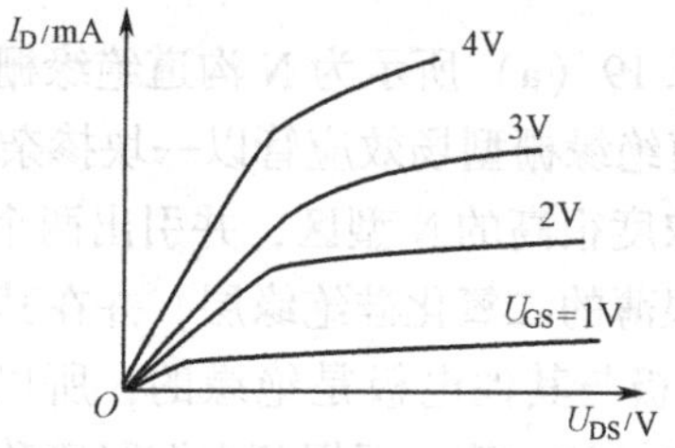

(b) 输出特性曲线

图 6.21 NMOS 增强型管伏-安特性曲线

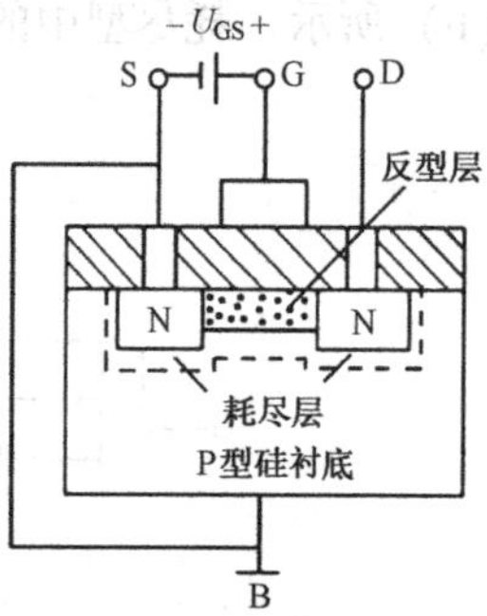

(a) 导电沟道的形成

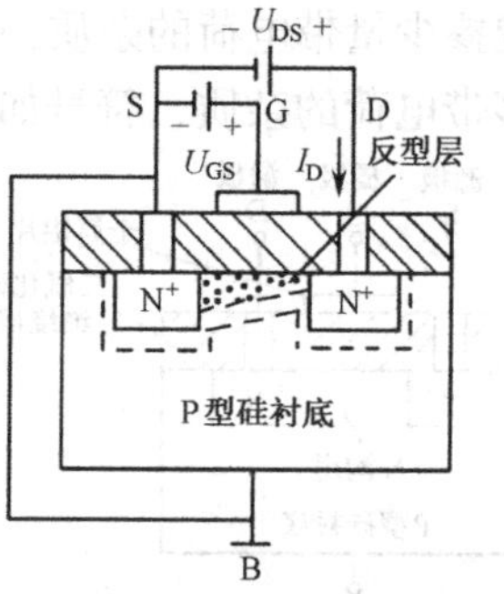

(b) 导通状态

图 6.22 NMOS 增强型管导通示意图

如图 6.23 所示为 N 沟道耗尽型绝缘栅型场效应管（NMOS 耗尽型管）的转移特性曲线。

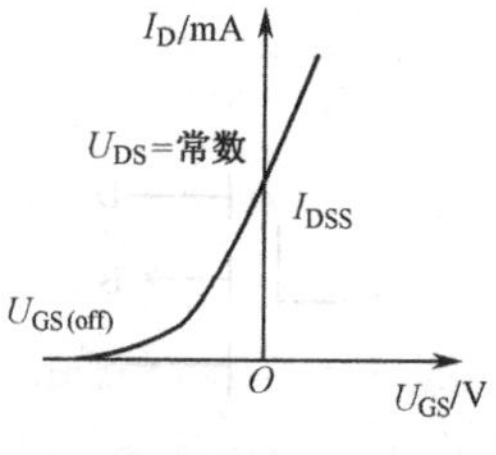

图 6.23 NMOS 耗尽型管的转移特性曲线

NMOS 耗尽型管的二氧化硅绝缘薄层中掺入了大量正电荷，当 $U_{GS}=0$，即不加栅源电压时，这些正电荷产生的内电场也能在衬底表面形成自建的反型层导电沟道。若 $U_{GS}>0$，则外电场与内电场方向一致，使导电沟道变厚。当 $U_{GS}<0$ 时，外电场与内电场方向相反，使导电沟道变薄。当 U_{GS}的负值达到某一数值 $U_{GS(off)}$时，导电沟道消失，这一临界电压 $U_{GS(off)}$被称为夹断电压。可见，NMOS 耗尽型管通过外加 U_{GS}，既可以使导电沟道变厚，也可以使其变薄，直至耗尽为止，故名为耗尽型。只要 $U_{GS}>U_{GS(off)}$，$U_{DS}>0$，都会产生 I_D。改变 U_{GS}，便可改变导电沟道的厚度和形状，实现对漏极电流 I_D 的控制。当 $U_{GS}=0$ 时，对应的电流 I_{DSS}为原始导电沟道的漏极电流。

PMOS 管极间电压的极性和漏极电流的方向与 NMOS 管完全相反。

场效应管的主要参数除前面介绍的增强型 MOS 管的开启电压 $U_{GS(th)}$和耗尽型 MOS 管的夹断电压 $U_{GS(off)}$外，还有反映场效应管栅源电压 U_{GS}对漏极电流 I_D 控制作用强弱的参数，即低频跨导 g_m。g_m 是当漏源电压 U_{DS}为常数时，漏极电流的变化量 ΔI_D 与引起这一变化的栅源电压的变化量 ΔU_{GS}的比值，单位为西门子（S），即

$$g_m = \left.\frac{\Delta I_D}{\Delta U_{GS}}\right|_{U_{DS}=\text{常数}} \tag{6.6}$$

6.4.3 结型场效应管

1. 结构及符号

如图 6.24 所示为结型场效应管的结构示意图及符号，其中图 6.24（a）为 N 沟道结型场效应管（NJFET）的结构示意图。

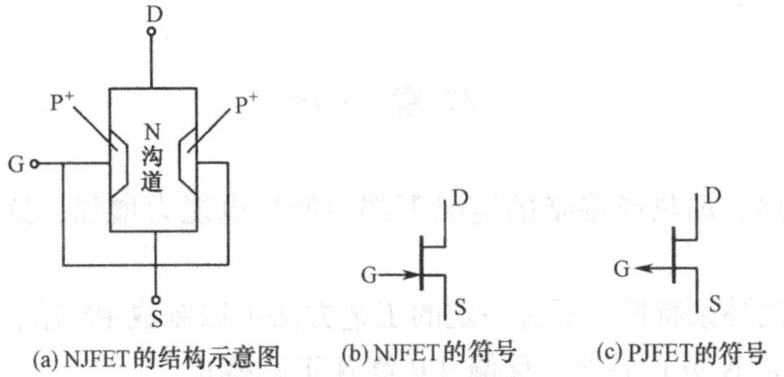

图 6.24　结型场效应管的结构示意图及符号

在 N 型硅棒上下两端分别引出两个电极，上端为漏极（D），下端为源极（S），N 型硅棒两侧有高浓度掺杂 P^+区，将其连成一体，并引出电极，被称为控制栅极（G）。N 型硅棒的中间部分是载流子流动的通道，被称为 N 型导电沟道。若场效应管的衬底为 P 型硅棒，栅极为 N^+区，则被称为 P 沟道结型场效应管（PJFET）。N 沟道结型场效应管和 P 沟道结型场效应管在电路中的符号分别如图 6.24（b）和 6.24（c）所示。

2. 工作原理

如图 6.25 所示，若将栅极和源极短路（即 $U_{GS}=0$），而在漏源极间加直流电压 U_{DS}，那么，N 沟道中的多数自由电子就由源极向漏极移动，在外电路中就会形成由漏极流向源极的漏极电流 I_D（与外电路连成闭合电路）。如果 U_{DS}维持不变，而在栅源极间加一直流电压 U_{GS}，U_{GS}的极性应使 P^+N 结反偏。反偏电压 U_{GS}越大，P^+N 结耗尽层越宽，越向沟道伸展，

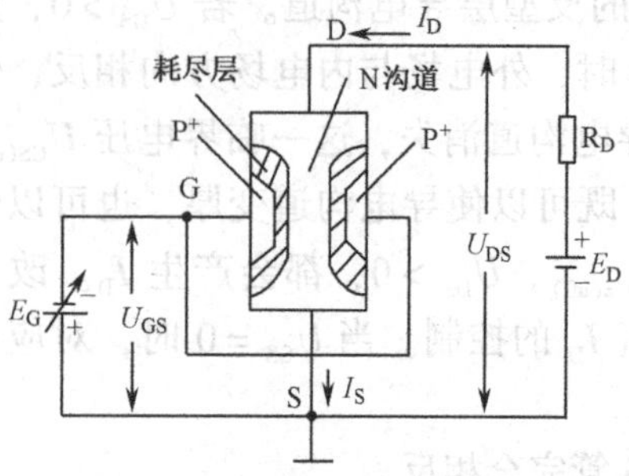

图 6.25 NJFET 工作原理

使沟道变窄，沟道电阻变大，I_D 就越小。如果反偏的栅源电压 U_{GS} 增大至某一值，使两边的耗尽层增宽并相碰，则会把导电沟道夹断，此时 I_D 几乎为零。使 $I_D \approx 0$ 时的 U_{GS} 反偏电压，被称为该管的夹断电压，用 $U_{GS(off)}$ 表示。

从以上分析可知：结型场效应管利用栅源反偏电压 U_{GS} 的电场作用控制 P^+N 结的宽窄，从而影响沟道的电阻进而控制漏极电流 I_D 的大小。因为 U_{GS} 可使 P^+N 结反偏，反偏的 P^+N 结处于截止状态，所以，场效应管工作时无栅极电流。以栅源极作为输入回路时，管子的输入电阻就是反偏的 P^+N 结的结电阻，它可达 $10^7\Omega$ 数量级。

6.4.4 场效应管与三极管的比较

① 场效应管以栅源电压 U_{GS} 控制漏极电流 I_D，故场效应管被称为电压控制元器件。三极管以基极电流 I_B 控制集电极电流 I_C，故三极管被称为电流控制元器件。

② 场效应管的放大系数为 g_m，三极管的放大系数为 β。

③ 场效应管与三极管电极的对应关系为 G–B，D–C，S–E。

④ 存放绝缘栅型场效应管时，三个电极应短接在一起，防止外界静电感应电压过高击穿绝缘层而损坏绝缘栅型场效应管。焊接时，电烙铁应有良好的接地保护，最好拔下电烙铁的电源插头再进行焊接。

本 章 小 结

1. 半导体在光照、加热或掺杂的情况下都会使导电能力增强，这就是半导体的光敏、热敏和掺杂特性。

2. 利用半导体的掺杂特性，通过一定的工艺方法可以制成 PN 结，PN 结具有单向导电性，PN 结正偏（P 正 N 负）导通，反偏（P 负 N 正）截止。

3. 二极管的内部就是一个 PN 结，所以二极管也具有单向导电性。正向偏置导通，反向偏置截止。利用二极管可构成整流电路、限幅电路、钳位电路、检波电路等。通过特殊的工艺和材料还可制成发光二极管、光电二极管、光电耦合器、稳压二极管等特殊用途的元器件。

4. 三极管内部有两个 PN 结，在模拟电子电路中，三极管主要用于放大。放大的实质是以较小的基极电流控制较大的集电极电流。发射结正偏，集电结反偏，三极管工作在放大状态，此时

$$I_C = \beta I_B$$

$$I_E = I_B + I_C = (1+\beta) I_B$$

5. 场效应管是利用电场效应使其内部形成一定的导电沟道实现控制作用的元器件。它是以较小的栅源电压控制较大的漏极电流。其控制作用的大小为

$$g_m = \left.\frac{\Delta I_D}{\Delta U_{GS}}\right|_{U_{DS}=\text{常数}}$$

场效应管是电压控制元器件，三极管是电流控制元器件。

习　题

6.1　半导体有哪些导电特性？

6.2　PN 结具有什么重要特性？在什么条件下导通？在什么条件下截止？

6.3　当二极管正向导通时，硅管和锗管的正向导通压降分别是多少？为什么会有导通压降？

6.4　如何使用万用表检测二极管的质量及正负极？

6.5　使用万用表测量二极管的正向电阻时，用 R×100Ω 挡测出的电阻值比用 R×1kΩ 挡测出的电阻值小，这是为什么？

6.6　在如图 6.26 所示的各电路图中，$E=5\text{V}$，$u_i=10\sin\omega t$ V，二极管的正向压降可以忽略不计。试画出各自的输出电压 u_o 的波形。

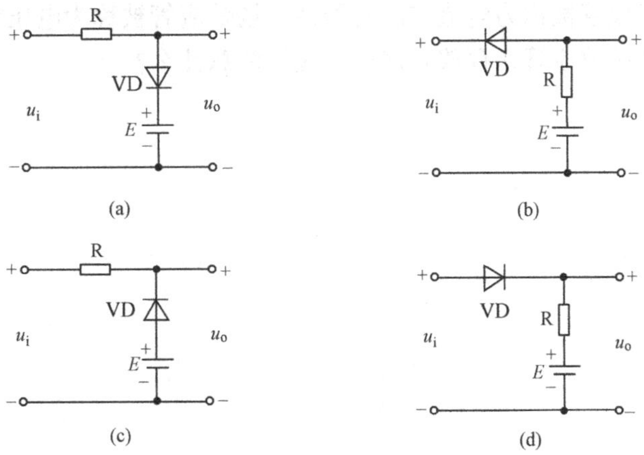

图 6.26　题 6.6 电路图

6.7　在如图 6.27 所示的两个电路中，已知 $u_i=10\sin\omega t$ V，二极管为硅管。试画出各自的输出电压 u_o 的波形。

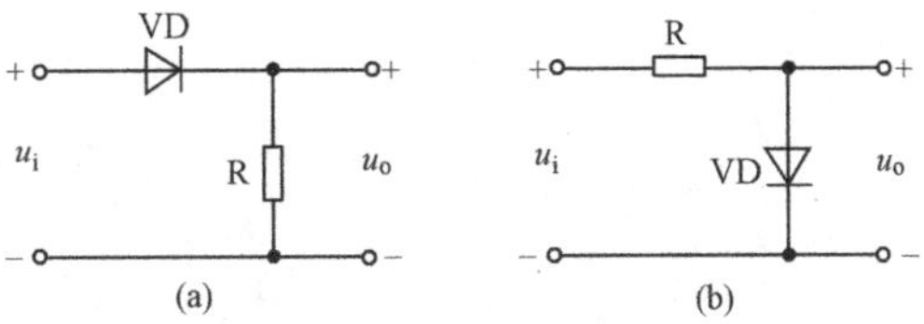

图 6.27　题 6.7 电路图

6.8　在如图 6.28 所示的电路中，求下列几种情况下的输出电压 U_F：

(1) $U_A=U_B=0$；

(2) $U_A=U_B=3\text{V}$；

(3) $U_A=0$，$U_B=3\text{V}$，二极管的导通压降忽略不计。

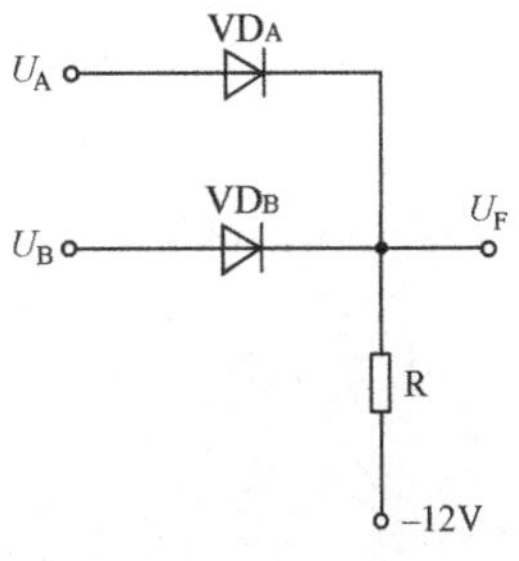

图 6.28　题 6.8 电路图

6.9　三极管的发射极与集电极是否可以调换使用？为什么？

6.10　怎样使用万用表区分三极管是 NPN 型还是 PNP 型？

6.11　怎样使用万用表检测三极管的质量？怎样判别三个

电极？

6.12　三极管工作在放大区的条件是什么？各极电流之间有怎样的关系？

6.13　如果测得三极管的 $I_B=20\mu A$，$I_C=2mA$，能否确定它的电流放大系数？为什么？

6.14　在电视机的电路中测得某个三极管的管脚电位分别为10V、5.7V、5V。试判别三极管的三个电极，并说明它的类型，是硅管还是锗管？

6.15　在功放机的电路中测得某个三极管的管脚电位分别为 -10V、-6.3V、-6V。试判别三极管的三个电极，并说明它的类型，是硅管还是锗管？

6.16　三极管3DG6A的极限参数 $P_{CM}=100mW$，$I_{CM}=20mA$，$U_{(BR)CEO}=15V$。请问，下列哪种情况属于正常工作状况？

（1）$U_{CE}=3V$，$I_C=10mA$。

（2）$U_{CE}=2V$，$I_C=40mA$。

（3）$U_{CE}=8V$，$I_C=18mA$。

6.17　为什么三极管被称为电流控制元器件，场效应管被称为电压控制元器件？

6.18　绝缘栅型场效应管在存放和使用时应该注意什么？

第7章　基本放大电路

放大电路的功能是利用三极管的电流控制作用，或场效应管的电压控制作用，将微弱的电信号（简称信号，指变化的电压或电流）不失真地放大到所需的数值，实现将直流电源的能量部分转化为能随输入信号有规律地变化且有较大能量的输出信号。从本质上讲，放大电路是一种用较小能量去控制较大能量的能量转换装置。

放大电路的组成原则：必须有直流电源，并且电源的设置应保证三极管或场效应管工作在线性放大状态；元器件的排列要保证信号的传输，即保证信号能够从放大电路的输入端输入，经过放大电路放大后从输出端输出；元器件参数的选择要保证信号能不失真地放大，并满足放大电路的性能指标要求。

本章将依据上述原则，介绍几种常用的基本放大电路，讨论它们的工作原理、性能指标和基本分析方法。掌握这些基本放大电路，是学习和应用复杂电子电路的基础 。

❖教学目标

通过学习放大电路的知识，理解放大电路的组成结构和放大原理；掌握放大电路的静态分析方法及动态分析方法；理解射极输出器电路的组成结构、特点及应用；掌握多级放大电路的构成及电路分析方法。

掌握解决输出功率、效率和非线性失真三者之间矛盾的方法，熟练掌握甲乙类互补对称功率放大电路的组成结构、分析和计算方法。

❖教学要求

能力目标	知识要点	权　重	自测分数
掌握放大电路的组成结构和放大原理	放大电路的组成结构和各元器件的作用；放大电路的种类及各自的特点	20%	
掌握放大电路的静态分析方法	放大电路的静态分析方法：估算法和图解法；稳定静态工作点的电路分析方法	30%	
掌握放大电路的动态分析方法	放大电路的动态分析方法：微变等效电路法和图解法。了解多级放大电路的构成及分析方法	30%	
掌握互补对称功率放大电路的分析和计算方法；了解集成功率放大器的使用方法，能够制作功率放大器	互补功率放大器的组成结构、分类、分析和计算方法；常见集成功率放大器的分析方法	20%	

7.1　共发射极放大电路

7.1.1　元器件作用及工作原理

1. 元器件作用

共发射极放大电路的主要作用是放大交流电压，共发射极基本放大电路如图 7.1 所示。

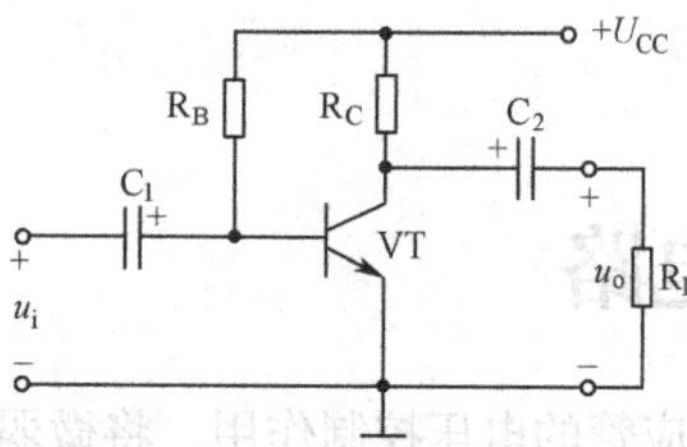

图 7.1　共发射极基本放大电路

① 集电极直流电源 U_{CC} 是电路工作的能源，正端经 R_B 接三极管的基极，为发射结提供正向偏置；经 R_C 接三极管的集电极，为集电结提供反向偏置，使三极管工作在放大区。同时，它还为输出信号提供能源。U_{CC} 一般为几伏至几十伏。

② 三极管 VT 在电路中起电流放大作用，是放大电路的核心元器件，三极管将基极电流放大为集电极电流，三极管的工作状态决定了放大电路能否正常放大。

③ 基极偏置电阻 R_B 为三极管发射结提供正向偏置，产生一个大小合适的基极直流电流 I_B。调节 R_B 的阻值可控制 I_B 的大小，I_B 过大或过小，放大电路都不能正常工作。R_B 的阻值一般为几十千欧至几百千欧。

④ 集电极负载电阻 R_C 将三极管集电极电流的变化转换成电压的变化，从而实现电压放大作用。R_C 的阻值一般为几千欧至几十千欧。

⑤ 耦合电容 C_1 和 C_2 一方面起隔直流的作用，即利用 C_1（输入耦合电容）隔断放大电路与信号源之间的直流通路，利用 C_2（输出耦合电容）隔断放大电路和负载 R_L 之间的直流通路；另一方面又起耦合交流的作用，只要适当选择这两个电容的电容量，就可使它们对交流信号的容抗很小，以保证信号源提供的交流信号能畅通地送入放大电路，放大后的交流信号又能畅通地传送给负载 R_L。C_1 和 C_2 一般选用电解电容，电容量为几十微法，使用时应特别注意它们的极性与实际工作电压的极性是否相符，若连接相反，则可能会引起 C_1 或 C_2 被损坏。

2. 工作原理

为了便于分析和说明，规定：用大写字母加大写脚标表示直流分量；用小写字母加小写脚标表示交流分量的瞬时值，用大写字母加小写脚标表示交流分量的有效值；用小写字母加大写脚标表示交、直流合成量。放大电路中各电压、电流的符号含义见表 7.1。

表 7.1　放大电路中各电压、电流的符号含义

电压或电流	直流分量	交流分量		交、直流合成量
		瞬时值	有效值	
基极电流	I_B	i_b	I_b	i_B
集电极电流	I_C	i_c	I_c	i_C
发射极电流	I_E	i_e	I_e	i_E
集-射极电压	U_{CE}	u_{ce}	U_{ce}	u_{CE}
基-射极电压	U_{BE}	u_{be}	U_{be}	u_{BE}
输入电压		u_i	U_i	
输出电压		u_o	U_o	

静态：输入端未加输入信号时，放大电路的工作状态被称为静态。这时电源 U_{CC} 经 R_B 给发射结加上正向偏置电压 U_{BE}，经 R_C 给集电结加上反向偏置电压，三极管 VT 处于放大状态，于是发射极发射载流子形成直流基极电流 I_B、集电极电流 I_C 和发射极电流 I_E。I_C 通过

R_C时产生直流电压降 R_CI_C，U_{CC}减去 R_CI_C便是 U_{CE}，即 $U_{CE}=U_{CC}-R_CI_C$。由于电容的隔直流作用，输入端和输出端只有交流，无直流，其波形如图 7.2 所示。

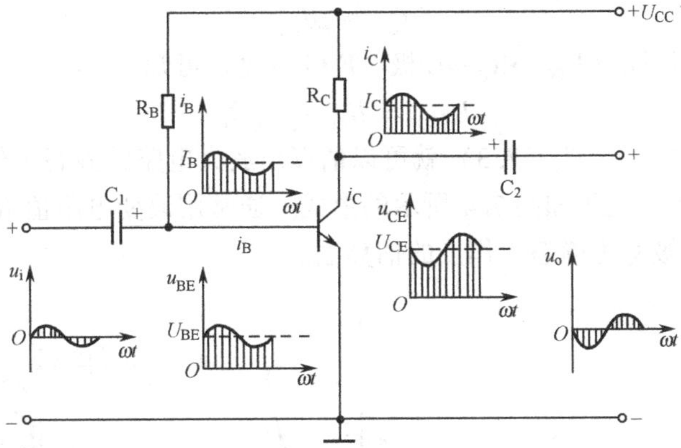

图 7.2　放大过程的波形图

动态：输入端加上输入信号时，放大电路的工作状态被称为动态。交流输入信号 u_i通过 C_1耦合到三极管 VT 的发射结两端，使发射结电压 u_{BE}以静态值 U_{BE}为基准上下波动，但方向不变，即 u_{BE}始终大于零，发射结保持正向偏置，三极管始终处于放大状态。这时的发射结电压 u_{BE}包含两个分量，一个是 U_{CC}产生的静态直流分量 U_{BE}，另一个是由 u_i引起的交流信号分量 u_{be}，即 $u_{BE}=U_{BE}+u_{be}$。忽略 C_1上的交流电压降，则 $u_{be}=u_i$。发射结电压的变化会引起各极电流的相应变化，其波形如图 7.2 所示。i_C的变化引起 R_Ci_C的相应变化。由于 $u_{CE}=U_{CC}-R_Ci_C$，u_{CE}将以 U_{CE}为基准波动，i_C增加时 u_{CE}下降，i_C减小时 u_{CE}增加，它的直流分量 U_{CE}被 C_2隔离，而交流分量通过 C_2输出，使得输出端产生了交流输出电压 u_o，忽略 C_2上的交流电压降，$u_o=u_{ce}=-R_Ci_c$。只要 R_C足够大，就可以使 u_o比 u_i大，即实现了电压放大，其放大的能量是由直流电源 U_{CC}提供的。上述过程可归纳为

$$u_i \xrightarrow{C_1} u_{BE} \xrightarrow{VT} i_B \xrightarrow{VT} i_C \xrightarrow{R_C} u_{CE} \xrightarrow{C_2} u_o$$

7.1.2　静态分析

1. 静态工作点

静态分析就是要找出一个合适的静态工作点。输入端未加输入信号时，放大电路的工作状态被称为静态。此时只有直流电源 U_{CC}加在电路上，三极管各极电流和各极之间的电压都是直流量，分别为 I_B、I_C、U_{BE}、U_{CE}，通常将上述四个物理量记作 I_{BQ}、I_{CQ}、U_{BEQ}、U_{CEQ}，它们对应着三极管输入、输出特性曲线上的一个固定点，习惯上称它们为静态工作点，简称 Q 点。

静态工作点可以由放大电路的直流通路确定。直流通路指断开电容以后的电路，图 7.1 的直流通路如图 7.3 所示。

由图 7.3 的输入回路（U_{CC}→R_B→B 极→E 极→地）可知

$$U_{CC}=I_{BQ}R_B+U_{BEQ}$$

则

$$I_{BQ}=\frac{U_{CC}-U_{BEQ}}{R_B}\approx\frac{U_{CC}}{R_B} \tag{7.1}$$

式中，U_{BEQ}对于硅管约为0.7V，对于锗管约为0.3V，一般$U_{CC} \gg U_{BEQ}$。

在忽略I_{CEO}的情况下，根据三极管的电流分配关系可得

$$I_{CQ} \approx \beta I_{BQ} \tag{7.2}$$

由图7.3的输出回路（U_{CC}→R_C→C极→E极→地）可知

$$U_{CEQ} = U_{CC} - I_{CQ}R_C \tag{7.3}$$

至此，根据式（7.1）~式（7.3）就可以估算出放大电路的静态工作点。静态工作点在输入/输出特性曲线上表现为如图7.4所示的形式。通常用改变电阻值R_B的方法调整静态工作点。上述分析过程被称为静态工作点的估算法。

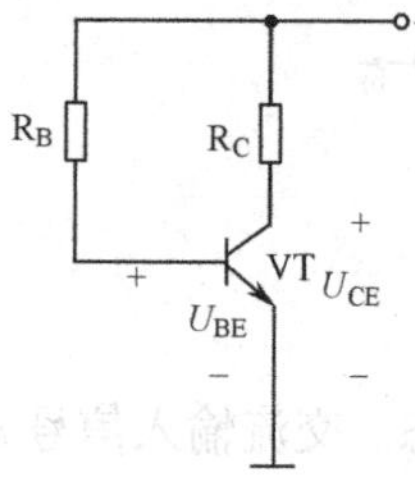

图7.3　直流通路

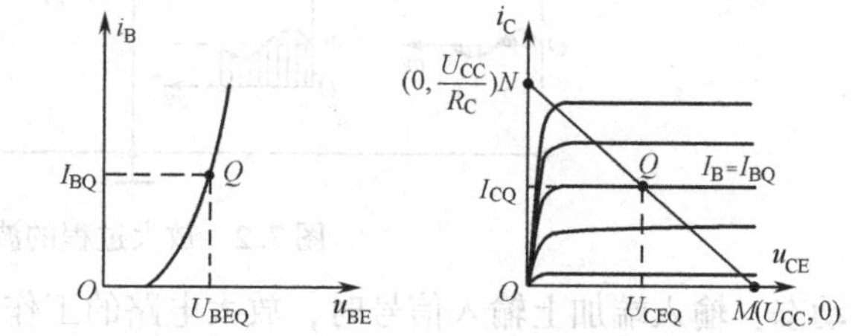

图7.4　静态工作点

连接图7.4中的$M(U_{CC},0)$点和$N(0,\frac{U_{CC}}{R_C})$点，所得到的直线被称为直流负载线。直流负载线与I_B曲线的交点为Q点，Q点对应的横坐标U_{CEQ}和纵坐标I_{CQ}的值，就是静态工作点的数值。这种求静态工作点的方法被称为图解法。图解法首先要获得三极管的特性曲线，而且误差也比较大，所以用得比较少。

【例7.1】　试用估算法求如图7.5所示的共发射极放大电路的静态工作点，已知该电路中的三极管$\beta=37.5$。

解：首先画出放大电路的直流通路，如图7.6所示。

由式（7.1）~式（7.3）得

$$I_{BQ} \approx \frac{U_{CC}}{R_B} = \frac{12\text{V}}{300\text{k}\Omega} = 0.04\text{mA} = 40\mu\text{A}$$

$$I_{CQ} \approx \beta I_{BQ} = 37.5 \times 0.04\text{mA} = 1.5\text{mA}$$

$$U_{CEQ} = U_{CC} - I_{CQ}R_C = 12\text{V} - 1.5\text{mA} \times 4\text{k}\Omega = 6\text{V}$$

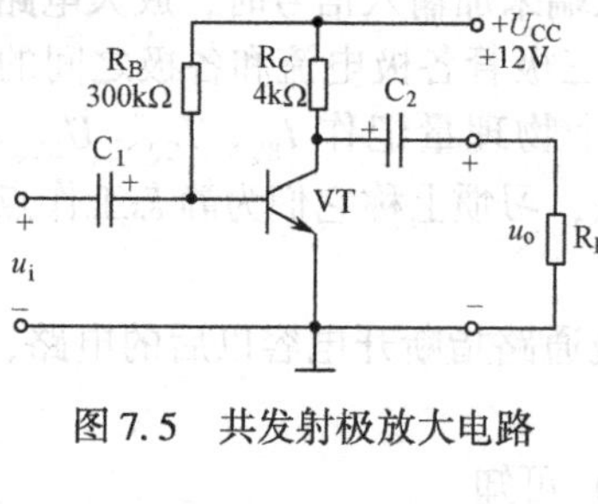

图7.5　共发射极放大电路

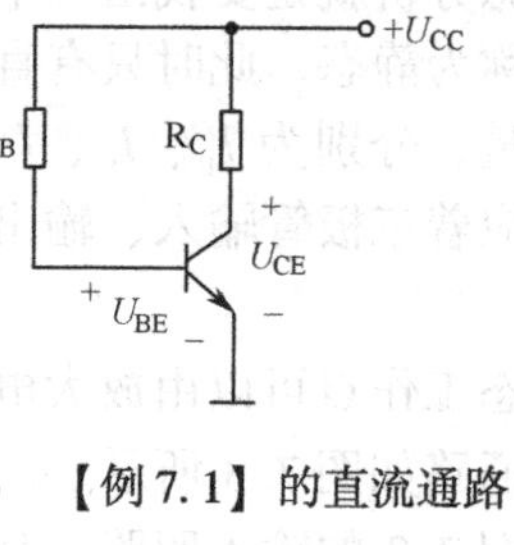

图7.6　【例7.1】的直流通路

【例7.2】　在如图7.5所示的电路中，$U_{CC}=12\text{V}$，$U_{CEQ}=6\text{V}$，$I_{BQ}=60\mu\text{A}$，三极管$\beta=50$，试用估算法求电阻值R_B和R_C。

解：由式（7.1）~式（7.3）可推导得

$$R_B \approx \frac{U_{CC}}{I_{BQ}} = \frac{12V}{60\mu A} = 200k\Omega$$

$$I_{CQ} \approx \beta I_{BQ} = 50 \times 60\mu A = 3mA$$

$$R_C = \frac{U_{CC} - U_{CEQ}}{I_{CQ}} = \frac{12V - 6V}{3mA} = 2k\Omega$$

2. 非线性失真

对放大电路的基本要求是放大后的输出信号波形与输入信号波形尽可能相似，即失真要尽量小。引起失真的原因有多种，其中最主要的就是静态工作点位置不合适，使放大电路的工作范围超出了三极管特性曲线的线性区（放大区）范围，这种失真被称为非线性失真。

如图7.7所示，Q_1的位置偏低，在i_{b1}的负半周造成三极管发射结处于反向偏置而进入截止区，使i_{c1}的负半周和u_{ce1}的正半周失真，这被称为放大电路的截止失真。当把电阻值R_B调小时，I_B增大，Q点升高，就能够避免截止失真。在图7.7中，Q_2的位置偏高，在i_{b2}的正半周，三极管进入饱和区，使i_{c2}的正半周和u_{ce2}的负半周失真，这被称为放大电路的饱和失真。当把电阻值R_B调大时，I_B减小，Q点降低到合适的位置时，就能够避免饱和失真。

所以，要避免产生上述非线性失真，就必须正确地选择放大电路的静态工作点的位置，通常静态工作点应选在负载线的中央附近，即图7.7中的Q点。使静态时的集电极电压U_{CE}约为电源电压U_{CC}的一半，此时放大器工作在三极管特性曲线上的线性范围，从而获得较大的输出电压幅度，而波形上下又比较对称，因此，正确地设置静态工作点是调试和设计放大电路时最重要的一步。此外，输入信号的幅度不能太大，避免放大电路的工作范围超过特性曲线的线性范围。在小信号放大电路中，此条件一般都能满足。如图7.8所示为利用示波器观测的两种输出的失真波形。在实际应用中，放大电路安装好之后，就是通过调节电阻值R_B来选择一个合适的静态工作点，使放大电路不失真地工作的。

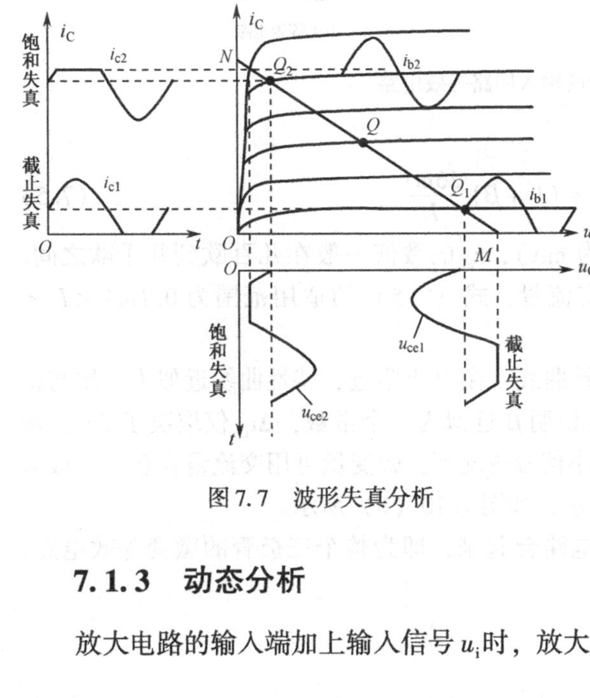

图7.7 波形失真分析

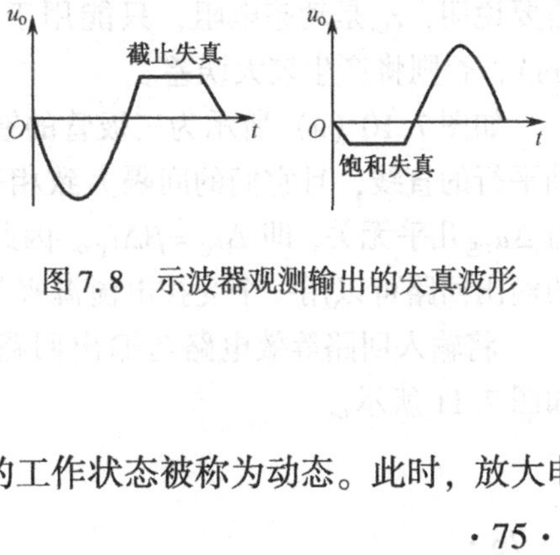

图7.8 示波器观测输出的失真波形

7.1.3 动态分析

放大电路的输入端加上输入信号u_i时，放大电路的工作状态被称为动态。此时，放大电路在输入电压和直流电源 U_{CC} 的共同作用下工作，电路中既有直流分量，又有交流分量。三极管各极的电流和各极之间的电压都在静态值的基础上叠加了一个随输入信号 u_i 做相应变化的交流分量，动态分析就是要找出放大电路随输入信号变化的规律，确定放大电路的输入电阻、输出电阻和电压放大倍数（R_i、R_o、A_u）等动态性能参数。微变等效电路法是电压放大电路动态分析最常用的方法之一。

1. 三极管微变等效电路

三极管属于非线性元器件，当输入小信号（微变）时，三极管工作在线性区（放大区），三极管可以用线性元器件等效代替，这就是所谓的三极管微变等效电路。如图 7.9（a）所示为三极管输入特性曲线，它是非线性的。但是，在输入信号很小的情况下，可将静态工作点 Q 附近的区间认为是直线，即 Δi_B 和 Δu_{BE} 成正比关系。我们把 Δu_{BE} 与 Δi_B 之比称为三极管的输入电阻，用 r_{be} 表示，即

$$r_{be} = \frac{\Delta u_{BE}}{\Delta i_B} \tag{7.4}$$

在小信号情况下，微变量可用交流量代替，即 $\Delta i_B = i_b$，$\Delta u_{BE} = u_{be}$，故有

$$r_{be} = \frac{u_{be}}{i_b}$$

因此，三极管的输入回路可用 r_{be} 等效表示，如图 7.9（b）所示。

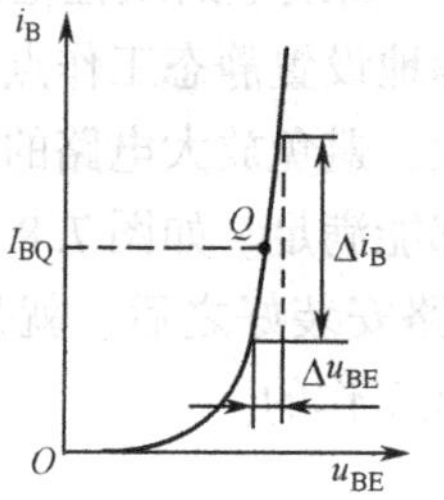

(a) 输入特性曲线

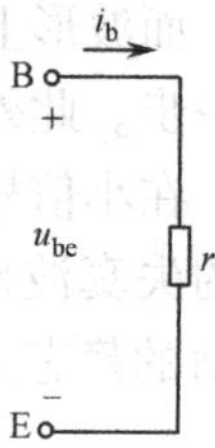

(b) 等效电路

图 7.9 三极管的输入回路等效电路

对于低频小功率管，r_{be} 可用下式估算

$$r_{be} = 300\Omega + (1+\beta)\frac{26\text{mV}}{I_E} \tag{7.5}$$

式中，I_E 为三极管发射极静态电流（单位为 mA），r_{be} 的数值一般在几百欧到几千欧之间。需要说明，r_{be} 是动态电阻，只能用于计算交流量，式（7.5）的适用范围为 $0.1\text{mA} < I_E < 5\text{mA}$，否则将产生较大误差。

如图 7.10（a）所示为三极管的输出特性曲线，在 Q 点附近，特性曲线近似为一组与横轴平行的直线，且它们的间隔大致相等。这说明 β 近似为一个常数，Δi_C 仅取决于 Δi_B，而与 Δu_{CE} 几乎无关，即 $\Delta i_C = \beta\Delta i_B$。因此，在小信号情况下，微变量可用交流量代替，三极管的输出回路可以用一个受控电流源来等效表示，如图 7.10（b）所示。

将输入回路等效电路与输出回路等效电路合起来，即为整个三极管的微变等效电路，如图 7.11 所示。

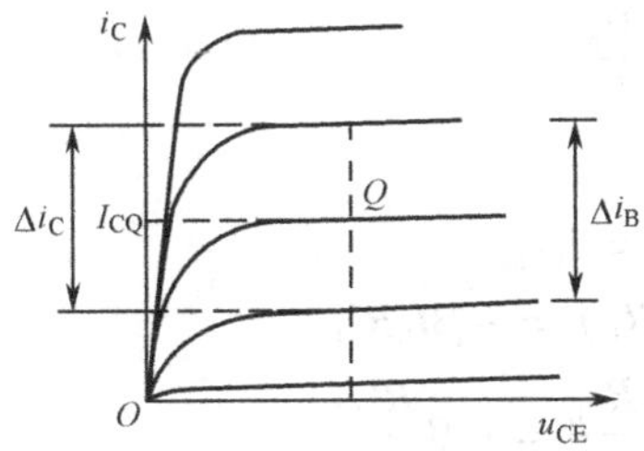

(a) 输出特性曲线

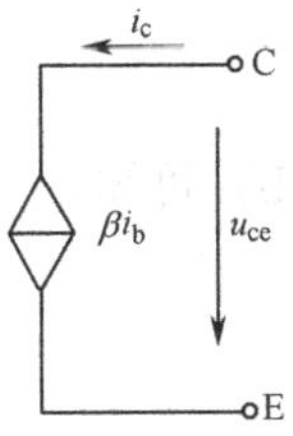

(b) 等效电路

图 7.10　三极管的输出回路等效电路

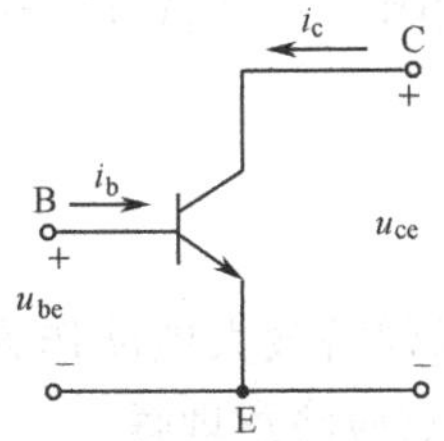

(a) 三极管

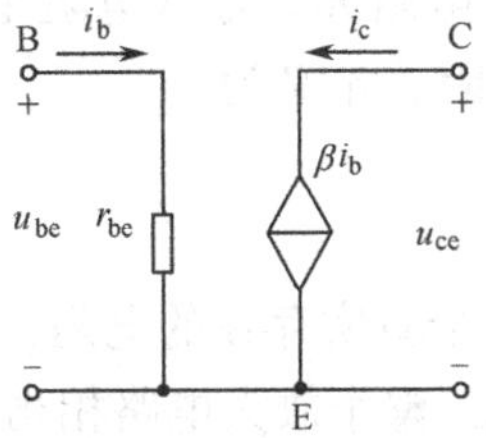

(b) 三极管的微变等效电路

图 7.11　三极管的微变等效电路

2. 放大电路的微变等效电路

放大电路的微变等效电路就是用三极管的微变等效电路代替交流通路中的三极管。交流通路是指将放大电路中耦合电容和直流电源进行短路处理后所得的电路。因此，画交流通路的原则是将直流电源 U_{CC} 短接，将输入耦合电容 C_1 和输出耦合电容 C_2 短接。如图 7.1 所示的交流通路和微变等效电路如图 7.12 所示。

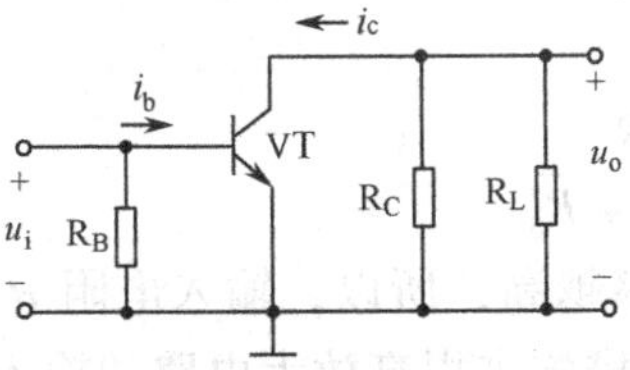

(a) 交流通路

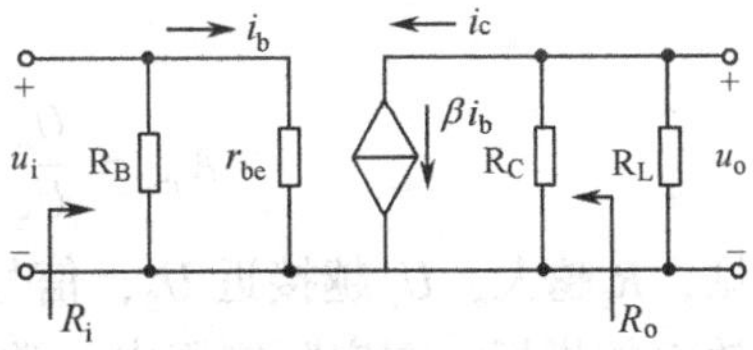

(b) 简化微变等效电路

图 7.12　共发射极基本放大电路的交流通路和微变等效电路

3. 动态性能分析

在实际应用中，放大电路的动态分析主要用于确定放大电路的电压放大倍数、输入电阻和输出电阻等性能指标。用微变等效电路法进行动态性能分析的步骤如下。

首先，画出放大电路的交流通路；其次，用三极管的微变等效电路代替三极管，得到整个放大电路的微变等效电路；然后，计算三极管的输入电阻 r_{be}；最后，借助电路分析方法求解电压放大倍数、输入电阻和输出电阻（用有效值分析）。

对于正弦信号而言，分析数值时可以用有效值代替瞬时值，以后若不特别说明，均采用有效值。

（1）电压放大倍数 A_u。电压放大倍数是放大电路的基本性能指标，定义为

$$A_u = \frac{U_o}{U_i} \tag{7.6}$$

由图7.12（b）可知

$$U_i = U_{be} = I_b r_{be}$$

$$U_o = -I_C(R_C \mathbin{/\!/} R_L) = -\beta I_b R'_L$$

$$A_u = \frac{U_o}{U_i} = \frac{-\beta I_b R'_L}{I_b r_{be}} = -\beta \frac{R'_L}{r_{be}} \tag{7.7}$$

故共发射极放大电路的电压放大倍数通常为几十到几百倍，且输出电压与输入电压相位相反。

（2）输入电阻 R_i。输入电阻是指从放大电路输入端（如图7.13（a）所示的 AA' 端）看进去的等效电阻，定义为

$$R_i = \frac{U_i}{I_i} \tag{7.8}$$

R_i 不是一个真实存在的电阻，对于信号源而言，它可以代替放大电路作为信号源的负载，也就是说，整个放大电路相当于一个负载电阻 R_i，这一点应注意理解。

由图7.12（b）可知

$$R_i = \frac{U_i}{I_i} = r_{be} \mathbin{/\!/} R_B \tag{7.9}$$

当 $R_B \gg r_{be}$ 时，$R_i \approx r_{be}$。故共发射极放大电路的输入电阻近似为三极管的输入电阻，通常为几百欧到几千欧。需要说明，虽然 $R_i \approx r_{be}$，但两者物理意义不同，不能混淆。

若考虑信号源内阻，如图7.13（a）所示，则放大电路的输入电压 U_i 是信号源 U_S 在输入电阻 R_i 上的分压，即

$$U_i = U_S \frac{R_i}{R_i + R_S}$$

则

$$A_{uS} = \frac{U_o}{U_S} \approx -\beta \frac{R'_L}{r_{be} + R_S} \tag{7.10}$$

由此可见，R_i 越大，U_i 越接近 U_S，信号传递效率越高，所以，输入电阻 R_i 是衡量信号源传递信号效率的指标。在实际应用中，常采取一些措施来提高放大电路的输入电阻。一些电子测量仪器，如电子示波器、晶体管毫伏表等均有很高的输入电阻。

（3）输出电阻 R_o。输出电阻是指从放大器输出端（图7.13（a）中的 BB' 端）看进去的等效电阻，定义为

$$R_o = \frac{U_o}{I_o}$$

R_o 也不是一个真实存在的电阻，对于负载而言，放大电路相当于一个具有内阻的信号源，如图7.13（a）所示，输出电阻就是这个等效电源的内阻。输出电阻的计算方法较多，常用的加压求流法要求将信号源短路、负载开路，如图7.13（b）所示，然后在 BB' 端外加电压 U，求出在 U 作用下输出端的电流 I，则输出电阻为

$$R_o = \frac{U}{I} \tag{7.11}$$

由于 R_o 的存在，放大电路接上负载后输出电压为

$$U_o = U'_o - I_o R_o$$

由此可见，R_o越大，负载变化（即I_o变化）时输出电压的变化也越大，说明放大电路带负载能力越弱；反之，R_o越小，负载变化时输出电压变化也越小，说明放大电路带负载能力越强。所以，输出电阻是衡量放大电路带负载能力的指标。在实际应用中，总是希望输出电阻小一些。

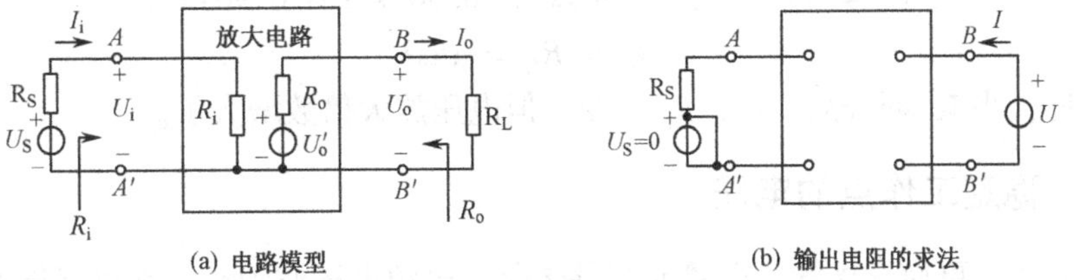

图 7.13　放大电路的输入电阻和输出电阻

由图 7.12（b）可知

$$R_o = \frac{U_o}{I_o} = R_C \tag{7.12}$$

可见，共发射极放大电路的输出电阻约为几千欧，故其带负载能力较弱。

在工程中，可以用实验的方法求取输出电阻。在放大电路的输入端加一个正弦电压信号，测出负载开路时的输出电压U'_o，然后再测出接入负载R_L时的输出电压U_o，则有

$$U_o = \frac{U'_o}{R_o + R_L} R_L$$

$$R_o = \left(\frac{U'_o}{U_o} - 1\right) R_L \tag{7.13}$$

式中，U'_o、U_o是用晶体管毫伏表测出的交流电压有效值。

【例 7.3】　如图 7.5 所示的电路其交流通路和微变等效电路如图 7.14 所示。试用微变等效电路法求解下列问题。

(1) 动态性能指标A_u、R_i、R_o；

(2) 断开负载R_L后，再计算A_u、R_i、R_o。

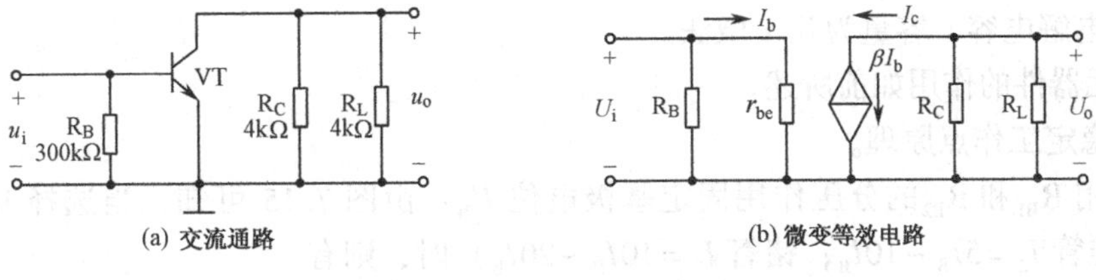

图 7.14 【例 7.3】电路图

解：(1) 由【例 7.1】可知

$$I_E \approx 1.5\text{mA}$$

故

$$r_{be} = 300\Omega + (1+\beta)\frac{26\text{mV}}{I_E} = 300\Omega + (1+37.5)\times\frac{26\text{mV}}{1.5\text{mA}} \approx 967\Omega = 0.967\text{k}\Omega$$

$$A_u = -\beta\frac{R'_L}{r_{be}} = -\frac{37.5\times(4\text{k}\Omega \mathbin{/\!/} 4\text{k}\Omega)}{0.967\text{k}\Omega} \approx -78$$

$$R_i = R_B // r_{be} = 300\text{k}\Omega // 0.967\text{k}\Omega \approx 0.964\text{k}\Omega$$

$$R_o = R_C = 4\text{k}\Omega$$

(2) 断开 R_L 后

$$A_u = -\beta \frac{R_C}{r_{be}} = -\frac{37.5 \times 4\text{k}\Omega}{0.967\text{k}\Omega} \approx -155$$

$$R_i = R_B // r_{be} = 300\text{k}\Omega // 0.967\text{k}\Omega \approx 0.964\text{k}\Omega$$

$$R_o = R_C = 4\text{k}\Omega$$

由此可见，当 R_L 断开后，R_i、R_o 不变，但电压放大倍数增大了。

7.1.4 稳定工作点的电路

当温度变化、更换三极管、电路元器件老化、电源电压波动时，都可能导致前述共发射极放大电路静态工作点不稳定，进而影响放大电路正常工作。在这些因素中，又以温度变化的影响最大。因此，必须采取措施稳定放大电路的静态工作点。常用的办法有两种：一种办法是引入负反馈；另一种办法是引入温度补偿。

1. 射极偏置电路

射极偏置电路是一种应用比较普遍的稳定静态工作点的基本放大电路，它的偏置电路由基极电阻 R_{B1}、R_{B2} 和发射极电阻 R_E 组成，又被称为基极分压式射极偏置电路，其电路结构如图 7.15（a）所示。

（1）各元器件的作用。

① 基极偏置电阻 R_{B1} 和 R_{B2}：R_{B1} 和 R_{B2} 为三极管发射结提供正向偏置，产生一个大小合适的基极直流电流 I_B，调节 RP 的阻值，可控制 I_B 的大小。R 的作用是防止 RP 的阻值调到零时，烧坏三极管。习惯上，R_{B1} 被称为上偏置电阻，R_{B2} 被称为下偏置电阻，一般 R_{B1} 的阻值为几十千欧至几百千欧；R_{B2} 的阻值为几十千欧。

② 发射极电阻 R_E：引入直流负反馈稳定静态工作点。它的一般阻值为几千欧。

③ 发射极旁路电容 C_E：对于交流而言，C_E 短接 R_E，使 R_E 对交流信号不起作用，确保放大电路动态性能不受影响。当 C_E 失容或断开时，放大电路的电压放大倍数将降低。一般 C_E 也选择电解电容，容量为几十微法。

其他元器件的作用如前所述。

（2）稳定工作点原理。

① 利用 R_{B1} 和 R_{B2} 的分压作用固定基极电位 U_B：由图 7.15 可知，当选择 R_{B1} 和 R_{B2} 使 $I_2 \gg I_B$（硅管 $I_2 = 5I_B \sim 10I_B$；锗管 $I_2 = 10I_B \sim 20I_B$）时，则有

$$I_1 = I_2 + I_B \approx I_2$$

$$U_B = I_2 R_{B2} = \frac{R_{B2}}{R_{B1} + R_{B2}} U_{CC} \tag{7.14}$$

在式（7.14）中，R_{B1}、R_{B2} 和 U_{CC} 都不随温度变化，所以，基极电位 U_B 相当于一个固定值，且 I_2 越大于 I_B，U_B 越可以认为是固定的。

② 利用发射极电阻 R_E 产生反映 I_C 变化的 U_E，再引回输入回路控制 U_{BE}，实现 I_C 基本不变。

稳定的过程：当温度升高时，I_C 增大，I_E 也增大，则发射极的电位 $U_E = I_E R_E$ 升高，由

于 $U_{BE}=U_B-U_E$，而 U_B 已被固定，所以，加在三极管上的 U_{BE} 减小，使 I_B 自动减小，I_C 也随之自动减小，实现稳定静态工作点的目的。这个过程可简单表述为

$$温度\uparrow\rightarrow I_C\uparrow\rightarrow I_E\uparrow\rightarrow U_E\uparrow\rightarrow U_{BE}\downarrow\rightarrow I_B\downarrow\rightarrow I_C\downarrow$$

从上述过程可以看出，电阻值 R_E 越大，则在 R_E 上产生的压降越大，对 I_C 变化的抑制能力越强，电路稳定性能越好。若电阻值 R_E 足够大，使 $U_B \gg U_{BE}$ 成立，则有

$$U_B = U_{BE} + U_E \approx U_E$$

故

$$I_C \approx I_E = \frac{U_E}{R_E} \approx \frac{U_B}{R_E} \tag{7.15}$$

（3）静态分析。该电路的静态工作点一般用估算法确定，具体步骤如下。

① 由式（7.14）$U_B=\frac{R_{B2}}{R_{B1}+R_{B2}}U_{CC}$，求 U_B。

② 由式（7.15）$I_E\approx\frac{U_B}{R_E}$，求 I_{CQ}、I_E。

③ 由 $I_{CQ}=\beta I_{BQ}$，求 I_{BQ}。

④ 由直流通路的输出回路得

$$I_{CQ}R_C + U_{CEQ} + I_E R_E = U_{CC}$$

即

$$U_{CEQ}=U_{CC}-I_{CQ}R_C-I_E R_E\approx U_{CC}-I_{CQ}(R_C+R_E) \tag{7.16}$$

故由式（7.16），求 U_{CEQ}。

（4）动态分析。该电路动态性能指标一般用微变等效电路确定，具体步骤如下。

① 画出微变等效电路，如图 7.15（b）所示。

② 求电压放大倍数 A_u、输入电阻 R_i、输出电阻 R_o。

比较图 7.15（b）和图 7.12（b）可知：射极偏置电路的动态性能与共发射极基本放大电路的动态性能一样。

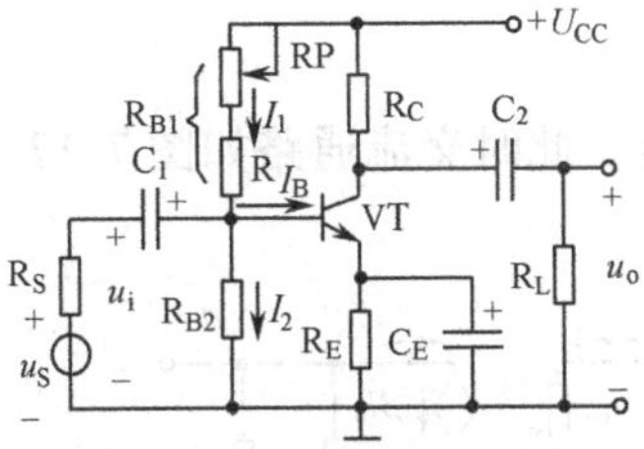

(a) 电路图

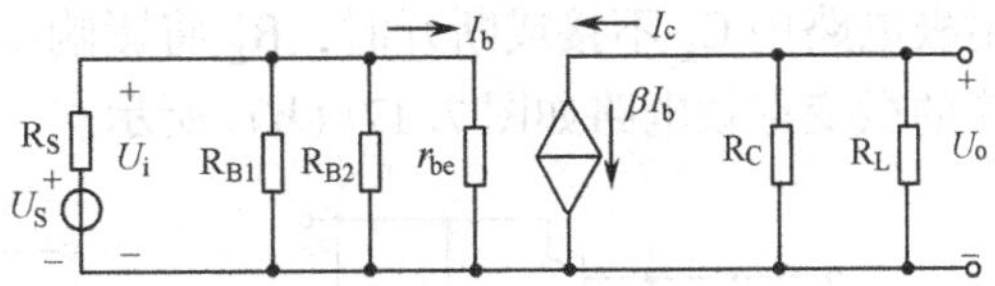

(b) 微变等效电路

图 7.15　射极偏置电路

【例 7.4】　在如图 7.16 所示的电路中，三极管的 $\beta=50$，$U_{BEQ}=0.7V$。试求：

（1）静态工作点；

（2）电压放大倍数、输入电阻、输出电阻；

（3）不接 C_E 时的电压放大倍数、输入电阻、输出电阻；

（4）若换用 $\beta=100$ 的三极管，重新计算静态工作点和电压放大倍数。

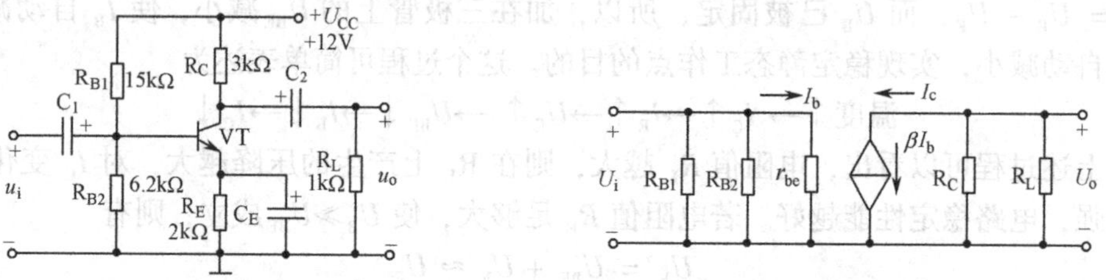

(a) 电路图　　(b) 微变等效电路

图7.16　【例7.4】电路图及微变等效电路

解：(1) 求静态工作点。

$$U_B = \frac{R_{B2}}{R_{B1}+R_{B2}}U_{CC} = \frac{6.2\text{k}\Omega}{15\text{k}\Omega + 6.2\text{k}\Omega} \times 12\text{V} \approx 3.5\text{V}$$

$$I_{CQ} \approx I_E = \frac{U_B - U_{BEQ}}{R_E} = \frac{3.5\text{V} - 0.7\text{V}}{2\text{k}\Omega} = 1.4\text{mA}$$

$$I_{BQ} = \frac{I_{CQ}}{\beta} = \frac{1.4\text{mA}}{50} = 0.028\text{mA} = 28\mu\text{A}$$

$$U_{CEQ} \approx U_{CC} - I_{CQ}(R_C + R_E) = 12\text{V} - 1.4\text{mA} \times (3\text{k}\Omega + 2\text{k}\Omega) = 5\text{V}$$

(2) 求A_u、R_i、R_o。

由于

$$r_{be} = 300\Omega + (1+\beta)\frac{26\text{mV}}{I_E} = 300\Omega + (1+50) \times \frac{26\text{mV}}{1.4\text{mA}} \approx 1.25\text{k}\Omega$$

$$R'_L = R_C /\!/ R_L = 0.75\text{k}\Omega$$

故

$$A_u = -\beta\frac{R'_L}{r_{be}} = -50 \times \frac{0.75\text{k}\Omega}{1.25\text{k}\Omega} = -30$$

$$R_i = r_{be} /\!/ R_{B1} /\!/ R_{B2} = 1.25\text{k}\Omega /\!/ 15\text{k}\Omega /\!/ 6.2\text{k}\Omega \approx 0.97\text{k}\Omega$$

$$R_o \approx R_C = 3\text{k}\Omega$$

(3) 计算不接C_E时的A'_u、R'_i、R'_o。

当射极电路中C_E不接或断开时，R_E将影响动态性能。此时交流通路如图7.17 (a) 所示，对应的微变等效电路如图7.17 (b) 所示。

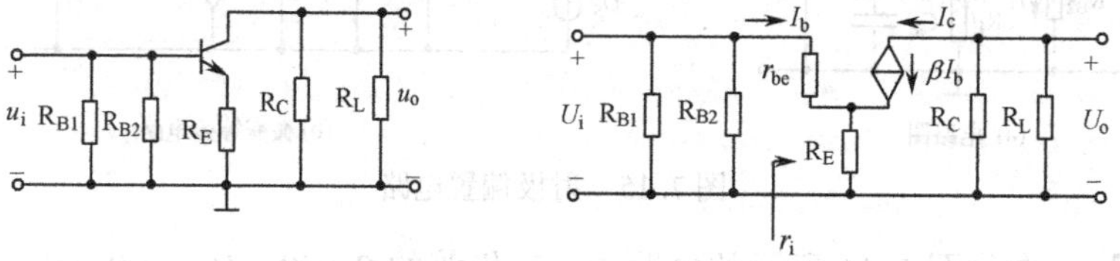

(a) 交流通路　　(b) 微变等效电路

图7.17　不接C_E时的电路

由图7.17 (b) 可得

$$U_o = -I_c(R_C /\!/ R_L) = -I_cR'_L = -\beta I_bR'_L$$

$$U_i = I_br_{be} + I_eR_E = I_br_{be} + (1+\beta)I_bR_E$$

故

$$A'_u = \frac{U_o}{U_i} = \frac{-\beta I_b R'_L}{I_b r_{be} + (1+\beta) I_b R_E} = -\beta \frac{R'_L}{r_{be} + (1+\beta) R_E} \tag{7.17}$$

$$r_i = \frac{U_i}{I_b} = \frac{I_b r_{be} + (1+\beta) I_b R_E}{I_b} = r_{be} + (1+\beta) R_E$$

$$R'_i = r_i \mathbin{/\!/} R_{B1} \mathbin{/\!/} R_{B2} = [r_{be} + (1+\beta) R_E] \mathbin{/\!/} R_{B1} \mathbin{/\!/} R_{B2} \tag{7.18}$$

根据输出电阻的定义，可得出用加压求流法计算输出电阻的等效电路如图 7.18 所示。从图中可知，$I_b = 0$，所以

$$R'_o = \frac{U}{I} \approx R_C \tag{7.19}$$

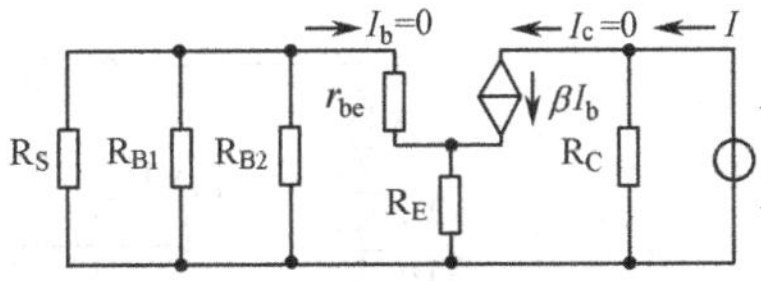

图 7.18　不接 C_E 时计算输出电阻的等效电路

将有关数据分别代入式（7.17）~式（7.19）得

$$A'_u \approx -0.36$$

$$R'_i \approx 103.25\text{k}\Omega$$

$$R'_o = 3\text{k}\Omega$$

由此可见，电压放大倍数下降了很多，但输入电阻得到了提高。

（4）当改用 $\beta = 100$ 的三极管后，其静态工作点为

$$I_E = \frac{U_B - U_{BEQ}}{R_E} = \frac{3.5\text{V} - 0.7\text{V}}{2\text{k}\Omega} = 1.4\text{mA}$$

$$I_{CQ} \approx I_E = 1.4\text{mA}$$

$$I_{BQ} = \frac{I_{CQ}}{\beta} = \frac{1.4\text{mA}}{100} = 14\mu\text{A}$$

$$U_{CEQ} \approx U_{CC} - I_{CQ}(R_C + R_E) = 12\text{V} - 1.4\text{mA} \times (3\text{k}\Omega + 2\text{k}\Omega) = 5\text{V}$$

可见，在射极偏置电路中，虽然更换了不同 β 的三极管，但静态工作点基本不变。此时

$$r'_{be} = 300\Omega + (1+\beta)\frac{26\text{mV}}{I_E} = 300\Omega + (1+100) \times \frac{26\text{mV}}{1.4\text{mA}} \approx 2.2\text{k}\Omega$$

$$A_u = -\beta \frac{R'_L}{r'_{be}} = -100 \times \frac{0.75\text{k}\Omega}{2.2\text{k}\Omega} \approx -34$$

与 $\beta = 50$ 时的放大倍数差不多。

2. 集–基耦合电路

集–基耦合电路如图 7.19 所示，它引入了直流电压负反馈来稳定静态工作点。

当温度升高时，I_C 增大；随着 I_C 增大，集射极电压和相应的基射极电压同时下降，使 I_C 自动减小，达到稳定静态工作点的目的。这个过程简单表述为

$$\text{温度}\uparrow \to I_C \uparrow \to U_C \downarrow \to U_B \downarrow \to U_{BE} \downarrow \to I_B \downarrow \to I_C \downarrow$$

3. 温度补偿电路

温度补偿电路如图 7.20 所示。如图 7.20（a）所示为用二极管温度补偿来稳定静态工作点的电路，二极管 VD_1、VD_2 工作在正向导通状态。当温度升高时，I_C 增大；随着温度升高，VD_1、VD_2 导通电压下降，导致 VT_2、VT_3 的偏置电压也下降，I_C 自动减小，达到稳定静态工作点的目的。如图 7.20（b）所示为用热敏电阻温度补偿来稳定静态工作点的电路。当温度升高时，I_C 增大；随着温度升高，电阻 R_{B2} 的阻值下降，导致基射极电压也下降，I_C 自动减小，达到稳定静态工作点的目的。图 7.20（b）中的 R_{B2} 为负温度系数的热敏电阻。若采用正温度系数的热敏电阻，只需将 R_{B1} 和 R_{B2} 的位置相互对调。

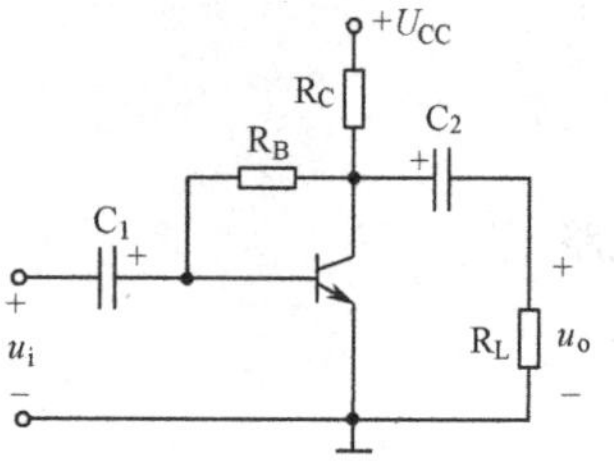

图 7.19　集-基耦合电路

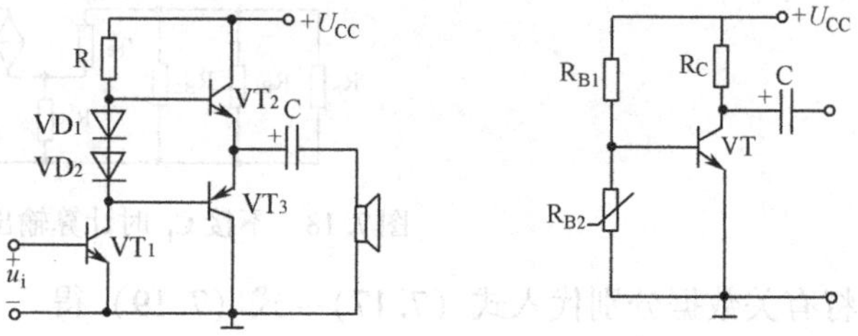

(a) 二极管温度补偿　　(b) 热敏电阻温度补偿

图 7.20　温度补偿电路

7.2　其他放大电路

7.2.1　共集电极放大电路

共集电极放大电路又被称为射极输出器，主要作用是放大交流电流，以提高整个放大电路的带负载能力。在实际应用中，一般作为输出级或隔离级。

1. 电路组成

共集电极放大电路如图 7.21（a）所示。如图 7.21（b）为共集电极放大电路的交流通路，由交流通路可见，基极是信号的输入端，发射极是信号的输出端，集电极则是输入、输出回路的公共端，所以被称为共集电极放大电路。各元器件的作用与共发射极放大电路中各元器件的作用基本相同，只是 R_E 除具有稳定静态工作点的作用外，还作为放大电路空载时的负载。

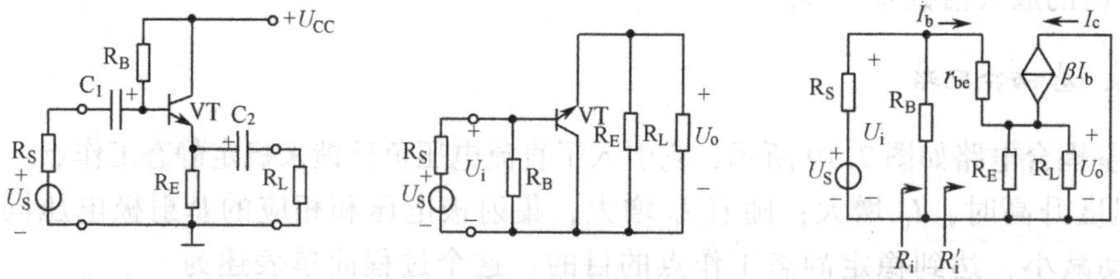

(a) 电路图　　(b) 交流通路　　(c) 微变等效电路

图 7.21　共集电极放大电路

2. 静态分析

由图7.21（a）可得方程

$$U_{CC}=I_{BQ}R_B+U_{BEQ}+(1+\beta)I_{BQ}R_E$$

则

$$I_{BQ}=\frac{U_{CC}-U_{BEQ}}{R_B+(1+\beta)R_E} \tag{7.20}$$

$$I_{CQ}=\beta I_{BQ} \tag{7.21}$$

$$U_{CEQ}=U_{CC}-I_ER_E\approx U_{CC}-I_{CQ}R_E \tag{7.22}$$

3. 动态分析

（1）电压放大倍数A_u。由图7.21（c）可知

$$U_i=I_br_{be}+I_eR'_L=I_b[r_{be}+(1+\beta)R'_L]$$

$$U_o=I_eR'_L=(1+\beta)I_bR'_L$$

式中，$R'_L=R_E/\!/R_L$，故

$$A_u=\frac{U_o}{U_i}=\frac{I_b(1+\beta)R'_L}{I_b[r_{be}+(1+\beta)R'_L]}=\frac{(1+\beta)R'_L}{r_{be}+(1+\beta)R'_L} \tag{7.23}$$

一般$(1+\beta)R'_L\gg r_{be}$，故$A_u\approx1$，即共集电极放大电路的输出电压与输入电压大小近似相等，相位相同，没有电压放大作用。

（2）输入电阻R_i。

$$R'_i=\frac{U_i}{I_b}=\frac{I_br_{be}+(1+\beta)I_bR'_L}{I_b}=r_{be}+(1+\beta)R'_L$$

故

$$R_i=R_B/\!/R'_i=R_B/\!/[r_{be}+(1+\beta)R'_L] \tag{7.24}$$

式（7.24）说明，共集电极放大电路的输入电阻比较高。

（3）输出电阻R_o。将图7.21（c）中的信号源U_S短路，负载R_L断开，得到计算R_o的等效电路，如图7.22所示。

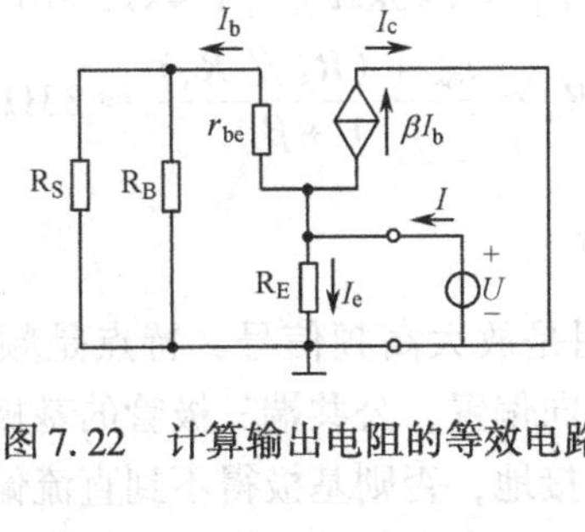

图7.22　计算输出电阻的等效电路

由图7.22可得

$$I=I_e+I_b+\beta I_b=I_e+(1+\beta)I_b=\frac{U}{R_E}+(1+\beta)\frac{U}{r_{be}+R'_S}$$

式中，$R'_S=R_S/\!/R_B$，故

$$R_o=\frac{U}{I}=R_E/\!/\left(\frac{r_{be}+R'_S}{1+\beta}\right)$$

通常 $R_E \gg \frac{r_{be}+R'_S}{1+\beta}$,所以

$$R_o \approx \frac{r_{be}+R'_S}{1+\beta} = \frac{r_{be}+(R_S \mathbin{/\!/} R_B)}{1+\beta} \tag{7.25}$$

上式中，信号源内阻和三极管输入电阻 r_{be} 都很小，而三极管的 β 值一般较大，所以，共集电极放大电路的输出电阻比共发射极放大电路的输出电阻小得多，一般在几十欧左右。

综上所述，共集电极放大电路的主要特点是：输入电阻高，传递信号源信号效率高；输出电阻低，带负载能力强；电压放大倍数小于1而接近于1，且输出电压与输入电压相位相同，具有跟随特性。因而在实际应用中，广泛用作输出级或中间隔离级。

需要说明，共集电极放大电路虽然没有电压放大作用，但仍有电流放大作用，因而有功率放大作用。

【例 7.5】 若图 7.21 中的各元器件参数为 $U_{CC}=12V$，$R_B=240k\Omega$，$R_E=3.9k\Omega$，$R_S=600\Omega$，$R_L=12k\Omega$，$\beta=60$，电容值 C_1 和 C_2 足够大，由于 U_{BEQ} 数值较小，故忽略 U_{BEQ} 的影响，即认为 $U_{BEQ}\approx 0V$，试求 A_u、R_i 和 R_o。

解：由式（7.20）得

$$I_{BQ} = \frac{U_{CC}-U_{BEQ}}{R_B+(1+\beta)R_E} \approx \frac{12V-0V}{240k\Omega+(1+60)\times 3.9k\Omega} \approx 25\mu A$$

$$I_E \approx I_{CQ} = \beta I_{BQ} = 60\times 25\mu A = 1.5mA$$

因此

$$r_{be} = 300\Omega+(1+\beta)\frac{26mV}{I_E} = 300\Omega+(1+60)\times\frac{26mV}{1.5mA} \approx 1.4k\Omega$$

又

$$R'_L = R_E \mathbin{/\!/} R_L \approx 2.9k\Omega$$

由式（7.23）～式（7.25）得

$$A_u = \frac{(1+\beta)R'_L}{r_{be}+(1+\beta)R'_L} = \frac{(1+60)\times 2.9k\Omega}{1.4k\Omega+(1+60)\times 2.9k\Omega} \approx 0.99$$

$$R_i = R_B \mathbin{/\!/} [r_{be}+(1+\beta)R'_L] = 240k\Omega \mathbin{/\!/} [1.4k\Omega+(1+60)\times 2.9k\Omega] \approx 102k\Omega$$

$$R_o \approx \frac{r_{be}+(R_S \mathbin{/\!/} R_B)}{1+\beta} \approx 33\Omega$$

7.2.2 共基极放大电路

共基极放大电路的主要作用是放大高频信号，特点是频带宽，其电路如图 7.23 所示。图中，R_{B1}、R_{B2} 为发射结提供正向偏置，公共端三极管的基极通过一个电容接地，不能直接接地，否则基极得不到直流偏置电压。输入端发射极可以通过一个电阻或一个线圈与电源的负极连接，输入信号加在发射极与基极之间（输入信号也可以通过电感耦合接入放大电路）。集电极为输出端，输出信号从集电极和基极之间取出。

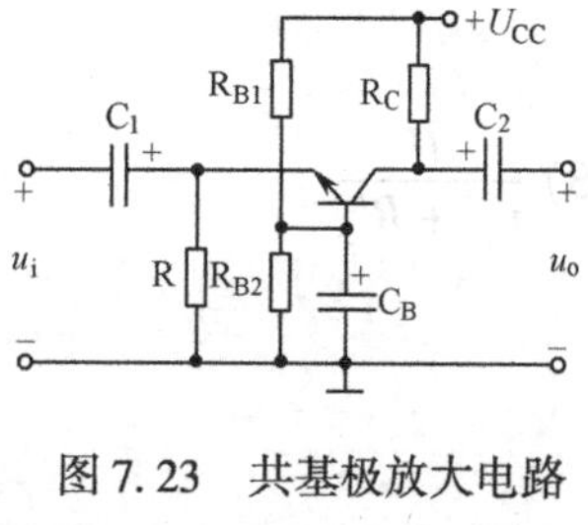

图 7.23　共基极放大电路

由于在共基极放大电路的输入回路中有一个很大的发射极电流，所以，共基极放大电路的输入电阻很小。

其输出电阻却很大。又因为输出端是集电极，输入端是发射极，因此，共基极放大电路的电流放大系数小于1。

三种组态基本放大电路性能比较见表7.2。

表7.2　三种组态基本放大电路性能比较

电 路 形 式	共发射极放大电路	共集电极放大电路	共基极放大电路
电流放大系数	较大，如200	较大，如200	小于1
电压放大倍数	较大，如200	小于1	较大，如100
输入电阻	中等，如1kΩ	较大，如50kΩ	较小，如50Ω
输出电阻	较大，如10kΩ	较小，如100Ω	较大，如10kΩ
输出与输入电压相位	相反	相同	相同

表7.2中的数据只适用于NPN型低频小功率管。

7.2.3　多级放大电路

1. 概述

在许多情况下，输入信号是很微弱的（毫伏或微伏级），要把这样微弱的信号放大到足以带动负载，仅用一级电路放大是做不到的，必须经过多级放大，以满足放大倍数和其他性能方面的要求。多级放大电路的组成如图7.24所示。

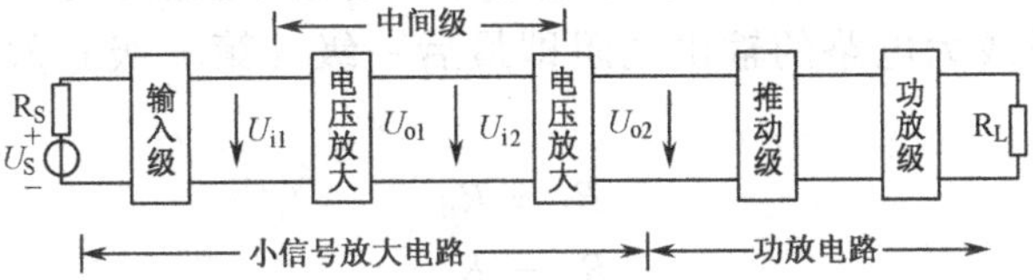

图7.24　多级放大电路组成框图

根据信号源和负载性质的不同，对各级电路有不同的要求：输入级一般要求有较高的输入电阻和较低的静态工作电流；中间级主要提高电压放大倍数，一般选2～3级，级数过多易产生自激振荡，在音频应用中表现为“啸叫”；推动级（或称激励级）输出一定的信号，推动功率放大电路工作；功放级则以一定功率驱动负载工作。

2. 级间耦合

在多级放大器中，每两个单级放大电路之间的连接方式被称为级间耦合。实现耦合的电路被称为级间耦合电路，其任务是将前级信号传送到后级。对级间耦合电路的基本要求是不引起信号失真；尽量减少信号电压在耦合电路上的损失。目前，以阻容耦合（分立元器件电路）和直接耦合（集成电路）应用最广泛。阻容耦合是指用较大容量的电容连接两个单级放大电路，这种连接方式的特点是各级静态工作点互不影响，电路调试方便，但信号有损失。直接耦合是指用导线连接两个单级放大电路，这种连接方式的特点是信号无损失，但各级静态工作点相互影响，电路调试麻烦。

3. 多级放大电路分析

在实际应用中，多级放大电路分析需要确定电压放大倍数、输入电阻、输出电阻等动态性能指标。除功率放大电路外，其他组成部分都可以用简化微变等效电路的方法进行分析、计算。功率放大电路将在 7.3 节专门介绍。

（1）多级放大电路的电压放大倍数的计算方法。多级放大电路不论采用何种耦合方式和何种组态电路，从交流参数来看：前级的输出信号（U_{o1}）为后级的输入信号（U_{i2}）；而后级的输入电阻（R_{i2}）为前级的负载电阻。因此，由图7.24可知，两级电压放大器的放大倍数分别为

$$A_{u1} = \frac{U_{o1}}{U_{i1}},\ A_{u2} = \frac{U_{o2}}{U_{i2}}$$

由于 $U_{o1} = U_{i2}$，故两级放大电路总的电压放大倍数为

$$A_u = \frac{U_{o2}}{U_{i1}} = \frac{U_{o1}}{U_{i1}} \times \frac{U_{o2}}{U_{i2}}$$

即

$$A_u = A_{u1} \times A_{u2} \tag{7.26}$$

该式可推广到 n 级放大电路

$$A_u = A_{u1}A_{u2}\cdots A_{un} \tag{7.27}$$

可见，多级放大电路总的电压放大倍数等于各级电路电压放大倍数的乘积。在计算单级放大电路的电压放大倍数时，把后一级的输入电阻作为本级的负载即可。

（2）多级放大电路的输入电阻和输出电阻。多级放大电路的输入电阻即第一级放大电路的输入电阻；多级放大电路的输出电阻即最后一级（第 n 级）放大电路的输出电阻。故有

$$R_i = R_{i1} \tag{7.28}$$

$$R_o = R_{on} \tag{7.29}$$

【例 7.6】 两级阻容耦合放大电路如图 7.25 所示，各元器件参数为 $U_{CC} = 12V$，$R_{B1} = 100k\Omega$，$R_{B2} = 39k\Omega$，$R_{C1} = 5.6k\Omega$，$R_{E1} = 2.2k\Omega$，$R'_{B1} = 82k\Omega$，$R'_{B2} = 47k\Omega$，$R_{C2} = 2.7k\Omega$，$R_{E2} = 2.7k\Omega$，$R_L = 3.9k\Omega$，$r_{be1} = 1.4k\Omega$，$r_{be2} = 1.3k\Omega$，$\beta_1 = \beta_2 = 50$，试求电压放大倍数、输入电阻和输出电阻。

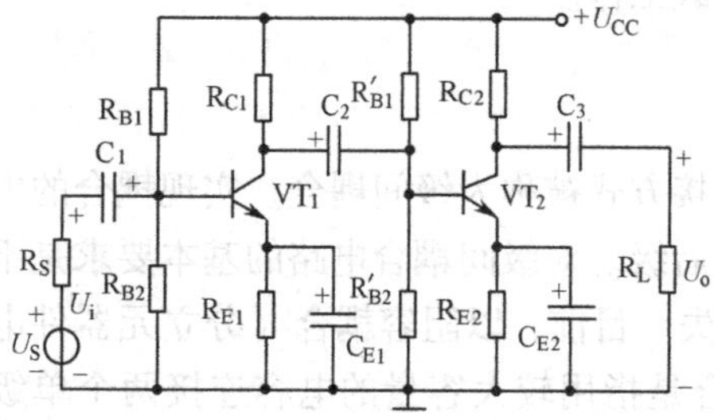

(a) 电路图

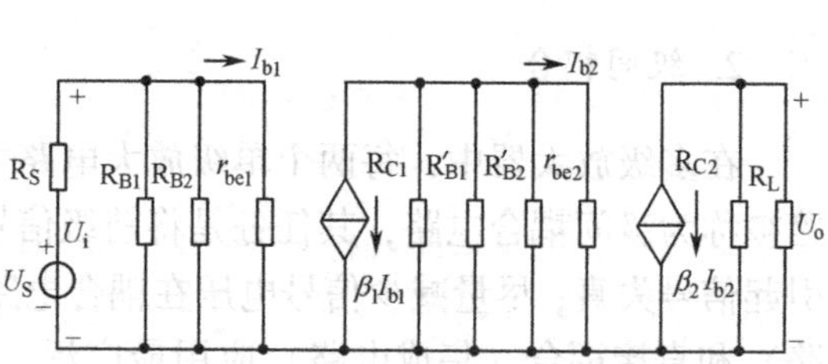

(b) 微变等效电路

图 7.25　两级阻容耦合放大电路

解：由于

$$R_{L1}=R'_{B1}//R'_{B2}//r_{be2}=82\text{k}\Omega//47\text{k}\Omega//1.3\text{k}\Omega\approx1.25\text{k}\Omega$$

$$R'_{L1}=R_{C1}//R_{L1}=5.6\text{k}\Omega//1.25\text{k}\Omega\approx1.02\text{k}\Omega$$

由式（7.7）得

$$A_{u1}=-\beta_1\frac{R'_{L1}}{r_{be1}}=-50\times\frac{1.02\text{k}\Omega}{1.4\text{k}\Omega}\approx-36.4$$

而

$$R'_{L2}=R_{C2}//R_L=2.7\text{k}\Omega//3.9\text{k}\Omega\approx1.6\text{k}\Omega$$

$$A_{u2}=-\beta_2\frac{R'_{L2}}{r_{be2}}=-50\times\frac{1.6\text{k}\Omega}{1.3\text{k}\Omega}\approx-61.5$$

故

$$A_u=A_{u1}A_{u2}=-36.4\times(-61.5)=2238.6$$

由式（7.28）和式（7.29）得

$$R_i=R_{i1}=R_{B1}//R_{B2}//r_{be1}=100\text{k}\Omega//39\text{k}\Omega//1.4\text{k}\Omega\approx1.3\text{k}\Omega$$

$$R_o=R_{C2}=2.7\text{k}\Omega$$

当多级放大电路的电压放大倍数很高时，可以用增益衡量放大电路的放大能力。增益的定义为

$$G_u=20\lg|A_u|$$

增益的单位为分贝（dB）。由上式可知：电压放大倍数每增加10倍，增益增加20dB。

4. 多级放大电路的频率特性

放大电路接受信号的类型很多，包括广播电台播音中的语言和音乐信号、仪表测量信号、电视图像和伴音信号以及各种波形信号等。这些信号并不是单一的频率，不同的正弦波有不同的频率，从几赫到几兆赫。在进行前述动态分析时，把电容做短路处理，在一定频率内是正确的。当频率范围较大时，由于电容的容抗（$X_C=\frac{1}{2\pi fC}$）是频率的函数，因此，X_C 不能再按短路处理，此时，X_C 对信号的传输和放大将产生影响，这种影响可用幅频特性和相频特性衡量。幅频特性是指放大电路的电压放大倍数与频率之间的关系。相频特性是指输出电压相对于输入电压的相位移（相位差）φ 与频率之间的关系。幅频特性和相频特性统称为频率特性或频率响应。单级阻容耦合放大电路的频率特性如图7.26所示。

由图可知，放大电路在某一段频率范围内，电压放大倍数 A_u 与频率无关，输出信号相对于输入信号的相位移为180°（倒相）；随着频率升高或降低，电压放大倍数都要下降，相位移也要发生变化。当电压放大倍数 A_u 下降到$0.707A_{um}$时，所对应的两个频率分别被称为下限频率f_L 和上限频率f_H，这两个频率之间的频率范围被称为放大电路的通频带BW（简称为带宽）。

低频段电压放大倍数下降的主要原因为耦合电容的容抗随频率降低而增大，在输入端耦合电容上压降增大，传送到三极管基极和发射极之间的信号电压减小，在输出端耦合电容上压降增大，会造成实际送给负载上的信号减小；发射极旁路电容上交流压降增大，三极管基极和发射极之间的信号减小。这三个方面导致了低频端电压放大倍数下降。

高频段电压放大倍数下降的主要原因为三极管的β值随频率升高而减小；当频率升高到一定程度时，三极管极间电容和分布电容（相当于并联在放大器的输入端和输出端）的容

抗随频率升高而减小，对交流信号的分流作用增大。这两个方面造成了高频端电压放大倍数下降。

两级阻容耦合放大电路的频率特性如图 7.27 所示，它将每级放大电路的频率特性叠加而成。多级放大电路的频率特性可用类似的方法获得。

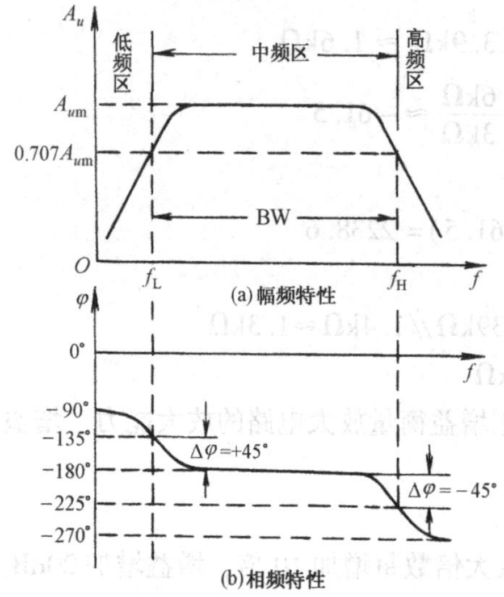

图 7.26　单级阻容耦合放大电路的频率特性

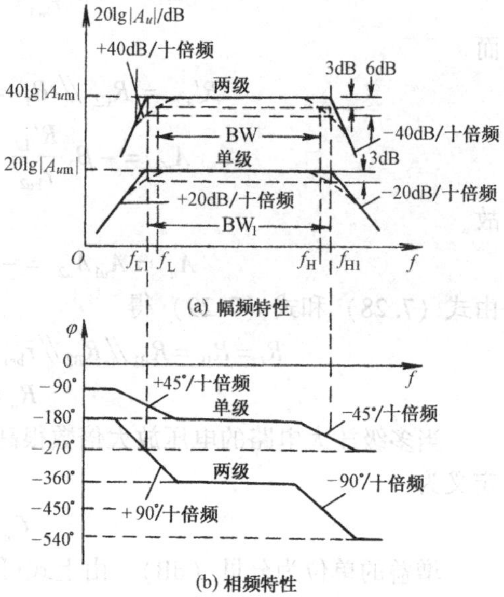

图 7.27　两级阻容耦合放大电路的频率特性

7.2.4　场效应管放大电路

场效应管具有很高的输入电阻，较小的温度系数和较低的热噪声，多用于低频与高频放大电路的输入级、自动控制调节的高频放大级和测量放大电路中。大功率的场效应管也可用于推动级和末级功率放大电路。

1. 场效应管偏置电路及静态分析

和双极型三极管放大电路一样，场效应管放大电路也由偏置电路建立一个合适而稳定的静态工作点。所不同的是，场效应管是电压控制元器件，它仅需要合适的偏压，而不需要偏流；另外，不同类型的场效应管，对偏置电压的极性有不同的要求，如表 7.3 所示。

表 7.3　场效应管偏置电压的极性

类　型	u_{GS}	u_{DS}
N 沟道 JFET	负	正
P 沟道 JFET	正	负
增强型 NMOS	正	正
增强型 PMOS	负	负
耗尽型 NMOS	正、零、负	正
耗尽型 PMOS	负、零、正	负

（1）自偏压电路。如图7.28所示为耗尽型NMOS管组成的共源极放大电路的自偏压电路。对于耗尽型场效应管，即使在栅源之间不外加电压，也有漏极电流 I_D，它流经电阻 R_S 时，产生源极电位 $U_S = I_D R_S$；由于栅极不取电流，R_G 上没有压降，栅极电位 $U_G = 0$，所以，栅极偏压为

$$U_{GS} = U_G - U_S = -I_D R_S \tag{7.30}$$

可见，这种偏压是依靠场效应管自身电流 I_D 产生的，故被称为自偏压。图中 R_G 的阻值很大，但通常不超过5MΩ。

（2）分压式偏置电路。自偏压电路只适用由耗尽型MOS管或结型场效应管组成的放大电路。对于增强型MOS管，其偏置电压必须通过分压器产生，如图7.29所示。

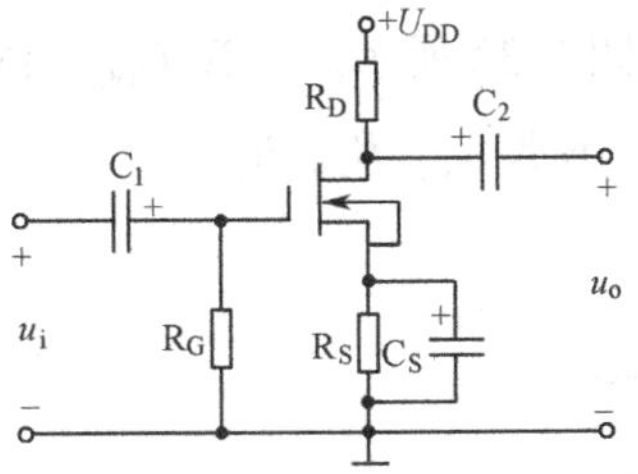

图7.28　自偏压电路

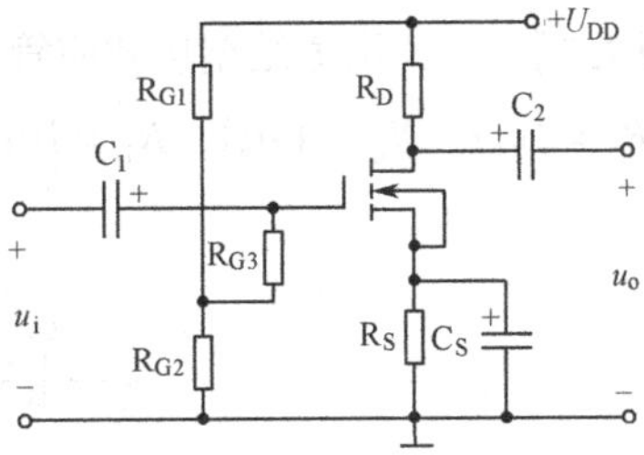

图7.29　分压式偏置电路

由图7.29可知

$$U_{GS} = U_G - U_S = \frac{R_{G2}}{R_{G1} + R_{G2}} U_{DD} - I_D R_S$$

2. 场效应管微变等效电路

场效应管也是非线性元器件，但是，当工作信号幅度足够小，且工作在恒流区时，场效应管也可用微变等效电路代替。

从输入电路看，由于场效应管输入电阻 r_{gs} 极高（$10^8 \sim 10^{15}\Omega$），栅极电流 $I_g \approx 0$，所以，可认为场效应管的输入回路（g，s）极间开路。

从输出回路看，场效应管的漏极电流 I_d 主要受栅源电压 U_{gs} 控制，这一控制能力用跨导 g_m 表示，即 $I_d = g_m U_{gs}$。因此，场效应管的输出回路可以用一个受栅源电压控制的受控电流源等效。

综上所述，场效应管的微变等效电路如图7.30所示。

3. 场效应管放大电路的微变等效电路分析

（1）共源极放大电路。共源极放大电路如图7.28和图7.29所示，两者的交流通路没有本质区别，只是 R_G 不同。下面以图7.28为例分析动态性能指标，其简化微变等效电路如图7.31所示。

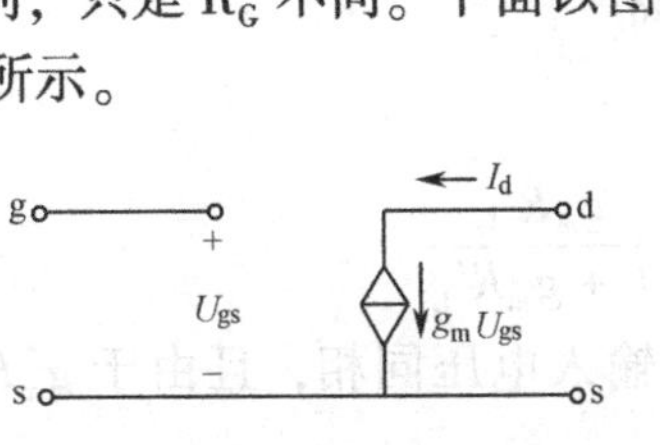

图7.30　场效应管微变等效电路

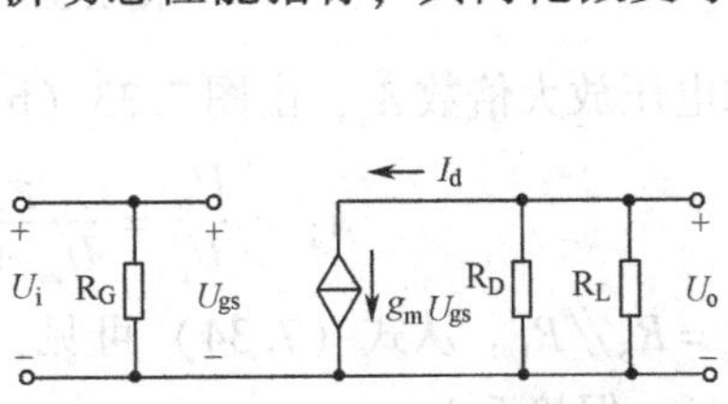

图7.31　共源极放大电路的微变等效电路

① 求电压放大倍数 A_u，由图 7.31 可知

$$U_o = -g_m U_{gs}(R_D \mathbin{/\!/} R_L) = -g_m U_i R'_L$$

式中，$U_{gs} = U_i$，$R'_L = R_D /\!/ R_L$，故有

$$A_u = \frac{U_o}{U_i} = -g_m R'_L \tag{7.31}$$

式中，负号表示输出电压与输入电压反相。

② 求输入电阻 R_i 和输出电阻 R_o，由图 7.31 可知

$$R_i = R_G \tag{7.32}$$

$$R_o = R_D \tag{7.33}$$

【例 7.7】 N 沟道结型场效应管自偏压放大电路如图 7.32 所示。已知 $U_{DD} = 18\text{V}$，$R_D = 10\text{k}\Omega$，$R_S = 2\text{k}\Omega$，$R_G = 4\text{M}\Omega$，$R_L = 10\text{k}\Omega$，$g_m = 1.16\text{mS}$。试求 A_u、R_i、R_o。

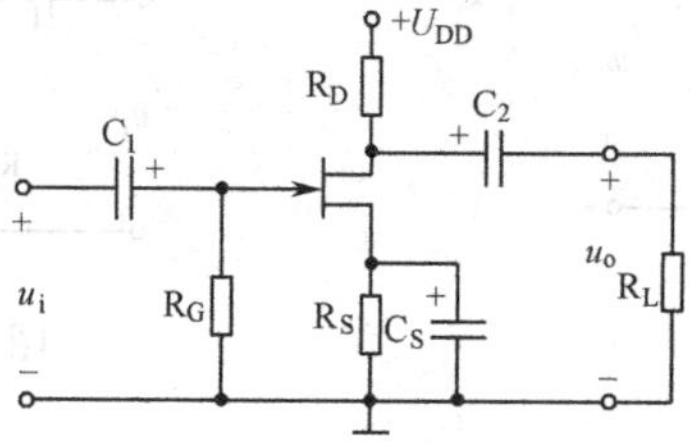

图 7.32　N 沟道结型场效应管自偏压放大电路

解：由式（7.31）~ 式（7.33）得

$$A_u = -g_m R'_L = -g_m(R_D \mathbin{/\!/} R_L) = -5.8$$

$$R_i = R_G = 4\text{M}\Omega$$

$$R_o = R_D = 10\text{k}\Omega$$

（2）共漏极放大电路。共漏极放大电路又被称为源极输出器，其电路如图 7.33（a）所示，其微变等效电路如图 7.33（b）所示。

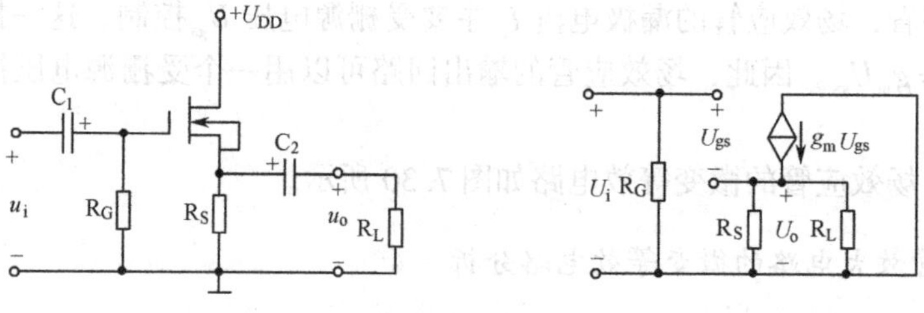

(a) 电路图　　(b) 微变等效电路

图 7.33　共漏极放大电路

① 求电压放大倍数 A_u，由图 7.33（b）可知

$$A_u = \frac{U_o}{U_i} = \frac{g_m U_{gs} R'_L}{U_{gs} + g_m U_{gs} R'_L} = \frac{g_m R'_L}{1 + g_m R'_L} \tag{7.34}$$

式中，$R'_L = R_S /\!/ R_L$。从式（7.34）可见，输出电压与输入电压同相，且由于 $g_m R'_L \gg 1$，故 A_u 小于 1，但接近 1。

② 求 R_i 和 R_o，由图 7.33（b）可知

$$R_i = R_G \tag{7.35}$$

求输出电阻的等效电路如图 7.34 所示，由图可知

$$I = I_S - I_d = \frac{U}{R_S} - g_m U_{gs}$$

由于栅极电流 $I_g = 0$，故

$$U_{gs} = -U$$

所以

$$I = \frac{U}{R_S} + g_m U$$

即

$$R_o = \frac{U}{I} = \frac{1}{\dfrac{1}{R_S} + g_m} = R_S // \frac{1}{g_m} \tag{7.36}$$

在实际应用中，利用场效应管和半导体三极管各自的特性互相配合，取长补短，组成混合电路，将具有更好的效果。场效应管放大电路的电压放大倍数较小，可通过三极管放大电路补偿；场效应管输入电阻很高，作为输入级更理想。将共源极放大电路和共发射极放大电路结合，具有很强的电压放大效果；而将共漏极放大电路与共集电极放大电路结合，则可以在较小的输出电阻时获得很强的电流放大效果。混合电路如图 7.35 所示。

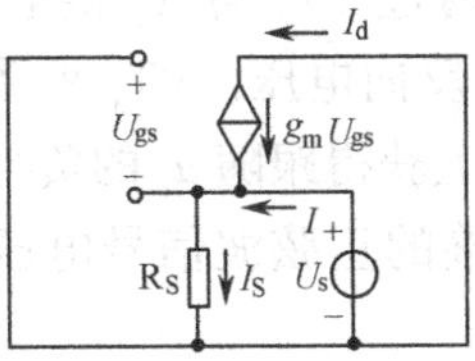

图 7.34　求 R_o 等效电路

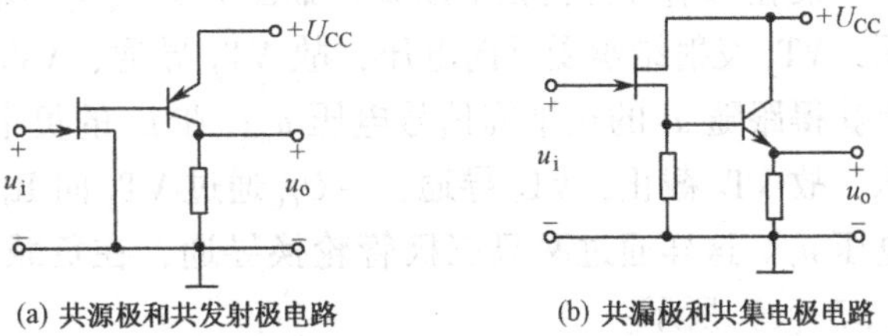

图 7.35　场效应管和三极管混合电路

7.3　功率放大电路

功率放大电路在多级放大电路中处于最后一级，又被称为输出级。其主要作用是输出足够大的功率驱动负载，如扬声器、伺服电机、指示表头、记录器等。功率放大电路的要求为输出电压和输出电流的幅度都比较大且能量转换效率较高。因此，在大电压、大电流的状态下，普通三极管的损耗功率大，发热严重，故必须选用大功率三极管，且要加装符合规定要求的散热装置。由于三极管处于大信号运用状态，因此，不能采用微变等效电路分析法，一般采用图解分析法。

7.3.1　互补对称功率放大电路

为了降低三极管的静态管耗，提高效率，通常采用甲乙类工作方式，即将功率放大电路的静态工作点设置在接近横轴的放大区内。这样，对应输入信号将有半周产生失真，解决的办法是用两只三极管分别对半个周期的输入信号进行放大。在实际应用中，通常采用互补对称功率放大电路，它又分为 OCL 互补对称功率放大电路和 OTL 互补对称功率放大电路两种。

1. OCL 互补对称功率放大电路

OCL 互补对称功率放大电路全称为无输出电容的互补对称功率放大电路，简称 OCL 电路，电路如图 7.36 所示。图中，VT_2、VT_3 是两只特性相同的 NPN 型和 PNP 型对管，当其中一只损坏时，要求用两只对管同时替换它们，否则将继续损坏或不能正常工作；VT_1 与 R_B、R_E 等构成了共发射级前置放大电路，作为 VT_2、VT_3 的推动级；VT_4、VT_5 为 VT_2、VT_3 提供接近横轴的静态工作点，使 VT_2、VT_3 处于微导通状态；RP 为 VT_2、VT_3 的偏置电阻，同时兼作为 VT_1 的集电极负载电阻；$+U_{CC1}$、$-U_{CC2}$ 为双电源，通常两电源电压相等，即 $U_{CC1}=U_{CC2}=U_{CC}$。

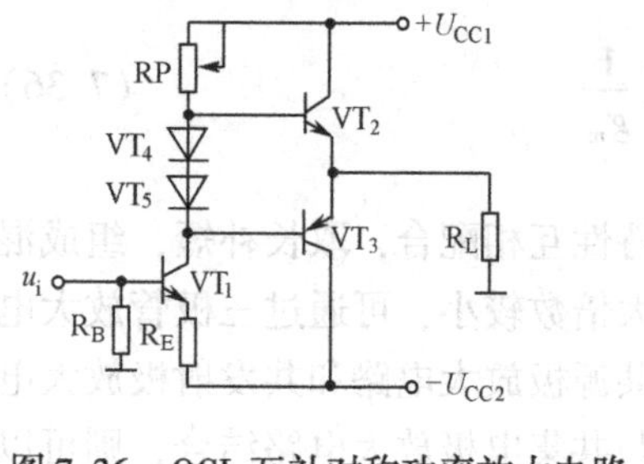

图 7.36　OCL 互补对称功率放大电路

(1) 静态分析。当 $u_i=0$ 时，因电路上下对称，所以，VT_2、VT_3 的静态发射极电位 $U_E=0$，负载电阻 R_L 中无电流通过，$u_o=0$。因三极管处于微导通状态，所以，两管的$I_B\approx0$，$I_C\approx0$，$|U_{CE}|=|U_{CC}|$，基本无静态功耗。

(2) 动态分析。为了便于分析，将图 7.36 简化为如图 7.37 (a)所示的电路原理图，且暂不考虑三极管的饱和管压降 U_{CES} 和 B、E 极间导通电压 U_{BE}。

设输入信号为正弦电压 u_i，如图 7.37 (b) 所示。在 u_i 正半周，VT_2 发射结承受正向电压，VT_3 发射结承受反向电压，故 VT_2 导通，VT_3 截止，$+U_{CC}$通过 VT_2 向 R_L 供电，在 R_L 上获得跟随 u_i 的正半周信号电压 u_o；在 u_i 的负半周，VT_2 承受反向电压，VT_3 承受正向电压，故 VT_2 截止，VT_3 导通，$-U_{CC}$通过 VT_3 向 R_L 供电，在 R_L 上获得跟随 u_i 的负半周信号电压 u_o。这样通过两只三极管轮换导通，在负载 R_L 上获得完整的正弦波信号电压，如图 7.37 (c) 所示。

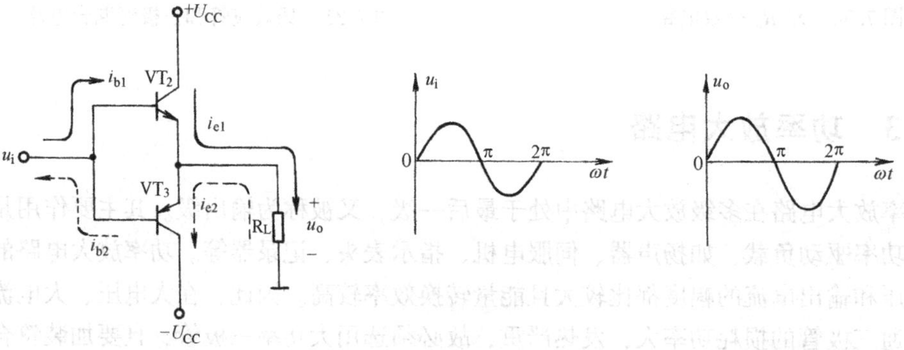

(a) 电路原理图　　(b) 输入波形　　(c) 输出波形

图 7.37　简化 OCL 功率放大电路

由上分析可知：输出电压 u_o 虽未被放大，但由于 $i_L=i_e=(1+\beta)\ i_b$，具有电流放大作用，因此，也具有功率放大作用。

如图 7.38 所示为两管信号电流 i_{C1}、i_{C2}的波形及合成后的 u_{CE}波形。从图中可知，$u_{CE1}=U_{CC}-u_o$，$u_{CE2}=-U_{CC}-u_o$，其中 u_o 在任意一个半周期内为导通三极管的u_{ce}，即 $u_o=-u_{ce}=u_i$。通常要求功率放大电路工作在最大输出状态，输出电压幅值为 $u_{ommax}=U_{CC}-U_{CES}\approx U_{CC}$，此时，截止管承受的最大电压为 $2U_{CC}$。当功率放大电路工作在非最大输出状态时，输出电压

幅值为 $U_{om}=I_{om}R_L=U_{cem}=U_{im}$，其大小随输入信号幅值而变。这些参数间的关系是计算输出功率和管耗的重要依据。

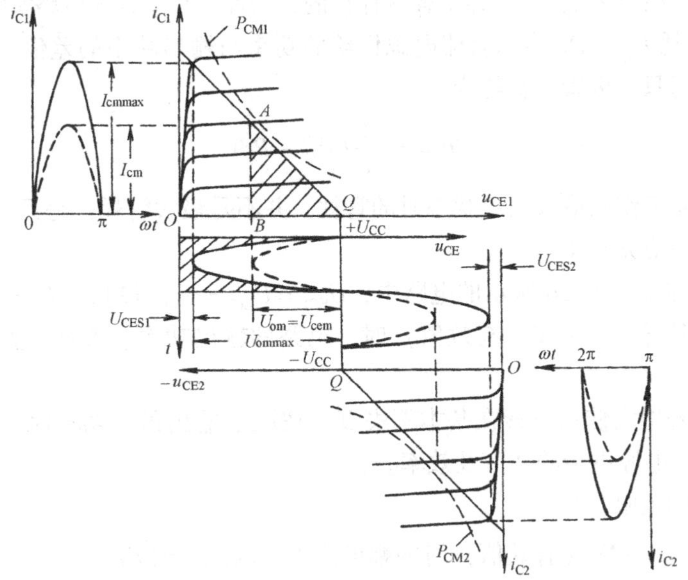

图 7.38　OCL 电路图解分析波形图

（3）参数计算。

① 最大输出功率 P_{om}。功率放大电路最大输出功率取决于电源电压 U_{CC} 和三极管极限参数 I_{CM} 和 P_{CM}。在满足极限参数要求的情况下，由动态分析可知，最大的输出功率为

$$P_{om}=\frac{1}{2}I_{om}U_{om}=\frac{1}{2}\times\frac{U_{om}^2}{R_L}=\frac{1}{2}\times\frac{U_{CC}^2}{R_L} \tag{7.37}$$

当功率放大器工作在非最大输出状态时，输出功率为

$$P_o=\frac{1}{2}I_{om}U_{om}=\frac{1}{2}\times\frac{U_{om}^2}{R_L}=\frac{1}{2}\times\frac{U_{im}^2}{R_L} \tag{7.38}$$

② 直流电源供给的功率 P_U。在 OCL 电路中，静态时，电源无功率输出，即静态管耗为零。有信号输入时，两只三极管轮流工作，两电源交替提供脉动电流 i_{C1} 和 i_{C2}，因此，两个直流电源提供的功率取决于这两个电流的平均值。在一个周期内，电源向两个功放管提供的直流功率 P_U 通过积分可得

$$P_U=\frac{2}{\pi}\times\frac{U_{om}}{R_L}U_{CC} \tag{7.39}$$

由式（7.39）可知，负载一定时，直流电源提供的功率与输出电压成正比。当功率放大器工作在最大输出状态时，两个直流电源供给的总功率为

$$P_{Um}=\frac{2}{\pi}\times\frac{U_{CC}^2}{R_L} \tag{7.40}$$

③ 效率 η。功率放大电路的效率 η 定义为输出功率 P_o 与直流电源供给功率 P_U 的比值，即

$$\eta=\frac{P_o}{P_U} \tag{7.41}$$

当功率放大电路工作在最大输出状态时，效率为

$$\eta = \frac{P_{om}}{P_{Um}} = \frac{U_{CC}^2/2R_L}{2U_{CC}^2/\pi R_L} = \frac{\pi}{4} \approx 78.5\% \tag{7.42}$$

在实际应用中，三极管 U_{CES}、U_{BE}等是客观存在的，因此，功率放大电路实际效率约为60%。

④ 三极管管耗 P_{VT}。P_{VT}表示直流电源供给的功率与输出功率的差值，即两只三极管上的管耗，所以，每只三极管的管耗为

$$P_{VT} = \frac{1}{2}(P_U - P_o) \tag{7.43}$$

功率放大电路工作在最大输出状态时的管耗，并不是最大管耗，每只三极管的最大管耗约为 $0.2P_{om}$，这一点知道即可。

【例 7.8】 在如图 7.36 所示的电路中，$U_{CC1} = U_{CC2} = U_{CC} = 24V$，$R_L = 8\Omega$，试求：

（1）当输入信号 $U_i = 12V$（有效值）时，电路的输出功率、管耗、直流电源供给的功率及效率。

（2）输入信号增大使三极管在基本不失真的情况下输出最大功率时，互补对称电路的输出功率、管耗、电源供给的功率及效率。

（3）晶体管的极限参数。

解：（1）在 $U_i = 12V$（有效值）时的幅值为 $U_{im} = \sqrt{2}U_i \approx 17V$。

考虑到互补对称电路是射极跟随器，其电压放大倍数接近于 1，因此，输出电压近似等于输入电压且同相，即 $U_{om} \approx U_{im} \approx 17V$。

由式（7.38）可得

$$P_o = \frac{1}{2} \times \frac{U_{om}^2}{R_L} = \frac{1}{2} \times \frac{(17V)^2}{8\Omega} \approx 18.1W$$

由式（7.39）可得

$$P_U = \frac{2}{\pi} \times \frac{U_{om}}{R_L}U_{CC} = \frac{2}{\pi} \times \frac{17V}{8\Omega} \times 24V \approx 32.5W$$

由式（7.43）可得两只三极管的管耗为

$$P_{VT} = P_U - P_o = 32.5W - 18.1W = 14.4W$$

由式（7.41）可得

$$\eta = \frac{P_o}{P_U} = \frac{18.1W}{32.5W} \approx 55.7\%$$

（2）在最大输出功率时，最大输出电压为24V，此时，要求输入信号的幅值也是24V，即

$$U_{im} = U_{om}$$

由式（7.37）可得

$$P_{om} = \frac{1}{2} \times \frac{U_{CC}^2}{R_L} = \frac{1}{2} \times \frac{(24V)^2}{8\Omega} = 36W$$

由式（7.40）可得

$$P_{Um} = \frac{2}{\pi} \times \frac{U_{CC}^2}{R_L} = \frac{2}{\pi} \times \frac{(24V)^2}{8\Omega} \approx 45.8W$$

由式（7.43）可得两只三极管的管耗为

$P_{VT} = P_U - P_o = 45.8W - 36W = 9.8W$（此时两只三极管的功耗并不是最大功耗）

由式（7.42）可得

$$\eta = \frac{P_{om}}{P_{Um}} = \frac{36\text{W}}{45.8\text{W}} \approx 78.6\%$$

（3）晶体管的极限参数，计算可得

$$P_{CM} \geqslant 0.2P_{om} = 0.2 \times 36\text{W} = 7.2\text{W}$$

$$U_{(BR)CEO} \geqslant 2U_{CC} = 2 \times 24\text{V} = 48\text{V}$$

$$I_{CM} \geqslant \frac{U_{CC}}{R_L} = \frac{24\text{V}}{8\Omega} = 3\text{A}$$

（4）交越失真。由于静态时 $I_B = 0$，而图 7.37 中的三极管 VT_2、VT_3 的发射结又存在一个“死区”，所以，当输入信号为正弦波时，基极电流不是完全按正弦规律变化的电流。该电流经放大后，负载电流在正、负半周交替的地方出现了如图 7.39 所示的失真，这种失真被称为交越失真。

解决交越失真的办法是为三极管 VT_2、VT_3 提供一个合适的静态工作点，使三极管处于微导通状态，如图 7.40 所示的 VT_4、VT_5。

2. OTL 互补对称功率放大电路

OTL 互补对称功率放大电路全称为无输出变压器的功率放大电路，简称 OTL 电路，如图 7.40 所示。

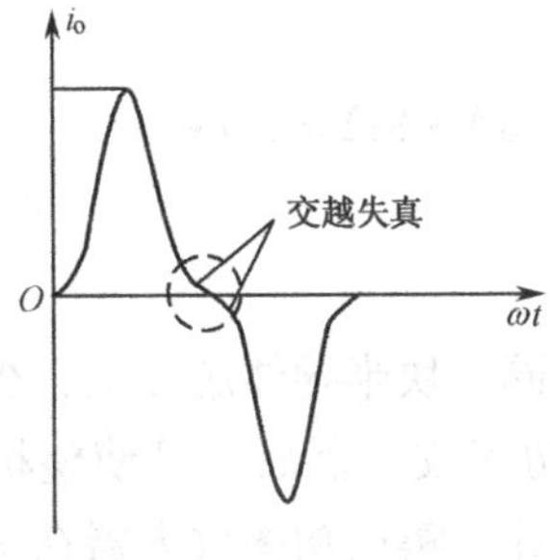

图 7.39　交越失真波形

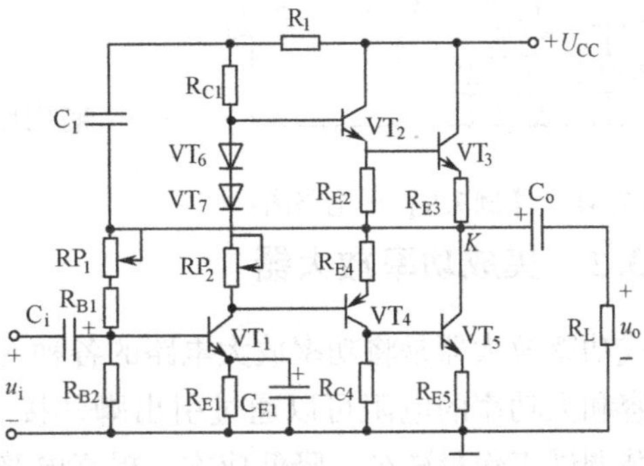

图 7.40　OTL 互补对称功率放大电路

（1）各元器件作用。VT_1 为共发射极前置放大级，为功放管提供推动电压；RP_1、R_{B1}、R_{B2}为 VT_1 的偏置电路，调节 RP_1 可改变 VT_1 的静态工作点，同时还可以使 $U_K = 1/2U_{CC}$；VT_2 与 VT_3、VT_4 与 VT_5 为两只复合三极管，分别等效为 NPN 型和 PNP 型三极管。复合管的总电流放大系数为两只三极管电流放大系数的乘积。复合管连接的原则是按两管电流前后方向一致的规律连接。复合管的等效管型取决于前一只三极管的管型。采用复合管可降低配对的 NPN 型和 PNP 型三极管（如 VT_2、VT_4）的要求；VT_6、VT_7、RP_2 为 VT_2 与 VT_3、VT_4 与 VT_5 提供合适的静态工作点，调节 RP_2 可以改变静态工作点；C_o 为输出耦合电容，一方面将放大后的交流信号耦合给负载 R_L，另一方面作为 VT_4 与 VT_5 导通时的直流电源，因此要求容量大，稳定性高。若 C_o 漏电或失容，则在显示器中表现为光栅中间出现特别亮的亮带或很窄的光栅；C_1、R_1 为自举电路。在 VT_1 输出为正时，K 点为正半周输出，K 点电位升高，由于 C_1 电压不能突变，相当于电源瞬时电压提高，扩大了输出正半周的动态范围，这种作用被称为自举。若无 R_1，则没有自举作用，若 C_1 失容，输出可能出现正半周失真，在显示器中表现为画面卷边。

（2）工作原理。当输入信号 u_i 为负半周时，VT_1 集电极信号为正半周，VT_2 与 VT_3 导通，VT_4与VT_5截止。在信号电流流向负载R_L形成正半周输出的同时，向C_o充电，使$U_{Co}=1/2U_{CC}$；在u_i正半周时，VT_1集电极信号为负半周，VT_2与VT_3截止，VT_4与VT_5导通。此时，C_o上的$1/2U_{CC}$和VT_4与VT_5形成放电回路，若时间常数R_LC远大于输入信号的半周期，则电容上电压基本不变，而流过三极管和负载的电流仍由基极控制，这样在负载上获得负半周输出信号，于是负载上获得完整的正弦信号输出。输出的最大幅值接近$1/2U_{CC}$。

（3）参数计算。OTL电路与OCL电路相比，每个功放管实际工作时，电源电压为$1/2U_{CC}$，因此，将式（7.37）~式（7.43）中的U_{CC}用$1/2U_{CC}$替换即可得到相应的参数计算公式。

【例7.9】 在如图7.41所示的电路中，已知$R_{B1}=22k\Omega$，$R_{B2}=47k\Omega$，$R_{E1}=24\Omega$，$R_{E2}=R_{E3}=0.5\Omega$，$R_1=240\Omega$，$RP=470\Omega$，$R_L=8\Omega$，$U_{CC}=24V$，VT_2为3DD01A，VT_3为3CD10A，VD_1、VD_2为2CP。试求：

（1）最大输出功率。

（2）若负载R_L上的电流为$i_L=0.8\sin\omega t(A)$，求当前的输出功率和输出电压幅值。

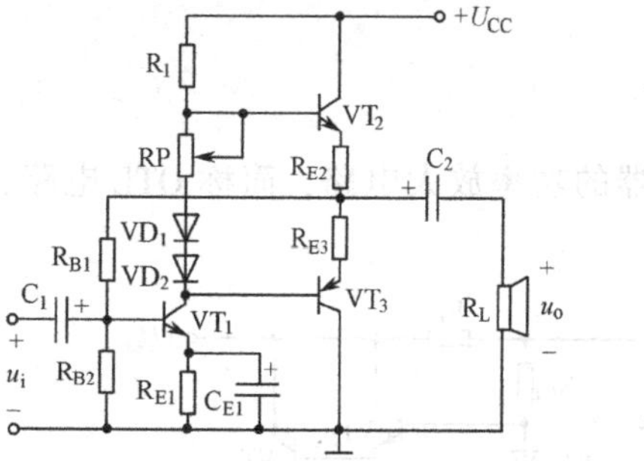

图7.41 【例7.9】的电路图

解：（1）最大输出功率

$$P_{om}=\frac{1}{2}\times\frac{\left(\frac{1}{2}U_{CC}\right)^2}{R_L}=\frac{1}{2}\times\frac{\left(\frac{1}{2}\times 24V\right)^2}{8\Omega}=9W$$

（2）输出功率

$$P_o=\frac{1}{2}\times(0.8A)^2\times 8\Omega=2.56W$$

输出电压幅值

$$U_{om}=0.8A\times 8\Omega=6.4V$$

7.3.2 集成功率放大器

集成功率放大器是将功率放大电路的各种元器件制作在同一块半导体芯片上，少数大容量的电容和大功率的电阻可以通过引出脚外接。使用集成功率放大器后，可使整机电路简单，组装调试工作量减少，降低成本，提高电路的性能，因此，集成功率放大器在实际工作中得到了广泛的应用。

1. 单音频集成功率放大器

单音频集成功率放大器的种类有很多，包括LM系列、TDA系列、SL系列等。它们的封装有多种形式，如单列直插式、双列直插式、双列扁平式等。下面简单介绍在收录机、音响设备中广泛应用的两种单音频功率放大器。

（1）LM386。LM386是一种低电压通用型集成功率放大器，采用双列直插式塑料封装，典型应用参数：直流电源电压范围为4~12V，带宽为300kHz（1、8引脚开路时），额定输出功率为600mW，输入电阻为50kΩ。其内部电路原理图如图7.42所示。

从图7.42中可以看出，LM386内部电路是由输入级、中间级和输出级等组成的。其中输入级由VT_2和VT_4组成双端输入单端输出差分放大电路，VT_3和VT_5是其恒流源负载，VT_1和VT_6是为了提高输入电阻而设置的输入端射极跟随器，R_1和R_7为偏置电阻，该组的输出取自VT_4和VT_5的集电极。R_5是差分放大电路的发射极负反馈电阻，1、8脚开路时，其负反馈最强，整个电路的电压放大倍数为20倍，若在1、8脚之间外接电容以旁路R_5两端的交流压降，可使电压放大倍数提高到200倍。在实际应用中，通常在1、8脚之间外接阻容串联电路，调节电阻的阻值即可使其电压放大倍数在20～200之间变化。7脚与地之间外接电解电容，可与集成电路内部电阻R_2组成直流去耦电路。

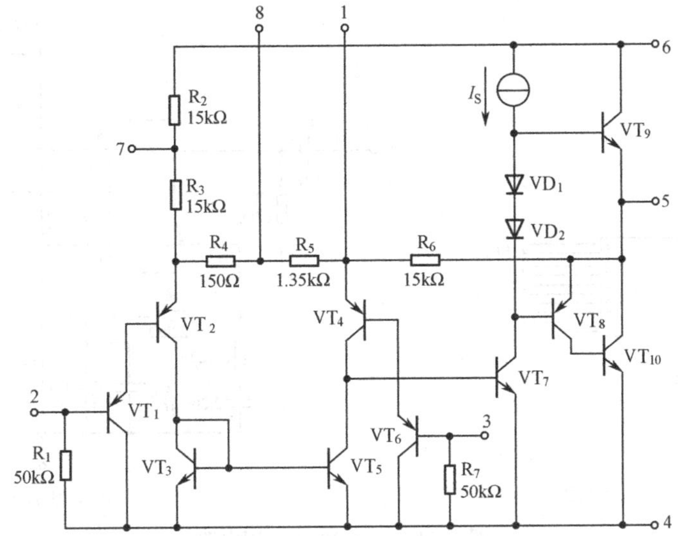

图7.42　LM386内部电路原理图

中间级是功率放大的主要增益级，由VT_7和其集电极恒流源（I_S）负载构成共发射极放大电路，作为驱动级。

输出级由VT_8和VT_{10}复合管及VT_9管组成准互补对称功率放大电路，二极管VD_1和VD_2为VT_8和VT_9提供静态偏置，以消除交越失真，R_6是级间电压串联负反馈电阻。

LM386集成功率放大器的典型应用电路及引脚如图7.43所示。

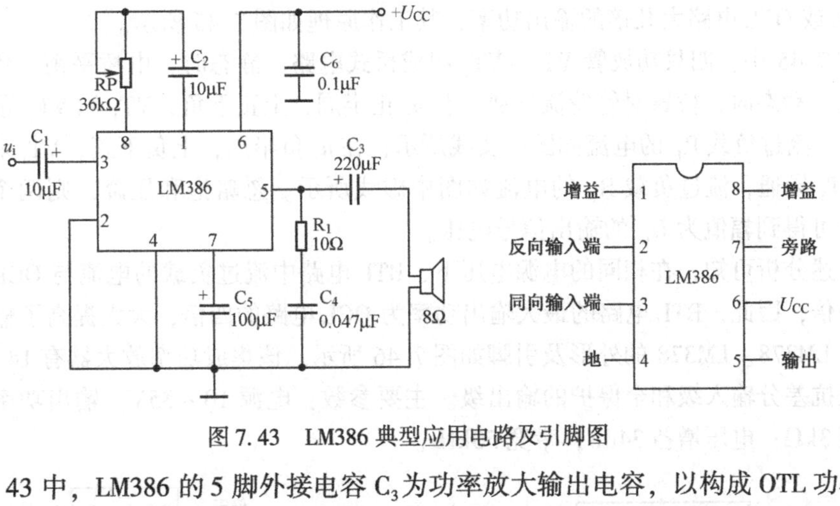

图7.43　LM386典型应用电路及引脚图

在图7.43中，LM386的5脚外接电容C_3为功率放大输出电容，以构成OTL功率放大电路，R_1和C_4是串联频率补偿电路，用于抵消扬声器的音圈电感在高频时产生的不良影响，并改善功率放大电路的高频特性，以及防止高频自激。输入信号u_i经C_1耦合电容接入LM386集成电路的输入端3脚，另一个输入端2脚接地，故构成单端输入方式。

（2）TDA 2030。TDA 2030的外形及引脚如图7.44（a）所示。该集成功率放大器只有5只引脚，接线简单，既可以接成OCL电路，又可以接成OTL电路，广泛应用于音响设备中。其内部设有短路保护电路，具有过热保护能力。主要参数：电源 6～18V；输出功率 9W；输入电阻 5MΩ；电压增益 30dB；谐波失真 0.2%。TDA 2030 的典型应用电路如图 7.44（b）所示。

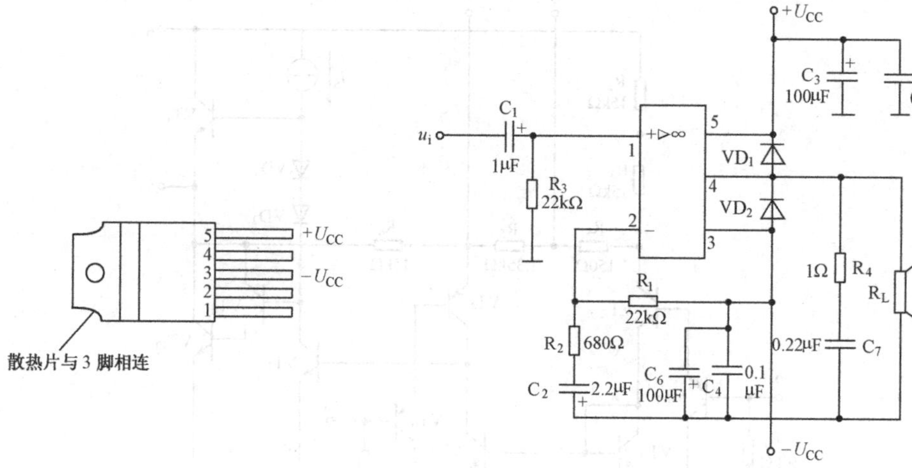

(a) 引脚图　　(b) 典型应用电路

图 7.44　TDA 2030 应用电路

2. 双音频集成功率放大器

双音频集成功率放大器也有多种类型和封装形式，下面以松下半导体有限公司生产的 LM 系列和飞利浦公司生产的 TDA 系列双音频集成功率放大器为例，简单介绍它们的应用。

（1）BTL 电路。在集成功率放大器的基础上，近年来兴起了一种 BTL 功率放大器（又被称为桥接推挽式放大器），其主要特点是在同样的电源电压和负载电阻的条件下，可以得到比 OCL 或 OTL 电路大几倍的输出功率，其工作原理如图 7.45 所示。

在图 7.45 中，四只功放管 $VT_1 \sim VT_4$ 组成桥式电路。静态时，电桥平衡，负载 R_L 中无直流电流。动态时，桥臂对管轮流导通。在 u_i 正半周，上正下负，VT_1 和 VT_4 导通，VT_2 和 VT_3 截止，流过负载 R_L 的电流如图中实线所示；在 u_i 负半周，上负下正，VT_1 和 VT_4 截止，VT_2 和 VT_3 导通，流过负载 R_L 的电流如图中虚线所示。忽略饱和压降，则两个半周合成，在负载上可得到幅值为 U_{CC} 的输出信号电压。

由上述分析可知，在相同的电源电压下，BTL 电路中流过负载的电流与 OCL 电路相比，增大了一倍，因此，BTL 电路的最大输出功率为 OCL 电路的四倍，大大提高了输出功率。

（2）LM378。LM378 的外形及引脚如图 7.46 所示。该集成功率放大器有 14 只引脚，内部有高阻抗差分输入级和全保护的输出级。主要参数：电源 10～35V；输出功率 4W/信道；输入电阻 3kΩ；电压增益 34dB；带宽 50kHz。

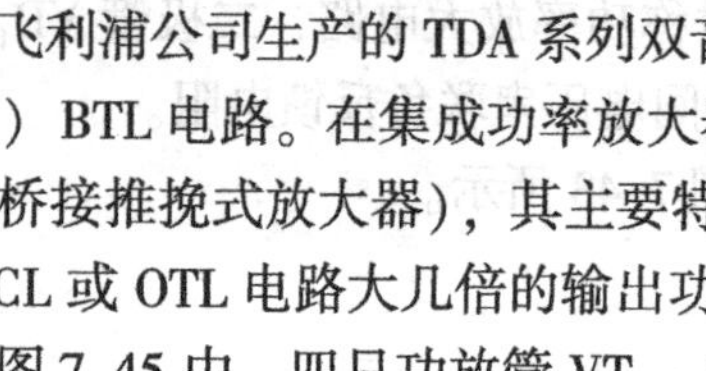

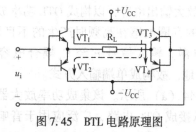

图 7.45　BTL 电路原理图

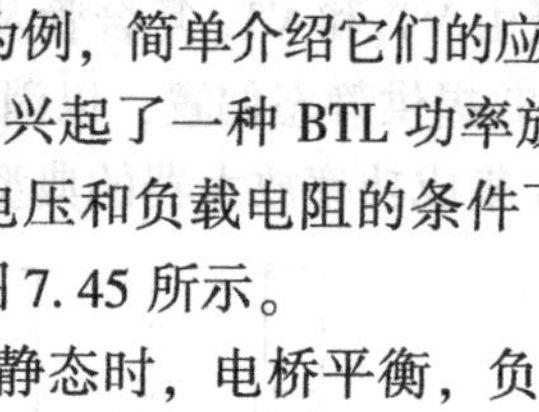

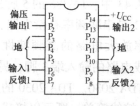

图 7.46　LM378 引脚图

LM378 内双音频放大器既可以单独组成立体声放大器，又可以接成 BTL 电路增大输出功率。其典型应用如下。

① 反相立体声放大器：如图 7.47 所示为 LM378 双放大器组成的简单反相立体声放大器应用电路，它是由单电源供电的。这里，放大器是通过连接每个同相输入端至偏置端获得偏置的。每个放大器的闭环电压增益设置为 34dB，由 R_2/R_1 或 R_4/R_3 的比值决定。

② 桥式结构单放大器：如图 7.48 所示为 LM378 双放大器组成一个桥式结构（BTL 电路）的单放大器应用电路，可以将很高的功率直接耦合到负载（扬声器）上。

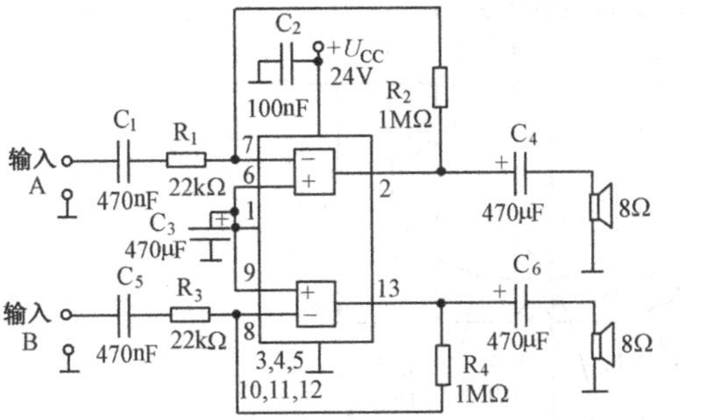

图 7.47 简单反相立体声放大器

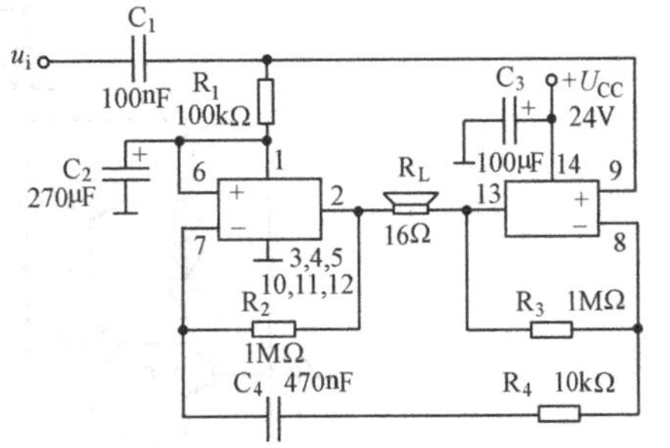

图 7.48 桥式结构单放大器

(3) TDA 1519。TDA 1519 的外形及引脚如图 7.49 所示。该集成功率放大器有 9 只引脚，内部设有多种保护电路（负载开路、AC 及 DC 对地短路等），并有静噪控制及电源等待状态等功能。在双声道工作时只要外接 4 只元器件，BTL 工作时只要外接 2 只元器件，无须调整就能令人满意地工作，是目前同类产品中使用外围元器件较少的集成电路之一。主要参数：电源 6 ~ 18V；输出功率 5.5W（单声道，$R_L = 4\Omega$）~ 22W（BTL，$R_L = 4\Omega$）；电压增益 40dB（立体声）~ 46dB（BTL）；谐波失真 10% 。

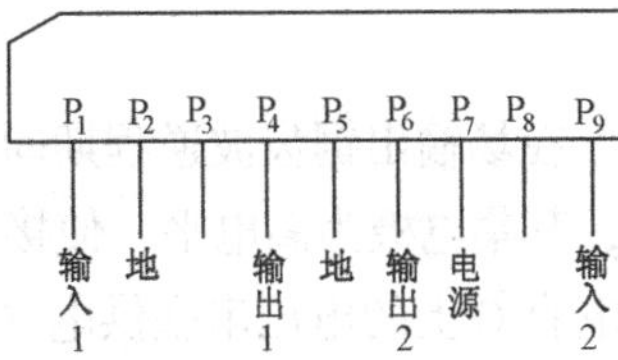

图 7.49 TDA1519 引脚图

TDA1519 典型应用电路如图 7.50 所示。

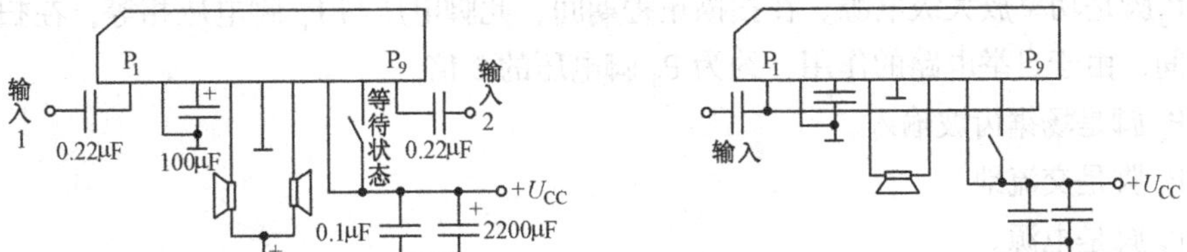

图 7.50 TDA1519 典型应用电路

3. 场输出集成功率放大器

场输出集成功率放大器是用于显示器、电视机的场扫描电路的专用功率放大器，内部采用泵电源型 OTL 电路形式，封装一般为单列直插式。下面以 IX0640CE 和 TDA8172 为例简单介绍它们的应用。

（1）泵电源电路。如图 7.51 所示为 IX0640CE 和外围元器件组成的场输出电路。图中 VT_4、VT_5、VT_6、VT_7，外接元器件 VD_2 及 C 构成泵电源电路，其工作过程如下。

在场输出锯齿波正程期间，P_2 脚为低电平，VT_4、VD_1 截止，电源电压 U_{CC} 通过二极管 VD_2 加至 P_3 脚，供给场输出电路，保证场输出工作在低压供电状态，提高场输出级的效率。由于 VT_4 截止，其集电极为低电平，使接在 VT_4 两个集电极的 VT_5（NPN 管）截止，VT_6（PNP 管）导通，电源通过 VD_2 及 VT_6 对 C 充电，C 两端电压很快充到 U_{CC}，极性为上正下负。

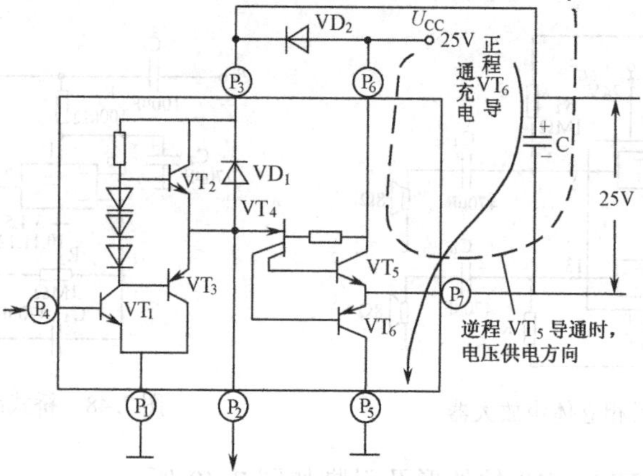

图 7.51　IX0640CE 组成的场输出电路

在场输出锯齿波逆程期间，由于偏转线圈产生很高的感应电压，P_2 脚变为高电平，VT_4 导通，其集电极为高电平，使接在 VT_4 两个集电极的 VT_5 导通，VT_6 截止，P_3 脚由电源电压 U_{CC} 与电容 C 上的电压串联供电（VT_5 导通，相当于 P_6 脚与 P_7 脚相连），因此，场输出级电源电压由 U_{CC} 上升至 $2U_{CC}$，实现了泵电源供电，即在场扫描正程期间采用低电压供电，而在逆程期间采用高电压供电。

（2）应用电路。IX0640CE 的外形及引脚如图 7.52 所示，各引脚功能如下。

- P_1 脚是地。
- P_2 脚是功率放大级输出，接场偏转线圈。
- P_3 脚是功率放大级电源。在扫描正程期间，此脚电压与 P_6 脚电压相等；在扫描逆程期间，由于自举电路的作用，约为 P_6 脚电压的 2 倍。
- P_4 脚是场锯齿波输入。
- P_5 脚是交流地。
- P_6 脚是电源。
- P_7 脚是泵电源输出，扫描正程期间电压为零；扫描逆程期间电压为 U_{CC}，该电压可作为场消隐脉冲。

IX0640CE 的应用电路如图 7.51 所示。场锯齿波信号从 P_4 脚进入集成功率放大器后首先加在 VT_1 的基极，经过 VT_1 放大后推动 VT_2 和 VT_3 组成的互补推挽场输出电路，再从 P_2 脚输出送到场偏转线圈，实现功率放大。

TDA8172 的外形及引脚如图 7.53（a）所示，各引脚的功能如下。

- P_1 脚是锯齿波输入。
- P_2 脚是电源。

- P_3 脚是泵电源输出，可作为场消隐脉冲。
- P_4 脚是地。
- P_5 脚是功率放大级输出，接场偏转线圈。
- P_6 脚是功率放大级电源。
- P_7 脚是锯齿波输入的基准直流电平。

如图 7.53（b）所示为 TDA8172 的应用电路，场锯齿波信号经 RP_1 和 R_2 从 P_1 脚（图中用数值 1 表示，下同）进入集成功率放大器，调节 RP_1 可以改变场幅；RP_2 和 C_2 组成微分电路，由于 C_2 和 C_3 的存在对锯齿波中的高频分量分流作用大，对低频分量分流作用小，因此，它们构成预失真，以便使场偏转线圈中锯齿波电流线性良好；R_3 和 R_4 构成直流反馈，可稳定工作点，C_3 用来滤除反馈信号中的交流成分；R_5 和 R_6 为交流电流负反馈电阻；VD_1 和 C_1 同内部电路构成逆程泵电源，实现自举升压；放大后的锯齿波信号从 P_5 脚输出，送到场偏转线圈，C_4 是输出耦合电容。

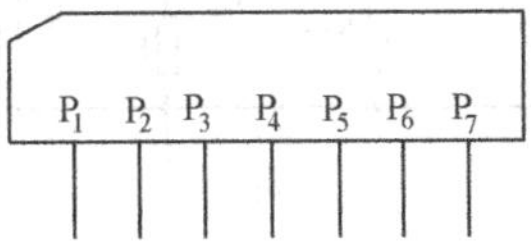

图 7.52　IX0640CE 引脚图

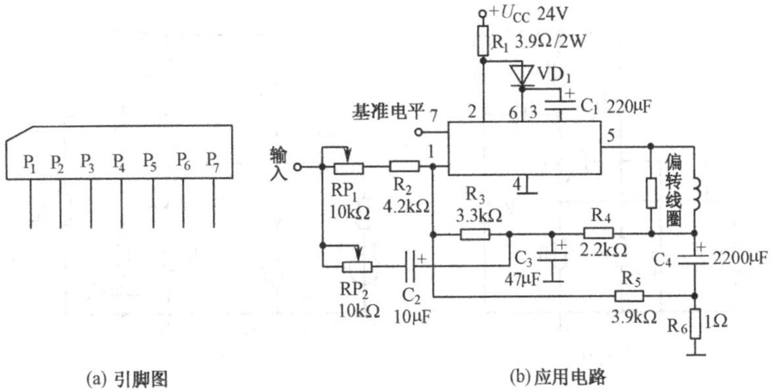

图 7.53　TDA8172 组成的场输出电路

本章小结

1. 放大电路中“放大”的实质是通过三极管（或场效应管）的作用进行能量转换，即将直流电源的能量转换为负载获得的能量。放大电路的组成原则是必须有电源，核心元器件是三极管（或场效应管），要有合适的静态工作点，并保证放大电路在放大信号的整个周期内，三极管（或场效应管）都工作在特性曲线的线性放大区。放大电路工作时，电路中各电压、电流值是直流量和交流量叠加的结果。电路分析由静态分析和动态分析两部分组成。静态分析借助直流通路，用估算法或图解法确定静态工作点。动态分析借助交流通路，用微变等效电路法确定电压放大倍数、输入电阻、输出电阻等动态性能指标。常用的稳定工作点电路有射极偏置电路（基极分压式偏置电路）、集–基耦合电路和温度补偿电路。

2. 共集电极电路由于输入电阻高，输出电阻低，并具有电压跟随特性，广泛应用于输出级或隔离级。共基极电路由于频率特性好，常用于高频放大。阻容耦合多级放大电路由于各级放大电路的静态工作点互不影响，调试方便，常用于进一步提高放大倍数，但计算每级放大倍数时应考虑前、后级之间的相互影响。场效应管放大电路的分析方法和步骤与三极管放大电路类似，各种类型的放大电路与相应的三极管放大电路具有类似的特点，只是模拟电路中多用结型和耗尽型 MOS 管，而增强型 MOS 管则多用于数字电路。

3. OCL 电路采用双电源供电；OTL 电路采用单电源供电，并且需要一个大容量输出耦合电容。电路中，两只功放管分别在正、负半周交替工作。当输入信号一定时，能使输出信号幅值 U_{om} 基本等于电源电压 U_{CC} 而又不失真的负载被称为功率放大电路的最佳负载。此时功率放大电路输出最大功率，具有最高的转换效率，但两只管的功耗不是最大。由于集成功率放大电路外接元器件少，电路结构简单，因此应用越来越广泛，使用时应注意正确选择型号，识别各引脚的功能。当需要进一步提高输出功率时，可将两个 OCL 电路连接成 BTL 电路的形式。

习　题

7.1　试画出如图 7.54 所示的电路的直流通路和交流通路（假设电路中电容的容量均足够大），并简化电路。

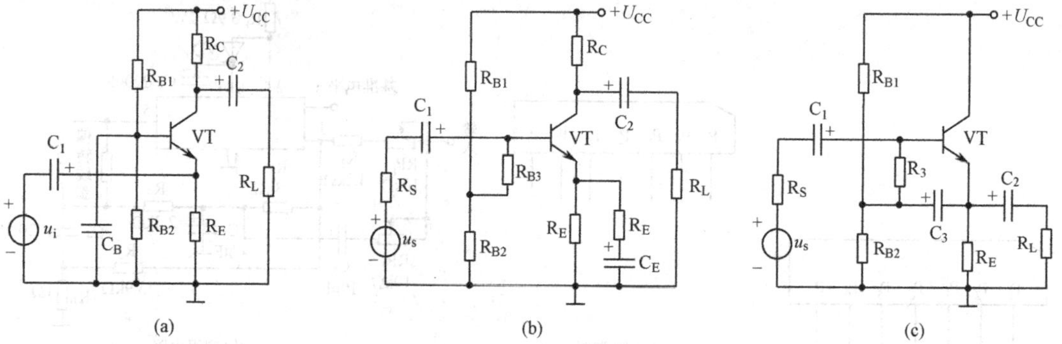

图 7.54　题 7.1 电路图

7.2　在如图 7.55（a）所示的电路中，三极管的输出特性曲线如图 7.55（b）所示，设 $U_{BE}=0.6\text{V}$，求：

（1）用估算法确定放大电路的静态工作点；

（2）用图解法确定放大电路的静态工作点。

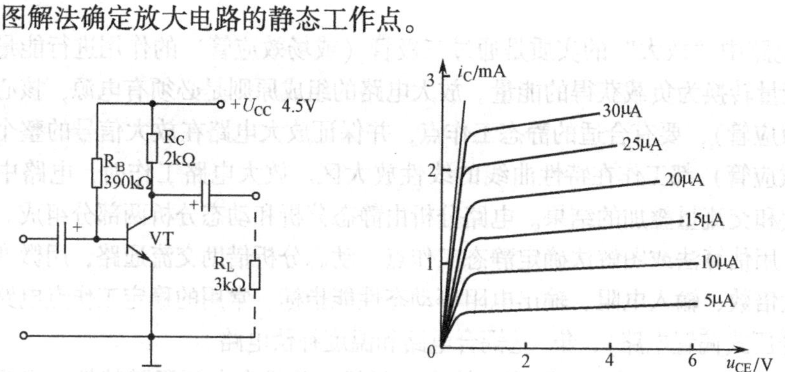

图 7.55　题 7.2 电路图

7.3　在如图 7.56 所示的电路中，三极管是 PNP 型锗管，求：

（1）U_{CC} 和 C_1、C_2 的极性如何选择，并在图上标出；

（2）若 $U_{CC}=12\text{V}$，$R_C=3\text{k}\Omega$，$\beta=75$，如果要将静态值 I_C 调到 1.5mA，R_B 应调到多大？

（3）在调静态工作点时，如不慎将 R_B 调到零，对三极管有无影响？为什么？通常采取何种措施来防止这种情况？

7.4　在如图 7.55（a）所示的电路中，若把 R_B 改成 180kΩ，试确定可能的最大输出电压是多少？

7.5　在如图 7.55（a）所示的电路中，若把 R_B 改成 820kΩ，设输入基极的电流 $i_b=5\sin\omega t(\mu A)$，求：当 R_L 未接入电路时，输出波形会产生什么现象？

7.6　在如图 7.57（a）所示的电路中，若输入为正弦波，而输出端波形如图 7.57（b）所示。试判断放大电路产生何种失真。应采取什么措施消除这种失真？

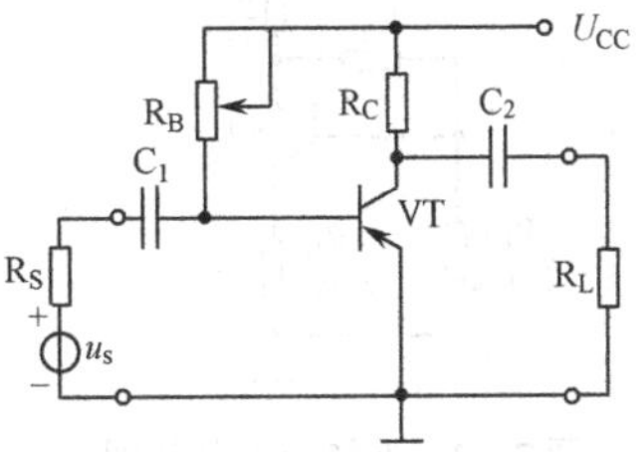

图 7.56　题 7.3 电路图

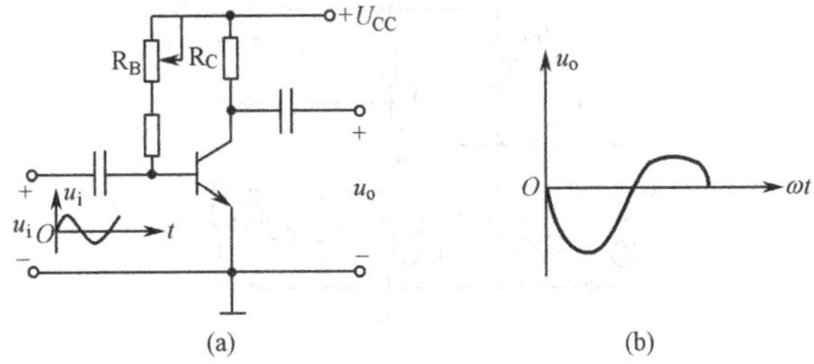

图 7.57　题 7.6 电路图

7.7　单极放大电路如图 7.58 所示，已知三极管的 $\beta=50$，$I_C=1\text{mA}$，求：

（1）画出微变等效电路；

（2）计算三极管的输入电阻 r_{be}；

（3）计算电压放大倍数 A_u；

（4）估算放大电路的输入电阻 R_i 和输出电阻 R_o；

（5）计算源电压放大倍数 A_{uS}。

7.8　为什么说放大电路的输入电阻可用来衡量放大电路信号源的传递效率？放大电路输出电阻低，带负载的能力强又是什么意思？

7.9　已知某放大电路的输出电阻为 2kΩ，输出端开路电压的有效值为 3V，试问放大电路接 $R_L=3.3\text{k}\Omega$ 的负载电阻时，输出电压是否下降？下降到多少？

7.10 在如图 7.59 所示的电路中，已知 $U_{CC}=24\text{V}$，$R_C=3.3\text{k}\Omega$，$R_S=100\Omega$，$R_E=1.5\text{k}\Omega$，$R_{B1}=33\text{k}\Omega$，$R_{B2}=10\text{k}\Omega$，$R_L=5.1\text{k}\Omega$，$\beta=60$（此管为硅管）。求：

（1）估算静态工作点；

（2）标出电容 C_1、C_2、C_E 的极性；

（3）画出微变等效电路；

（4）计算 A_u、A_{uS}、R_i 及 R_o。

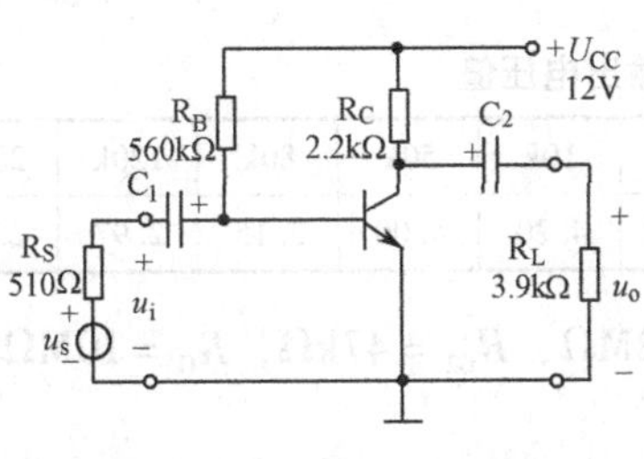

图 7.58　题 7.7 电路图

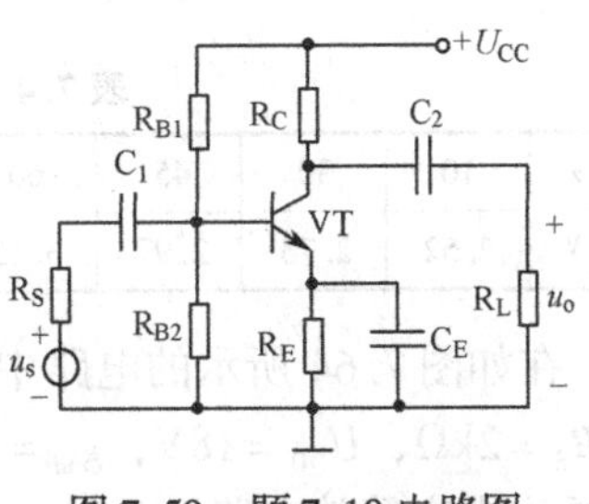

图 7.59　题 7.10 电路图

7.11　若将题 7.10 中的射极旁路电容去掉，其他参数不变，按题中要求重新作答，并比较两次运算结果。

7.12　在如图 7.60 所示的电路中，三极管的输出特性与图 7.55（b）相同，求：

（1）画出直流负载线和静态工作点；

（2）画出微变等效电路；

（3）计算 A_u、R_i 及 R_o。

7.13　试定性说明如图 7.61 所示的电路其静态工作点的稳定过程。若 $\beta=49$，$U_{BE}=0.6V$，$I_E=1mA$，试确定电阻值 R_{B1}。

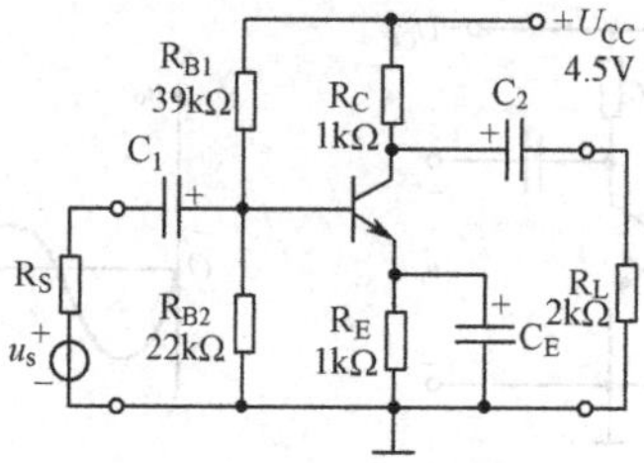

图 7.60　题 7.12 电路图

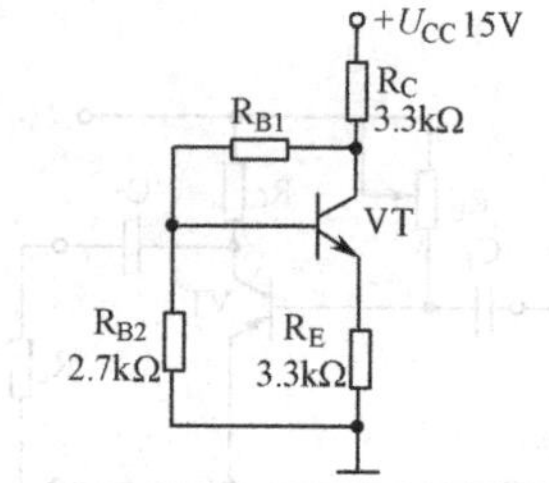

图 7.61　题 7.13 电路图

7.14　在如图 7.62 所示的电路中，已知三极管 $\beta=50$（硅管），求：

（1）当开关 S 在“1”位置时的电压放大倍数、输入电阻及输出电阻；

（2）当开关 S 在“2”位置时的电压放大倍数、输入电阻及输出电阻；

（3）比较这两种情况的异同。

7.15　多级放大电路如图 7.63 所示，设 $\beta_1=\beta_2=50$。试计算 A_u、R_i、R_o。

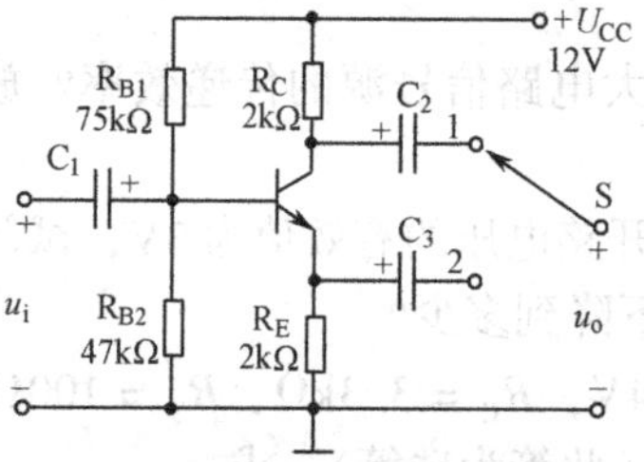

图 7.62　题 7.14 电路图

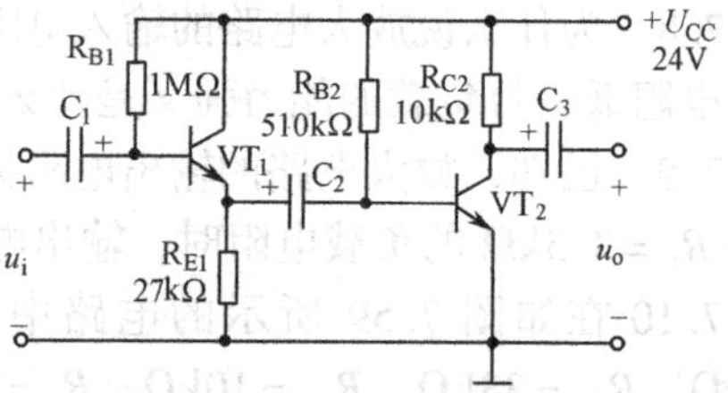

图 7.63　题 7.15 电路图

7.16　某放大电路在输入端加入的信号电压值不变，当不断改变信号频率时，测得在不同频率下的输出电压值如表 7.4 所示。求：该放大电路的下限频率 f_L 和上限频率 f_H 各为多少？

表 7.4　不同频率下的输出电压值

f/Hz	10	30	45	60	200	1k	10k	50k	80k	120k	200k
U_o/V	2.52	2.73	2.97	3.15	4.00	4.20	4.20	4.00	3.15	2.97	2.73

7.17　在如图 7.64 所示的电路中，已知 $R_{G1}=2M\Omega$，$R_{G2}=47k\Omega$，$R_G=10M\Omega$，$R_L=R_D=30k\Omega$，$R_S=2k\Omega$，$U_{DD}=18V$，$g_m=2mS$，求：

（1）画出微变等效电路；

（2）计算电压放大倍数；

（3）输入电阻和输出电阻。

7.18　在 OCL 电路中，电源电压 $U_{CC}=20V$，负载 $R_L=8\Omega$。设电路在理想条件下工作，求：

（1）当输入信号 $U_i=10V$（有效值）时，电路的输出功率、管耗、直流电源供给的功率及效率；

（2）当输入信号的幅值为 $U_i=20V$ 时，再求（1）中的各值；

（3）三极管安全工作时的极限参数。

7.19　在如图 7.65 所示的电路中，已知 3BX91C 的参数为 $P_{CM}=400mW$，$I_{CM}=400mA$，$U_{(BR)CEO}=20V$，$U_{CES}\leqslant 0.5V$；3AX91C 参数为 $P_{CM}=400mW$，$I_{CM}=400mA$，$U_{(BR)CEO}=25V$，$U_{CES}\leqslant 0.5V$，若要求负载上的最大不失真功率为 800mW，求：

（1）计算电源电压 U_{CC}；

（2）根据三极管的极限参数，验证功率管能否安全工作。

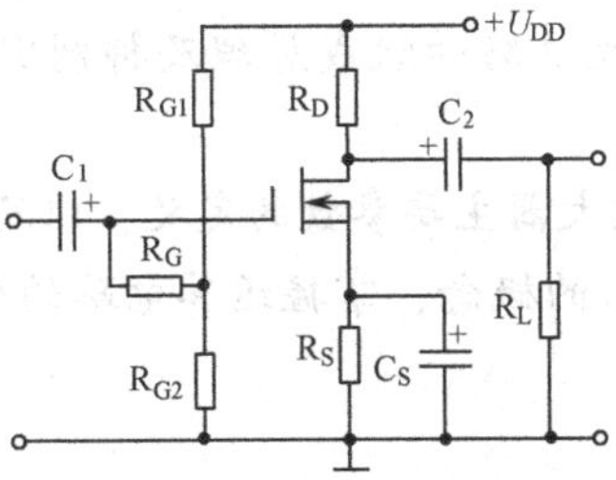

图 7.64　题 7.17 电路图

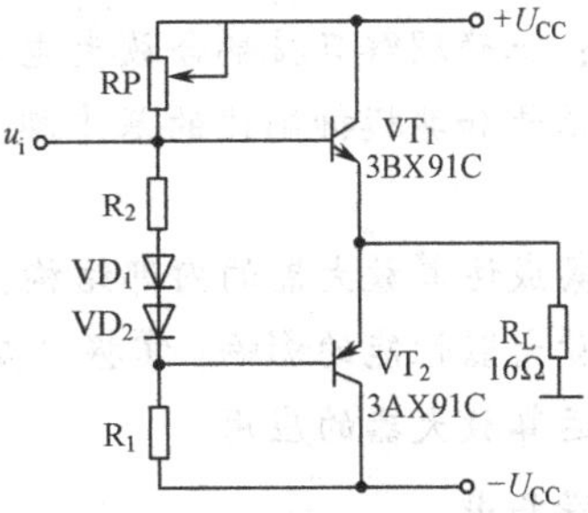

图 7.65　题 7.19 电路图

7.20　在如图 7.66 所示的复合管中，哪些组合方式是合理的？哪些是不合理的？复合管是 NPN 型还是 PNP 型？试总结出复合规律。

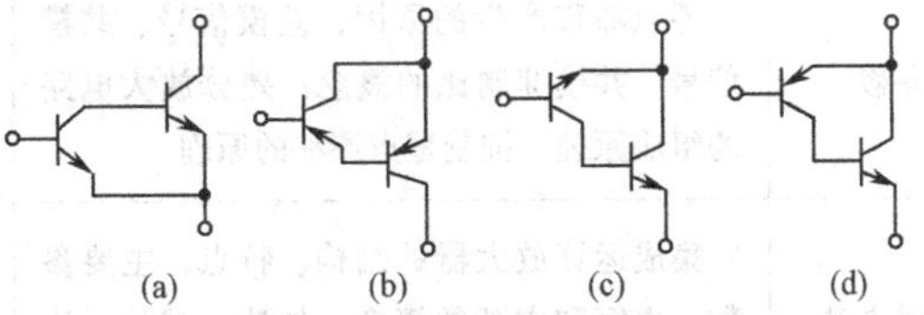

图 7.66　题 7.20 电路图

7.21　如何选用复合功放管？

7.22　试画出 TDA2030 组成的 OTL 应用电路。

第 8 章　负反馈放大器与集成运算放大器

在实际应用中，一个稳定的系统或多或少存在着自动调节过程。第 7 章所讲的基本放大电路能稳定工作的前提是具有静态工作点自动调节功能。这种自动调节过程，实际上就是负反馈过程。在集成电路中，由于采用直接耦合，在构成应用电路时，更需要引入反馈。本章将着重介绍交流负反馈对放大器性能的影响；集成运算放大器构成的应用电路及应用电路中的反馈。

❖教学目标

通过学习负反馈放大器与集成运算放大器的知识，掌握负反馈放大器的作用，了解负反馈的类型；正确理解直接耦合放大电路中零点漂移（简称零漂）产生的原因，掌握差模信号、共模信号和共模抑制比的基本概念；掌握差分放大电路的组成原理及抑制零点漂移的原理。

了解集成运算放大器的内部结构，掌握集成运算放大器主要参数的定义，以及各参数对集成运算放大器性能的影响；掌握“虚短”和“虚断”的概念；掌握运算电路的分析方法；了解集成运算放大器的应用。

❖教学要求

能力目标	知识要点	权　重	自测分数
会判断反馈的类型，会定性分析其作用	反馈的概念、类型、作用；典型负反馈放大电路的分析	20%	
利用差分放大电路抑制零点漂移	零点漂移产生的原因，差模信号、共模信号、共模抑制比的概念；差分放大电路的组成原理、抑制零点漂移的原理	30%	
了解集成运算放大器的使用方法，掌握基本运算电路的分析方法	集成运算放大器的结构、特点、主要参数，虚短和虚断的概念；加法、减法、比例运算、微分、积分电路的分析；集成运算放大器的其他应用	50%	

8.1　负反馈放大器

8.1.1　反馈的基本概念

1. 概述

在电子电路中，反馈被定义为将放大电路输出信号（电压或电流）的部分或全部通过一定的电路（反馈电路）回送到输入回路的过程。如图 8.1 所示为反馈电路的框图。

由图 8.1 可知，任何一个带有反馈的放大电路都包含两部分：一部分是不带反馈的基本放大器 A，它可以是单级或多级分立元器件放大电路，也可以是集成运算放大器；另一部分是反馈电路 F，它是联系放大器输出电路和输入电路的环节，多数是由电阻组成的。通过反馈电路把基本放大器的输出和输入连成环状，被称为闭环放大器或反馈放大器。没有反馈电路的放大器，被称为开环放大器（即基本放大器）。

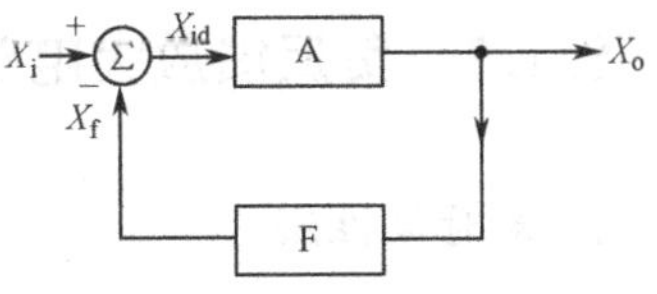

图 8.1　反馈电路的框图

2. 反馈的分类

（1）根据输出端取样对象分类，可分为电压反馈和电流反馈两类。电压反馈的反馈信号取自输出电压 U_o，反馈量与输出电压成正比，如图 8.2（a）和图 8.2（b）所示。电流反馈的反馈信号取自输出电流 I_o，反馈量与输出电流成正比，如图 8.2（c）和图 8.2（d）所示。

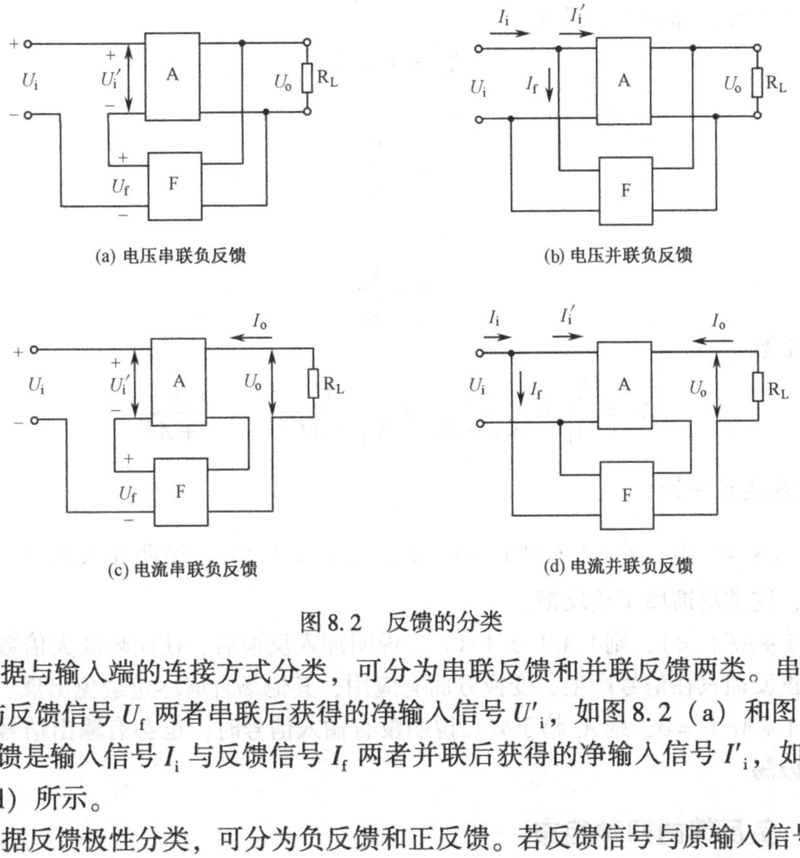

图 8.2　反馈的分类

（2）根据与输入端的连接方式分类，可分为串联反馈和并联反馈两类。串联反馈是输入信号 U_i 与反馈信号 U_f 两者串联后获得的净输入信号 U'_i，如图 8.2（a）和图 8.2（c）所示。并联反馈是输入信号 I_i 与反馈信号 I_f 两者并联后获得的净输入信号 I'_i，如图 8.2（b）和图 8.2（d）所示。

（3）根据反馈极性分类，可分为负反馈和正反馈。若反馈信号与原输入信号相位相反，削弱了原输入信号，这种反馈被称为负反馈。若反馈信号与原输入信号相位相同，加强了原输入信号，这种反馈被称为正反馈。

（4）根据反馈电路组成分类，可分为直流反馈和交流反馈。直流通路中存在的反馈被称为直流反馈。交流通路中存在的反馈被称为交流反馈。若两个通路中都存在的反馈被称为交、直流反馈。在实际应用中，一般采用直流负反馈稳定静态工作点，交流负反馈改善放大电路的动态性能。

8.1.2　负反馈放大电路的分析方法

1. 瞬时极性法

瞬时极性法主要用来判断放大电路中的反馈是正反馈还是负反馈。具体方法：先假设放大电路输入端信号在某一瞬间对地的极性为（+）或（-）；然后根据各级电路输出端与输入端信号的相位关系（同相或反相），标出反馈回路中各点的瞬时极性；再得到反馈端信号的极性；最后，通过比较反馈端信号与输入端信号的极性判断电路的净输入信号是加强还是削弱，从而确定是正反馈还是负反馈。

2. 框图分析法

框图分析法主要用来确定负反馈放大电路的一般表达式。

由图 8.1 可知，净输入信号为

$$X_{id} = X_i - X_f \tag{8.1}$$

开环放大倍数为

$$A = \frac{X_o}{X_{id}} \tag{8.2}$$

反馈系数为

$$F = \frac{X_f}{X_o} \tag{8.3}$$

则闭环放大倍数

$$A_f = \frac{X_o}{X_i} = \frac{X_o}{X_{id} + X_f} = \frac{X_o}{X_{id} + AFX_{id}} = \frac{A}{1 + AF} \tag{8.4}$$

3. 一般表达式分析

① 在式（8.4）中，若 $|1+AF|>1$，则 $|A_f|<|A|$。说明加入反馈后，闭环放大倍数变小了，这类反馈属于负反馈。

② 若 $|1+AF|<1$，则 $|A_f|>|A|$。说明加入反馈后，使闭环放大倍数增加，被称为正反馈。正反馈只在信号产生、变换方面有应用，其他场合应尽量避免出现。

③ 若 $|1+AF|=0$，则 A_f 趋于 ∞。说明没有输入信号时，也会有输出信号，这种现象被称为自激振荡。

8.1.3　负反馈的四种组态

多级反馈电路中，往往包含多个反馈环节，有局限于本级的局部反馈和整个放大电路输出与输入之间的级间反馈，级间反馈对放大电路的性能影响起主要作用。下面所讨论的内容均为整个放大电路输出与输入之间的级间反馈。

1. 电压串联负反馈

电压、电流反馈的简易判别方法：令输出端短路，若反馈信号消失，则为电压反馈，否则为电流反馈。

串联、并联反馈的简易判别方法：输入信号和反馈信号在不同节点引入为串联反馈，在同一节点引入为并联反馈。

例如，在如图8.3所示的电路中，利用上述简易判别方法可知：R_L 短路时，$u_o=0$，反馈电压 $u_f=0$，故为电压反馈；输入量 u_i 从"+"端引入，u_f 从"−"端引入，u_i 与 u_f 不在同一点引入，故为串联反馈。

根据瞬时极性法，由图8.3所标注的极性可知，该电路为负反馈。因此，如图8.3所示的电路为电压串联负反馈电路。

电压负反馈有稳定输出电压的作用。设 u_i 为某一固定值时，若负载电阻的阻值 R_L 增大，使输出电压 u_o 有上升的趋势，结果将使放大电路的净输入信号 u_{id}减小，于是 u_o 就随之回到接近原来的数值。上述过程可简单表示为

$$R_L\uparrow\rightarrow u_o\uparrow\rightarrow u_f\uparrow\rightarrow u_{id}\downarrow\rightarrow u_o\downarrow$$

2. 电压并联负反馈

在如图8.4所示的电路中，当 $u_o=0$ 时，反馈电压 $u_f=0$，故为电压反馈；输入量 u_i 与反馈量 u_f 均从"−"端输入，故为并联反馈；由图中极性可知，该电路为负反馈。因此，如图8.4所示的电路为电压并联负反馈电路。

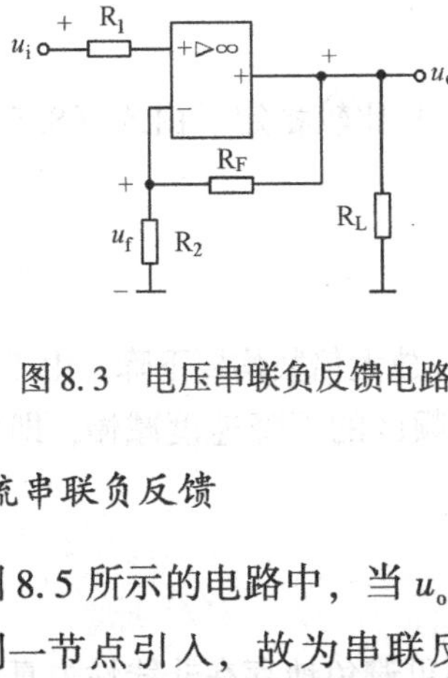

图8.3　电压串联负反馈电路

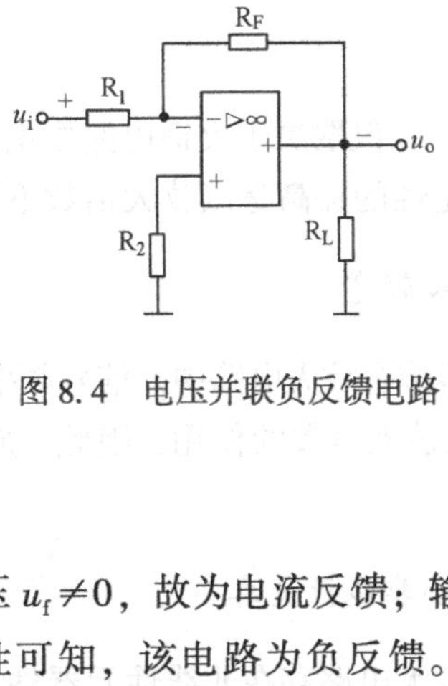

图8.4　电压并联负反馈电路

3. 电流串联负反馈

在如图8.5所示的电路中，当 $u_o=0$ 时，反馈电压 $u_f\neq0$，故为电流反馈；输入量与反馈量不在同一节点引入，故为串联反馈；由图中极性可知，该电路为负反馈。因此，如图8.5所示的电路为电流串联负反馈电路。

电流负反馈具有稳定输出电流 i_o 的作用。当输出电流 i_o 减小时，通过 u_f 减小，使放大电路的净输入信号 u_{id}增大，从而使 i_o 得到稳定，其过程为

$$i_o\downarrow\rightarrow u_f\downarrow\rightarrow u_{id}\uparrow\rightarrow i_o\uparrow$$

4. 电流并联负反馈

在如图8.6所示的电路中，当 $u_o=0$ 时，反馈电压 $u_f\neq0$，故为电流反馈；输入量与反馈量在同一节点输入，故为并联反馈；由图中极性可知，该电路为负反馈。因此，如图8.6所示的电路为电流并联负反馈电路。

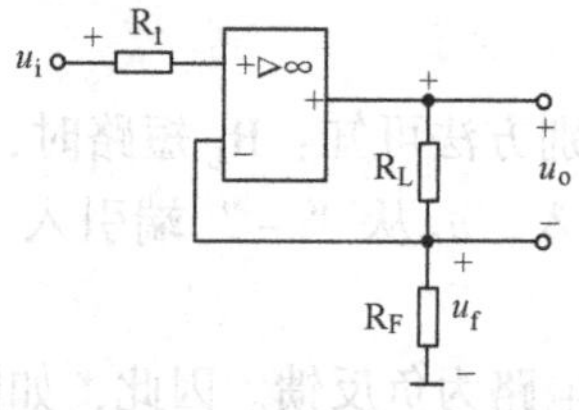

图 8.5　电流串联负反馈电路

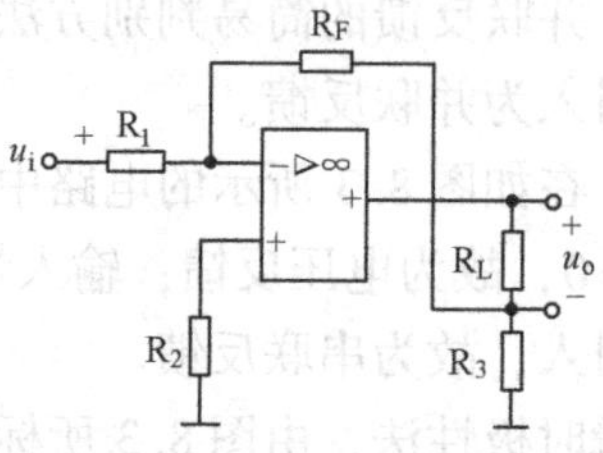

图 8.6　电流并联负反馈电路

8.1.4　负反馈对放大电路性能的影响

1. 提高放大倍数的稳定性

为了便于分析，假设信号频率为中频，反馈电路是纯电阻，那么开环放大倍数、反馈系数和闭环放大倍数均是实数，分别记作 A、F 和 A_f，则有

$$A_f = \frac{A}{1 + AF} \tag{8.5}$$

由于负载和温度的变化，以及元器件的老化等原因，使放大电路的开环放大倍数 A 也随之变化。引入负反馈以后，特别是反馈深度较深，即 $|1 + AF| \gg 1$ 时，上式变为

$$A_f = \frac{A}{1 + AF} \approx \frac{1}{F} \tag{8.6}$$

此时，A_f 仅取决于反馈电路中电阻的参数，因此，A_f 比较稳定。由式（8.5）可知，放大倍数稳定性的提高是以放大倍数下降为代价的。

2. 扩展带宽

在阻容耦合放大电路中，信号频率在高、低频区时，放大倍数均要下降。由于负反馈具有稳定放大器放大倍数的作用，因此，放大倍数在高、低频区的下降速度减慢，即相当于带宽展宽。

3. 减小非线性失真

由于放大电路存在非线性元器件，因此放大电路不可避免地存在非线性失真，即输入正弦波信号，但输出信号不是正弦波。

假设基本放大电路产生正半周输出增大失真，即输入正弦波信号时，输出信号的正半周幅值大于负半周幅值。引入负反馈后，由于反馈量正比于输出量，对应输出信号正半周，反馈量大；对应输出信号负半周，反馈量小。于是，基本放大电路的净输入为：对应输出信号正半周的净输入幅值小，对应输出信号负半周的净输入幅值大，经放大后输出信号正半周幅值提升多，负半周输出信号幅值提升少，使输出信号正、负半周幅值偏差减小。经过几轮调整后，基本获得接近正弦波信号的输出，改善了放大电路的非线性失真情况，如图 8.7 所示。

4. 负反馈对输入电阻和输出电阻的影响

（1）负反馈对输入电阻的影响。负反馈对放大电路输入电阻的影响主要取决于串、并联反馈类型，而与输出端取样方式无关。

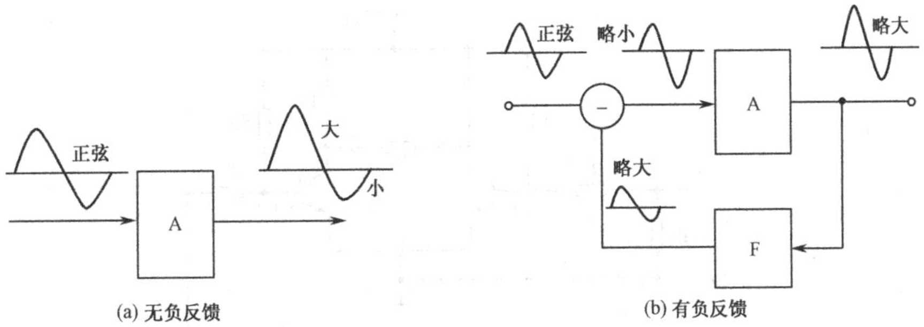

图 8.7　改善非线性失真情况

① 串联负反馈使输入电阻增大：串联负反馈的输入回路是取电压信号，负反馈电压使信号源提供电流减小，输入电阻增大。

② 并联负反馈使输入电阻减小：并联负反馈的输入回路是取电流信号，负反馈电流使信号源提供电流增大，输入电阻减小。

(2) 负反馈对输出电阻的影响。负反馈对放大电路输出电阻的影响主要取决于电压、电流反馈类型，而与输入端连接方式无关。

① 电压负反馈使输出电阻减小：电压负反馈的作用可稳定输出电压，即当外接负载发生变化时，输出电压变化很小，这样从输出端看，相当于一个恒压源，故输出电阻很小。

② 电流负反馈使输出电阻增大：电流负反馈的作用可稳定输出电流，即当外接负载发生变化时，输出电流变化很小，这样从输出端看，相当于一个恒流源，故输出电阻很大。

综上所述，负反馈对放大电路性能的影响可归结为：提高放大倍数的稳定性；扩展带宽；减小非线性失真；电压负反馈稳定输出电压，输出电阻减小；电流负反馈稳定输出电流，输出电阻增大；串联负反馈使输入电阻增大，并联负反馈使输入电阻减小。

需要说明，负反馈只能改善反馈环以内的放大电路性能，对反馈环以外的电路没有影响，而放大电路性能的改善是以牺牲放大倍数为代价的。

8.2　差分放大器

8.2.1　基本差分放大器

差分放大器又被称为差动放大器，主要用于直流放大的输入级，具有很强的“零点漂移”抑制作用。这里所说的直流是指变化比较缓慢的电信号，如由温度传感器检测出的反映温度变化的电信号等。由基本差分放大器组成的电路如图 8.8 所示。

1. 各元器件作用

VT_1 和 VT_2 是两只特性相同的三极管，实现电流放大作用；两管的集电极电阻 R_{C1} 和 R_{C2}，可以将集电极电流变化转变为相应的电压变化；两管的 R_{B1}、R_{B2}、R_{S1}、R_{S2} 为三极管提供合适的静态工作点；输入端的两个电阻 R_1 和 R_2 将输入信号电压 U_i 转化成大小相等、方向（相位）相反的一对输入信号 U_{i1} 和 U_{i2}，分别加到 VT_1 和 VT_2 的基极。习惯上称这对大小相等、方向（相位）相反的输入信号为差模信号，对应的输入方式被称为差模输入；R_L 是负载，接两管的集电极构成双端输出。

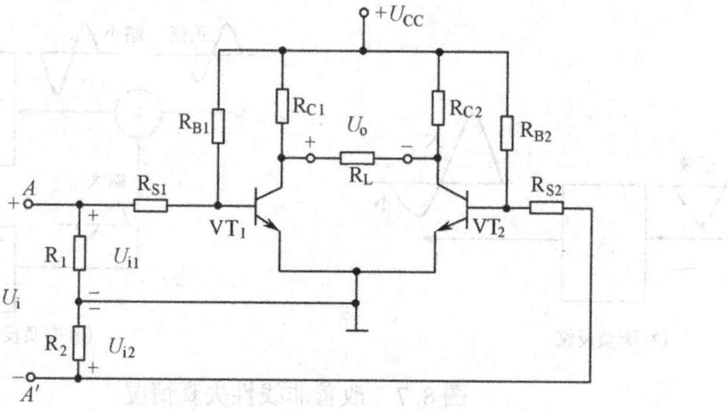

图 8.8 由基本差分放大器组成的电路

2. 工作原理

（1）对零点漂移的抑制作用。零点漂移是指放大电路输入信号为零时，输出信号不为零的现象。产生零点漂移的主要原因是三极管参数受温度的影响。

① 无信号输入时，由于两管的特性相同，元器件参数相等，所以 $I_{B1}=I_{B2}$，$I_{C1}=I_{C2}$，$U_{C1}=U_{C2}$，两管集电极之间的输出电压为零，即 $U_o=U_{C1}-U_{C2}=0$。由此可见，在电路完全对称的情况下，当输入信号为零时，输出信号也为零，避免了零点漂移现象。

② 当环境温度发生变化或电源电压出现波动时，将引起三极管参数的变化，导致 I_C 发生变化。但由于两管特性相同，且电路对称，所以引起的集电极电流 I_C 变化量相同，即 $\Delta I_{C1}=\Delta I_{C2}$；集电极电压变化量也相同，即 $\Delta U_{C1}=\Delta U_{C2}$。于是输出电压变化量为

$$\Delta U_o=\Delta U_{C1}-\Delta U_{C2}=0$$

故“零点漂移”现象消失。

（2）对差模信号的放大作用。当 ΔU_{id} 加到如图 8.8 所示的放大电路的输入端时，VT_1 和 VT_2 的基极获得一对差模信号 ΔU_{id1} 和 ΔU_{id2}。在此信号的作用下，VT_1 的 ΔI_{B1} 增大，ΔI_{C1} 也增大，ΔU_{C1} 下降；VT_2 的 ΔI_{B2} 减小，ΔI_{C2} 也减小，ΔU_{C2} 上升。此时两管集电极的电位不再相等，差分放大电路输出端有电压输出，即 $\Delta U_{od}=\Delta U_{C1}-\Delta U_{C2}\neq 0$。此过程可简述为

$$\Delta U_{id} \nearrow \Delta U_{id1}=\frac{1}{2}U_{id}\rightarrow \Delta I_{B1}\uparrow\rightarrow \Delta I_{C1}\uparrow\rightarrow \Delta U_{C1}\downarrow \searrow$$

$$\Delta U_{id} \searrow \Delta U_{id2}=-\frac{1}{2}U_{id}\rightarrow \Delta I_{B2}\downarrow\rightarrow \Delta I_{C2}\downarrow\rightarrow \Delta U_{C2}\uparrow \nearrow$$

$$\rightarrow \Delta U_{od}=\Delta U_{C1}-\Delta U_{C2}\neq 0$$

3. 动态性能指标估算

（1）差模电压放大倍数 A_{ud}。设 VT_1 和 VT_2 的电压放大倍数分别为 A_{u1} 和 A_{u2}，则差模输入时

$$\Delta U_{C1}=A_{u1}\Delta U_{id1},\quad \Delta U_{C2}=A_{u2}\Delta U_{id2}$$

由于电路对称，且两管特性相同，所以 $A_{u1}=A_{u2}$，即

$$\Delta U_{C1}=A_{u1}\Delta U_{id1},\quad \Delta U_{C2}=A_{u1}\Delta U_{id2}$$

于是

$$\Delta U_{od}=\Delta U_{C1}-\Delta U_{C2}=A_{u1}\Delta U_{id1}-A_{u1}\Delta U_{id2}=A_{u1}(\Delta U_{id1}-\Delta U_{id2})$$

$$=A_{u1}\left[\frac{1}{2}\Delta U_{id}-\left(-\frac{1}{2}\Delta U_{id}\right)\right]=A_{u1}\Delta U_{id}$$

故

$$A_{ud}=\frac{\Delta U_{od}}{\Delta U_{id}}=A_{u1} \tag{8.7}$$

由此可知，整个差分放大电路对差模信号的电压放大倍数与单管电压放大倍数相等。单管电压放大倍数可由微变等效电路求得。

【例 8.1】 在如图 8.8 所示的电路中，已知三极管 $\beta_1=\beta_2=50$，$r_{be}\approx 1\ \text{k}\Omega$，$R_{B1}=R_{B2}=220\ \text{k}\Omega$，$R_{S1}=R_{S2}=5.1\ \text{k}\Omega$，$R_{C1}=R_{C2}=18\ \text{k}\Omega$，$R_L=39\ \text{k}\Omega$。求差模电压放大倍数。

分析：由于整个差分放大电路的差模电压放大倍数 A_{ud} 等于一个三极管的电压放大倍数，故可通过单管（如 VT_1）的微变等效电路求出 A_{ud}。在差模输入时，两管的集电极输出量一增一减，且变化量相等，负载 R_L 的中点电位是不随信号变化的，该中点可看成等效的交流地，因此，单管放大电路的负载为 $\frac{1}{2}R_L$，于是，求 A_{ud} 的微变等效电路如图 8.9 所示。

解： 由图 8.9 可知

$$A_{ud}=A_{ud1}=\frac{\Delta U_{od1}}{\Delta U_{id1}}=-\frac{\beta\left(R_{C1}\ /\!/\ \frac{R_L}{2}\right)}{R_{S1}+R_{B1}\ /\!/\ r_{be}}=-\frac{50\times\left(18\text{k}\Omega\ /\!/\ \frac{39\text{k}\Omega}{2}\right)}{5.1\text{k}\Omega+220\text{k}\Omega\ /\!/\ 1\text{k}\Omega}\approx -76.78$$

（2）共模电压放大倍数 A_{uc}。共模信号是指大小相等、方向（相位）相同的一对输入信号，对应的输入方式被称为共模输入。一般来说，共模输入信号是一对等效的输入信号，由环境温度变化、电源电压波动引起输出端漂移电压折合到输入端而获得；或由差分放大电路两个输入端输入电压不相等而获得（对应输入端两个电阻的阻值不相等时）。在实际应用中，没有可以用仪表检测到的确实独立存在的共模信号，这一点要特别注意理解。

【例 8.2】 在如图 8.10 所示的电路中，已知差分放大电路的输入信号 $\Delta U_{i1}=5.25\text{V}$，$\Delta U_{i2}=5\text{V}$。试求差模信号和共模信号。

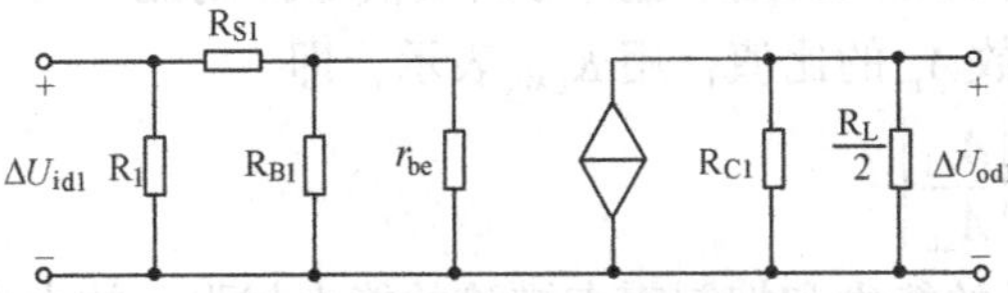

图 8.9 单级微变等效电路

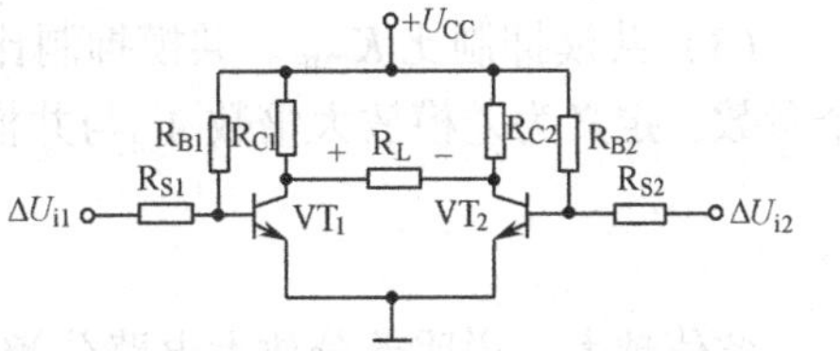

图 8.10 【例 8.2】电路图

分析： 当差分放大电路的两输入端信号 U_{i1} 和 U_{i2} 不相等时，可分离出等效的差模信号和共模信号。其中，差模信号为

$$U_{id}=U_{i1}-U_{i2} \tag{8.8}$$

共模信号为

$$U_{ic}=\frac{1}{2}(U_{i1}+U_{i2}) \tag{8.9}$$

两边输入的差模信号分别为

$$U_{id1}=\frac{1}{2}U_{id}=\frac{1}{2}(U_{i1}-U_{i2}) \tag{8.10}$$

$$U_{id2}=-\frac{1}{2}U_{id}=-\frac{1}{2}(U_{i1}-U_{i2}) \tag{8.11}$$

两边输入的共模信号分别为

$$U_{ic1}=U_{ic2}=\frac{1}{2}(U_{i1}+U_{i2})$$

解：由式（8.8）~式（8.11）可得

$$U_{id}=\Delta U_{i1}-\Delta U_{i2}=5.25\text{V}-5\text{V}=0.25\text{V}$$

$$U_{id1}=\frac{1}{2}U_{id}=0.125\text{V}$$

$$U_{id2}=-\frac{1}{2}U_{id}=-0.125\text{V}$$

$$U_{ic}=\frac{1}{2}(\Delta U_{i1}+\Delta U_{i2})=\frac{1}{2}\times(5.25\text{V}+5\text{V})=5.125\text{V}$$

说明：在实际应用中，真正能用仪表检测到的信号只有ΔU_{i1}和ΔU_{i2}，U_{ic}是用仪表检测不到的。

在共模输入时

$$\Delta U'_{C1}=A_{u1}\Delta U_{ic1}=A_{u1}\Delta U_{ic}；\Delta U'_{C2}=A_{u2}\Delta U_{ic2}=A_{u2}\Delta U_{ic}$$

于是

$$\Delta U_{oc}=\Delta U'_{C1}-\Delta U'_{C2}=A_{u1}\Delta U_{ic}-A_{u2}\Delta U_{ic}=(A_{u1}-A_{u2})\ \Delta U_{ic}$$

由于电路对称，三极管特性相同，$A_{u1}=A_{u2}$，故有

$$A_{uc}=\frac{\Delta U_{oc}}{\Delta U_{ic}}=A_{u1}-A_{u2}=0$$

即差分放大电路参数完全对称时，共模放大倍数为0。

在实际应用中，差分放大电路不可能完全对称。由于电路不对称，两个单管的电压放大倍数总有差别，因此$A_{uc}\neq0$。在共模输入的前提下，电路对称性越好，A_{uc}值越小，对零点漂移的抑制能力也越强。抑制能力可用共模抑制比衡量。

（3）共模抑制比K_{CMR}。共模抑制比是用来表明差分放大电路对共模信号抑制能力的一个参数，定义为差模放大倍数A_{ud}与共模放大倍数A_{uc}的比值，用K_{CMR}表示，即

$$K_{CMR}=\left|\frac{A_{ud}}{A_{uc}}\right|$$

此值越大，说明差分放大电路分辨差模信号的能力和抑制零点漂移的能力越强，放大电路的性能越好。一般差分放大电路的K_{CMR}为$10^3\sim10^6$。

（4）差分放大电路的改进。实际应用中的差分放大电路不可能绝对对称，因此，静态时两管集电极的电流不相等（$I_{C1}\neq I_{C2}$），输出电压$U_o\neq0$，仍有零点漂移。要消除这种因素引起的零点漂移，可采用人为调节的办法，在VT_1和VT_2发射极之间串联一个50~200Ω的电位器RP，通过调节RP的阻值，使电路参数对称，两集电极电压平衡，从而使$U_o=0$，消除零点漂移。不过，RP不能跟随温度变化进行自动调整消除零点漂移，因此可进一步增大发射极公共电阻R_E的值，引入负反馈稳定静态工作点，实现零点漂移的自动消除。具体电路如图8.11所示。习惯上将RP称为调零电位器。

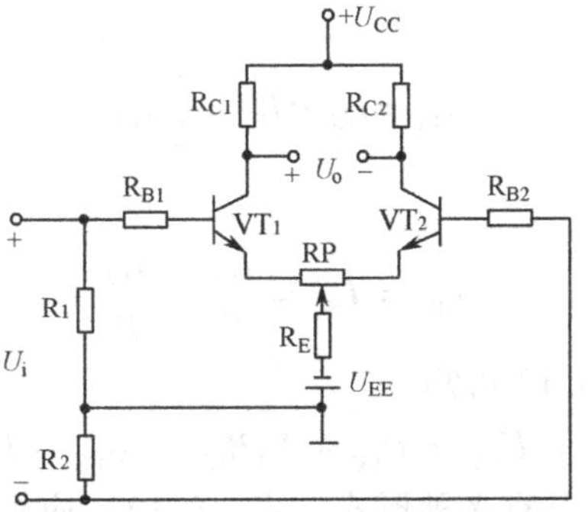

图 8.11　改进的差分放大电路

电阻值 R_E 越大，对温度变化引起的零点漂移抑制作用也越大。抑制过程可表示如下

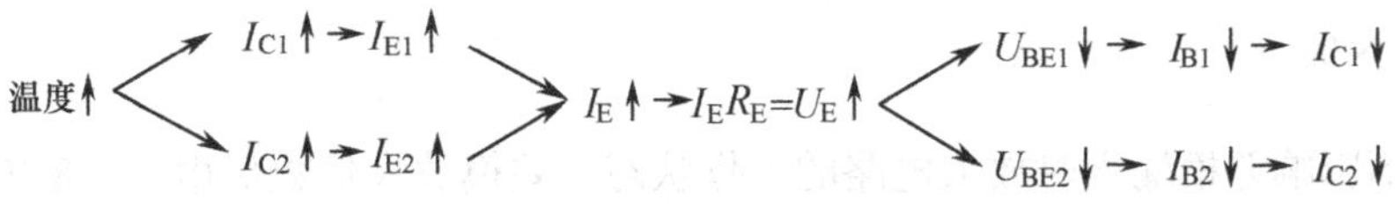

由于差模输入时，I_{E1} 增大，I_{E2} 就减小，因而 I_E 不变，U_E 也不变。故 U_E 对差模信号是固定的，相当于交流地，因此 R_E 对差模信号不起作用。

8.2.2　带恒流源的差分放大器

在如图 8.11 所示的改进的差分放大电路中增大电阻值 R_E，可以提高共模抑制比，但在 R_E 增大的同时，必须相应地增大 U_{EE}，否则 VT_1 和 VT_2 的动态范围会减小，影响输出的幅值。在实际应用中，常用恒流源代替 R_E，构成带恒流源的差分放大电路，如图 8.12所示。

图中，VT_3 和 R_1、R_2、R_{E3}、VD_1、VD_2 组成恒流源，电阻 R_1、R_2、R_{E3}用来调整和确定 VT_3 的静态工作电流 I_{C3}，VD_1 和 VD_2 用于温度补偿。

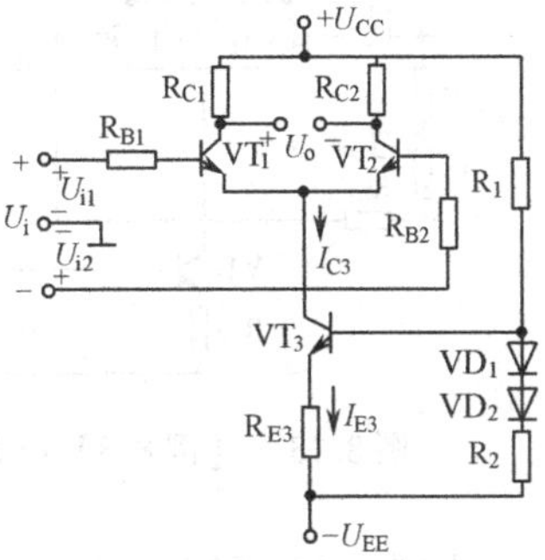

图 8.12　带恒流源的差分放大电路

1. 静态分析

（1）求 I_{E3}。从恒流源入手先求 U_{B3}，然后求 U_{E3}、I_{E3}。由图8.12可知

$$U_{B3} = \frac{R_2}{R_1 + R_2}[U_{CC} - (-U_{EE})] + 2 \times 0.7\text{V}$$

$$= \frac{R_2}{R_1 + R_2}(U_{CC} + U_{EE}) + 1.4\text{V} \tag{8.12}$$

$$U_{E3} = U_{B3} - U_{BE3} \tag{8.13}$$

$$I_{E3} = \frac{U_{E3} - (-U_{EE})}{R_{E3}} = \frac{U_{E3} + U_{EE}}{R_{E3}} \tag{8.14}$$

（2）求 I_{C1}、I_{C2}。由于电路对称，故

$$I_{E1} = I_{E2} = \frac{1}{2}I_{E3}$$

因此

$$I_{C1}=I_{C2}\approx I_{E1}=\frac{1}{2}I_{E3} \tag{8.15}$$

（3）求 I_{B1}、I_{B2}。

$$I_{B1}=I_{B2}=\frac{I_{C1}}{\beta}=\frac{I_{C2}}{\beta} \tag{8.16}$$

（4）求 U_{C1}、U_{C2}。由图 8.12 可知

$$U_{C1}=U_{C2}=U_{CC}-I_{C1}R_{C1}=U_{CC}-I_{C2}R_{C2} \tag{8.17}$$

说明：由于工作点稳定电路有多种形式，式（8.12）应根据具体电路进行相应修改。若电路中没接 VD_1 和 VD_2，则式（8.12）中没有 1.4V 这一项；若下偏置电阻 R_2 和 VD_1、VD_2 用稳压管代替，则 U_{B3} 就等于稳压管的稳定电压。

2. 动态分析

恒流源不影响差模输入时放大电路的工作状态。差模放大倍数仍由式（8.7）计算，只是要根据具体电路结构对计算公式进行相应修改。

恒流源具有很大的动态电阻，因此具有很强的零点漂移抑制能力，共模抑制比更高。

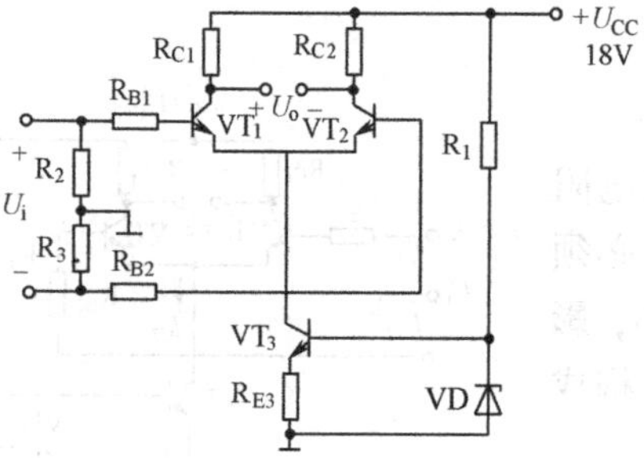

图 8.13 【例 8.3】电路图

【例 8.3】 在如图 8.13 所示的电路中，VT_1、VT_2、VT_3 均为 3DG4C，β 为 50，$R_{B1}=R_{B2}=10\text{k}\Omega$，$R_{C1}=R_{C2}=30\text{k}\Omega$，$R_2=R_3=510\Omega$，$R_1=5\text{k}\Omega$，$R_{E3}=18\text{k}\Omega$，VD 为 2CW15，稳定电压为 8V。求：

（1）各管的静态工作电压与电流；

（2）差模电压放大倍数；

（3）当输入电压 $U_i=30\text{mV}$ 时的输出电压及 VT_1、VT_2 管的集电极电压。

解：（1）求各管的静态工作电压与电流。

由图 8.13 可知

$$U_{E3}=U_{B3}-U_{BE3}=8\text{V}-0.7\text{V}=7.3\text{V}$$

$$I_{E3}=\frac{U_{E3}}{R_{E3}}=\frac{7.3\text{V}}{18\text{k}\Omega}\approx 0.4\text{mA}$$

所以

$$I_{C1}=I_{C2}\approx\frac{1}{2}I_{E3}=0.2\text{mA}$$

$$U_{C1}=U_{C2}=U_{CC}-I_{C2}R_{C2}=18\text{V}-0.2\text{mA}\times 30\text{k}\Omega=12\text{V}$$

（2）求差模电压放大倍数。由于

$$r_{be}=300\Omega+(1+\beta)\frac{26\text{mV}}{I_{E1}}=300\Omega+(1+50)\times\frac{26\text{mV}}{0.2\text{mA}}=6.93\text{k}\Omega$$

所以由式（8.7）及输出端开路，可得

$$A_{ud}=-\beta\frac{R_{C1}}{R_{B1}+r_{be}}=-50\times\frac{30\text{k}\Omega}{10\text{k}\Omega+6.93\text{k}\Omega}\approx -88.6$$

（3）$U_i=30\text{mV}$ 时，由图 8.13 可知，差模输出电压为

$$U_o = A_{ud} U_i = 88.6 \times 30\text{mV} \approx 2.66\text{V}$$

由于差分放大电路对称，故单管输出电压为

$$U_{o1} = U_{o2} = \frac{1}{2} U_o = 1.33\text{V}$$

又因差模输入时，VT_1 和 VT_2 集电极电位一升一降，不妨设 u_{C1} 下降，u_{C2} 上升，则

$$u_{C1} = U_{C1} - U_{o1} = 12\text{V} - 1.32\text{V} = 10.68\text{V}$$

$$u_{C2} = U_{C2} + U_{o2} = 12\text{V} + 1.32\text{V} = 13.32\text{V}$$

8.2.3 差分放大电路的输入/输出方式

上述差分放大电路的信号从两管的基极输入，放大后的信号从两管的集电极输出，电路的输入端和输出端都没有接“地”端。这种输入、输出方式被称为双端输入、双端输出。但在实际应用中，往往要求放大电路的输入端或输出端有一端接“地”，这就必须采用单端输入或单端输出的方式。

1. 单端输入、单端输出

如图 8.14 所示的电路是单端输入、单端输出的差分放大电路。输入信号加在 VT_1 的基极，VT_2 的基极经电阻 R_{B2} 接“地”。在图 8.14（a）中，输出信号从 VT_1 输出，为反相输出；在图 8.14（b）中，输出信号从 VT_2 输出，为同相输出。

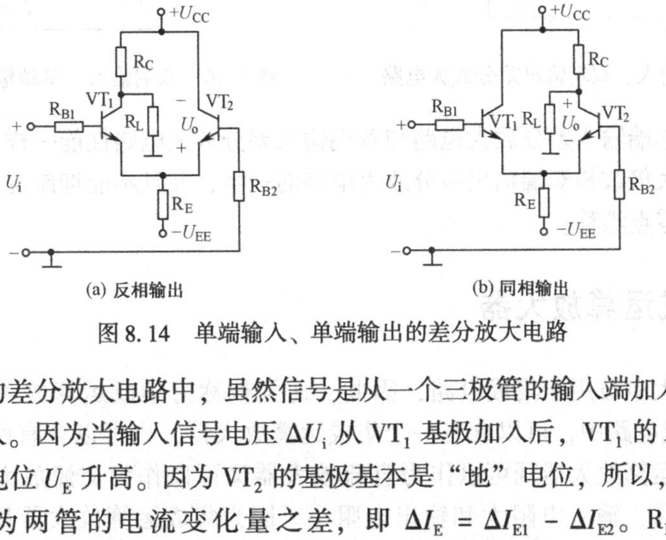

(a) 反相输出　　(b) 同相输出

图 8.14　单端输入、单端输出的差分放大电路

在单端输入的差分放大电路中，虽然信号是从一个三极管的输入端加入，但另一个三极管仍然有信号输入。因为当输入信号电压 ΔU_i 从 VT_1 基极加入后，VT_1 的 I_{B1} 增大，I_{C1} 增大，I_{E1} 增大，发射极电位 U_E 升高。因为 VT_2 的基极基本是“地”电位，所以，I_{C2} 减小。此时流过 R_E 上的电流为两管的电流变化量之差，即 $\Delta I_E = \Delta I_{E1} - \Delta I_{E2}$。$R_E$ 上电压变化量 $\Delta U_E = (\Delta I_{E1} - \Delta I_{E2}) R_E$，当 ΔU_E 为一个有限值时，因为电阻值 R_E 较大（如恒流源的动态电阻约几十千欧至上百千欧），所以 $\Delta I_{E1} - \Delta I_{E2}$ 较小，两者差值可近似认为等于零。因此，ΔI_{C1} 和 ΔI_{C2} 可近似认为大小相等，相位相反，折合到输入端就有 $\Delta U_{id1} = -\Delta U_{id2} = \frac{1}{2} \Delta U_i$，即输入信号电压 ΔU_i 一半加在 VT_1 上，另一半加在 VT_2 上，等效为双端输入。

与双端输入、双端输出差分放大电路相比，单端输入、单端输出差分放大电路的输入信号和前者一样，但输出信号只是从一个三极管的集电极输出。因此，输出信号幅值减小一半，电压放大倍数也减小了一半。也就是说，单端输入、单端输出差分放大电路的电压放大倍数只是双端输入、双端输出差分放大电路的一半。

单端输出不能抑制温度变化和元器件老化等因素引起的零点漂移，因此，必须采取工作点稳定措施，保证差分放大电路正常工作。

2. 单端输入、双端输出

如图 8.15 所示的电路是单端输入、双端输出的差分放大电路，常用在输入级，将单端输入信号转换为双端输出的差模信号，供下一级放大。它的电压放大倍数与双端输入、双端输出的差分放大电路相同，并且可以抑制温度和元器件老化等因素引起的零点漂移。

3. 双端输入、单端输出

如图 8.16 所示的电路是双端输入、单端输出的差分放大电路，常用在输入端和中间级，将双端输入的差模信号转换为一端接“地”的信号输出，供下一级放大，这种电路的电压放大倍数与单端输入、单端输出差分放大电路相同，需要采取工作点稳定措施。

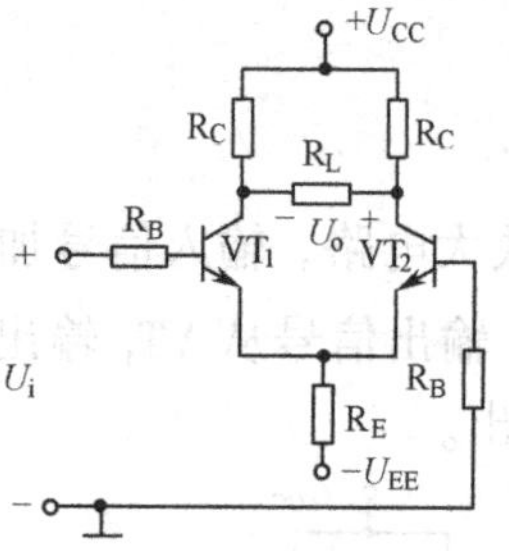

图 8.15　单端输入、双端输出差分放大电路

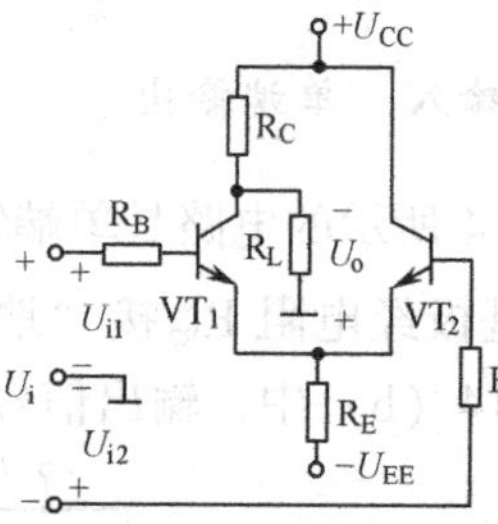

图 8.16　双端输入、单端输出差分放大电路

综上所述，单端输入差分放大电路与双端输入差分放大电路性能一样；单端输出差分放大电路的电压放大倍数是双端输出差分放大电路的一半，并且不能抑制温度变化和元器件老化等因素引起的零点漂移。

8.3　集成运算放大器

运算放大器大多被用于集成电路，因此，通常被称为集成运算放大器（简称集成运放）。在一个集成电路中，可以含有一个集成运算放大器，也可以含有两个或四个集成运算放大器，集成运算放大器既可以作为直流放大器又可以作为交流放大器，其主要特征是电压放大倍数高、输入电阻大和输出电阻小。因为集成运算放大器具有体积小、重量轻、价格低、使用可靠、灵活方便、通用性强等优点，所以在检测、自动控制、信号产生与信号处理等许多方面得到了广泛应用。

8.3.1　集成运算放大器的理想条件

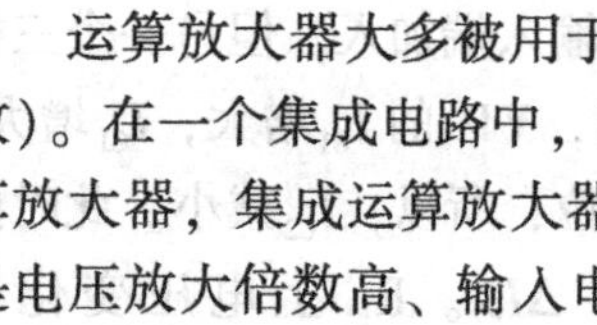

图 8.17　集成运算放大器

集成运算放大器有两个输入端和一个输出端，如图 8.17 所示。输入端的输入方式有三种：从“－”端输入时，被称为反相输入（u_-），输出电压与输入电压相位相反；从“+”端输入时，被称为同相输入（u_+），输出电压与输入电压相位相同；从“－”“+”两端输入时，被称为差分输入（$u_{Id}=u_- - u_+$），

输出电压与差分输入电压相位相反。

与晶体管、场效应管相似，集成运算放大器也可以看成一个元器件，它与外部元器件可以组成各种集成运算放大电路，如图 8.18 所示。它们可分为两大类：一类是集成运算放大器的线性应用，如图 8.18（a）所示；另一类是集成运算放大器的非线性应用，如图 8.18（b）和图 8.18（c）所示。

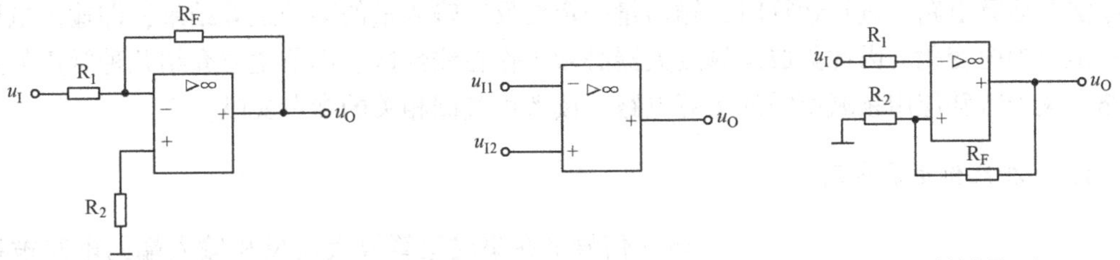

(a) 线性应用　　(b) 非线性应用(一)　　(c) 非线性应用(二)

图 8.18　集成运算放大电路

理想集成运算放大器应具有如下特点：

① 开环差模电压放大倍数趋于无穷大；

② 输入电阻趋于无穷大；

③ 输出电阻趋于零；

④ 共模抑制比趋于无穷大；

⑤ 有无限宽的频带。

目前，集成运算放大器的开环差模电压放大倍数均在 10^4 以上，输入电阻可以达到兆欧数量级，输出电阻在几百欧以下。因此，在近似分析时，通常对集成运算放大器进行理想化处理。

工作在线性状态的理想集成运算放大器具有两个重要特性。

（1）$u_- \approx u_+$。由于开环差模电压放大倍数 A_{ud} 趋于无穷大，由图 8.18（a）可知

$$u_{Id} = u_- - u_+ = \frac{u_O}{A_{ud}} \approx 0$$

即

$$u_- \approx u_+ \tag{8.18}$$

上式表明，理想集成运算放大器两输入端之间的电压为 0，但又不是短路，故被称为“虚短”。

（2）$i_- = i_+ \approx 0$。由于集成运算放大器的输入电阻 R_i 趋于无穷大且 $u_- \approx u_+$，所以

$$i_- = i_+ \approx 0 \tag{8.19}$$

即理想集成运算放大器的两个输入端不取电流，但又不是开路，故被称为“虚断”。

对于工作在非线性状态下的理想集成运算放大器，则有：当 $u_- > u_+$ 时，$u_O = -U_{om}$；当 $u_- < u_+$ 时，$u_O = +U_{om}$。其中，U_{om} 是集成运算放大器的正向或反向输出电压最大值。

在实际应用中，集成运算放大器输出电压 u_O 与差分输入电压 u_{Id}（$u_{Id} = u_- - u_+$）之间的关系，可以用如图 8.19 所示的电压传输特性描述。由图可

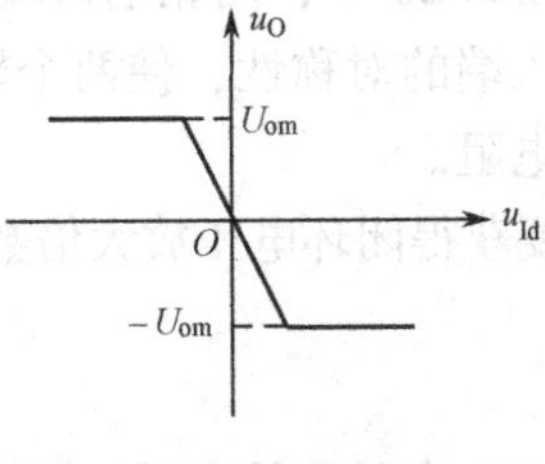

图 8.19　集成运算放大器的电压传输特性

知：集成运算放大器工作在线性区时，输出电压与输入电压成正比；集成运算放大器工作在非线性区时，输出电压为 $\pm U_{om}$，具体取正值还是取负值，由 u_- 与 u_+ 的大小决定。

8.3.2 基本运算电路

用集成运算放大器实现的基本运算电路有比例、求和、积分、微分、对数、指数、乘法和除法等运算电路。进行运算时，输出量一定要反映输入量的某种运算结果，即输出电压会在一定范围内变化，因此集成运算放大器必须工作在线性区。本节主要介绍几种常用的运算电路。关于特殊应用领域所需的运算电路，读者可查阅相关的参考文献。

1. 反相比例运算电路

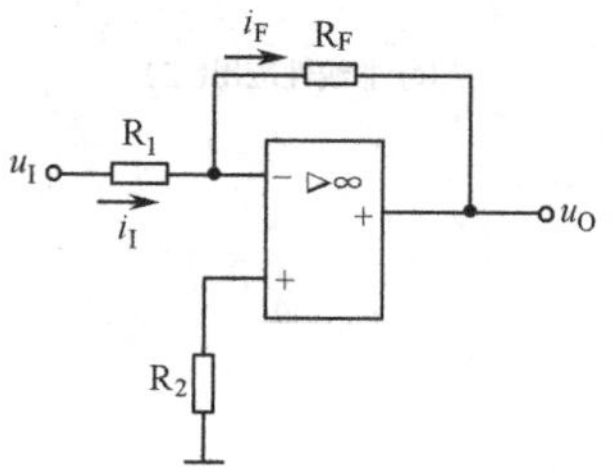

图 8.20　反相比例运算电路

输入信号加在集成运算放大器反相输入端的电路被称为反相比例运算电路。

如图 8.20 所示为反相比例运算电路。输入信号 u_I 经电阻 R_1 加到集成运算放大器的反相输入端，而集成运算放大器同相输入端经电阻 R_2 接地。为使集成运算放大器工作在线性区，在集成运算放大器的输出端与反相输入端之间接有反馈电阻 R_F。根据负反馈判别准则可知，该电路为电压并联负反馈电路。

由式（8.18）、式（8.19）和图 8.20 可知

$$u_- \approx u_+ = 0, i_- = i_+ \approx 0, i_I = i_F$$

$$i_I = \frac{u_I - u_-}{R_1} \approx \frac{u_I}{R_1}$$

而

$$i_F = \frac{u_- - u_O}{R_F} \approx -\frac{u_O}{R_F}$$

所以

$$\frac{u_I}{R_1} = -\frac{u_O}{R_F}$$

整理得

$$u_O = -\frac{R_F}{R_1} u_I \tag{8.20}$$

式（8.20）表明，输出电压 u_O 与输入电压 u_I 之间存在着反相比例运算关系，比例系数由电阻值 R_F 与 R_1 决定，与集成运算放大器本身的参数无关。改变电阻值 R_F 与 R_1，可获得不同的比值，从而实现比例运算。

在图 8.20 中，同相输入端的电阻 R_2 对运算结果没有影响，只是为了提高集成运算放大器输入端的对称性，使两个输入端的电阻保持平衡，通常取 $R_2 = R_1 /\!/ R_F$。习惯上称 R_2 为平衡电阻。

若要获得闭环电压放大倍数，则由电压放大倍数定义可得

$$A_{uf} = \frac{u_O}{u_I} = -\frac{R_F}{R_1} \tag{8.21}$$

式（8.21）中的负号表明，输出电压 u_O 与输入电压 u_I 的相位相反。

若取 $R_F=R_1$，则有 $u_O=-u_I$，即输出电压与输入电压大小相等、相位相反，此时，反相比例运算电路被称为反相器。

说明：

① 在反相比例运算电路中，$u_+=0$ 相当于同相输入端接“地”；使 $u_-\approx u_+=0$，相当于反相输入端也接“地”，这个“地”通常被称为“虚地”。由于输入信号由反相端输入，以及“虚地”的存在，运算电路的输入电阻取决于电阻值 R_1 的大小。考虑到信号源内阻，R_1 不能取得很小，一般要比信号源内阻大。

② 为了保证运算电路的稳定性，A_{uf}不能过大，一般 A_{uf}的最大值取500。

③ 集成运算放大器的负载一般由三极管、模拟电路和数字电路组成，为了保证输出的电压稳定，其等效负载电阻的电阻值一般在 2～10kΩ 之间。

2. 同相比例运算电路

输入信号加在集成运算放大器同相输入端的电路被称为同相比例运算电路。

如图 8.21（a）所示为同相比例运算电路。输入信号 u_I 经电阻 R_2 加到集成运算放大器的同相输入端，而集成运算放大器的反相输入端经电阻 R_1 接地，为了使集成运算放大器工作在线性区，在集成运算放大器的输出端与反相端之间接有反馈电阻 R_F。根据负反馈判别准则可知，该电路为电压串联负反馈电路。

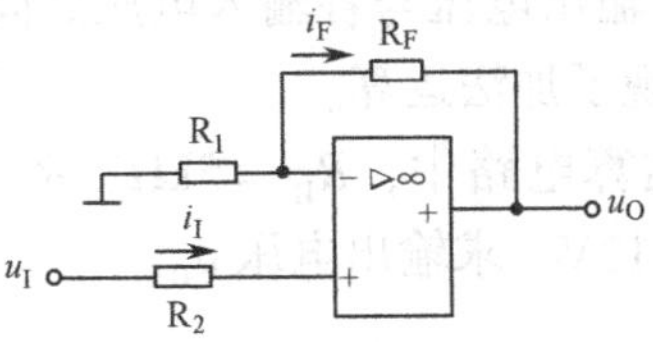

(a) 同相比例运算电路

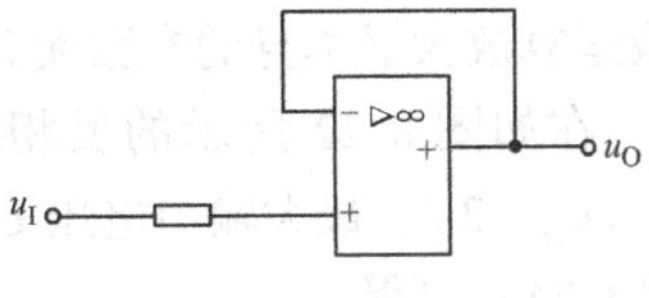

(b) 电压跟随器

图 8.21　同相比例运算电路

由式（8.18）、式（8.19）和图 8.21 可知

$$u_-\approx u_+=u_I, i_-=i_+\approx 0, i_I=i_F$$

$$i_F=\frac{u_--u_O}{R_F}\approx\frac{u_I-u_O}{R_F}$$

而

$$i_I=-\frac{u_-}{R_1}\approx-\frac{u_I}{R_1}$$

所以

$$\frac{u_I-u_O}{R_F}=-\frac{u_I}{R_1}$$

整理得

$$u_O=\left(1+\frac{R_F}{R_1}\right)u_I \tag{8.22}$$

式（8.22）表明，输出电压 u_O 与输入电压 u_I 之间也存在着比例运算关系，比例系数由电阻值 R_F 与 R_1 决定，与集成运算放大器本身的参数无关。

在图 8.21 中，因反相输入端通过集成运算放大器的输入电阻接地，故同相比例运算电路的输入电阻很大，电阻值 R_1 对信号源的影响不大，但是，当 R_F 很小时，会影响输出电压。

若要获得闭环电压放大倍数，则由电压放大倍数定义可得

$$A_{uf} = \frac{u_O}{u_I} = 1 + \frac{R_F}{R_1} \tag{8.23}$$

若取 $R_F = 0$，则有 $u_O = u_I$，即输出电压与输入电压大小相等、相位相同，此时，同相比例运算电路被称为电压跟随器，如图 8.21（b）所示。

3. 加减运算电路

（1）加法运算电路。在集成运算放大器的反相输入端增加若干输入信号组成的电路，就构成了反相加法运算电路，如图 8.22 所示。

因反相输入端为“虚短”，故得

$$i_{I1} = \frac{u_{I1}}{R_{I1}},\ i_{I2} = \frac{u_{I2}}{R_{I2}},\ i_F = \frac{-u_O}{R_F} = i_{I1} + i_{I2} = \frac{u_{I1}}{R_{I1}} + \frac{u_{I2}}{R_{I2}}$$

于是，输出电压为

$$u_O = -\left(\frac{R_F}{R_{I1}}u_{I1} + \frac{R_F}{R_{I2}}u_{I2}\right) \tag{8.24}$$

当 $R_{I1} = R_{I2} = R_F$ 时，则

$$u_O = -(u_{I1} + u_{I2}) \tag{8.25}$$

式（8.24）和式（8.25）表明，加法运算电路的输出电压与各输入电压之间存在着线性组合关系，与集成运算放大器本身的参数无关，实现了加法运算。

【例 8.4】 在如图 8.22 所示的反相加法运算电路中，$R_{I1} = 5\text{k}\Omega$，$R_{I2} = 10\text{k}\Omega$，$R_F = 20\text{k}\Omega$，$u_{I1} = 1\text{V}$，$u_{I2} = 2\text{V}$，最大输出电压 $U_{om} = \pm 12\text{V}$。求输出电压 u_O。

解：由式（8.24）可得

$$u_O = -\left(\frac{R_F}{R_{I1}}u_{I1} + \frac{R_F}{R_{I2}}u_{I2}\right) = -\left(\frac{20\text{k}\Omega}{5\text{k}\Omega} \times 1\text{V} + \frac{20\text{k}\Omega}{10\text{k}\Omega} \times 2\text{V}\right) = -8\text{V}$$

因 $u_O < U_{om}$，故电路工作在线性区，可实现反相加法运算。

（2）减法运算电路。在集成运算放大器的两个输入端都加上输入信号，就构成了减法运算电路，如图 8.23 所示，其中，减数 u_{I1} 加到反相输入端，被减数 u_{I2} 经 R_2、R_3 分压后加到同相输入端。

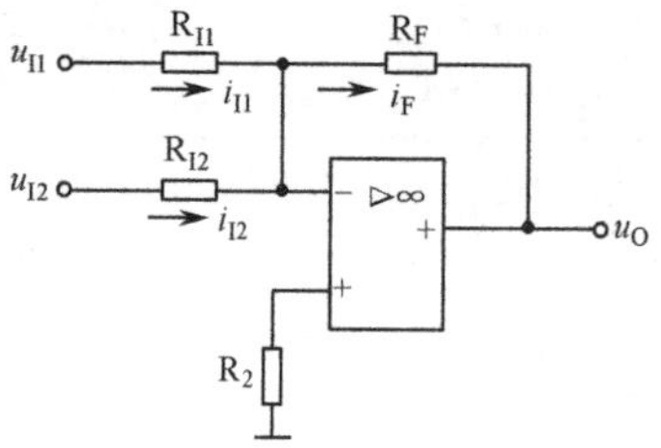

图 8.22　反相加法运算电路

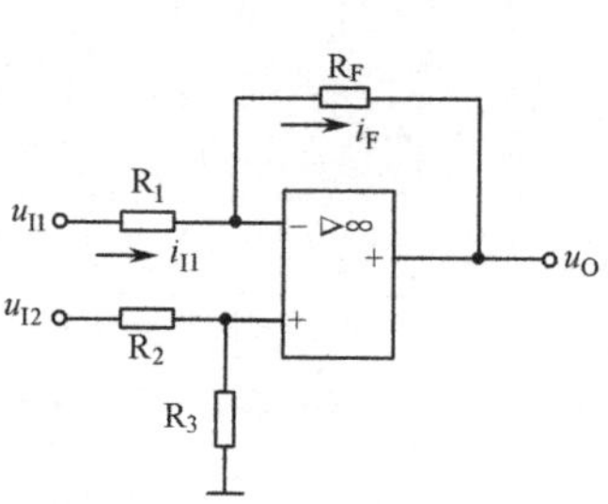

图 8.23　减法运算电路

由图 8.23 可知

$$u_- \approx u_+ = \frac{R_3}{R_2 + R_3}u_{I2}$$

$$i_{I1} = \frac{u_{I1} - u_-}{R_1} = i_F = \frac{u_- - u_O}{R_F}$$

故得

$$u_O = \left(1 + \frac{R_F}{R_1}\right)\frac{R_3}{R_2 + R_3}u_{I2} - \frac{R_F}{R_1}u_{I1} \tag{8.26}$$

① 当 $R_1 = R_2$，$R_3 = R_F$ 时，式（8.26）为

$$u_O = \frac{R_F}{R_1}(u_{I2} - u_{I1})$$

即输出电压与输入电压的差值($u_{I1} - u_{I2}$)成正比。

② 当 $R_1 = R_2 = R_3 = R_F$ 时，式（8.26）为

$$u_O = u_{I2} - u_{I1} \tag{8.27}$$

可见，输出电压等于两个输入电压的差，从而能进行减法运算。

【例 8.5】 在如图 8.23 所示的电路中，设 $R_1 = R_2 = R_3 = R_F$，$u_{I1} = 1V$，$u_{I2} = 3V$。求输出电压 u_O。

解： 由式（8.27）可得

$$u_O = u_{I2} - u_{I1} = 3V - 1V = 2V$$

4. 积分运算电路

积分运算指集成运算放大器的输出电压与输入电压的积分成比例的运算。积分运算电路如图 8.24所示，其中，用 C_F 代替 R_F 构成反馈电路。

设电容 C_F 上的初始电压 $U_C(0) = 0$，随着充电过程的进行，电容 C_F 两端的电压为

$$u_C = \frac{1}{C_F}\int i_C \mathrm{d}t$$

由图 8.24 可知

$$i_I = \frac{u_I}{R_1} = i_C$$

故

$$u_O = -u_C = -\frac{1}{R_1 C_F}\int u_I \mathrm{d}t \tag{8.28}$$

式（8.28）表明，输出电压 u_O 正比于输入电压 u_I 对时间 t 的积分。负号表示输出电压与输入电压相位相反。

若输入电压 u_I 是一恒定的直流电压 U_I，则有

$$u_O = \frac{U_I}{R_1 C_F}t$$

这时，输出电压与时间成正比。因此，即使输入电压很小，但经过一段时间后，输出电压也会积累到一定数值。这种特性在自动调节系统和测量系统中得到广泛应用。

5. 微分运算电路

微分运算是积分运算的逆运算。在积分电路中，电阻与电容的位置对调一下，即得到微分运算电路，电路如图 8.25 所示。

由图 8.25 可知

$$i_C = C\frac{\mathrm{d}u_C}{\mathrm{d}t} = C\frac{\mathrm{d}u_I}{\mathrm{d}t},\ i_F = -\frac{u_O}{R_F} = i_C$$

故

$$u_O = -i_C R_F = -CR_F \frac{du_I}{dt} \tag{8.29}$$

式（8.29）表明，输出电压 u_O 正比于输入电压 u_I 对时间的微分。若 u_I 是一恒定的直流电压，则 $u_O=0$。

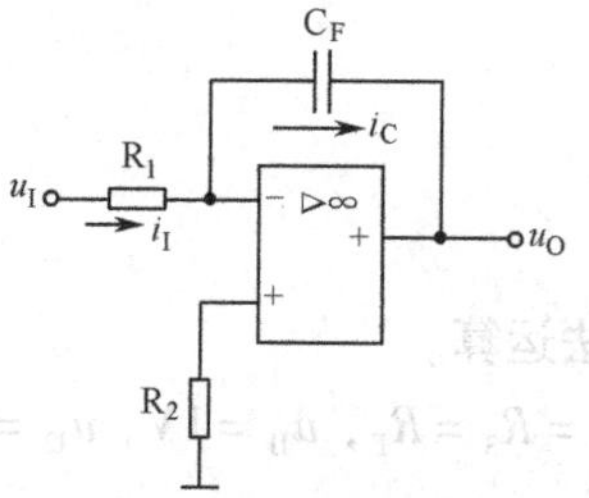

图 8.24　积分运算电路

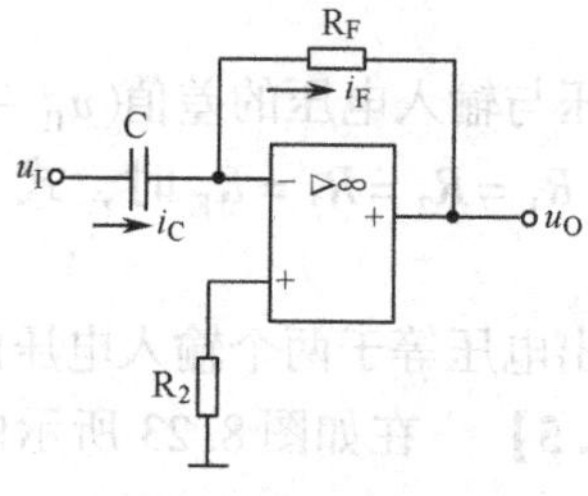

图 8.25　微分运算电路

8.3.3　信号测量电路

1. 电压－电流变换器

电压－电流变换器利用集成运算放大器将输入电压线性地转换为输出电流，即通过改变输入电压从而改变输出电流，而与负载电阻的大小无关。当输入电压恒定时，输出电流将保持不变。电压－电流变换器可驱动悬浮和接地负载。

（1）接地负载电压－电流变换器。接地负载电压－电流变换器如图 8.26 所示。对于图 8.26（a），根据"虚短"概念，由叠加定理可得

$$u_L = u_- = u_I \frac{R_2}{R_1+R_2} + u_O \frac{R_1}{R_1+R_2}$$

解得

$$u_O = \frac{R_1+R_2}{R_1} u_L - \frac{R_2}{R_1} u_I$$

由 KCL 得

$$i_L = i_{R_2} - i_{R_1} = \frac{u_O - u_L}{R_2} - \frac{u_L}{R_1}$$

将 u_O 代入上式，整理得

$$i_L = -\frac{u_I}{R_1} \tag{8.30}$$

由式（8.30）可知，负载电流的大小，只取决于输入电压 u_I 和电阻值 R_1，而与负载电阻值 R_L 无关。当 R_1 固定不变时，输出电流正比于输入电压，实现了从电压到电流的变换。

另一种简单的电压－电流变换电路如图 8.26（b）所示，根据理想集成运算放大器的特点，易得

$$i_L = \frac{U_Z}{R_1} \tag{8.31}$$

负载电流与负载无关，只取决于稳压管稳定电压和 R_1。

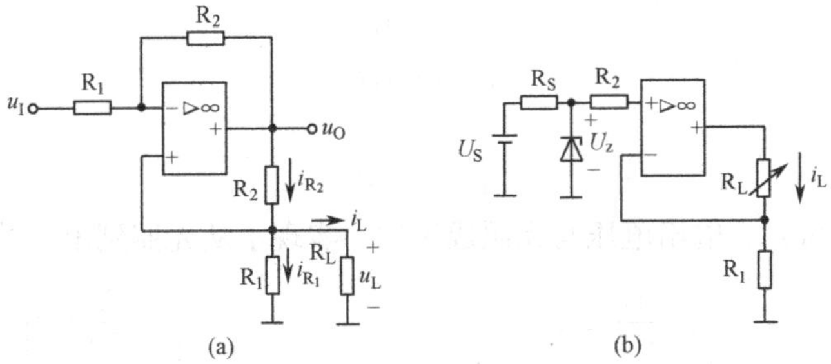

图 8.26　接地负载电压-电流变换器

(2) 悬浮负载电压-电流变换器。悬浮负载电压-电流变换器如图 8.27 所示。如图 8.27 (a) 所示为一个反相电压-电流变换器，它是一个电流并联负反馈电路，它的组成与反相放大器相似，不同之处在于，反馈元器件（负载）可能是一个继电器线圈或内阻为 R_L 的电流计。流过悬浮负载的电流为

$$i_L = -\frac{u_I}{R_1} \tag{8.32}$$

该电流与负载电阻的电阻值 R_L 无关，式中的负号是因反相输入而引起的。

如图 8.27 (b) 所示为一个同相电压-电流变换器，它是一个电流串联负反馈电路。该电路的负载电流为

$$i_L = \frac{u_I}{R_1} \tag{8.33}$$

其数值与式 (8.32) 相同，只是符号不同。

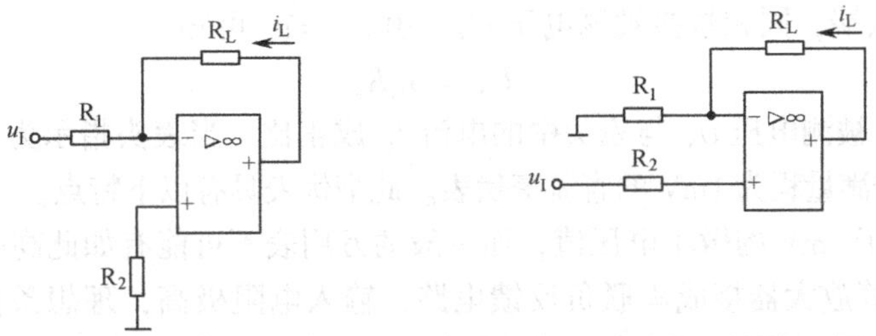

(a) 反相电压-电流变换器　　(b) 同相电压-电流变换器

图 8.27　悬浮负载电压-电流变换器

2. 电流-电压变换器

电流-电压变换器如图 8.28 所示，它是一个电压并联负反馈电路，该电路本质上是一个反相放大器，只是没有输入电阻。输入电流直接接到集成运算放大器的反相输入端。

如图 8.28 (a) 所示为一个基本电路，根据集成运算放大器的“虚断”和“虚短”概念，有 $i_- = 0$ 和 $u_- = 0$，故 $i_F = i_I$，从而有

$$u_O = -i_F R_F = -i_I R_F \tag{8.34}$$

由式 (8.34) 可知，电路的输出电压与输入电流成正比，实现了从电流到电压的转换。

如图 8.28 (b) 所示为一个经常用在光电转换电路中的典型电路。图中 VD 是光电二极管，工作在反向偏置状态。当受到光照时，会产生光电流 i_L；不受光照时，电流近似为 0。

根据集成运算放大器的“虚断”和“虚短”概念可得

$$i_F = -i_L$$

$$u_O = -i_F R_F$$

故

$$u_O = i_L R_F \tag{8.35}$$

由式（8.35）可知，输出电压与光照成正比，实现了从光照到电压的转换。

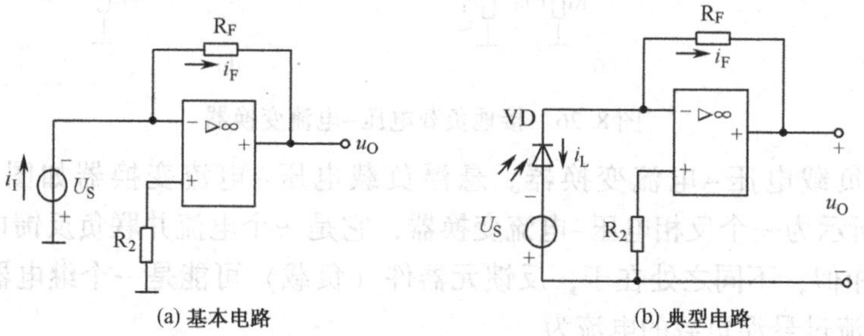

图 8.28 电流-电压变换器

3. 电压、电流的测量

一块普通的电工仪表表头，若与集成运算放大器相连，则可以改装成一个灵敏度较高的电子仪表，实现交、直流测量。

（1）电压测量 。如图 8.29 所示为直流毫伏表的典型原理电路图。

在图 8.29 中，R_G 是一个满量程为 100μA 的电流表的内阻，取阻值 $R_F = 10\Omega$ 的电阻与之串联接至集成运算放大器的输出端，在 R_F 与 R_G 的连接点上引入负反馈，接至集成运算放大器的反相输入端，同相端接被测电压 U_X。由 $u_+ = u_-$ 可知

$$U_X = I_G R_F \tag{8.36}$$

式（8.36）表明，被测电压 U_X 与表头中的电流 I_G 成正比。当表头指示为 100μA 时，此时的电子仪表就是一个满量程为 1mV 的直流毫伏表。此毫伏表具有以下特点。

① 能测量小于 1mV 的微小电压值，而一般的万用表不可能有如此高的灵敏度。

② 将集成运算放大器接成串联负反馈电路，输入电阻极高，理想条件下为无穷大，一般电工仪表难以实现（测量电压时，要求仪表的内阻越高越好）。

③ 表头满量程电压值不受表头内阻阻值 R_G 的影响。只要是 100μA 满量程的表头，换用前后不改变毫伏表性能。因此，表头互换性比普通电表好。

④ 由于 R_F 的阻值很小，因此，可用温度系数较低的电阻丝绕制，从而提高仪表的性能。

以上述 1mV 表头电路为基础，加上分压器，可构成多量程直流电压表，如图 8.30 所示。读者可自己分析工作原理。

（2）电流测量。在上述 1mV 表头电路的基础上，加上分流器，可构成多量程直流电流表，如图 8.31 所示。

根据图 8.31，由“虚短”和“虚断”概念可得：1mV 电压表的输入电压 U_X 为被测电流 I_X 与分流电阻的电阻值 R_X 的乘积，即

$$U_X = I_X R_X = I_G R_F$$

故

$$I_X = I_G \frac{R_F}{R_X} \tag{8.37}$$

式（8.37）表明，通过改变分流电阻的电阻值 R_X 可获得不同量程的直流电流表。例如，取 $R_X=100\Omega$，则直流电流表的量程为 10μA。

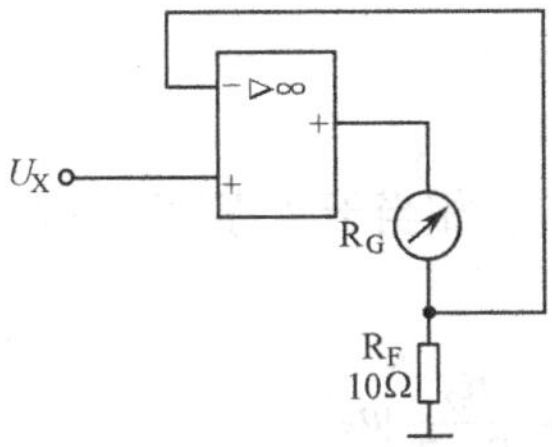

图 8.29　直流毫伏表电路

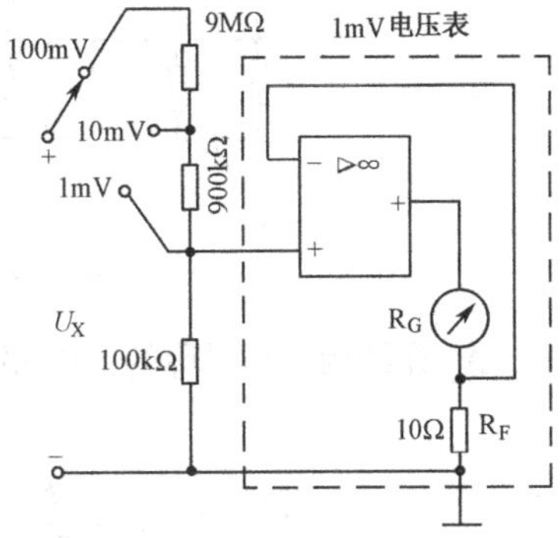

图 8.30　多量程直流电压表电路

如果将表头改接到桥式整流电路中，就构成了交流电压表，如图 8.32 所示，可以测量交流电压，弥补了普通的万用表无法测量交流电压的缺陷。桥式整流电路将在第 9 章中介绍，感兴趣的读者可查阅有关资料。

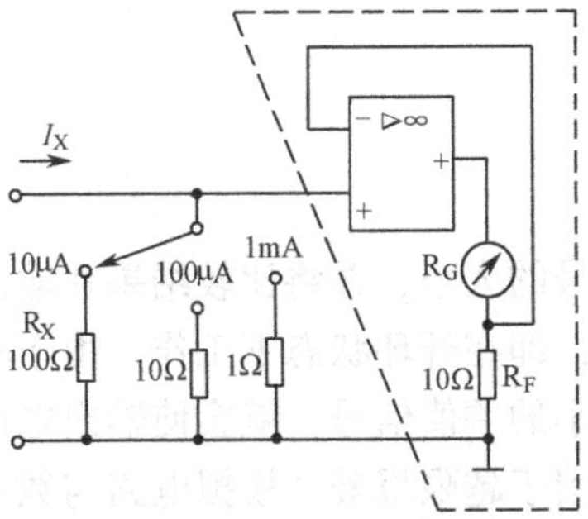

图 8.31　多量程直流电流表电路

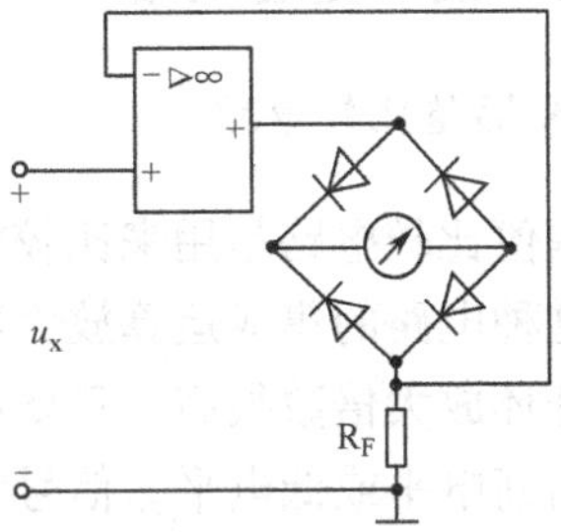

图 8.32　交流电压表电路

4. 测量放大器

测量放大器又被称为数据放大器，是数据采集、精密测量、工业自动控制等系统中的重要组成部分，通常用于将传感器输出的微弱信号进行放大。测量放大器的质量对系统的测量或控制精度起着关键的作用。

测量放大器电路如图 8.33 所示，由两个高阻型集成运算放大器 A_1、A_2 和低失调集成运算放大器 A_3 组成。高阻型集成运算放大器指输入电阻很大的集成运算放大器，一般在兆欧数量级以上。低失调集成运算放大器指输入失调电压及温漂很小的集成运算放大器，一般输入失调电压为 1mV，温漂在 2μV/℃ 以下。

由图 8.33 可知：(1) 热敏电阻 R_t 和 R 组成测量电桥：当电桥平衡时，$u_{S1}=u_{S2}$，相当于共模信号，故输出 $u_o=0$，若测量桥臂感受到温度变化后，产生与 ΔR_t 相应的微小信号变化 Δu_{S1}，这相当于差模信号能进行有效的放大；(2) 三个集成运算放大器分为两级：第一级是由 A_1 和 A_2 组成的对称差分放大电路，它们均为同相比例放大器，具有串联反馈的形式，输入电阻很大，第二级是 A_3，它是差分放大器，具有抑制共模信号的能力。

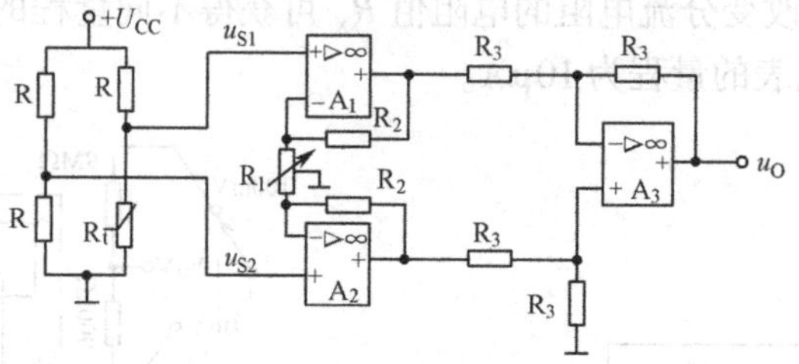

图 8.33　测量放大器电路

由于 A_1、A_2 在结构上是对称的，R_1 的中点可看成零电位，相当于“虚短”。故 A_1、A_2 的输出为

$$u_{O1} = \left(1 + \frac{R_2}{R_1/2}\right)u_{S1},\quad u_{O2} = \left(1 + \frac{R_2}{R_1/2}\right)u_{S2}$$

又由于 A_3 的外接电阻均为 R_3，根据叠加原理可得

$$u_O = (u_{O2} - u_{O1})\frac{R_3}{R_3} = (u_{S2} - u_{S1}) \times \left(1 + \frac{2R_2}{R_1}\right) \tag{8.38}$$

由式（8.38）可知，调节 R_1 可改变电路的放大倍数。为了减小误差，要求采用精密电阻。在实际应用中，特别是在第二级放大电路中，与 A_3 相关的四个电阻精密度要求很高。

8.3.4　信号处理电路

1. 信号幅值比较电路

信号幅值比较电路是用来比较输入信号和基准信号的大小，并将比较结果在输出端输出的电路。这种电路的集成运算放大器工作在非线性区，即在开环状态下工作。由于集成运算放大器的开环放大倍数很高，只要在输入端有一个微小的差值信号，就会使输出电压达到极限值，输出高电平或低电平。信号幅值比较电路通常用于越限报警、模拟电路与数字电路接口、波形变换等场合。信号幅值比较电路大致可分为三种：电压比较电路、滞回比较电路和窗口比较电路，我们习惯上把这三种电路分别称为电压比较器、滞回比较器和窗口比较器。

（1）电压比较器。电压比较器的电路如图 8.34（a）所示，参考电压 U_{REF} 加在同相输入端，输入电压 u_i 加在反相输入端，电路工作在开环状态。

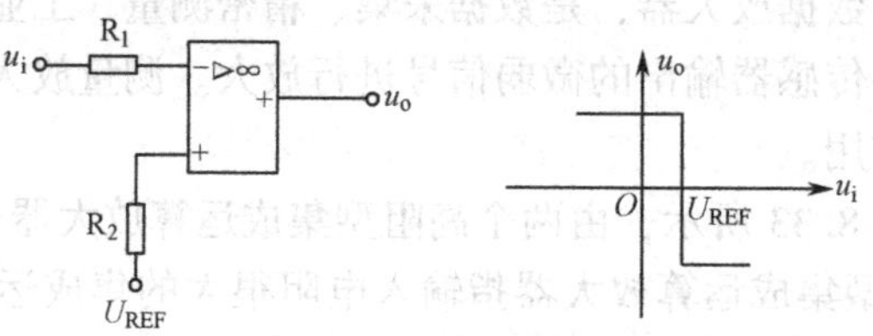

(a) 电路图　(b) 理想状态下的电压传输特性

图 8.34　电压比较器

由图 8.34（a）可知，当 $u_i < U_{REF}$ 时，u_o 输出高电平 U_{om}；当 $u_i > U_{REF}$ 时，u_o 输出低电平 $-U_{om}$。理想状态下的电压传输特性如图 8.34（b）所示。

说明：

① 若 u_i 加在同相输入端，U_{REF} 加在反相输入端，则电压传输特性如图 8.35（a）所示。

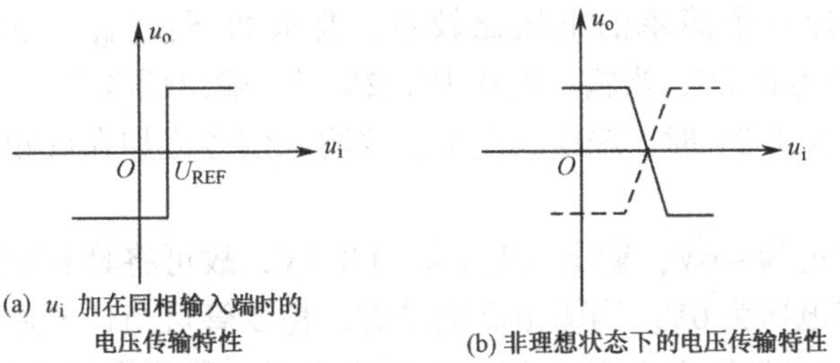

图 8.35　电压比较器传输特性

② 在实际应用中，集成运算放大器的开环电压放大倍数总是有限的，假设 $A_u = 10^5$，$U_{om} = \pm 10V$（具体数值由集成运算放大器的技术参数和电源电压决定，可查手册获取），则电压比较器达到最大输出电压 U_{om}时所需的净输入电压为

$$|u_{id}| = |u_i - U_{REF}| = \left|\frac{U_{om}}{A_u}\right| = \pm 0.1mV$$

故有如下结论：

反相端输入，当 $u_i \leqslant U_{REF} - 0.1mV$ 时，$u_o = +U_{om} = +10V$；当 $u_i \geqslant U_{REF} + 0.1mV$ 时，$u_o = -U_{om} = -10V$。电压传输特性如图 8.35（b）中的实线所示。

同相端输入，当 $u_i \leqslant U_{REF} - 0.1mV$ 时，$u_o = -U_{om} = -10V$；当 $u_i \geqslant U_{REF} + 0.1mV$ 时，$u_o = +U_{om} = +10V$。电压传输特性如图 8.35（b）中的虚线所示。

③ 不接基准电压，即 $U_{REF} = 0$ 时，电路如图 8.36（a）所示，该电路被称为过零比较器。

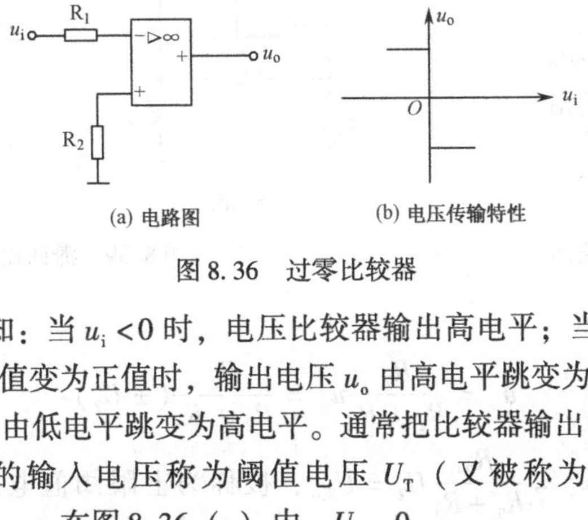

图 8.36　过零比较器

由图 8.36（a）可知：当 $u_i < 0$ 时，电压比较器输出高电平；当 $u_i > 0$ 时，电压比较器输出低电平。当 u_i 由负值变为正值时，输出电压 u_o 由高电平跳变为低电平；当 u_i 由正值变为负值时，输出电压 u_o 由低电平跳变为高电平。通常把比较器输出电压 u_o 从一个电平跳变为另一个电平所对应的输入电压称为阈值电压 U_T（又被称为门限电压）。例如，在图 8.34（a）中，$U_T = U_{REF}$；在图 8.36（a）中，$U_T = 0$。

④ 为了将输出电压限制在某一特定值，使其与接在输出端的数字电路的电平相匹配，可在输出端接一个双向稳压管进行限幅，如图 8.37（a）所示。其电压传输特性如图 8.37（b）所示（$U_Z < U_{om}$）。

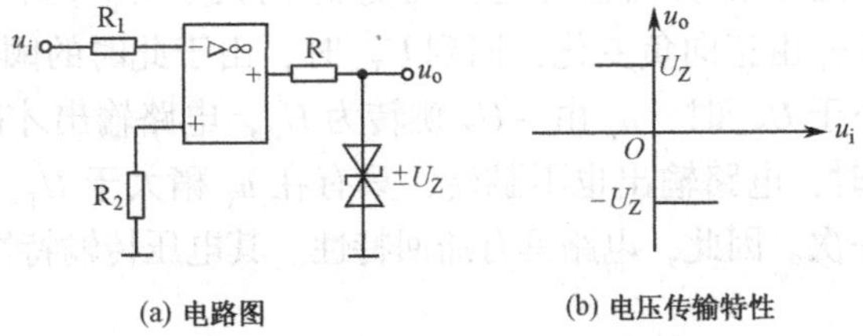

图 8.37　有限幅的过零比较器

【例 8.6】 设计一个简单的电压比较器，要求如下：$U_{REF}=2V$；输出低电平约为 −6V，输出高电平约为 0.7V；当输入电压大于 2V 时，输出低电平。

解：因输入电压大于 2V 时，输出低电平，故输入信号应加在反相输入端，同相输入端应加 2V 的参考电压。

又因输出低电平约为 −6V，输出高电平约为 0.7V，故可将具有限幅作用的硅稳压管接在输出端，它的稳定电压为 6V。当输出高电平时，稳压管可当作普通二极管使用，其导通电压约为 0.7V，故输出电压为 0.7V；当输出低电平时，稳压管的稳定电压为 6V，故输出电压为 −6V。综上所述，满足设计要求的电路如图 8.38 所示。

（2）滞回比较器。前面所讲的电压比较器只有一个固定的阈值电压，存在两个缺点：一是当集成运算放大器的 A_{ud} 不是非常大时，在电压传输特性中，由一个输出状态向另一个输出状态的转换部分不够陡峭，故不能很灵敏地判断 u_i 和 U_{REF} 的相对大小；二是当在输入信号中叠加了干扰信号时，输出电压可能在 $+U_{om}$ 和 $-U_{om}$ 之间跳动。若利用这种输出电压去控制电动机（如电风扇的电动机），则电动机会频繁出现启停现象，这是不允许的。

为了改善比较器的性能，可以采用如图 8.39（a）所示的具有滞回特性的比较器（又被称为施密特触发器）。图中，输入信号 u_i 从反相端输入；在输出端接一个双向稳压管，将输出电压稳定在 $-U_Z \sim U_Z$ 之间；R_4 是限流电阻；R_2 和 R_3 有两个作用：一是构成电压串联正反馈，加速输出高、低电平转换；二是对 u_o 分压，为同相输入端提供两种基准电压。

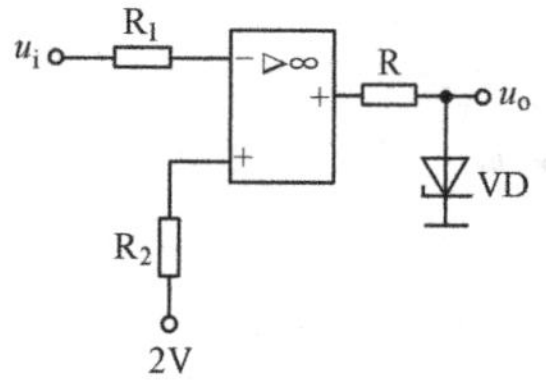

图 8.38 【例 8.6】电路图

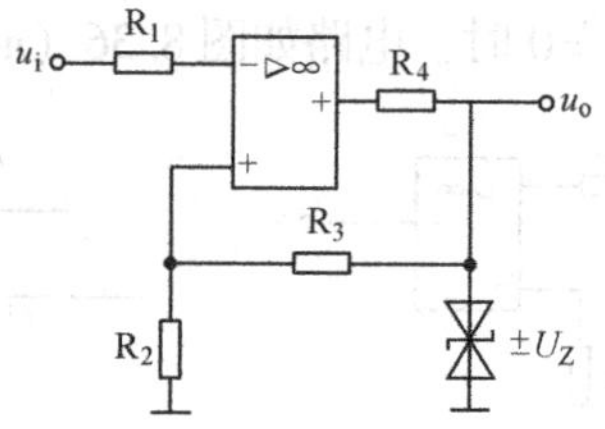

(a) 电路图

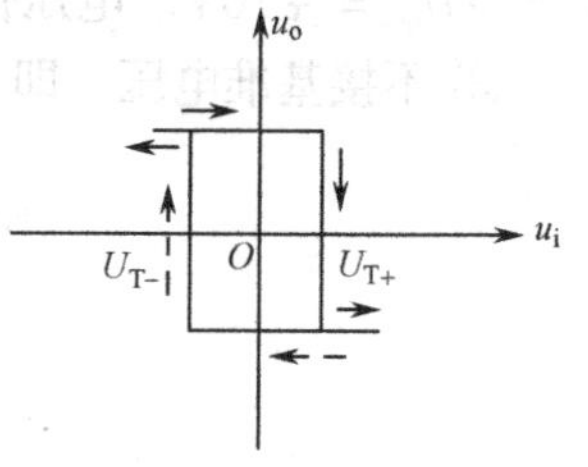

(b) 电压传输特性

图 8.39 滞回比较器

由图 8.39（a）可知

$$u_+ = \frac{R_2}{R_2+R_3}u_o = \frac{R_2}{R_2+R_3}(\pm U_Z) \tag{8.39}$$

当输出为 U_Z 时，$u_+ = \dfrac{R_2}{R_2+R_3}U_Z = U_{T+}$，被称为上限阈值电压；当输出为 $-U_Z$ 时，$u_+ = -\dfrac{R_2}{R_2+R_3}U_Z = U_{T-}$，被称为下限阈值电压。

滞回比较器的工作原理叙述如下。

设开始时 $u_o=U_Z$。当 u_i 由负向正变化，且使 u_i 稍大于 U_{T+} 时，u_o 由 U_Z 跳变为 $-U_Z$，电路输出翻转一次；当 u_i 由正向负变化，回到 U_{T+} 时，由于此时的阈值为 U_{T-}，电路输出并不翻转，只有在 u_i 稍小于 U_{T-} 时，u_o 由 $-U_Z$ 跳转为 U_Z，电路输出才翻转一次。同样，u_i 再次由负向正变化到 U_{T-} 时，电路输出也不翻转，只有在 u_i 稍大于 U_{T+} 时，u_o 由 U_Z 再次变为 $-U_Z$，电路输出又翻转一次。因此，电路具有滞回特性。其电压传输特性如图 8.39（b）所示。

说明：

① 由于该电路存在正反馈，因此，输出高、低电平转换得很快。

例如，设开始时 $u_o = U_Z$，当 u_i 增加到 U_{T+}，使 u_o 有下降趋势时，正反馈过程为

$$u_o \downarrow \rightarrow u_+ \downarrow \rightarrow (u_{id} = u_i - u_+) \uparrow \rightarrow u_o \downarrow$$

这个正反馈过程很快就使输出的 u_o 由 U_Z 跳转到 $-U_Z$。

② 两个阈值的差被称为回差电压，即

$$\Delta U = U_{T+} - U_{T-} \tag{8.40}$$

调节 R_2、R_3 的比值，可改变回差电压值。回差电压大，抗干扰能力强，延时增加。在实际应用中，就是通过调整回差电压来改变电路的某些性能的。

③ 还可以在同相端再加一个固定值的参考电压 U_{REF}。此时，回差电压不受影响，改变的只是阈值，在电压传输特性上表现为特性曲线沿 u_i 前后平移。因此，抗干扰能力不受影响，但越限保护电路的门限发生了改变。

④ 目前有专门设计的集成比较器以供选用。从本质上来说，集成比较器与集成运算放大器没有什么区别，但它输出的高电平和低电平与数字部件的要求一致，便于与数字部件连接。常用的单电压集成比较器 J631、四电压集成比较器 CB75339 的引脚图如图 8.40 所示。

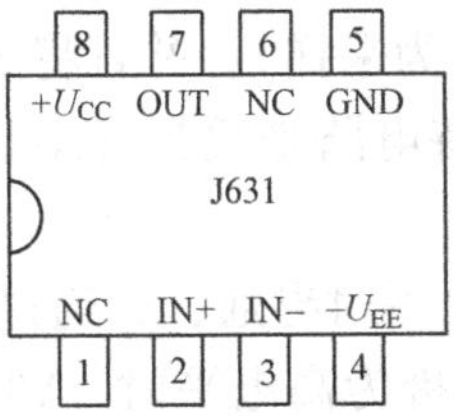

(a) 单电压集成比较器

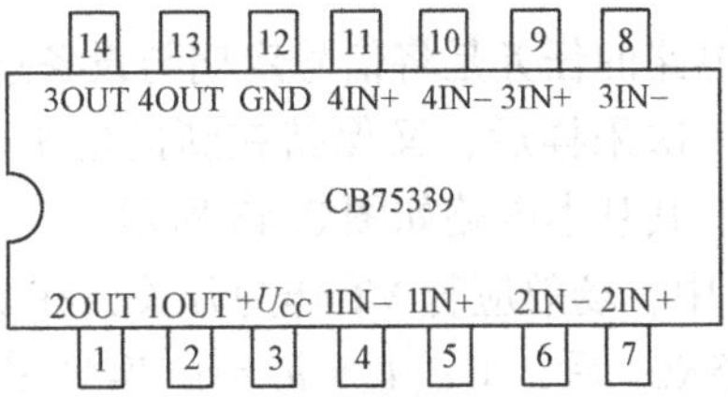

(b) 四电压集成比较器

图 8.40　常用的电压比较器的引脚图

【例 8.7】　电路如图 8.41（a）所示，试求上、下限阈值电压，并画出电压传输特性。

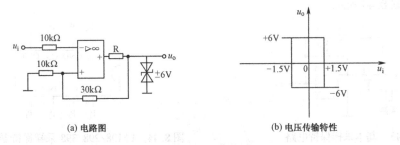

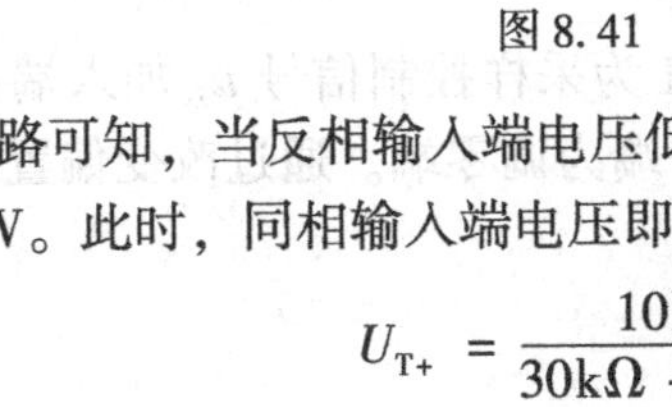

(a) 电路图

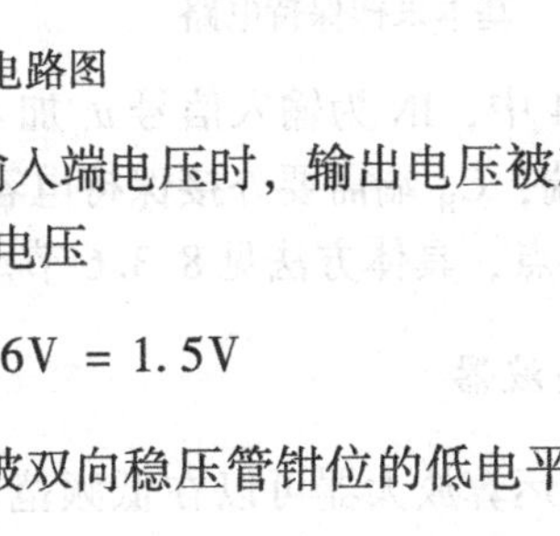

(b) 电压传输特性

图 8.41 【例 8.7】电路图

解：由电路可知，当反相输入端电压低于同相输入端电压时，输出电压被双向稳压管钳位于高电平 6V。此时，同相输入端电压即上限阈值电压

$$U_{T+} = \frac{10\text{k}\Omega}{30\text{k}\Omega + 10\text{k}\Omega} \times 6\text{V} = 1.5\text{V}$$

当 $u_i > 1.5\text{V}$ 时，输出电压由高电平 6V 跳变为被双向稳压管钳位的低电平 −6V。此时，同相输入端电压跳变为下限阈值电压

$$U_{T-} = \frac{10\text{k}\Omega}{30\text{k}\Omega + 10\text{k}\Omega} \times (-6\text{V}) = -1.5\text{V}$$

故当反相输入端电压 $u_i < -1.5\text{V}$ 时，输出电压由低电平 −6V 跳变为高电平 6V。电压传输特性如图 8.41（b）所示。

（3）窗口比较器。窗口比较器的电路图和电压传输特性如图 8.42 所示，窗口比较器主要用来检测输入电压 u_i 是否在两个电平之间。设 $U_{REF1}<0$，$U_{REF2}>0$。当 $u_i<U_{REF1}$ 时，VD_1 导通，输出电压 u_o 为高电平 U_{om}；当 $u_i>U_{REF2}$ 时，VD_2 导通，输出电压 u_o 仍为高电平 U_{om}。只有当 $U_{REF1}<u_i<U_{REF2}$ 时，VD_1、VD_2 截止，输出电压 u_o 为低电平 0。

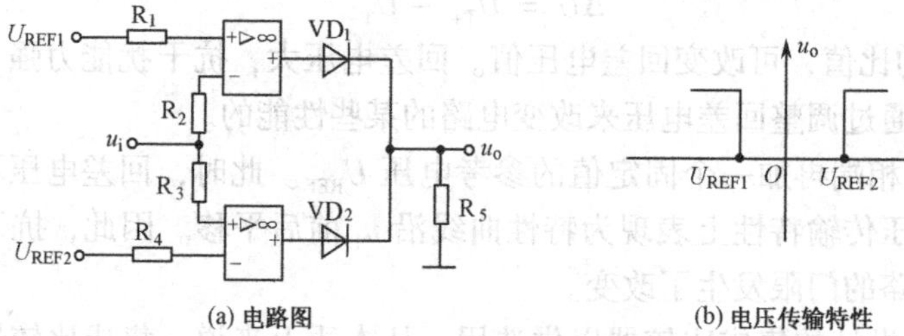

图 8.42　窗口比较器

2. 信号幅度的采样保持

采样保持电路的任务是将信号定期与设备接通（被称为采样），并且将那时的信号保持下来，直至下一次采样后，又保持在新的电平。采样保持电路是模数（A/D）转换电路的一个组成部分，其基本电路如图 8.43 所示。

在图 8.43 中，场效应管 VT 作为开关，在 G 极为低电平时导通，u_i 通过 R 和 VT 向 C_H 充电，约经过 $5RC_H$ 后，$|u_o|\approx u_C\approx u_i$ 实现采样；在 G 极为高电平时，VT 截止，u_i 被保持在电容两端。

为了提高采样保持电路的输入电阻，降低电路的输出电阻，以便减小信号源和负载对电路性能的影响，在实际应用中，可采用已制成单片集成电路的集成采样保持器 LF198/298 /398，其引脚图如图 8.44 所示。

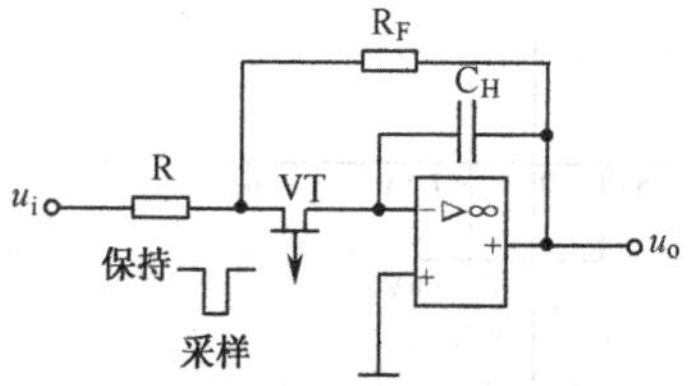

图 8.43　基本采样保持电路

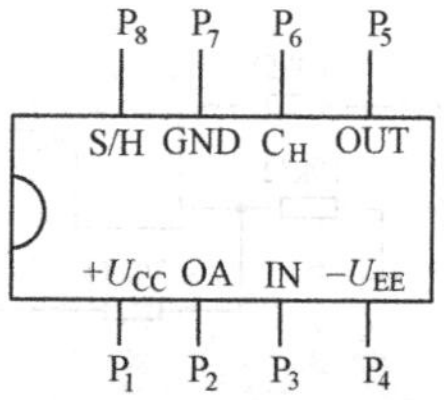

图 8.44　LF198/298/398 采样保持器的引脚图

在图 8.44 中，IN 为输入信号 u_i 加入端；S/H 为采样控制信号 u_S 加入端；OUT 为输出信号 u_o 引出端；C_H 端需要外接保持电容 C_H；OA 端为调零端。通过改变偏置电压值，调整输出电压的零点，具体方法见 8.3.6 节。

3. 有源滤波器

采用集成运算放大器可以在低频范围内构成比较简单的低通滤波器，如图 8.45 所示。低通滤波器主要用于测量信号的低通滤波。

该滤波器的截止频率 f_C 由 RC 决定，即

$$f_C=\frac{1}{2\pi RC} \tag{8.41}$$

【例 8.8】　试确定如图 8.45（b）所示的低通滤波器的电阻值和电容值。其中，$f_C=$

1kHz，$A_u=2$。

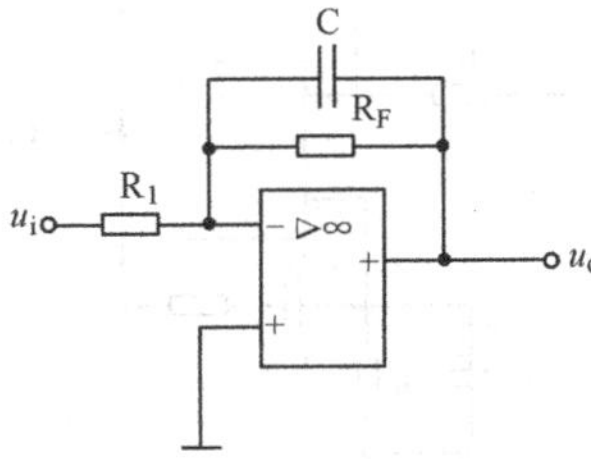

(a)含有带反相比例放大电路的LPF

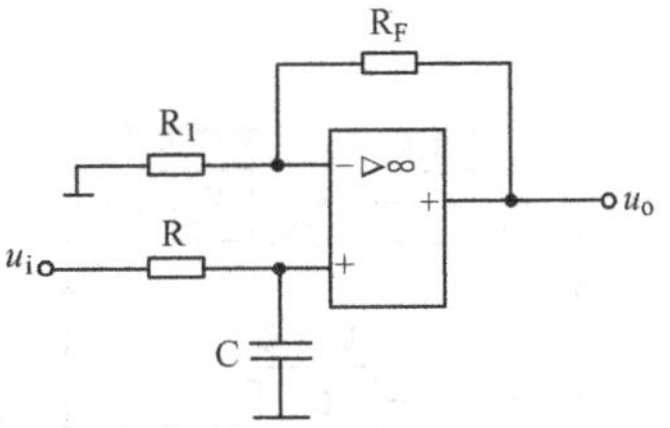

(b)含有带同相比例放大电路的LPF

图 8.45　低通滤波器（LPF）

解：(1) 已知 $f_C=1\text{kHz}$，先取 $C=0.01\mu\text{F}$，由 $f_C=\dfrac{1}{2\pi RC}$ 求取 R 值，故

$$R=\frac{1}{2\pi f_C C}=\frac{1}{2\pi\times 1\text{kHz}\times 0.01\mu\text{F}}\approx 15.9\text{k}\Omega$$

取标称值 $R=16\text{k}\Omega$。

(2) 已知 $A_u=1+\dfrac{R_F}{R_1}=2$。根据集成运算放大器同相和反相两个输入端直流通路的电阻平衡要求，有 $R_1/\!/R_F=R=16\text{k}\Omega$，因 $\dfrac{R_F}{R_1}=1$，故 $R_F=R_1=32\text{k}\Omega$，但标称值无 32kΩ，故 R_1、R_F 均可采用两个串联的标称值为 10kΩ 和 22kΩ 的精密电阻来代替。

8.3.5　波形产生电路

由集成运算放大器组成的波形产生电路可分为两类：一类是基于集成运算放大器线性应用的正弦信号产生电路；另一类是基于集成运算放大器非线性应用的非正弦信号产生电路。前者的集成运算放大器相当于放大器，后者的集成运算放大器相当于一个带门限的电子开关，用于控制电容充放电。

1. 正弦信号产生电路

正弦信号产生电路习惯上被称为正弦波振荡器，主要由放大器、正反馈、选频电路及限幅器组成，如图 8.46 所示。

要使正弦波振荡器能够产生振荡，必须具备相位条件和振幅条件。相位条件指从输出端反馈到输入端的反馈电压相位与原输入电压同相，即引入正反馈；振幅条件指当闭环放大倍数大于 1 时，电路可以产生振荡。在临界振荡状态时，其闭环放大倍数等于 1。

在实际应用中，正弦波振荡器有多种类型，所有类型都是遵循相位条件和振幅条件设计的。振荡电路分析也是依据这两个条件进行的。在进行故障分析时，先判断起放大作用的元器件是否正常工作（判断振幅条件），再判断选频电路是否正常工作（判断相位条件）。限幅器一般借用放大器的非线性特性来实现，也可以用其他元器件或电路来实现。选频电路可以是放大电路的一部分，也可以是反馈电路的一部分。

由集成运算放大器组成的正弦波振荡器的典型实例是 RC 文氏桥振荡器，如图 8.47 所示。该电路的主要特点是采用 RC 串并联电路作为选频和反馈电路，集成运算放大器和 R_F、R_1 构成同相比例放大电路。

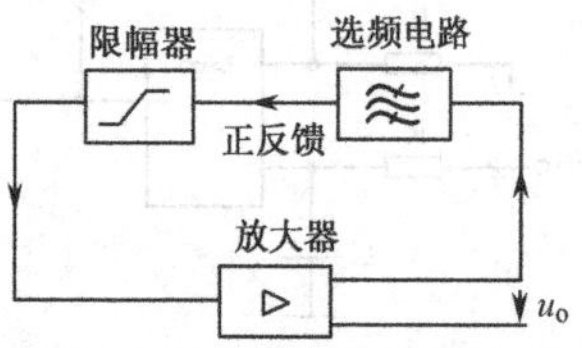

图 8.46　正弦波振荡器电路简图

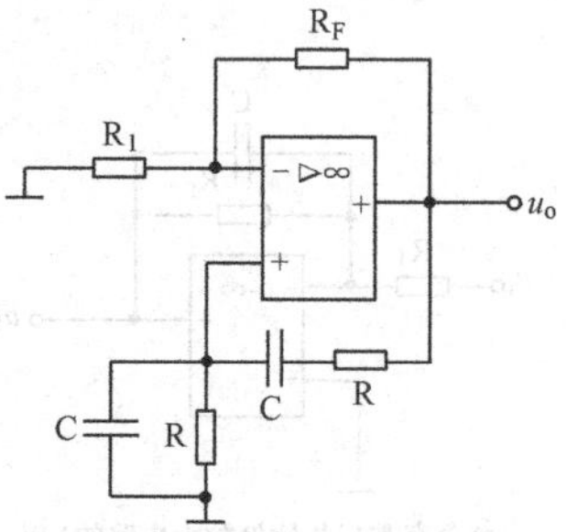

图 8.47　RC 文氏桥振荡器

在图 8.47 电路中，把 u_o 作为 RC 串并联电路的输入信号电压，把 u_+ 作为 RC 串并联电路的输出信号电压，利用交流电路分析方法可得

$$F = \frac{U_f}{U_o} = \frac{1}{\sqrt{3^2 + \left(\omega RC - \frac{1}{\omega RC}\right)^2}} = \frac{1}{\sqrt{3^2 + \left(2\pi fRC - \frac{1}{2\pi fRC}\right)^2}}$$

令

$$f_0 = \frac{1}{2\pi RC} \tag{8.42}$$

则

$$F = \frac{1}{\sqrt{3^2 + \left(\frac{f}{f_0} - \frac{f_0}{f}\right)^2}}$$

由此可知

① 当 $f = f_0$ 时，反馈信号与原输入信号同相位，满足相位条件；反馈电路输出电压只有反馈电路输入电压的 $\frac{1}{3}$，且最大。因此，由集成运算放大器组成的放大电路闭环电压放大倍数略大于 3，即 $1 + \frac{R_F}{R_1}$ 略大于 3，R_F 略大于 $2R_1$ 时就能满足振幅条件，从而产生振荡，振荡频率为 f_0。若 $R_F < 2R_1$，则电路不能起振；若 $R_F \gg 2R_1$，则输出电压 u_o 的波形会产生接近方波失真。

② 当 $f \neq f_0$ 时，反馈电路输出信号与输入信号的相位不同相，且反馈到同相输入端的信号电压远小于原来同相输入端的信号电压，故无法进行放大，无 $f \neq f_0$ 的正弦波信号电压输出。

③ 为了产生振荡，$f = f_0$ 的信号电压必须有一个从微弱开始逐渐增大，直至稳定的过程。因此在开始阶段，反馈信号的电压必须大于原来的输入信号电压，这样经过放大和反馈后，输出信号电压就会不断增高。但这样下去必然会进入集成运算放大器的非线性区，无法得到正弦波信号。为此，在输出电压逐渐增大的过程中，振荡电路中的反馈信号电压必须从大于输入信号电压逐渐下降为等于输入信号电压，从而得到稳定的 $f = f_0$ 的正弦波信号电压。这实际上是稳幅过程。在实际应用中，常采用改变 $\frac{R_F}{R_1}$ 来实现稳幅。例如，选择负温度系数的热敏电阻作为反馈电阻 R_F，当输出电压增加时，R_F 的功耗会增大，温度会上升，其负温度系数使它的阻值下降，于是闭环电压放大倍数减小，达到稳幅目的。同理，也可选择正温度系数的热敏电阻作

为电阻 R_1，实现稳幅。

RC 文氏桥振荡电路结构简单，起振容易，频率调节方便，适用于低频振荡的场合，振荡频率一般为 10Hz ~ 100kHz。

【例 8.9】 在图 8.47 中，R 为 10 ~ 100kΩ，$C = 100\text{nF}$，$R_F = 20\text{k}\Omega$。试求：

(1) 该振荡电路的频率范围是多少？

(2) 为了得到较理想的正弦波输出电压，R_1 应选择何种类型？阻值为多大？

解：(1) 振荡电路的频率范围可由式$f_0 = \dfrac{1}{2\pi RC}$求得

下限频率为

$$f_{01} = \frac{1}{2\pi RC} = \frac{1}{2 \times 3.14 \times 100\text{k}\Omega \times 100\text{nF}} \approx 15.9\text{Hz}$$

上限频率为

$$f_{02} = \frac{1}{2\pi RC} = \frac{1}{2 \times 3.14 \times 10\text{k}\Omega \times 100\text{nF}} \approx 159\text{Hz}$$

(2) 电阻 R_1 的值由同相比例运算电路的放大倍数 A_{uf}求得，故令 A_{uf}等于 3，即

$$A_{uf} = 1 + \frac{R_F}{R_1} = 3$$

故

$$R_1 = \frac{R_F}{3-1} = \frac{20\text{k}\Omega}{2} = 10\text{k}\Omega$$

为了实现稳幅，R_1 应采用正温度系数的热敏电阻。

2. 非正弦信号产生电路

非正弦信号产生电路按输出波形可分为方波发生器和锯齿波发生器，为了实现输出电压的频率自动可调，在锯齿波发生器的基础上，通过改进可得压控振荡器。

(1) 方波发生器。方波发生器的电路如图 8.48 (a) 所示，该电路是由一个带稳压管限幅的滞回比较器和一个具有延时作用的 RC 反馈电路组成的。

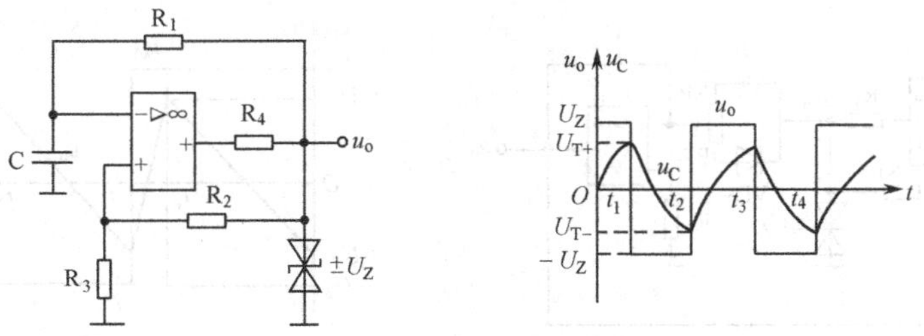

(a) 电路图　　(b) 波形图

图 8.48　方波发生器

由图 8.48 可知以下几点内容。

① 在 $0 \sim t_1$ 期间：当 $t=0$ 时，$u_C(0)=0$；电源接通瞬间的输出噪声通过 R_2、R_3 正反馈，使$u_o = U_Z$。这时集成运算放大器的同相输入端电压为

$$u_+ = \frac{R_3}{R_2 + R_3} U_Z = U_{T+}$$

此后，$u_o = U_Z$ 通过 R_1 对电容 C 充电，$u_- = u_C$ 按指数曲线上升，当 $t = t_1$ 时，$u_C \geqslant U_{T+}$ 使输出翻转为 $u_o = -U_Z$，波形如图 8.48（b）所示。

② 在 $t_1 \sim t_2$ 期间：当 $t = t_1$ 时，由于 $u_o = -U_Z$，同相输入端电压为

$$u_+ = -\frac{R_3}{R_2 + R_3}U_Z = U_{T-}$$

这时，电容 C 通过 R_1 放电，u_C 按指数曲线下降，当 $t = t_2$ 时，$u_C \leqslant U_{T-}$，使输出又翻转为 $u_o = U_Z$。这样又回到初始状态，以后按上述过程周而复始，形成振荡，输出方波。

③ 振荡周期由电阻和电容的充、放电速度决定，根据暂态过程分析可得

$$T = 2R_1 C\ln\left(1 + \frac{2R_3}{R_2}\right) \tag{8.43}$$

④ 若想获得矩形波，只要设法控制电容 C 的充、放电速度，使充电时间常数和放电时间常数不同即可。具体电路如图 8.49（a）所示，如图 8.49（b）所示为输出波形。图中的 RP 用于调节占空比。占空比指矩形波高电平时间 T_H 与周期 T 的比，记为 q，即

$$q = \frac{T_H}{T} \tag{8.44}$$

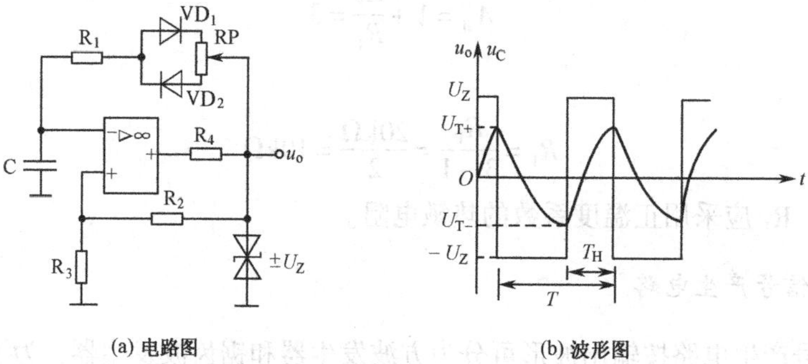

图 8.49　占空比可调的矩形波发生器

（2）锯齿波发生器。锯齿波发生器的电路如图 8.50（a）所示。该电路的同相输入滞回比较器（A_1）起开关作用；积分运算电路（A_2）起延时作用。

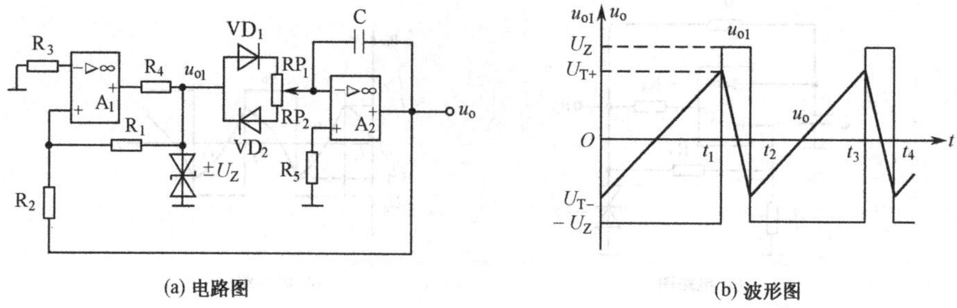

图 8.50　锯齿波发生器

由图 8.50 可知以下几点内容。

① 滞回比较器的参考电压由 U_Z 和 u_o 两部分组成，利用戴维南定理，结合 $u_- = 0$ 可得

$$U_{T+} = \frac{R_2}{R_1}U_Z,\quad U_{T-} = -\frac{R_2}{R_1}U_Z$$

② 设电路已进入稳态。当 $t=0$ 时，$u_{o1}(0)=-U_Z$，$u_o(0)=u_C$ (0) $=-\frac{R_2}{R_1}U_Z$，电容电压极性左正右负；$RP_2>RP_1$。在 $t=0\sim t_1$ 期间：$-U_Z$ 使 C 通过 RP_2、VD_2 充电，A_2 的输出电压线性上升。当 $t=t_1$ 时，$u_C(t_1)=u_o(t_1)\geqslant U_{T+}$，使 u_{o1} 翻转为 $u_{o1}(t_1)=U_Z$。

③ 在 $t=t_1\sim t_2$ 期间：当 $t=t_1$ 时，$u_{o1}(t_1)=U_Z$，U_Z 通过 VD_1、RP_1 使 C 放电，u_o 线性下降。当 $t=t_2$ 时，$u_C(t_2)=u_o(t_2)\leqslant U_{T-}$，使 u_{o1} 又翻转为 $u_{o1}(t_2)=-U_Z$，回到 $t=0$ 时的状态。以后按上述过程周而复始，产生振荡。因为充电时间常数$(RP_2+r_{VD_2})C$ 大于放电时间常数$(RP_1+r_{VD_1})C$，故 u_o 上升时间大于下降时间，波形为锯齿波，如图 8.50 (b) 所示。图中，u_{o1} 为矩形波。

锯齿波发生器主要用于产生示波器示波管和显示器显像管的扫描信号。若想获取三角波，只要使电容 C 的充放电时间常数相等即可。具体办法是用一个电阻替换图 8.50 中的 RP_1、RP_2、VD_1 和 VD_2。

(3) 压控振荡器。在前面讨论的几种波形发生器中，如果想改变输出电压的振荡频率或周期，则必须通过人为的方法调节电阻或电容，这种方法在自动控制系统中振荡频率经常改变时是不适宜的，而压控振荡器能够较好地解决这一问题。它通过外加一个压控端来控制波形的振荡频率。控制电压升高时，振荡频率加快，反之则慢。压控振荡器的电路如图 8.51 (a)所示，图中控制端电压 U_i 规定为正。

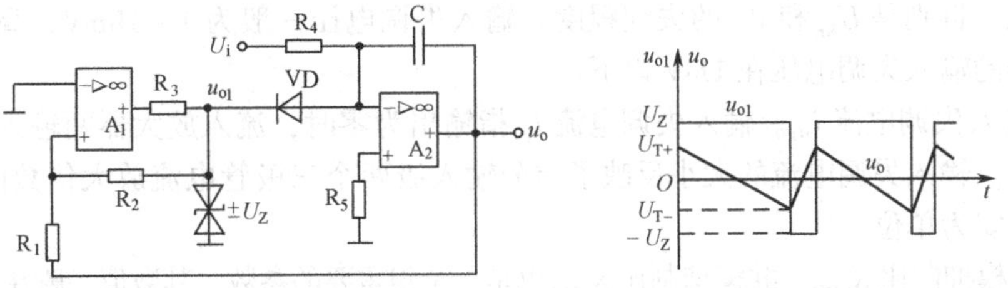

(a) 电路　　(b) 波形图

图 8.51　压控振荡器

假设电源刚接通时，$u_{o1}=U_Z$，二极管 VD 截止，控制端电压 U_i 经 R_4 对电容 C 充电，输出电压 u_o 线性下降。当 u_o 下降到使集成运算放大器 A_1 的同相端电位略小于 0 时，比较器输出跳变，由 U_Z 变为 $-U_Z$，二极管 VD 导通，电容 C 放电，输出电压 u_o 线性上升。由于放电回路电阻比充电回路电阻 R_4 小得多，因此放电很快，u_o 线性增长很快。当 u_o 增长到使 A_1 的同相端电位略大于 0 时，比较器输出再次发生跳变，由 $-U_Z$ 变为 U_Z，二极管 VD 再次截止，U_i 再次对 C 充电，如此周而复始。输出 u_o 为锯齿波，u_{o1} 为矩形波，波形如图 8.51 (b) 所示。可以证明该电路的振荡频率为

$$f_0\approx\frac{R_2}{2R_1R_4C}\times\frac{U_i}{U_Z} \tag{8.45}$$

由式 (8.45) 可知，电路的振荡频率与控制端电压成正比，当 U_i 增大时，振荡频率加快。压控振荡器的用途较广，当用直流电压作为控制电压时，压控振荡器成为频率调节十分方便的信号源；当用正弦电压作为控制电压时，压控振荡器成为调频振荡器；当用锯齿波电压控制时，压控振荡器成为扫频振荡器。

随着大规模集成电路的发展，集成多功能信号发生器应运而生，因为这类器件的价格并不比集成运算放大器高很多，并且通过外接适当的电阻、电容就可以方便地得到矩形波、三

角波、正弦波和锯齿波等不同的波形，所以，其使用范围也越来越广。

8.3.6 集成运算放大器使用中的问题

目前，集成运算放大器的应用范围很广，在选型、使用和调试时应注意下列问题，以满足使用要求及精度要求，避免在调试过程中损坏元器件。

1. 选用集成运算放大器的型号

集成运算放大器的主要技术指标有6个。

（1）开环电压放大倍数 A_{ud}。开环电压放大倍数 A_{ud} 指集成运算放大器在开环状态下的差模电压放大倍数。集成运算放大器虽然很少在开环状态下应用，但开环电压放大倍数代表放大器的放大能力，是决定运算精度的一个重要因素。一般要求 A_{ud} 数量级越高越好，高质量的集成运算放大器的 A_{ud} 可达140dB以上（即 10^7）。

（2）输入失调电压 u_{IO}。一个理想的集成运算放大器，当输入电压为零时，输出电压也应为零（不加调零装置）。但实际上，它的差分输入级很难做到完全对称，通常在输入电压为零时，存在一定的输出电压。

输入失调电压 u_{IO} 指输入电压为零时，输出端出现的电压换算到输入端的数值，或者指为了使输出电压为零而在输入端加的补偿电压。输入失调电压的大小主要反映了差分输入元器件的失配，特别是 U_{BE} 和 R_C 的失配程度。输入失调电压一般为1～10mV，高品质的集成运算放大器的输入失调电压在1mV以下。

（3）输入失调电流 i_{IO}。输入失调电流 i_{IO} 指输出为零时，流入放大器两输入端的静态基极电流之差。输入失调电流的大小反映了差分输入级两个三极管电流放大倍数的失调程度，i_{IO} 一般以纳安为单位。

（4）共模抑制比 K_{CMR}。共模抑制比 K_{CMR} 也是一个很重要的参数，其数值一般在80dB以上。

（5）差模输入电阻 R_{id}。集成运算放大器的差模输入电阻 R_{id} 指在开环条件下，运算放大器两输入端之间的等效电阻，一般为几兆欧。

（6）输出电阻 R_o。集成运算放大器的输出电阻 R_o 指在开环条件下，从输出端和地端看进去的等效电阻，R_o 的大小反映了集成运算放大器的负载能力。

根据上述性能指标，集成运算放大器可分为高放大倍数的通用型，以及高输入阻抗、低漂移、低功耗、高速、高压、大功率和电压比较器等专用型。在具体应用时，应结合性能要求选用合适的类型。为减小集成运算放大器的输出误差，应尽可能选用开环电压放大倍数 A_{ud} 和差模输入电阻 R_{id} 都较大的集成运算放大器。在精度要求较高时，还应选用低漂移的集成运算放大器。

2. 在使用集成运算放大器时应熟悉引脚的功能

集成运算放大器有很多种类型，而每种集成运算放大器的引脚数，以及每一引脚的功能和作用均不相同。因此，在使用前必须充分查阅该型号的资料，熟悉其使用方法。

集成运算放大器有两种常见的封装形式，一种是金属封装；另一种是双列直插式塑料封装，其外形如图8.52所示。

对金属封装而言，以引键为辨认标记，引键朝向自己，由顶端向下看：引键右方第一根引线为引脚1，然后逆时针围绕器件，依次数出其余各引脚。对双列直插式塑料封装而言，

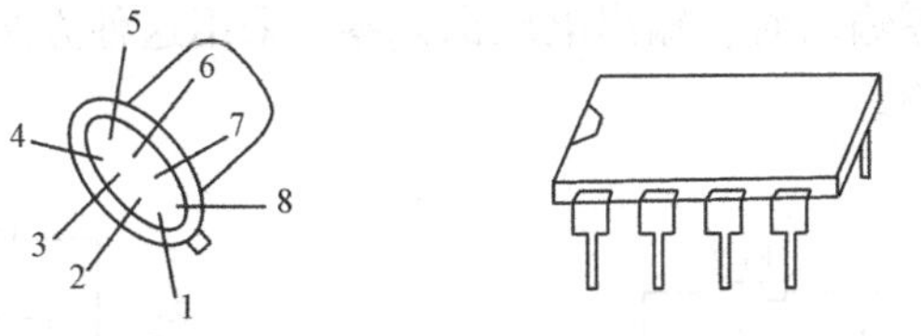

(a) 金属封装　　(b) 双列直插式塑料封装

图 8.52　集成运放的两种封装

以缺口作为辨认标记（有的产品是以商标方向标记的），标记朝向自己，标记右方的第一根引线为引脚 1，然后逆时针围绕器件，依次数出其余各引脚。

常用的集成运算放大器有单运算放大器 μA741（F007）、双运算放大器 F353、四运算放大器 F4156 等，这些集成运算放大器的电源均为 ±15V，各引脚功能如图 8.53 所示。

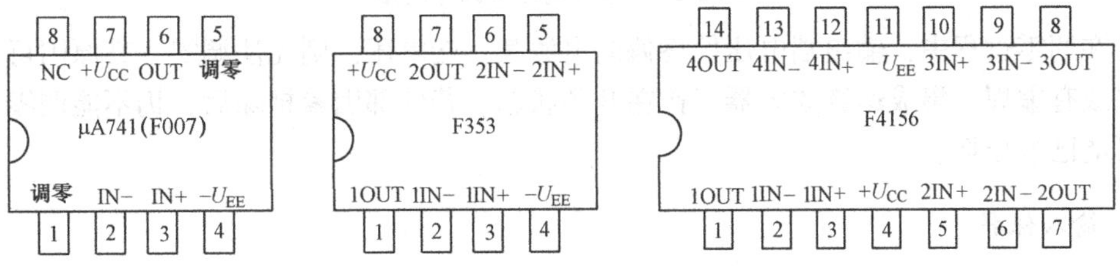

(a) 单运放　　(b) 双运放　　(c) 四运放

图 8.53　常用的集成运算放大器引脚图

3. 集成运算放大器的消振与调零

（1）自激振荡的消除。大多数常用的集成运算放大器，其内部已设置了消除自激振荡的补偿网络，如 μA741（F007）。但还有一些集成运算放大器，如 F004，仍需外接消振补偿网络才能使用，如图 8.54（a）所示，R_2 和 C 构成了消振补偿网络。

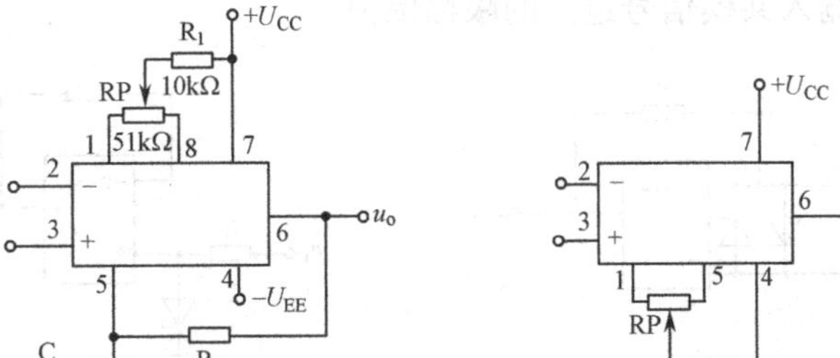

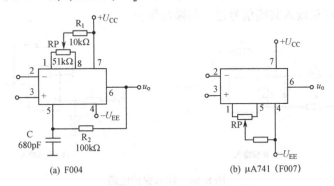

(a) F004　　(b) μA741（F007）

图 8.54　集成运算放大器的调零

（2）电路的调零。使用集成运算放大器时，要求零输入时必须零输出。为此，除要求运算放大器的同相输入端和反相输入端的外接直流通路等效电阻保持平衡外，还应采用调零电位器进行调节，如图 8.54 所示。具体措施是在输入端接地的状态下，调节 RP 使输出 u_o 为零。

对于没有专用调零引脚的集成运算放大器，可在输入端采取外接调零电路的措施实现调零，如图 8.55所示。这种措施实际上是在集成运算放大器的反相输入端或同相输入端外加输入失调电压，使之在零输入时，输出电压也为零，采用这种方法调零时，应注意对电压传输特性和输入电阻的影响。

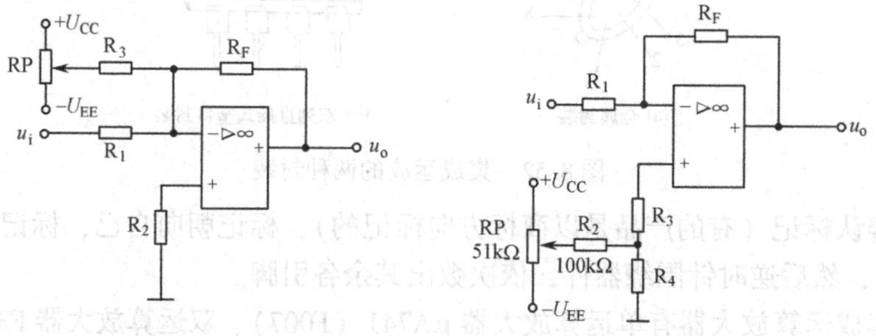

(a) 反相输入调零　　(b) 同相输入调零

图 8.55　输入端外接调零电路

若在调零过程中，输出端电压始终偏向电源某一端电压，则无法调零，其原因可能是接线有错或有虚焊、集成运算放大器工作在开环状态。若外部因素排除后，仍不能调零，则器件有可能已被损坏。

4. 输入保护

当运算放大器的差模或共模输入信号电压过大时，会引起集成运算放大器输入级的损坏。另外，当集成运算放大器受到强干扰信号或同相输入时，共模信号过大，会使输入级三极管的集电结处于正偏，造成集电极与基极信号极性相同，通过外电路形成正反馈，使输出电压突然骤增至正电源或负电源的电压值，产生自锁现象。这时集成运算放大器出现信号加不进去或不能调零的现象，在集成运算放大器尚未损坏时，暂时切断电源，重新通电后可恢复正常工作。但自锁严重时，也会损坏集成运算放大器。为此，可在集成运算放大器输入端加限幅保护，如图 8.56 所示。其中图 8.56（a）用于反相输入差模信号过大的限幅保护；图 8.56（b）用于同相输入共模信号过大的限幅保护。

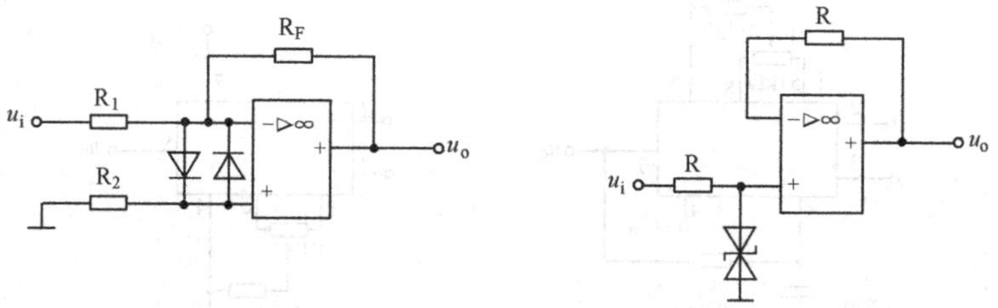

(a) 反相输入　　(b) 同相输入

图 8.56　输入保护电路

5. 集成运算放大器外接电阻的阻值选取

一般集成运算放大器的最大输出电流 i_{om} 为 5 ~ 10mA，从如图 8.57 所示的反相比例运算电路可知，流过反馈电阻的阻值 R_F 的电流 i_F 应满足下列要求

$$i_F = \left| \frac{-u_o}{R_F} \right| \leqslant i_{om} \tag{8.46}$$

由于 u_o 大小一般为伏级，故 R_F 至少取千欧以上的数量级。常选用几千欧至几百千欧。

6. 调试过程中应注意的问题

在调试过程中，如果处理不当，则极易损坏集成运算放大器，因此，下列问题应引起注意。

① 必须在切断电源的情况下更换元器件。当接通电源时，若更换元器件，则可能导致集成运算放大器工作异常而损坏。

② 在加信号前应先进行消振和调零，若元器件内部有补偿网络，则无须再消振。

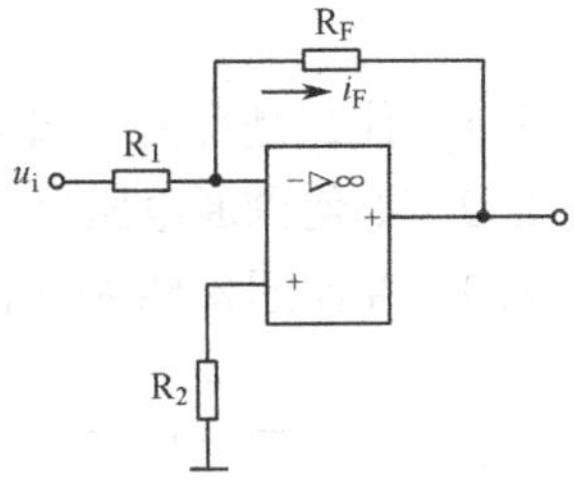

图 8.57 反相比例运算电路

③ 当输出端信号出现干扰时，应采用抗干扰措施或加有源滤波装置消除干扰。

本 章 小 结

1. 反馈是将输出信号的部分或全部以一定的方式通过反馈网络反送到输入端，有正反馈和负反馈两种形式。判断时，先在放大电路的输出端和输入端之间找到反馈网络或元器件，再由瞬时极性判断反馈的性质。在放大电路中，不允许存在正反馈。负反馈放大电路有四种不同的类型。

由放大电路的输出端判别电压或电流反馈，电压负反馈放大电路适合高阻负载，电流负反馈放大电路适合低阻负载。

由放大电路的输入端判别串联或并联反馈，串联反馈适用于低内阻的电压信号源，并联反馈适用于高内阻的电流信号源。负反馈是以牺牲放大倍数为代价来改善和调节放大电路的性能指标的。闭环放大倍数的下降换取了放大倍数稳定性的提高、非线性失真的改善、带宽的展宽、输入和输出电阻的改变等。

2. 差分放大电路是抑制零点漂移最有效的电路形式，其特点是电路对称。差分放大电路中的任意输入信号总可以分解为一对共模信号和一对差模信号的组合，因此，单端输入的差分放大电路仍可看作双端输入时的工作状态。双端输出时，差分放大电路的电压放大倍数与单管放大电路相同，单端输出时，差分放大电路的电压放大倍数则为单管放大电路的1/2。无论单端还是双端输出，提高共模抑制比的关键是增大反馈电阻的阻值 R_E。为了增大输出信号的动态范围，常用恒流源代替 R_E。

3. 集成运算放大器是一种高增益直接耦合放大器，有许多种类型，选用时应注意区分适用场合。掌握集成运算放大器理想化条件是分析集成运算放大器在线性和非线性应用时的基本概念和重要原则。理想的集成运算放大器在线性应用时，若反相输入，则有 $u_- = u_+ = 0$，$i_- = i_+$；若同相输入或差分输入，则有 $u_- = u_+$，$i_- = i_+$。理想的集成运算放大器在开环或正反馈下用作非线性器件时，其输出只有 $\pm U_{om}$ 两种状态。理想的集成运算放大器组成电压比较器时，分析的关键是求出 $u_- = u_+$ 时的 u_i 值，即阈值 U_T（U_{T+}，U_{T-}）。理想的集成运算放大器组成正弦波振荡器时，关键要满足振幅条件和相位条件。非正弦周期性波形产生电路由电压比较器和 RC 延时电路组成，分析方法同电压比较器，时间常数决定了非正弦波的频率。此外，使用集成运算放大器时还要注意零点调整、消振、输入输出保护等，避免发生意外。

习　题

8.1　什么是反馈？如何判断反馈的极性？

8.2　如何判断电压反馈和电流反馈？如何判断串联反馈和并联反馈？

8.3　在如图8.58所示的电路中标出反馈支路，判断哪些电路是负反馈，哪些是正反馈。

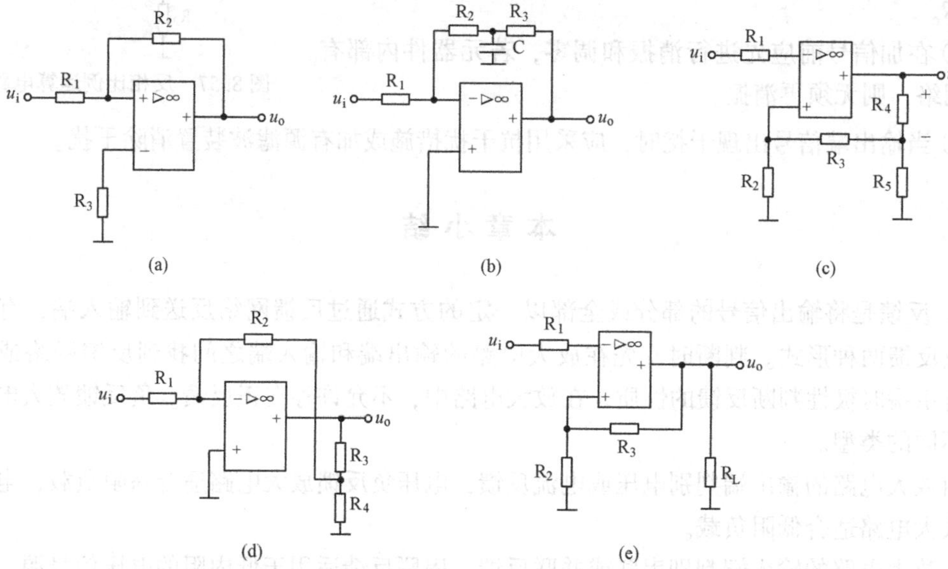

图8.58　题8.3电路图

8.4　针对下面的要求，如何引入反馈？

(1) 要求稳定静态工作点。

(2) 要求输出电流基本不变，且输入电阻增大。

(3) 要求电路的输入端向信号源索取的电流较小。

(4) 要求扩展电路的通频带（带宽）。

(5) 要求降低输出电阻。

(6) 要求电路不能产生自激振荡。

8.5　在如图8.59所示的电路中，已知三极管的$\beta_1=\beta_2=50$，且均为硅管。试求：

(1) 计算静态工作点。

(2) 画出对差模信号的微变等效电路，计算差模电压放大倍数，设$r_{be1}=r_{be2}=2k\Omega$。

8.6　在题8.5中，若施加单端输入电压$U_{i1}=10mV$（$U_{i2}=0$），求输出电压U_{o1}和U_{o2}。

8.7　电路如图8.60所示，设输出端所接电流表的满量程电流为100μA，包括电表内阻在内的回路电阻为2kΩ，两管的β值均为50。试求：

(1) 每只三极管的静态电流分别是多少？

(2) 需加多大的输入电压U_i才能使电表得到满量程电流？

(3) 如果$U_i=-2V$或$U_i=2V$，分别分析三极管和电流表的电流情况。

8.8　铜-康铜热电偶可用于制作温度传感器，能够将温度变为电压。当两个端口之间有1℃的温差时，便可产生40μV左右的电压。试画出一个温差为10℃，输出电压为40mV的反相比例运算电路，其中R_1取10kΩ。

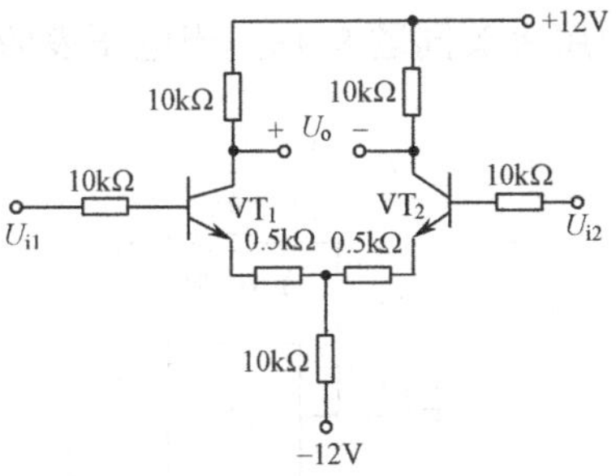

图 8.59　题 8.5 电路图

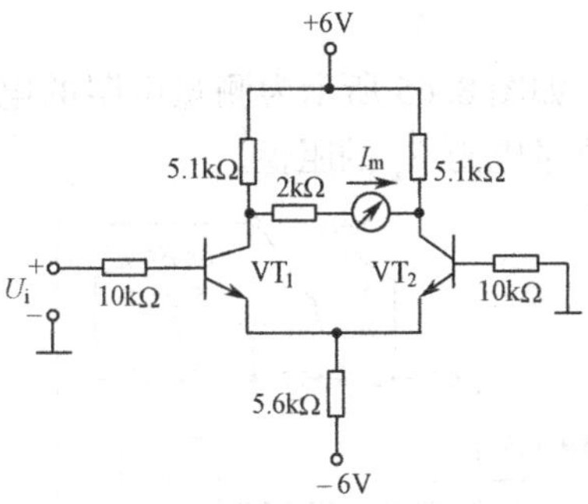

图 8.60　题 8.7 电路图

8.9　硅类材料可用于制作太阳能电池，假设有一块太阳能电池，当光线照射时，它产生 0.6V 的电压；当无光线照射时，电压为零。试画出一个用同相比例运算电路组成的输出电压为 6V 的测量电路，并求当 $R_F = 91\text{k}\Omega$ 时的电阻值 R_1。

8.10　将如图 8.61 所示的两个输入信号波形加入运算放大器的输入端。试画出 u_o 的波形，并求电阻值 R_2。

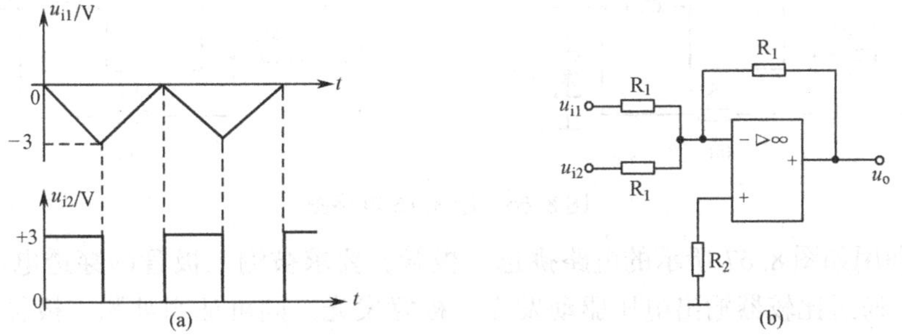

图 8.61　题 8.10 电路图

8.11　已知 $u_o = -200\int u_i \mathrm{d}t$，试设计由集成运算放大器组成的电路。取 $C_F = 0.1\mu\text{F}$。

8.12　电动单元组合仪表，DDZ-Ⅱ型的输出标准为 0 ~ 10mA，而 DDZ-Ⅲ型的输出标准为 4 ~ 20mA。如图 8.62 所示的电路能将 0 ~ 10mA 的电流输入信号，转换为 0 ~ 5V 的电压输出信号，或将 4 ~ 20mA 的电流输入信号，转换为 1 ~ 5V 的电压输出信号。若取 $R_1 = 200\text{k}\Omega$，$R_3 = 100\text{k}\Omega$，试针对 0 ~ 10mA 输入和 4 ~ 20mA 输入，分别确定其他电阻的阻值。

8.13　如图 8.63 所示的由集成运算放大器组成的直流电压表，表头满刻度为 5V、500μA，电压表量程有 0.5V、1V、5V、10V、50V 五挡。试求电阻 $R_{I1} \sim R_{I5}$ 的阻值。

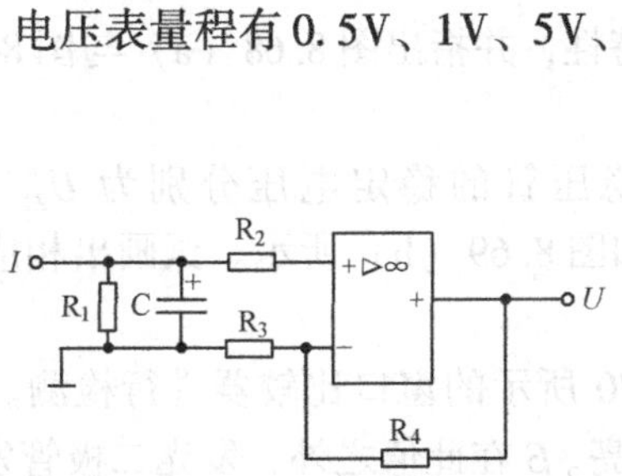

图 8.62　题 8.12 电路图

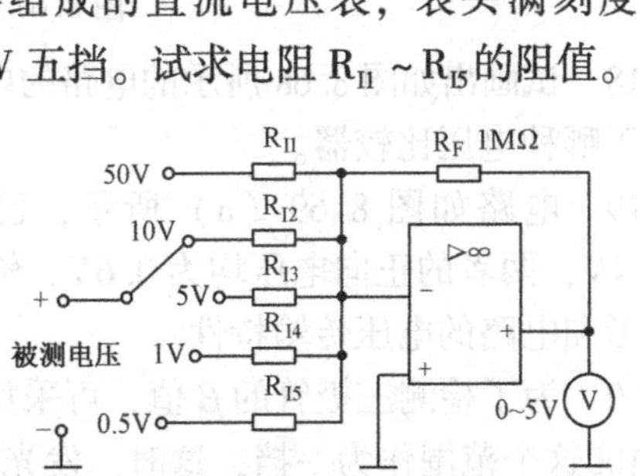

图 8.63　题 8.13 电路图

8.14　如图 8.64 所示为测量小电流的电路，所用表头同题 8.13。试求电阻 $R_{F1} \sim R_{F5}$ 的阻值。

8.15 如图 8.65 所示为测量电阻的电路，所用表头同题 8.13。当电压表的示数为 5V 时，求被测量电阻 R_x 的阻值。

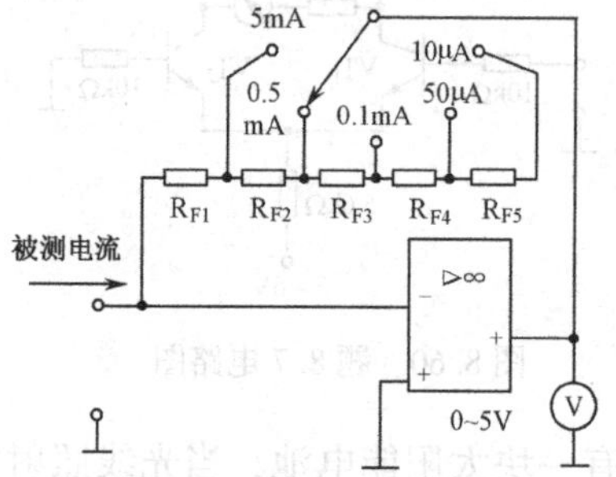

图 8.64 题 8.14 电路图

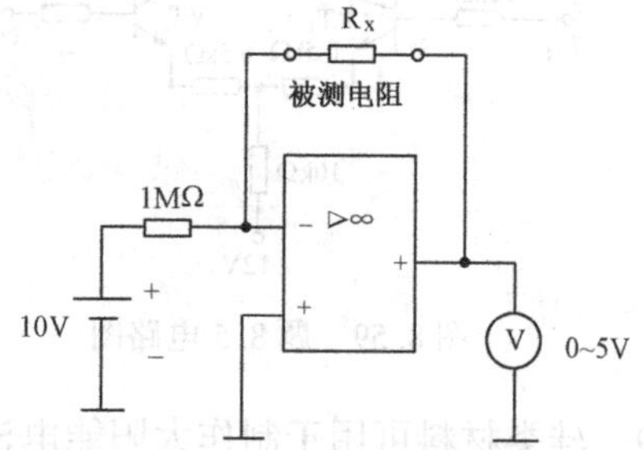

图 8.65 题 8.15 电路图

8.16 电压比较器的电路如图 8.66 所示，试求上、下限电压，并画出它的传输特性。

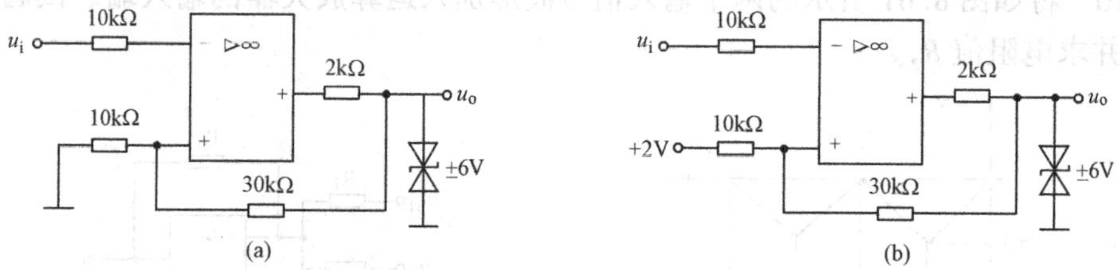

图 8.66 题 8.16 电路图

8.17 利用如图 8.67 所示的电路挑选三极管，要求被测三极管的穿透电流 I_{CEO} 在不大于 20μA 时，通过比较器输出电压驱动发光二极管发光，则可证明被测三极管的质量合格。试问，电阻 R_1 的阻值是多少？若要检测 NPN 型三极管，电路是否需要改动？

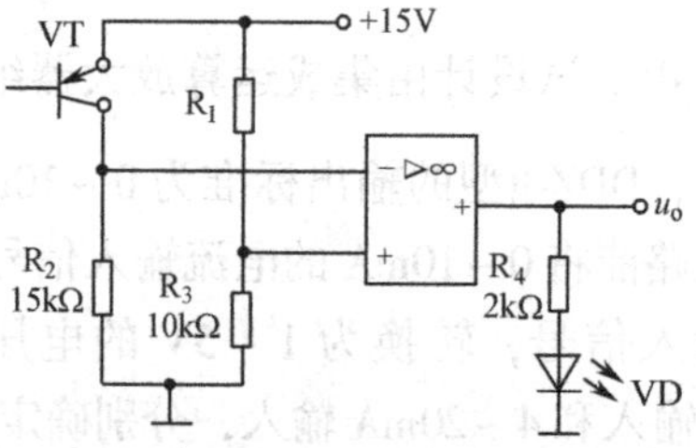

图 8.67 题 8.17 电路图

8.18 试画出如图 8.68 所示的电路的电压传输特性，并指出图 8.68（a）与图 8.68（b）分别属于哪种电压比较器。

8.19 电路如图 8.69（a）所示，已知两个稳压管的稳定电压分别为 $U_{Z1}=3.4V$，$U_{Z2}=7.4V$，两者的正向电压均为 0.6V，输入波形如图 8.69（b）所示。试画出相应的输出电压波形和电路的电压传输特性。

8.20 为了检测三极管的 β 值，可采用如图 8.70 所示的窗口比较器进行检测。将 β 值在50~100这个范围作为一挡，这时，发光二极管不亮。β 在此值之外，发光二极管发光。

（1）试分析该比较器的工作原理。在 $u_i<2.5V$，$2.5V\leqslant u_i\leqslant 5V$，以及 $u_i>5V$ 时，分别求出对应的 u_o。设 $U_{om}=\pm5V$，二极管正向压降不计。

（2）画出该窗口比较器的传输特性。

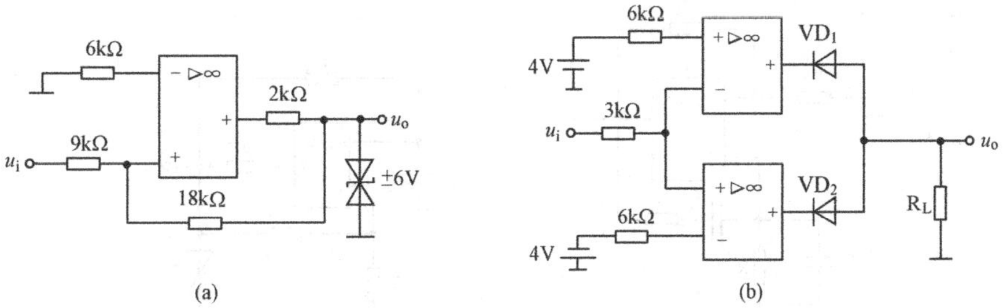

图 8.68　题 8.18 电路图

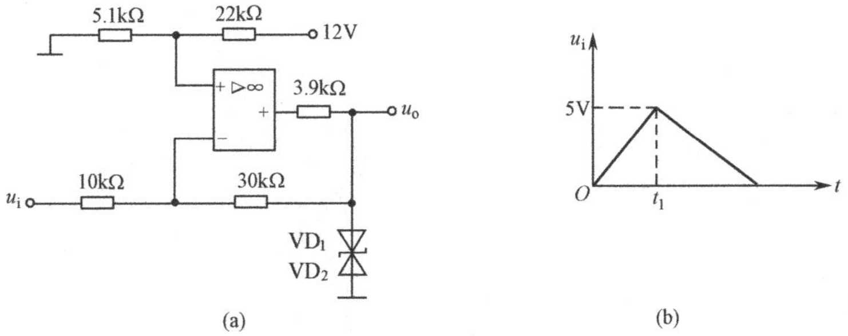

图 8.69　题 8.19 电路图及输入波形图

8.21　通过反相比例放大电路放大后的模拟心电图波形如图 8.71 所示，在波形上叠加了 1kHz 的近似正弦波的干扰信号。为使波形清晰，采用如图 8.45（a）所示的低通滤波器，图中 $R_F = 100\text{k}\Omega$，$R_1 = 10\text{k}\Omega$。现将干扰信号幅度衰减 20dB（不考虑对原信号中高次谐波的影响），试计算：

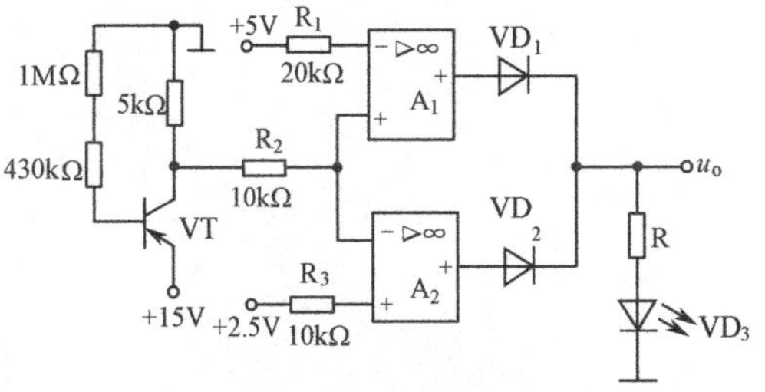

图 8.70　题 8.20 电路图

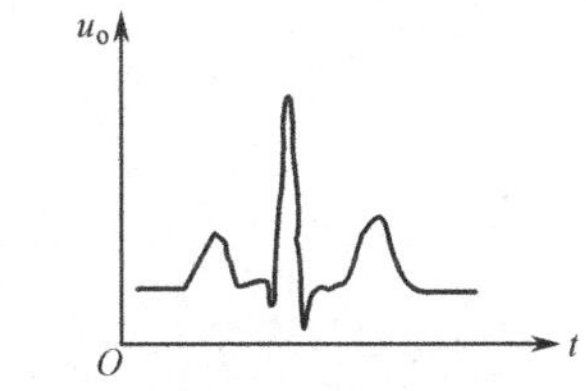

图 8.71　题 8.21 模拟心电图波形图

（1）截止频率 f_C。

（2）滤波电容的容量。

提示：一阶低通滤波器幅频特性在 $f > f_C$ 时，特性曲线按 −20dB/十倍频斜率衰减。

8.22　在如图 8.72 所示的电路中，R_2 和 R_3 均为 5～50kΩ，$C = 1\mu\text{F}$。试求：

（1）振荡电路的频率范围。

（2）当电路中 $R_1 = 10\text{k}\Omega$ 时，若想得到较理想的正弦波输出电压，则 R_F 应选取何种类型的电阻，其电阻值应是多少？

8.23　若将如图 8.51 所示的压控振荡器电路的控制端电压改为负值（$U_i < 0$），试问电路应如何改动才能正常工作？若改变 U_i 的大小，那么三角波和矩形波的幅值是否改变，为什么？

8.24　在如图 8.73 所示的电路中，已知 $R_1 = R_2 = R = 20\text{k}\Omega$，$C = 0.01\mu\text{F}$，$\pm U_Z = \pm 7\text{V}$。试计算矩形波的幅值，并计算振荡周期和频率。

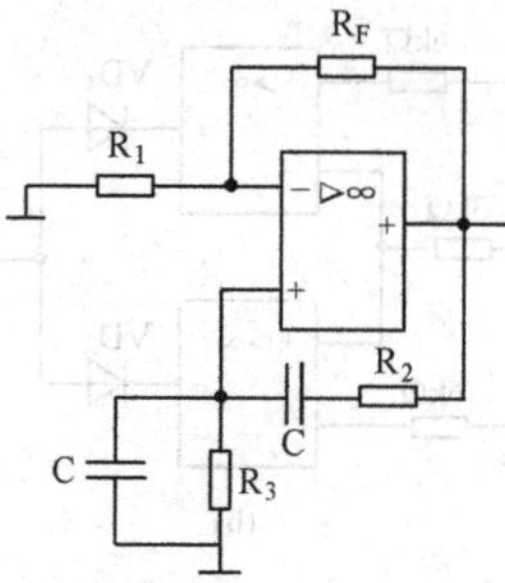

图 8.72　题 8.22 电路图

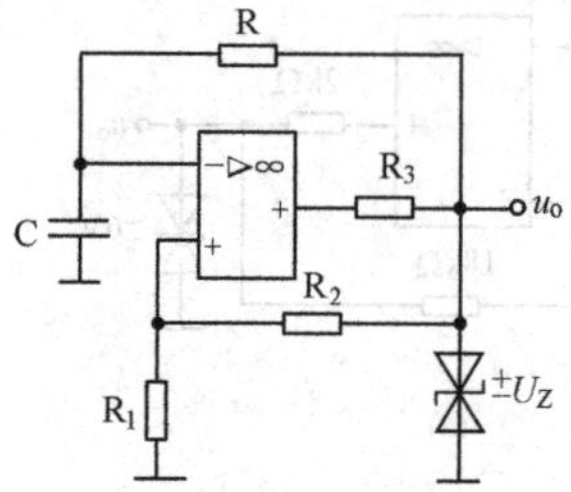

图 8.73　题 8.24 电路图

第9章　直流稳压电源

电子设备所需的直流电源，除少数情况下用化学电池外，一般都由交流电网供电，经“整流”“滤波”“稳压”后获得。“整流”指把大小、方向都变化的交流电变成单向脉动的直流电，我们把能完成整流任务的设备称为整流器。“滤波”指滤除脉动直流电中的交流成分，使输出波形平滑，我们把能完成滤波任务的设备称为滤波器。为使输出电压符合要求，往往要在整流电路之前加一变压器，我们将其称为整流变压器。“稳压”指输入电压波动或负载变化引起输出电压变化时，输出电压能自动调整并维持原值。随着集成技术的发展，集成电路在直流稳压电源中也开始广泛应用，如小功率直流稳压电源中的三端集成稳压器，以及大功率开关直流稳压电源中的调整模块等。本章将着重介绍单相桥式整流电路、电容滤波电路、串联型稳压电路、开关型稳压电路的原理和应用。

❖教学目标

通过学习直流稳压电源的知识，熟悉单相桥式整流电路、滤波电路的组成原理、工作原理及参数计算方法；熟悉线性稳压电路的工作原理，掌握开关型稳压电路的组成原理、分类和工作原理。

❖教学要求

能力目标	知识要点	权　重	自测分数
能够对桥式整流电路、滤波电路进行检测和维修	单相桥式整流电路、滤波电路的工作原理与参数计算方法	30%	
掌握线性稳压电路的检测和使用方法	线性稳压电路的组成原理、工作原理、参数分析方法，三端集成稳压器结构及其应用	30%	
掌握开关型稳压电路的检测和应用	开关型稳压电路的类型、组成原理、工作原理及其应用	40%	

9.1　整流和滤波电路

9.1.1　整流电路

1. 电路组成

整流电路的形式有半波整流电路、全波整流电路、桥式整流电路，其中桥式整流电路应用最广泛。单相桥式整流电路如图9.1（a）所示，图9.1（b）是其简化电路。它由四只整流二极管接成电桥形式，其中一个对角接负载R_L，另一个对角接整流变压器的次级绕组。

若有一只二极管断开，则整流电路输出就会减半；若有一只二极管接反，则会引起短路，烧坏元器件。在实际应用中，一定要在电源输入端串联一个起过流保护作用的熔断器

(保险丝)，并且电路安装完毕后，在通电前一定要检查电路安装是否正确。

2. 工作原理

设整流变压器次级绕组电压为 $u_2(t)=\sqrt{2}U_2\sin\omega t$。

当 $u_2(t)$ 为正半周时，VD_1、VD_3 正偏而导通，VD_2、VD_4 反偏而截止。电流经 $VD_1 \to R_L \to VD_3$ 形成回路，R_L 上的输出电压波形与 $u_2(t)$ 的正半周波形相同，电流 i_L 从 b 流向 c。

当 $u_2(t)$ 为负半周时，VD_1、VD_3 截止，VD_2、VD_4 导通，电流经 $VD_2 \to R_L \to VD_4$ 形成回路，R_L 上的输出电压波形与 $u_2(t)$ 的负半周波形倒相，电流 i_L 仍从 b 流向 c。所以无论 $u_2(t)$ 为正半周还是负半周，流过 R_L 的电流方向是一致的。单相桥式整流电路的输出波形如图 9.2 所示。

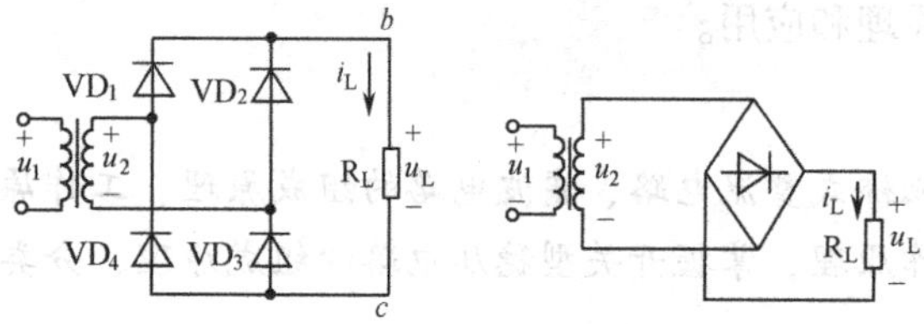

(a) 电路原理图　　(b) 电路简化图

图 9.1　单相桥式整流电路

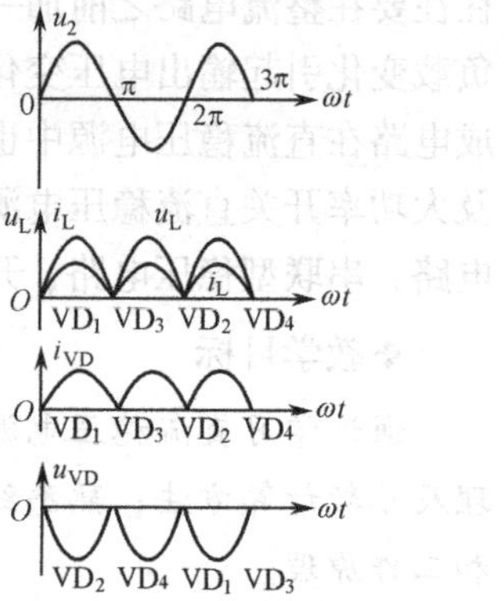

图 9.2　单相桥式整流电路输出波形

3. 参数计算方法

单相桥式整流电路输出的直流电压 U_L 为 $u_2(t)$ 在交流电压一个周期内的平均值。由图 9.2可知

$$U_L = \frac{2}{T}\int_0^{\frac{T}{2}} \sqrt{2}U_2 \sin\omega t \mathrm{d}t = \frac{2}{\pi}\sqrt{2}U_2 = 0.9U_2 \tag{9.1}$$

式中，U_2 为整流变压器次级绕组电压有效值。

负载上的直流电流 I_L 为

$$I_L = \frac{U_L}{R_L} = 0.9\frac{U_2}{R_L} \tag{9.2}$$

因为每只二极管只在半个周期内导通，所以流过每只二极管的电流为

$$I_{VD} = \frac{1}{2}I_L \tag{9.3}$$

在单相桥式整流电路中，二极管导通时压降几乎为零，而二极管截止时，$u_2(t)$ 的峰值电压加在了它上面，即二极管截止时承受的最大反向电压为

$$U_{RM} = \sqrt{2}U_2 \tag{9.4}$$

因此，在单相桥式整流电路中，对二极管的要求如下。

最大整流电流

$$I_F \geqslant \frac{1}{2}I_L \tag{9.5}$$

最高反向工作电压

$$U_{RM} \geqslant \sqrt{2} U_2 \tag{9.6}$$

【例 9.1】 在如图 9.1 所示的单相桥式整流电路中，若要求在负载上得到 24V 的直流电压，100mA的直流电流，则求整流变压器次级电压有效值 U_2，并选出整流二极管。

解：由式（9.1）可得

$$U_2 = \frac{U_L}{0.9} = \frac{24V}{0.9} \approx 26.7V$$

由式（9.5）、式（9.6）可得二极管的最大整流电流和最高反向工作电压分别为

$$I_F = \frac{1}{2} I_L = 50mA$$

$$U_{RM} = \sqrt{2} U_2 \approx 37.8V$$

根据上述数据，查表可选出最大整流电流为 100mA，最高反向工作电压为 50V 的整流二极管 2CZ52B。

目前，广泛使用封装成一个整体的硅桥式整流器——整流桥堆，这种整流桥堆给使用者带来了极大的便利，其外形如图 9.3 所示。它有四个接线端，其中，两端接交流电源（图中的“~”端），两端接负载（图中的“+”端和“-”端）。“+”“-”标志表示整流输出电压的极性。根据需要可在手册中选用不同型号及规格的整流桥堆。

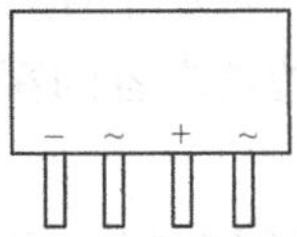

图 9.3　整流桥堆

9.1.2　滤波电路

滤波电路的主要元件是电容和电感。滤波电路通常包括电容滤波电路、电感滤波电路、电容电感Γ型滤波电路和 π 型滤波电路等，其中电容滤波电路最常用。电容滤波电路如图 9.4（a）所示，滤波电容并联在负载两端。

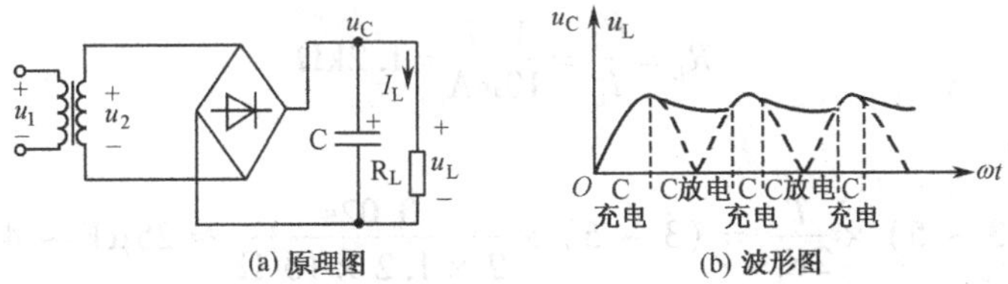

图 9.4　电容滤波电路

1. 工作原理

从信号角度分析，因桥式整流电路的输出电压和电流都是正弦半波，可将它们按傅里叶级数分解成直流分量和交流分量的叠加。因为电容有隔直流的作用，所以电流中的直流分量全部流入负载电阻，而交流分量由电容和负载电阻分流。由于电容的容量足够大，即容抗足够小，电流中的交流分量主要流过电容，滤波后负载上的交流分量比整流后要减少许多，输出的直流电压和电流变得平滑。

从电路角度分析，电容滤波电路的输出波形如图 9.4（b）所示。设 $t=0$ 时，电路接通电源。电路中的电容电压 u_C 从零开始增大，电流分成两路：一路流向 R_L，另一路向电容 C 充电。因为桥式整流电路中二极管导通时的内阻和整流变压器次级绕组的直流电阻都很小，所以充电时间常数 τ_1 很小，充电速度很快，$u_C(t)$ 可跟随 $u_2(t)$ 变化。当 $u_2(t)$ 达到 $\sqrt{2} U_2$ 时，

$u_C(t)$ 也达到$\sqrt{2}U_2$。$u_2(t)$达到最大值后开始下降，$u_C(t)$由于放电也逐渐下降，当$u_2(t)<u_C(t)$时，电桥中二极管截止，电容C经R_L放电，这个回路的放电时间常数τ_2较大，因此$u_C(t)$下降比较缓慢。τ_2越大，$u_C(t)$下降越缓慢，输出电压波形就越平滑。当下一个正弦半波到来时，对电容C又开始充电，充至最大值后再次通过放电向R_L供电。如此周而复始地进行下去，就得到如图9.4（b)所示的平滑波形。

2. 参数计算方法

根据以上分析，单相桥式整流电容滤波电路的输出直流电压为

$$U_L \approx 1.2U_2 \tag{9.7}$$

根据$R_L C \gg \frac{T}{2}$，计算滤波电容的容量，即

$$C \geqslant (3 \sim 5) \times \frac{T}{2R_L} \tag{9.8}$$

式中，T为电网交流电压的周期。

滤波电容的额定工作电压（又被称为耐压）应大于$u_2(t)$的峰值，通常取

$$U_C \geqslant (1.5 \sim 2) \times U_2 \tag{9.9}$$

【例9.2】 已知单相桥式整流电容滤波电路如图9.4（a）所示。已知$U_L=12V$，$I_L=10mA$，电网的工作频率为50Hz。试计算整流变压器次级电压有效值U_2，并计算R_L和C。

解：根据式（9.7）可得

$$U_2 = \frac{U_L}{1.2V} = \frac{12V}{1.2} = 10V$$

因为$I_L = \frac{U_L}{R_L}$，所以

$$R_L = \frac{U_L}{I_L} = \frac{12V}{10mA} = 1.2k\Omega$$

由式（9.8）可得

$$C \geqslant (3 \sim 5) \times \frac{T}{2R_L} = (3 \sim 5) \times \frac{0.02s}{2 \times 1.2 \times 10^3\Omega} \approx 25\mu F \sim 41.5\mu F$$

取C为47μF，其耐压为

$$U_C \geqslant (1.5 \sim 2) \times U_2 = 15V \sim 20V$$

取$U_C=25V$。因此，整流变压器次级电压有效值为10V，负载$R_L=1.2k\Omega$，滤波电容的参数为47μF/25V。

3. 电容滤波的特点

（1）滤波后，输出电压中的直流分量提高了，交流分量降低了。

（2）电容滤波适用于负载电流较小的场合。其原因是$R_L C$较大时，滤波效果好，而选用较大的R_L，必然使负载电流减小。

（3）存在浪涌电流。电路接入电源的瞬间，若$u_2(t)$不为零，由于充电电阻较小，会产生很大的充电电流，即浪涌电流，则有可能烧毁整流二极管。在实际应用中，将每只整流二极管的两端并联一只0.01μF的电容来防止浪涌电流烧坏整流二极管。

(4) 改变 R_LC 的值可以影响输出直流电压的大小。R_L 开路时，U_L 约为 $1.4U_2$；C 开路时，U_L 约为 $0.9U_2$；若 C 的容量减小，则 U_L 小于 $1.2U_2$。这些典型值有助于读者对电路故障进行判断。

其他形式的滤波电路如图 9.5 所示。其基本原理都是利用电容隔直流通交流和电感通直流隔交流的特性实现滤波的，因此，电容在电路中应接成并联形式，而电感应接成串联形式。

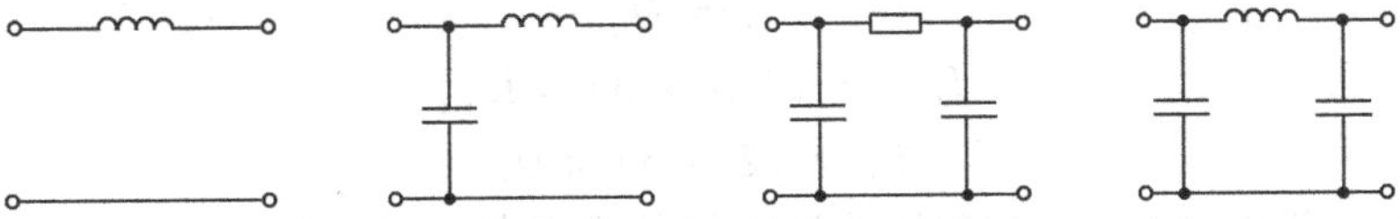

图 9.5　其他形式的滤波电路

9.2　稳压电路

整流滤波后所得的直流电压虽然脉动较小，但是当电网电压波动或者负载变动时，输出的直流电压也跟着变动。在实际工作中，电网电压的波动及负载的变动是客观存在的，因此，负载两端的电压是不稳定的。稳压电路的功能就是在整流滤波电路之后，向负载提供稳定的输出电压。

稳压电路按所用元件可分为分立元件直流稳压电路和集成直流稳压电路；按电路结构可分为并联型直流稳压电路和串联型直流稳压电路；按电压调整单元的工作方式则可分为线性直流稳压电路和开关型直流稳压电路。

9.2.1　并联型稳压电路

并联型稳压电路如图 9.6 中虚线框内所示。稳压管只有与限流电阻串联接入整流滤波电路与负载之间才能起到稳压的作用。

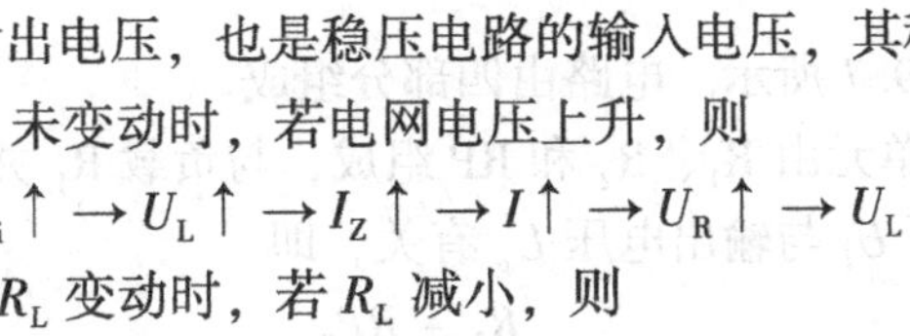

图 9.6　并联型稳压电路

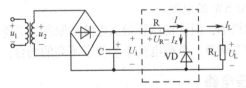

设 U_i 为整流电路的输出电压，也是稳压电路的输入电压，其稳压过程如下。

当交流电网波动而 R_L 未变动时，若电网电压上升，则

$$U_i\uparrow \to U_L\uparrow \to I_Z\uparrow \to I\uparrow \to U_R\uparrow \to U_L\downarrow$$

当电网未波动而负载 R_L 变动时，若 R_L 减小，则

$$I_L\uparrow \to I\uparrow \to U_R\uparrow \to U_L\downarrow \to I_Z\downarrow \to I\downarrow \to U_R\downarrow \to U_L\uparrow$$

总之，无论是电网波动还是负载变动，负载两端的电压经稳压管自动调整后（与限流电阻 R 配合）都能维持稳定。

假设输入电压的范围是 $U_{imin}\sim U_{imax}$，负载电流 I_L 由 $I_L=I_{Lmin}=0$ 变为满载 $I_L=I_{Lmax}$。为保证在此条件下，稳压电路仍能正常工作，则限流电阻应按下式取值

$$\frac{U_{imin} - U_L}{I_Z + I_{Lmax}} \geqslant R \geqslant \frac{U_{imax} - U_L}{I_{Zmax}} \tag{9.10}$$

式中，U_L 为稳压管两端的稳定电压 U_Z；I_Z 为稳压管的稳定电流；I_{Zmax} 为稳压管的最大工作电流，它们均可从手册中查得。

选择稳压管时，一般按以下公式估算

$$U_Z = U_L$$
$$I_{Zmax} = (1.5 \sim 3) \times I_{Lmax}$$
$$U_i = (2 \sim 3) \times U_Z \tag{9.11}$$

【例 9.3】 设电网波动引起整流滤波电路的输出电压变化为 ± 10%，已知 $R_L = 1k\Omega$，$U_L = 10V$。试确定图 9.6 中稳压电路元件的参数。

解：(1) 根据 $U_Z = U_L = 10V$，得

$$I_L = \frac{U_L}{R_L} = \frac{10V}{1k\Omega} = 10mA = I_{Lmax}$$

由式 (9.11) 知 $I_{Zmax} = (1.5 \sim 3) \times I_{Lmax}$，可查手册选择 2CW17 稳压管，其参数为 $U_Z = 9 \sim 10.5V$，$I_Z = 5mA$，$P_Z = 250mW$，$I_{Zmax} = 23mA$，$r_z = 25\Omega$。

(2) 由式 (9.11) 取 $U_i = 25V$，U_i 变化 ±10% 时可算得

$$U_{imax} = 27.5V, \quad U_{imin} = 22.5V$$

(3) 由式 (9.10) 求出限流电阻

$$R_{min} \geqslant \frac{U_{imax} - U_L}{I_{Zmax}} = \frac{27.5V - 10V}{23mA} \approx 0.76k\Omega$$

$$R_{max} \leqslant \frac{U_{imin} - U_L}{I_Z + I_{Lmax}} = \frac{22.5V - 10V}{5mA + 10mA} \approx 0.83k\Omega$$

所以 R 的取值范围为 $0.76k\Omega \leqslant R \leqslant 0.83k\Omega$，其功率为

$$P_R = \frac{U_R^2}{R} = \frac{(U_{imax} - U_L)^2}{R_{min}} = \frac{(27.5V - 10V)^2}{760\Omega} \approx 0.4W$$

故可选择标称值为 820Ω/0.5W 的电阻。

并联型稳压电路结构简单，但受稳压管最大电流的限制，又不能任意调节输出电压，因此只适用于输出电压不需要调节、负载电流小、要求不高的场合。

9.2.2 串联型稳压电路

1. 电路组成

串联型稳压电路如图 9.7 所示。电路由四部分组成。

(1) 采样单元。采样单元由 R_1、R_2 和 RP 组成，与负载 R_L 并联，通过它可以反映输出电压 U_o 的变化。反馈电压 U_f 与输出电压 U_o 有关，即

$$U_f = \frac{R_2 + RP_2}{R_1 + R_2 + RP} U_o \tag{9.12}$$

取出反馈电压 U_f 后，将其送到放大单元。改变电位器 RP 的滑动端子可以调节输出电压 U_o 的大小。

(2) 基准单元。基准单元由限流电阻 R_3 与稳压管 VD 组成。VD 两端的电压 U_Z 作为整个稳压电路自动调整和比较的基准电压。

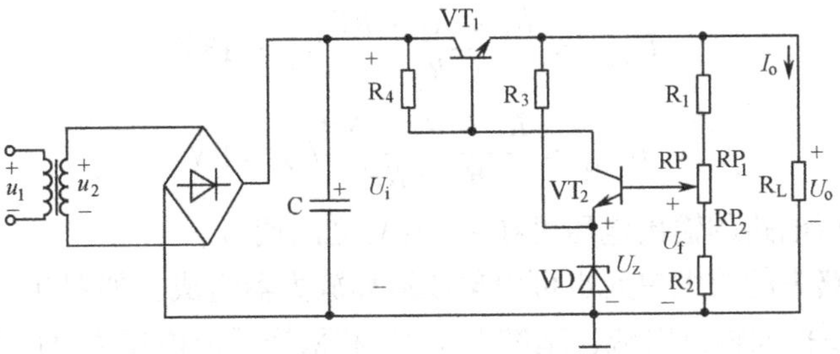

图 9.7　串联型稳压电路

(3) 放大单元。放大单元由三极管 VT_2 组成。它将采样所得的反馈电压 U_f 与基准电压 U_Z 比较后加到 VT_2 的输入端，即 $U_{BE2}=U_f-U_Z$，U_{BE2} 经 VT_2 放大后控制调整 VT_1 的基极电位。R_4 是 VT_2 的集电极负载电阻，同时也是调整 VT_1 的偏置电阻。

(4) 调整单元。调整单元由三极管 VT_1 组成，它是串联型稳压电路的核心元件。VT_1 的基极电位就是 VT_2 的集电极电位。VT_2 的输出反映了整个稳压电路的输出电压 U_o 的变动情况，该输出又经 VT_1 放大后，自动调整 U_o 的值，使其维持稳定。若 VT_1 用复合管，则可提供更大的负载电流。

由于 VT_1 的管压降和电流都比较大，必须选择大功率三极管，并且按规定应加装散热片。在实际应用中，串联型稳压电路的故障大多由 VT_1 引起。

2. 工作原理

串联型稳压电路的自动稳压过程可以分为以下两种。

(1) 当电网波动时，串联型稳压电路的自动稳压过程为

$U_i\uparrow\rightarrow U_o\uparrow\rightarrow U_f\uparrow\rightarrow U_{BE2}\uparrow\rightarrow I_{B2}\uparrow\rightarrow I_{C2}\uparrow\rightarrow U_{CE2}\downarrow\rightarrow U_{BE1}\downarrow\rightarrow I_{B1}\downarrow\rightarrow U_{CE1}\uparrow\rightarrow U_o\downarrow$

(2) 当负载电阻变动时，串联型稳压电路的自动稳压过程为

$R_L\downarrow\rightarrow U_o\downarrow\rightarrow U_f\downarrow\rightarrow U_{BE2}\downarrow\rightarrow I_{B2}\downarrow\rightarrow I_{C2}\downarrow\rightarrow U_{CE2}\uparrow\rightarrow U_{BE1}\uparrow\rightarrow I_{B1}\uparrow\rightarrow U_{CE1}\downarrow\rightarrow U_o\uparrow$

当 $U_i\downarrow$ 或 $R_L\uparrow$ 时，相关调整过程与上述内容相反。

由上述分析可知，这是一个负反馈系统。因为电路内有深度电压串联负反馈，所以能使输出电压稳定。

在图 9.7 中，若忽略 VT_2 的 U_{BE2}，则 VT_2 的基极电位可写为

$$U_{B2}=U_Z+U_{BE2}\approx U_Z\approx\frac{R_2+RP_2}{R_1+R_2+RP}U_o$$

即

$$U_o=\frac{R_1+R_2+RP}{R_2+RP_2}U_Z \tag{9.13}$$

可见，串联型稳压电路的输出电压 U_o，由采样单元的分压比和基准电压的乘积决定。因此调节电位器 RP 的滑动端子，可调节输出电压 U_o 的大小。U_o 的调节范围为

$$U_{omax}=\frac{R_1+R_2+RP}{R_2}U_Z,\quad U_{omin}=\frac{R_1+R_2+RP}{R_2+RP}U_Z \tag{9.14}$$

【例 9.4】 在图 9.7 中，设稳压管的工作电压 $U_Z=6V$，采样单元中 $R_1=R_2=RP$，试估算输出电压的调节范围。

解： 由式 (9.14) 可估算出

$$U_{omax} = \frac{R_1 + R_2 + RP}{R_2}U_Z = 18V$$

$$U_{omin} = \frac{R_1 + R_2 + RP}{R_2 + RP}U_Z = 9V$$

因此，该串联型稳压电路的输出电压可在 9 ~ 18V 之间调节。

串联型稳压电路中的放大单元也可由集成运算放大器组成，如图 9.8 所示。图中用复合管代替了 VT_1，以便扩大输出电流；基准电压 U_Z 和采样反馈电压 U_f 分别接于集成运算放大器的同相输入端和反相输入端。其稳压过程为

$$U_o\uparrow \rightarrow U_f\uparrow \rightarrow (U_Z - U_f)\downarrow \rightarrow U_{B2}\downarrow \rightarrow U_{B1}\downarrow \rightarrow U_o\downarrow$$

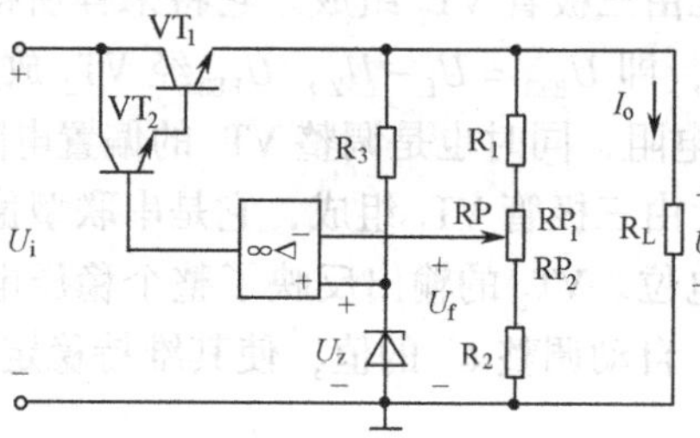

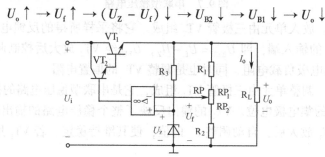

图 9.8　采用集成运算放大器和复合管的串联型稳压电路

9.2.3　三端集成稳压器

随着半导体工艺的发展，稳压电路也可以制成集成稳压器。它的内部电路结构就是在串联型稳压电路的基础上，增加了一些保护电路。尽管具体的电路结构有所改进，但其基本工作原理没有变化。目前，集成稳压器已达百余种，并且成为模拟集成电路的一个重要分支。它具有输出电流大、输出电压高、体积小、安装调试方便、可靠性高等优点，在实际应用中十分广泛。

集成稳压器有三端及多端（引脚多于三只）两种形式。输出电压有可调和固定两种形式：固定式的输出电压为标准值，使用时不能调节；可调式可通过外接元器件，在较大范围内调节输出电压。此外，还有输出正电压和输出负电压的集成稳压器。

在实际应用中，三端集成稳压器最常见。三端集成稳压器的型号也有多种，比如输出为固定正电压的型号有 W78 × ×系列；输出为固定负电压的型号有 W79 × ×系列；输出为可调正电压的型号有 W317 系列；输出为可调负电压的型号有 W337 系列。

1. 固定输出的三端集成稳压器

固定输出的三端集成稳压器的三端指三个引出端，即输入端、输出端及公共端，其外形及符号如图 9.9 所示。固定输出的三端集成稳压器 W78 × ×系列和 W79 × ×系列各有七个品种，输出电压分别为 ±5V、±6V、±9V、±12V、±15V、±18V 和 ±24V；最大输出电流可达 1.5A；公共端的静态电流为 8mA。型号后两位数字为输出电压值，例如，W7815 表示输出电压 $U_o = +15V$。在根据稳定电压值选择稳压器的型号时，要求经整流滤波后的电压必须高于三端集成稳压器的输出电压 2 ~ 3V（输出负电压时要低 2 ~ 3V），但不宜过大。其原因是输入与输出电压之差等于加在调整管上的 U_{CE}，如果 U_{CE} 太小，则调整管容易工作在

饱和区，降低稳压效果，甚至失去稳压作用；若 U_{CE} 太大，则功耗会增大。

（1）基本应用电路。固定输出的三端集成稳压器的基本应用电路如图 9.10 所示。图中，C_1 用于抑制过电压，抵消因输入线过长而产生的电感效应并消除自激振荡；C_2 用于改善负载的瞬态响应，即瞬时增减负载电流时，避免引起输出电压有较大的波动。C_1、C_2 一般选涤纶电容，容量为 0.1μF 至几微法。安装时，两电容应直接与三端集成稳压器的引脚根部相连。

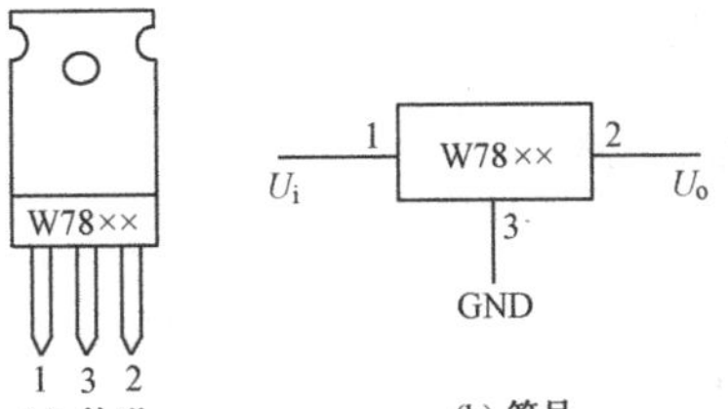

(a) 外形　　(b) 符号

图 9.9　固定输出的三端集成稳压器的外形及符号

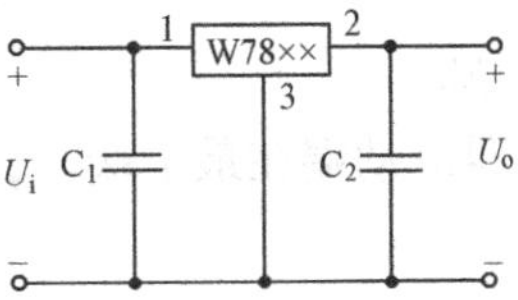

图 9.10　固定输出的三端集成稳压器的基本应用电路

（2）扩展输出电压的应用电路。如果需要的电压高于三端集成稳压器的输出电压，则可采用如图 9.11所示的升压电路。图中，三端集成稳压器工作在悬浮状态，稳压电路的输出电压为

$$U_o = \left(1 + \frac{R_2}{R_1}\right)U_{\times\times} + I_Q R_2 \tag{9.15}$$

式中，$U_{\times\times}$ 为三端集成稳压器 W78 × × 的标称输出电压；R_1 上的电压为 $U_{\times\times}$，产生的电流为 I_{R_1}，在 R_1、R_2 串联电路上产生的压降为 $\left(1 + \frac{R_2}{R_1}\right)U_{\times\times}$；$I_Q R_2$ 为三端集成稳压器静态电流在 R_2 上产生的压降。一般情况下，流过 R_1 的电流 I_{R_1} 应大于 $5I_Q$，若电阻值 R_1、R_2 较小，则可忽略 $I_Q R_2$，于是

$$U_o = \left(1 + \frac{R_2}{R_1}\right)U_{\times\times}$$

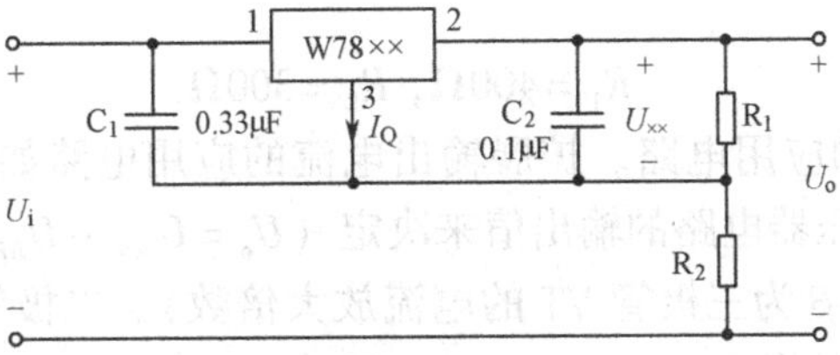

图 9.11　升压电路

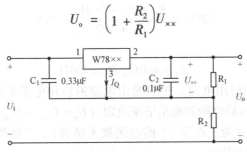

如图 9.11 所示的电路其缺点是，当稳压电路输入电压 U_i 变化时，I_Q 也发生变化，这将影响稳压电路的稳压精度，特别是 R_2 较大时，这种影响更明显。为此，可引入集成运算放大器，利用集成运算放大器的高输入电阻、低输出电阻的特性来克服三端集成稳压器静态电流变化的影响。

如图 9.12 所示为用 W78 × × 和 μA741 组成的输出电压可调的稳压电路。图中，集成运算放大器作为电压跟随器，其电源借助于三端集成稳压器的输入直流电压。

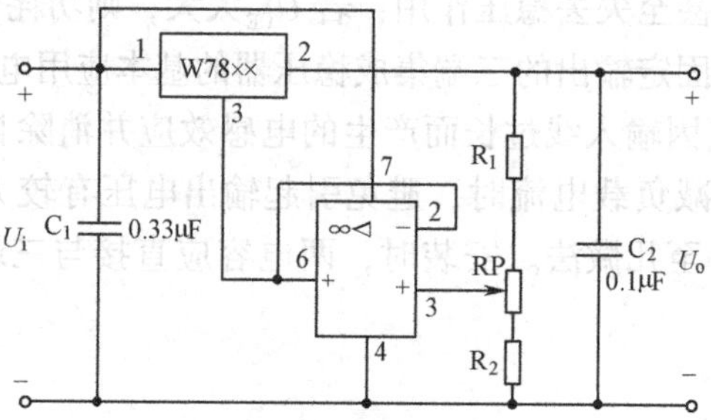

图 9.12　输出电压可调的稳压电路

由图 9.12 可知：

当电位器滑动端在最上端时，可得最大输出电压

$$U_{\text{omax}} = \frac{R_1 + R_2 + RP}{R_1} U_{\times\times}$$

当电位器滑动端在最下端时，可得最小输出电压

$$U_{\text{omin}} = \frac{R_1 + R_2 + RP}{R_1 + RP} U_{\times\times}$$

故输出电压调节范围为

$$\frac{R_1 + R_2 + RP}{R_1 + RP} U_{\times\times} \leqslant U_{\text{o}} \leqslant \frac{R_1 + R_2 + RP}{R_1} U_{\times\times} \tag{9.16}$$

【例 9.5】　在图 9.12 中，若选用三端集成稳压器 W7815，已知 $RP = 500\Omega$，欲使输出电压调节范围为 20～45V，求电阻值 R_1 和 R_2。

解：由式（9.16）可得

$$45\text{V} = \frac{R_1 + R_2 + 500\Omega}{R_1} \times 15\text{V}$$

$$20\text{V} = \frac{R_1 + R_2 + 500\Omega}{R_1 + 500} \times 15\text{V}$$

解得

$$R_1 = 400\Omega, \ R_2 = 300\Omega$$

（3）扩展输出电流的应用电路。扩展输出电流的应用电路如图 9.13 所示。由图可知，输出电压 U_{o} 仍由集成稳压器电路的输出值来决定（$U_{\text{o}} = U_{\times\times} - U_{\text{BE1}}$），而输出电流 I_{o} 则是稳压电路输出电流的 β 倍（β 为三极管 VT 的电流放大倍数）。二极管 VD 用来补偿三极管 VT 的 U_{BE} 因温度变化对输出的影响。

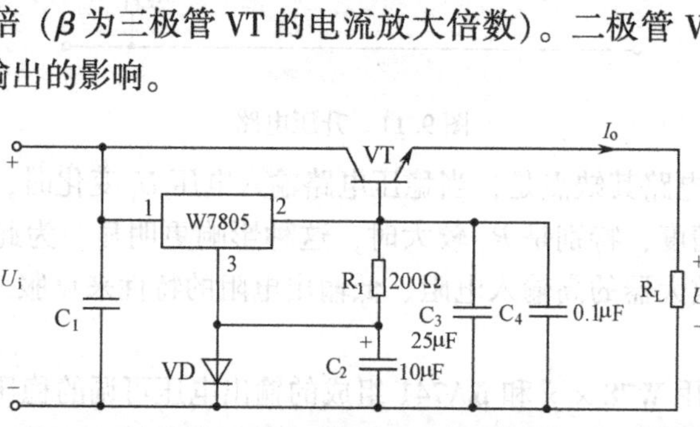

图 9.13　扩展输出电流的应用电路

三极管 VT 是一只大功率管，其极限参数按以下公式选择

$$P_{CM} > (U_{imax} - U_o) \times I_{omax} = P_{Vmax}$$

$$I_{CM} > I_{omax} = I_{Cmax}$$

$$U_{(BR)CEO} > U_{imax} > U_{CEmax} \tag{9.17}$$

(4) 恒流源应用电路。恒流源应用电路如图 9.14 所示。由图可知，R 两端为三端集成稳压器的输出，只要 R 是稳定的，电流 I_R 就是稳定的。负载中的电流为

$$I_L = I_R + I_Q = \frac{U_{\times\times}}{R} + I_Q \tag{9.18}$$

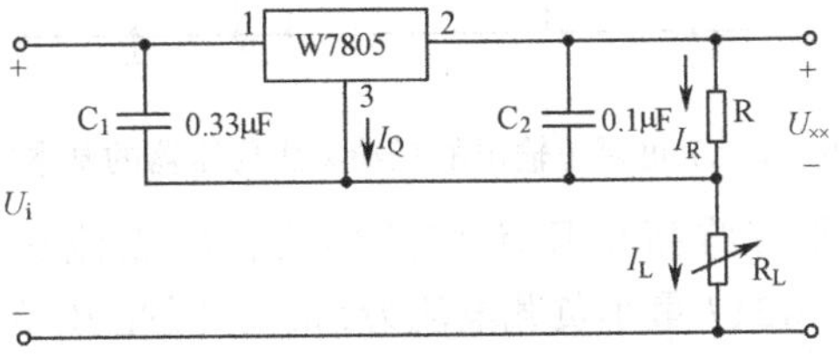

图 9.14　恒流源应用电路

式 (9.18) 表明，负载电流 I_L 不受 R_L 变动的影响。在实际应用中，一般选择输出电压低的三端集成稳压器，如 W7805，这样做的目的是提高效率。

2. 可调输出的三端集成稳压器

下面，我们介绍可调输出的三端集成稳压器 W317（正输出）和 W337（负输出）。这两种集成稳压器既保持了三端的简单结构，又实现了输出电压连续可调，被称为第二代三端集成稳压器。它们能够以一种通用化、标准化的形式用于各种电子设备的电源中。

将 W317、W337、W78××这三种固定式三端集成稳压器相互比较：它们没有接地（公共）端，只有输入、输出和调整三个端子，是悬浮式电路结构。W317、W337 三端集成稳压器内部设置了过流保护、短路保护、调整管安全区保护及稳压器芯片过热保护等电路，因此安全可靠。W317、W337 最大输入/输出电压差的极限值为 40V，W317 输出电压为1.25～37V，W337 输出电压为 −37～−1.25V，两者的输出电流为 0.5～1.5A，最小负载电流为 5mA，输出端与调整端之间的基准电压为1.25V，调整端静态电流为 50μA。W317 与 W337 的外形及符号如图 9.15 所示。由于不同系列的集成稳压器的引脚功能不同，用户在选用时一定要查阅说明书或有关资料。

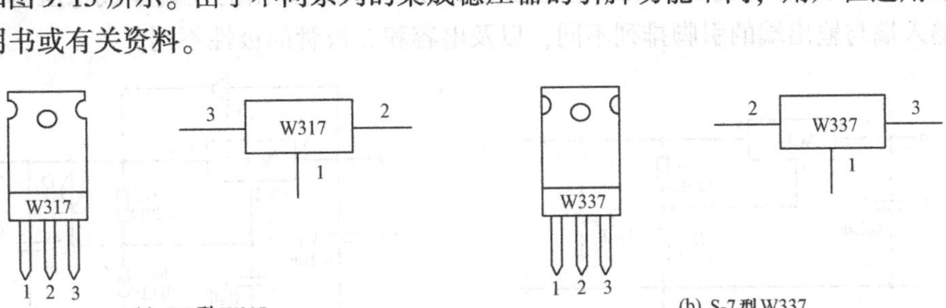

(a) S-7 型 W317　　(b) S-7 型 W337

图 9.15　可调输出的三端集成稳压器

(1) 基本应用电路。如图 9.16 所示为 W317 可调正输出的三端集成稳压器的基本应用电路。图中，最大输入电压不超过 40V；固定电阻 R_1（240Ω）接在三端集成稳压器输出端至调整端之间，其两端电压为 1.25V，调节可变电阻 RP（0～6.8kΩ），就可以从输出端获得

1.25～37V 连续可调的输出电压。

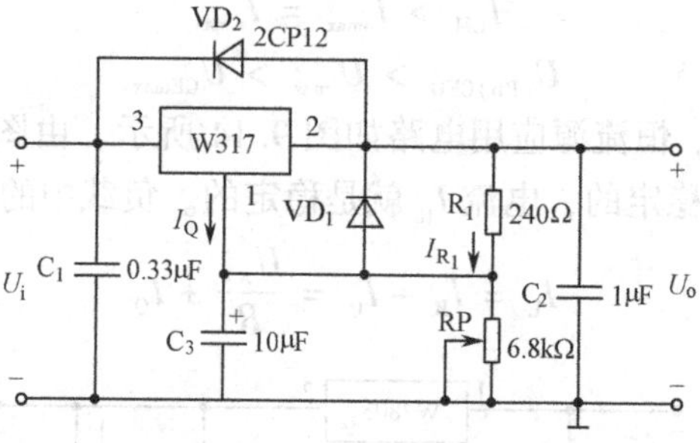

图 9.16　W317 可调正输出的三端集成稳压器的基本应用电路

因为三端集成稳压器有维持电压不变的能力，所以流过 R_1 的电流是恒流，其值 $I_{R_1}=1.25V/240\Omega=5mA$。W317 最小负载电流为 5mA，因此 R_1 的最大值是 240Ω。流过 RP 的电流是 I_{R_1} 和三端集成稳压器调整端输出的静态电流 I_Q 之和，因此调节可变电阻 RP 能改变输出电压。由图可知，输出电压为

$$U_o=1.25\times\left(1+\frac{RP}{R_1}\right)+50\mu A\times RP \tag{9.19}$$

式（9.19）中的 *RP* 为调整值。

在图 9.16 中，为了防止输出短路，避免 C_3 放电损坏三端集成稳压器，故接入 VD_1。如果输出不会短路，输出电压低于 7V，则 VD_1 可不接。为了防止输入短路，避免 C_2 放电损坏三端集成稳压器，故接入 VD_2。如果 RP 上的电压低于 7V 或 C_2 容量小于 1μF，则 VD_2 也可不接。

W317 是依靠外接电阻给定输出电压的，因此 R_1 应紧接在稳压器输出端和调整端之间，否则输出端电流大时，将产生附加压降，影响输出精度。RP 的接地点应与负载电流返回点的接地点相同。同时，R_1、RP 应选择同种材料制成的电阻，精度尽量高一些。输出端电容 C_2 应采用钽电容或 33μF 的电解电容。

如图 9.17 所示为 W337 可调负输出的三端集成稳压器的应用电路。如图 9.17（a）所示为基本应用电路，如图 9.17（b）所示为接入了保护二极管（输出电压为 $-U_o$）的应用电路，W337 可调负输出的三端集成稳压器与 W317 可调正输出的三端集成稳压器相比，区别在于输入端与输出端的引脚排列不同，以及电容和二极管的极性不同。

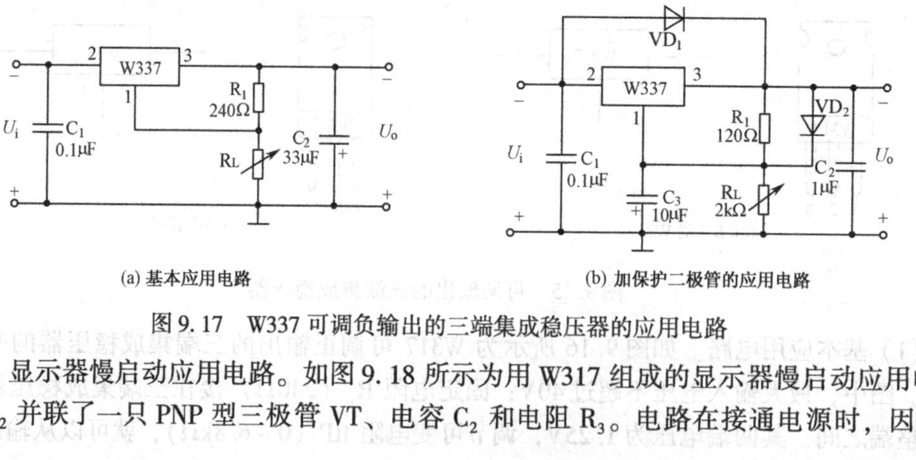

(a) 基本应用电路　　(b) 加保护二极管的应用电路

图 9.17　W337 可调负输出的三端集成稳压器的应用电路

（2）显示器慢启动应用电路。如图 9.18 所示为用 W317 组成的显示器慢启动应用电路。图中，R_2 并联了一只 PNP 型三极管 VT、电容 C_2 和电阻 R_3。电路在接通电源时，因为 C_2

上的电压不能突变，所以，三极管 VT 饱和导通，将 R_2 短路，这时三端集成稳压器的输出电压为 1.25V +0.25V =1.5V。随着 C_2 逐渐充电，VT 渐渐退出饱和，U_{CE}增大，R_2 的电压也随之增大，三端集成稳压器的输出电压逐渐升高。当 C_2 充电完毕，VT 截止，稳压器输出电压达到规定值，输出电压升至规定值的速度由时间常数 R_3C_2 确定。二极管 VD 的作用是当输出端短路时释放 C_2 上的电荷。

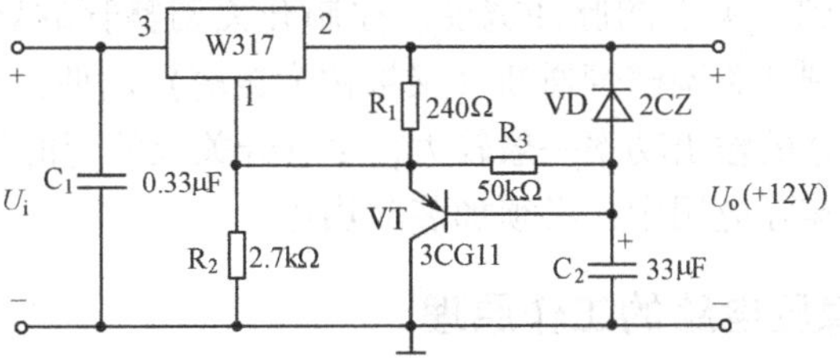

图 9.18　显示器慢启动应用电路

（3）电子控制应用电路。如图 9.19 所示为用 W317 组成的为 TTL 门电路供电的应用电路。图中，输出电压的“有”“无”可由 *A* 点输入脉冲的高、低电平来控制。当 *A* 点为高电平时，三极管 VT 饱和，三端集成稳压器输出低电压，即 1.25V（因 R_2 等效为被短接）；当 *A* 点为低电平时，三极管 VT 截止，三端集成稳压器正常工作，输出高电平，即 5V。若增加控制端，则还可以组成各种逻辑控制电源。

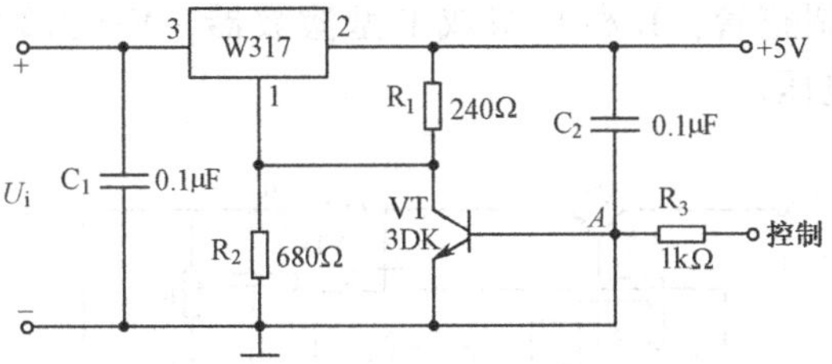

图 9.19　为 TTL 门电路供电的应用电路

9.3　开关型稳压电路

之前讲述的串联型稳压电路，虽然具有输出稳定性高、电路简单、工作可靠等优点，但调整管必须工作在放大状态，当负载电流较大时，调整管会产生很大的功耗，这不仅降低了电路的转换效率，而且为了解决散热问题，必须增大散热片，增加了电源的体积和重量。

为了降低调整管的功耗，可使调整管工作在开关状态。这样，调整管只有在由饱和导通转换到截止或由截止转换到饱和导通的瞬间，才进入放大区并消耗一定的能量。这种令调整管工作在开关状态的稳压电路被称为开关型稳压电路，习惯上将此处的调整管称为开关调整管或开关管。开关型稳压电路效率高，但也有不足之处，主要表现为输出电压波动较大，控制调整管连续通、断的高频开关信号对电子设备造成一定的干扰，加之控制电路复杂，对元器件要求较高，因此，与串联型稳压电路相比，开关型稳压电路的成本略高。

开关型稳压电路种类繁多，按开关信号产生的方式划分有自激式和他激式。自激式稳压电路由开关型稳压电路的内部电路来启动开关调整管，他激式稳压电路由开关型稳压电路外的激励信号来启动开关调整管。按开关电路与负载的连接方式划分有串联型和并联型。串联开关型稳压电路的开关调整管与负载串联连接，输出端通过调整管及整流二极管与电网相连，电网隔离性差，且只有一路电压输出。并联开关型稳压电路的输出端与电网间由开关变压器进行电气上的隔离，安全性好，通过开关变压器的次级可以做到多路电压输出，但其电路复杂，对开关调整管要求高。按控制方式划分有脉宽调制（PWM）和脉频调制（PFM）。脉宽调制是通过调整加到开关上的脉冲宽度，控制开关调整管的导通时间，从而稳定输出的。脉频调制是通过控制开关调整管通断（又被称为振荡）周期，从而稳定输出的。

由于开关型稳压电路的输出功率一般较大，尽管开关调整管的相对功耗较小，但绝对功耗仍然很大，因此，在实际应用中，必须加装散热片。

9.3.1 开关型稳压电路的工作原理

1. 脉宽调制式串联开关型稳压电路

脉宽调制式串联开关型稳压电路的基本电路如图 9.20 所示。图中，U_i 为开关型稳压电路的输入电压，是电网电压经整流滤波后的输出电压；R_1、R_2 组成取样单元，取样电压即反馈电压 U_f；A_1 为比较放大器，同相输入端接基准电压 U_R，反相输入端接 U_f，它将两者差值进行放大；A_2 为脉宽调制式电压比较器，同相输入端接 A_1 的输出电压 u_{o1}，反相输入端与三角波发生器输出电压 u_T 相连，A_2 输出的矩形波电压 u_{o2} 就是驱动调整管通、断的开关信号；VT 是开关调整管；L 和 C 组成 Γ 型滤波器，VD 为续流二极管；R_L 为负载；U_o 为稳压电路的输出电压。

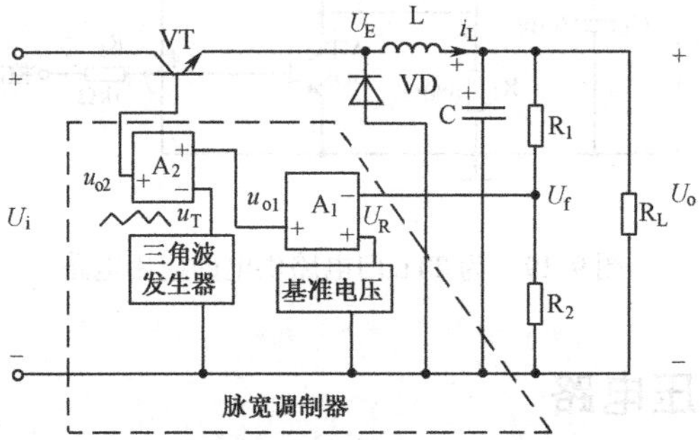

图 9.20 脉宽调制式串联开关型稳压电路

(1) 工作过程。由电压比较器的特点可知，当 $u_{o1} > u_T$ 时，$u_+ > u_-$，u_{o2} 为高电平；反之，u_{o2} 为低电平。

当 u_{o2} 为高电平时，VT 饱和导通，输入电压 U_i 经滤波电感 L 加在滤波电容 C 和负载 R_L 的两端，在此期间，i_L 增长，L 和 C 储存能量，VD 因反偏而截止。当 u_{o2} 为低电平时，VT 由饱和导通转换为截止，由于电感电流 i_L 不能突变，i_L 经 R_L 和续流二极管衰减而释放能量，此时，滤波电容 C 也向 R_L 放电，故 R_L 两端仍能获得连续的输出电压。当开关调整管在 u_{o2} 的作用下又进入饱和导通时，L 和 C 再一次充电，以后 VT 又截止，L 和 C 又放电，如此循环。

输出电压 U_o 与输入电压 U_i 的关系为

$$U_o = \frac{t_o}{T_H}U_i \tag{9.20}$$

式中，t_o 为开关调整管的导通时间；T_H 为重复周期，由三角波发生器电压 u_T 的周期决定。

(2) 稳压原理。当输入的交流电源电压波动或负载电流发生改变时，都将引起输出电压 U_o 的改变，由于负反馈作用，电路能自动调整而使 U_o 基本维持稳定。稳压过程如下。

若

$$U_o\uparrow \rightarrow U_f\uparrow\ (U_f > U_R) \rightarrow u_{o1}\text{为负值}\rightarrow u_{o2}\text{输出高电平变窄}\ (t_o\downarrow) \rightarrow U_o\downarrow$$

从而使输出电压基本不变。

反之，若

$$U_o\downarrow \rightarrow U_f\downarrow\ (U_R > U_f) \rightarrow u_{o1}\text{为正值}\rightarrow u_{o2}\text{输出高电平变宽}\ (t_o\uparrow) \rightarrow U_o\uparrow$$

同样使输出电压基本不变。

2. 脉宽调制式并联开关型稳压电路

脉宽调制式并联开关型稳压电路的基本电路如图 9.21 所示。图中，U_i 为开关型稳压电路的输入电压，是电网电压经整流滤波后的输出电压；VT 为开关调整管；T 为开关变压器；VD_1 为整流二极管；C 为滤波电容；R_L 为负载电阻；U_o 为开关电源的输出电压。

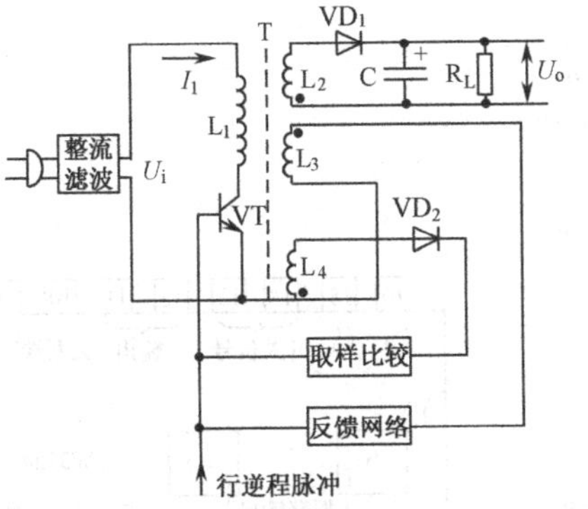

图 9.21　脉宽调制式并联型开关稳压电路

(1) 工作过程。在触发脉冲的作用下，VT 处于开关状态，当 VT 基极电压为正时，VT 饱和导通，U_i 对 L_1 进行充电，充电电流为 I_1，此时 L_1 储存能量；当 VT 基极为负时，VT 截止，储存在变压器初级线圈中的能量通过次级线圈 L_2 及二极管 VD_1 向电容 C 充电，输出直流电压。输入电压 U_i 与输出电压 U_o 之间的关系为

$$U_o = \frac{t_o}{T_H} \times \frac{n_2}{n_1} \times U_i \tag{9.21}$$

式中，t_o 为三极管 VT 的导通时间；T_H 为三极管 VT 的通断周期，即振荡周期；$\frac{n_2}{n_1}$ 为开关变压器匝数比。

式 (9.21) 表明，开关型稳压电路输出的直流电压 U_o 与输入电压 U_i、开关变压器的匝数比、开关振荡周期及开关调整管的导通时间有关。因此，电路的输出电压和输入电压在一定范围内可以任意选择，而输出电压的稳定，可以靠控制三极管的导通时间和振荡周期来实现。在显示器中，通常采用行逆程脉冲来控制开关调整管的振荡周期，保持 T_H 不变，通过脉宽控制方式（即 PWM）实现输出电压的调节和稳定。

(2) 稳压原理。当输入的交流电源电压波动或负载电流发生变化，引起输出电压 U_o 变化时，通过取样比较电路组成的控制电路改变开关调整管的导通与截止时间，使输出电压得以稳定。当开关管导通时间 t_o 增大时，输出电压升高；反之，当导通时间 t_o 减小时，输出电压就降低。当由于某种原因使输出电压升高时，通过取样比较电路使 VT 提前截止，引起 $t_o\downarrow\rightarrow U_o\downarrow$，使输出电压保持稳定。

9.3.2　开关型稳压电源电路分析

1. 采用集成控制器组成的开关型稳压电源电路

采用集成控制器是开关型稳压电源一个重要的发展趋势，它可以使电路更简化、更可

靠、性能更好。部分用于开关电源的集成控制器可以将基准电压源、三角波发生器、比较放大器和脉宽调制式电压比较器等电路集成在一块芯片上。集成控制器又被称为脉宽调制器，产品型号有 SW3520、SW3420、CW3524、CW2524、W2019、W2018 等。如图 9.22 所示为采用 CW3524 集成控制器组成的脉宽调制式串联开关型稳压电源的电路，该稳压电源的输出电压 $U_o=5V$，输出电流 $I_o=1A$。

（1）电路结构。

① CW3524 集成控制器：CW3524 芯片共有 16 只引脚，其内部电路包含基准电压源、比较放大器、三角波振荡器、脉宽调制电压比较器、限流保护等主要单元。振荡器的振荡频率由外接元器件的参数确定。CW3524 各引脚功能如图 9.23 所示，其中 P_{15}、P_8 分别接 U_i 的正、负端；P_{12}、P_{11} 和 P_{14}、P_{13} 为驱动开关调整管基极的开关信号的两个输出端（脉宽调制式电压比较器的输出信号 u_{o2}），两个输出端可单独使用，亦可并联使用，连接时一端接开关调整管基极，另一端接 P_8 脚（地）；P_1、P_2 分别为比较放大器 A_1 的反相输入端和同相输入端；P_{16} 为基准电压源输出端；P_6、P_7 分别为三角波振荡器外接振荡元件 R_T 和 C_T 的连接端，P_9 为防止自激的相位校正元器件 R_7 和 C_4 的连接端。

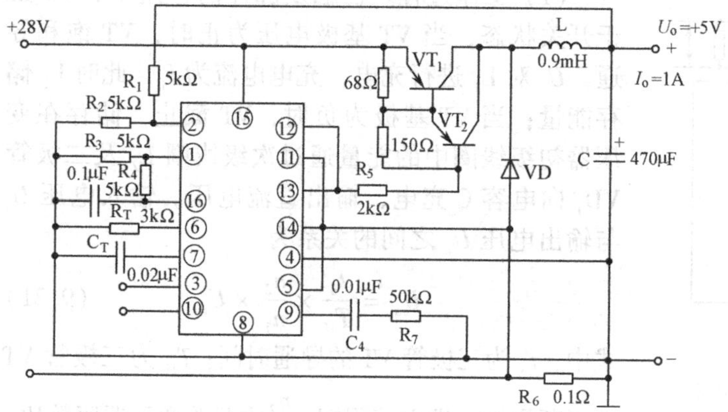

图 9.22　用 CW3524 组成的脉宽调制式串联开关型稳压电源电路

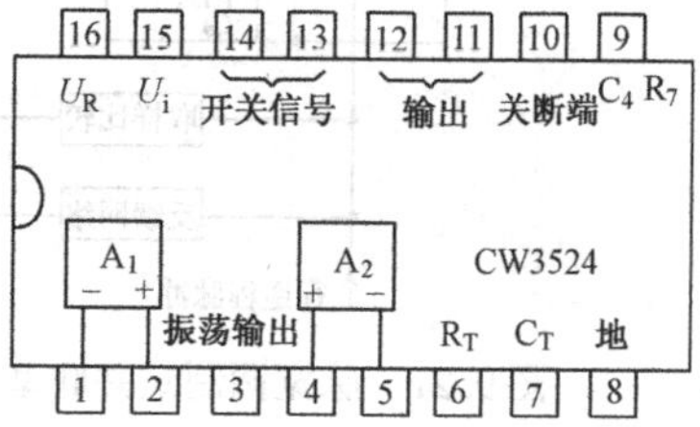

图 9.23　CW3524 引脚图

② 外电路：开关调整管 VT_1、VT_2 均为 PNP 型硅功率管，VT_1 选 3CD15，VT_2 选 3CG14；VD 为续流二极管；L 和 C 组成 Γ 型滤波电路，$L=0.9mH$，$C=470\mu F$；R_1 和 R_2 组成采样分压器电路；R_3 和 R_4 是基准电压源的分压电路；R_5 为限流电阻，R_6 为过载保护取样电阻。

R_T 一般在 1.8～100kΩ 之间选取，C_T 一般在 0.1～1000μF 之间选取。控制器的最高频率为 300kHz，工作时一般取 100kHz 以下的频率。

（2）工作原理及稳压过程。CW3524 内部的基准电压源 $U_R=5V$，由 P_{16}脚引出，通过 R_3 和 R_4（都是 5kΩ）分压，以 $\frac{1}{2}U_R=2.5V$ 加在比较放大器的反相输入端（P_1 脚）；输出电压 U_o 通过 R_1 和 R_2（都是 5kΩ）分压，以 $\frac{1}{2}U_o=2.5V$ 加在比较放大器的同相输入端（P_2 脚），此时，比较放大器因 $u_+=u_-$，其输出 $u_{o1}=0$。调整管在集成控制器作用下，当开关稳压电路输入电压 $U_i=28V$ 时，输出电压为稳定值 5V。

当输出电压因输入电压（电网波动引起）或负载变化引起变动时，若 $U_o\uparrow\rightarrow u_{o1}$ 为正，则 u_{o2} 高电平脉宽变宽（P_{12} 输出高电平脉宽变宽）→ 开关调整管（PNP）导通时间变短

(t_o↓）→U_o↓，U_o 维持不变。

此电路中的开关调整管采用 PNP 型管，因此，比较放大器的反相输入端和同相输入端的输入信号极性与图 9.20 虚框中的部分应该对调；另外，当 u_{o2} 高电平脉宽变宽时，PNP 型管的导通时间反而变短，分析时应注意。

2. 开关型稳压电源电路实例分析

如图 9.24 为某显示器开关电源。该电源属于脉宽调制式并联开关型稳压电路，采用 TDA4605 芯片完成振荡、稳压、过电流保护、软启动等功能。

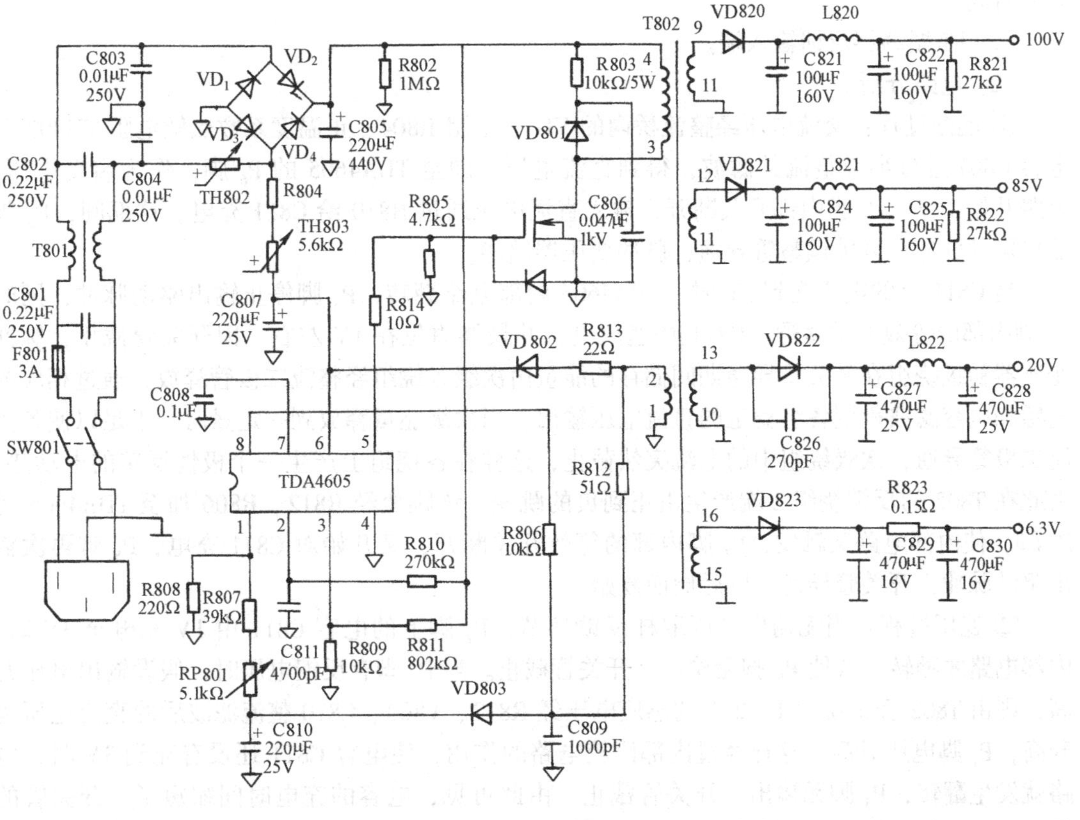

图 9.24 由 TDA4605 组成的开关电源

(1) TDA4605 芯片。TDA4605 芯片共有 8 只引脚，各引脚功能如下。

P_1 脚是取样电压反馈输入端，通过对输出电压取样，控制开关管的导通时间，使输出电压保持稳定，实现自动稳压。

P_2 脚是定时端，外接 RC 积分电路，当对电容 C 充电使其电压达到 3V 时，则内部电路翻转，电容 C 通过内部闭合的等效开关很快放电至 1V，并维持 1V 一定时间。关于电容 C 何时再启动充电由 P_8 脚决定，当 P_8 脚上的信号极性由正向负跳变时，P_2 脚内部电路翻转，等效开关断开，开始对电容 C 充电。

P_3 脚是过小输入保护端，一般连接到整流滤波输出端。当 P_3 脚电压下降到 1V 以下时，触发保护电路动作，P_5 脚无驱动信号输出，开关管截止；若 P_3 脚电压超过 1.7V，P_2 脚产生额外电流对外接的电容 C 充电，P_3 脚电压越高，P_2 脚输出的电流也越大，这样使电容 C

充电至3V的时间缩短，相应的开关管的导通时间也缩短，起到稳定输出电压的作用，使因输入电压变化而引起输出电压变化的趋势得到抑制。

P_4脚为地端。

P_5脚为开关管的驱动脉冲输出端，在P_2脚对电容C充电期间，输出驱动脉冲，使开关管导通。这种驱动适用于场效应管。

P_6脚是电源端，内部设有监视电路，只有当P_6脚电压达到12V时，该集成电路才启动工作。启动后，P_6脚需6.9V以上的电压维持工作，当电压降至6.9V以下时，集成电路停止工作。

P_7脚是软启动端，外接启动电容，在内部3V基准电压对电容充电期间，控制开关管的导通时间。

P_8脚是振荡器反馈输入端。

（2）电路分析。

① 起振过程：交流电压经整流桥内的VD_3、电阻R804、正温度系数热敏电阻TH803及电容C807进行半波整流并滤波，得到直流电压，加至TDA4605的P_6脚，作为启动电压，电路开始工作，P_2脚内部开关断开，输入直流电压通过R810给C811充电。这期间，P_5脚输出驱动脉冲，开关调整管导通，脉冲变压器储能。

当C811上的电压充到3V时，TDA4605内部电路翻转，P_5脚停止输出驱动脉冲，同时P_2脚内部的等效开关接通，C811快速放电，并最终钳位在1V左右。因开关管截止，脉冲变压器初级绕组在开关管导通期间储存的能量由次级各绕组经整流二极管释放，通过相应的电感和电容滤波得到各组稳定的直流电压输出。当次级能量释放到一定量时，不足以使各整流二极管导通，次级绕组中的电流突然截止，这样在各绕组上产生一个极性反转的电动势，由此在T802的反馈绕组2端产生由正到负的跳变，该跳变经R812、R806加至TDA4605的P_8脚，使内部电路又触发，P_2脚内部的等效开关断开，又开始对C811充电，P_5脚再次输出驱动脉冲，开关管导通，以后周而复始。

② 稳压过程：当无输出电压取样反馈环节，P_2脚上的电容C811由1V充电至3V时，内部电路才翻转，致使P_5脚无输出，开关管截止。当P_1脚有反馈电压时，假设输出电压升高，则由T802反馈绕组1～2上的感应电压经R812、V803、C810整流滤波后的直流电压也升高，P_1脚电压升高，这样经过内部比较电路的作用，使电容C811还没有充到3V时，电路就发生翻转，P_5脚无输出，开关管截止。由此可见，电容的充电时间缩短了，开关管的导通时间也相应缩短了，输出电压下降，实现了输出电压的稳定过程。另外，P_3脚对因输入电压变化而引起的输出电压波动也能起到稳定作用，输入电压是经R811、R809分压加至P_3脚的，当输入电压上升，使P_3脚电压超过1.7V时，P_2脚内部产生附加电流对C811充电，使C811提前达到3V，相应的开关管的导通时间缩短，起到稳压作用。

③ 电流保护：开关管导通期间，由于初级绕组的激磁作用，绕组中的电流是线性上升的，开关管导通时间越长，则电流能达到的峰值越大。开关管的导通的时间同与P_2脚相连的电容C811的充电时间对应，而这个时间的最大值是C811充电至3V的时间。因此，开关管的导通时间受到了限制，也就是电流受到了限制，从而实现了过流保护。

④ 欠压保护：当正常工作时，TDA4605的电源是由R813、V802、C807对反馈绕组1～2上的脉冲电压整流滤波得到的。因为此时正温度系数热敏电阻TH803的阻值很大，所以启动支路R804，TH803停止对TDA4605供电。当输入电压下降，或负载短路使输出电压下降时，由反馈绕组1～2上的脉冲电压整流滤波得到的直流电压也降低，由P_6脚的功能可知，当这一

电压降至6.9V以下时，电路停止工作，实现欠压保护。由此可见，欠压保护是由 P_6 脚完成的。

本章小结

1. 任何电子设备都需要电源来使其正常工作，一个电源电路应包含整流、滤波和稳压三个基本组成部分。整流元件为二极管，整流电路常选用桥式整流电路。因为整流输出脉动较大，所以需要滤波。滤波元件有电容和电感，滤波电容应与负载并联，滤波电感应与负载串联。目前，常用的滤波电路采用电容滤波。滤波后的直流电压仍受到电网波动及负载变化的影响，为此要采取稳压措施。

2. 稳压电路主要有线性稳压电路和开关型稳压电路两种。小功率电源多采用线性稳压电路，其中三端集成稳压器因使用方便，故应用越来越广泛。大功率电源多采用开关型稳压电路，一般采用脉宽调制实现稳压。开关型稳压电路又分为串联型和并联型，由于并联开关型稳压电路易实现多组电压输出及电源与负载之间的电气隔离，故应用较广泛。

习　题

9.1　如图9.25所示为使用万用表测量交流电压的整流电路。试回答以下问题。

（1）该电路属于哪种整流（半波整流/全波整流/桥式整流）电路？

（2）标出电表上使表针正向偏转的正、负端。

（3）若忽略电表内阻和二极管正向导通电阻，当被测正弦交流电压为250V（有效值）时，求出使电表满偏的电阻R的阻值（已知表头的满偏电流为100μA）。

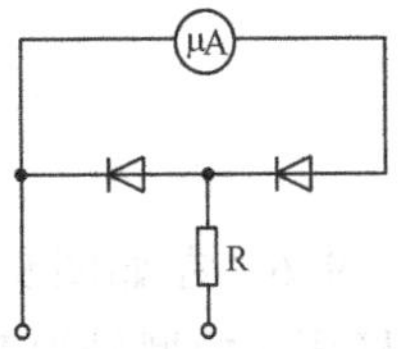

图9.25　题9.1电路图

9.2　已知单相桥式整流电容滤波电路，$R_L C = (3\sim5)\times\frac{T}{2}$，$f=50\text{Hz}$，$u_2 = 25\sin\omega t(\text{V})$，试回答以下问题。

（1）估算负载电压 U_L，标出电容C的电压极性。

（2）当 $R_L\to\infty$ 时，对 U_L 的影响。

（3）滤波电容C开路时，对 U_L 的影响。

（4）假设整流器中有一只二极管正、负极接反，将产生什么后果？

9.3　在如图9.26所示的稳压电路中，$U_o = 18\text{V}$，$I_{omax} = 30\text{mA}$，电压波动±10%，I_Z 的最小值不低于5mA，设 $U_2 = 36\text{V}$，求R的阻值。

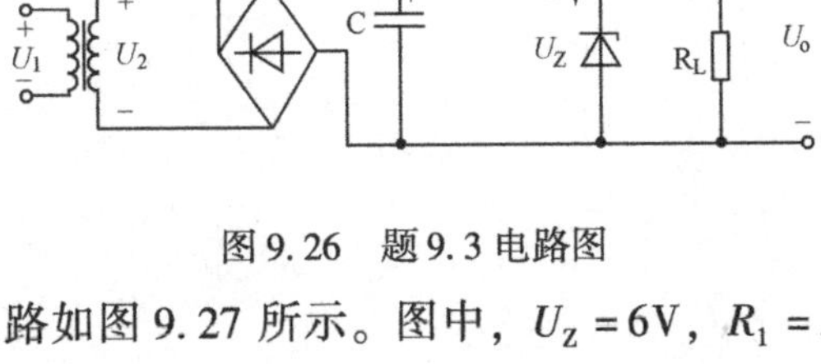

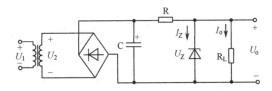

图9.26　题9.3电路图

9.4　串联型稳压电路如图9.27所示。图中，$U_Z = 6\text{V}$，$R_1 = R_2 = 6.2\text{k}\Omega$，$RP = 10\text{k}\Omega$。

试回答以下问题。

（1）求输出电压 U_o 的调节范围。

（2）如果把 VT_2 的集电极电阻 R_C 由 A 端改接到 B 端，电路能否正常工作？为什么？

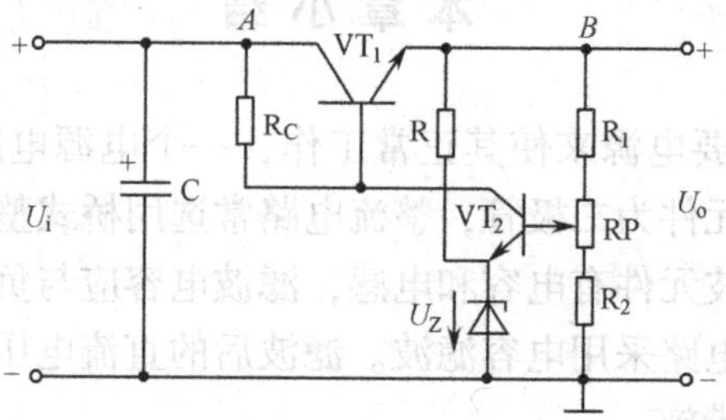

图 9.27　题 9.4 电路图

9.5　指出如图 9.28 所示的电路中的错误，并在原图的基础上修改。

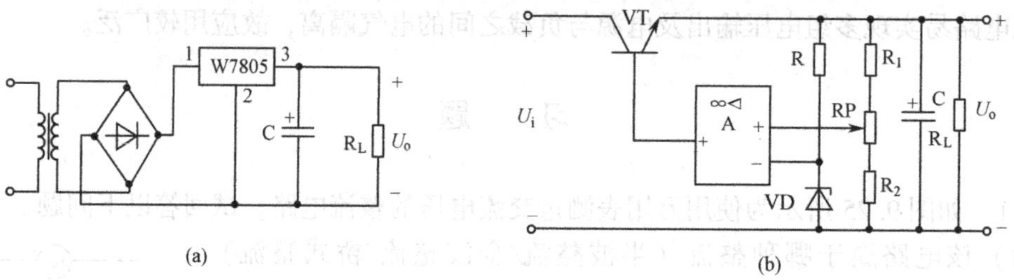

图 9.28　题 9.5 电路图

9.6　在如图 9.12 所示的电路中，已知三端集成稳压器的型号为 W7818。若 $R_1 = R_2 = RP = 400\Omega$。求输出电压的调节范围。若 $RP = 500\Omega$，欲使输出电压调节范围为 20 ~ 30V，求电阻值 R_1 和 R_2。

9.7　电路如图 9.29 所示，求 U_o 的值。

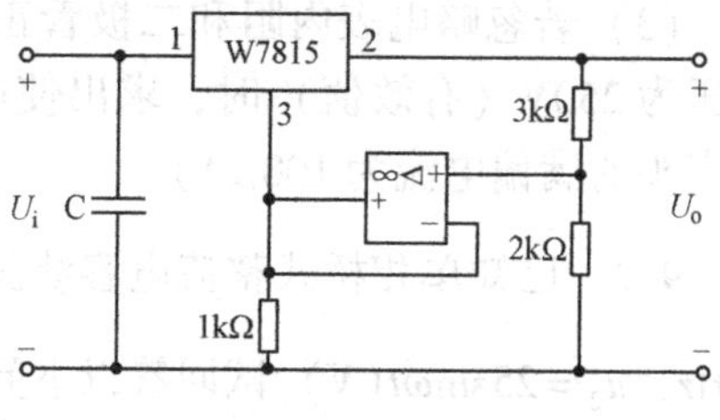

图 9.29　题 9.7 电路图

9.8　开关型稳压电源中的调整管工作在何种状态？调整管是如何实现稳定输出电压的？如果输出电压偏低，经稳压电路调节后，应使调整管的导通时间变长还是变短？这与调整管是 PNP 型或 NPN 型是否有关？

第10章　晶闸管及其应用

晶闸管是硅晶体闸流管的简称，晶闸管又被称为可控硅，它是一种大功率可控整流元件。利用晶闸管，只要用很小的功率就可以对大功率（电流为几百安，电压为几百伏）的电源进行控制和变换。由于晶闸管具有体积小、重量轻、效率高、控制灵敏、容量大等优点，在整流、逆变、直流开关、交流开关等方面应用越来越广泛。目前，它已成为PLC标配输出口之一。晶闸管的种类很多，有普通型、双向型、快速型、可关断型和光控型等。考虑到专业特点，这里只介绍普通晶闸管及其简单应用。

❖教学目标

通过学习晶闸管的知识，了解晶闸管的结构和工作原理，掌握晶闸管的伏–安特性及其主要参数；熟悉晶闸管可控单相、三相桥式整流电路的工作原理及其参数分析方法；熟悉触发电路的组成原理及其工作原理，了解晶闸管的其他类型及其应用。

❖教学要求

能力目标	知识要点	权　重	自测分数
通过检查晶闸管，能够判别其质量与极性	晶闸管的结构和工作原理，晶闸管的伏–安特性及其主要参数	30%	
能够检查晶闸管的整流效果	晶闸管可控单相、三相桥式整流电路的工作原理及其参数分析方法	30%	
能够检查触发电路的波形	晶闸管触发电路的组成原理及其工作原理，晶闸管的开关作用	40%	

10.1　晶闸管

10.1.1　晶闸管结构及其特性

1. 晶闸管结构

晶闸管是由三个PN结组成的半导体元件，其内部结构如图10.1（a）所示。它有三个电极：由外层P区引出的电极为阳极A，外层N区引出的电极为阴极K，中间P区引出的电极为控制极（又被称为门极）G。如图10.1（b）所示为金属外壳密封的螺旋式结构晶闸管的外形，螺旋那端是阳极引出端，利用它与散热器固定。如图10.1（c）所示为一种小功率塑封管式晶闸管。如图10.1（d)所示为晶闸管电路符号。

2. 晶闸管的工作原理

为了更清楚地说明工作原理，晶闸管可以看作由PNP（VT_1）管和NPN（VT_2）管组合而成，电路模型如图10.2所示。

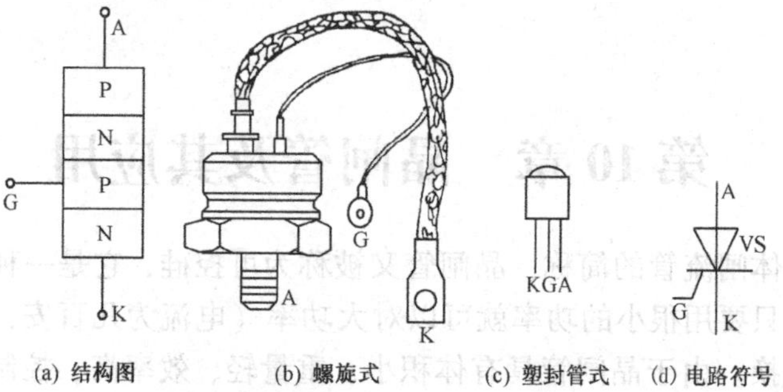

(a) 结构图　(b) 螺旋式　(c) 塑封管式　(d) 电路符号

图 10.1　晶闸管结构、外形及符号

在阳极和阴极之间接上电源 U_A，在控制极和阴极之间接入电源 U_G，如图 10.3 所示。

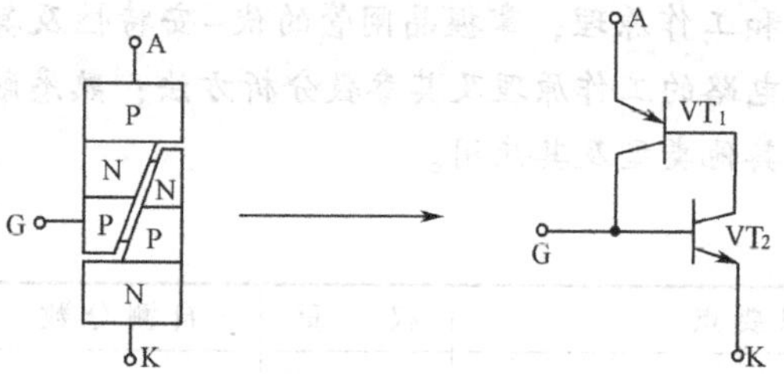

图 10.2　晶闸管电路模型

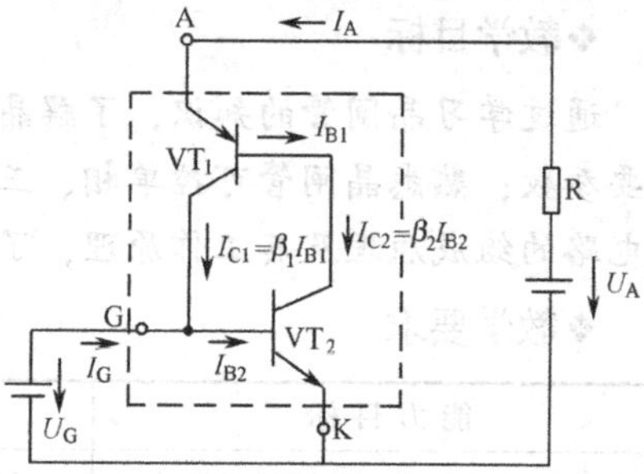

图 10.3　晶闸管工作原理

（1）晶闸管加阳极负电压 $-U_A$ 时（阳极接电源负极，阴极接电源正极），因为至少有一个 PN 结反偏截止，只能通过很小的反向漏电流，故晶闸管截止。此时，晶闸管的状态被称为反向阻断状态。

（2）晶闸管加阳极正电压 $+U_A$ 时（阳极接电源正极，阴极接电源负极），若控制极不加电压，仍有一个 PN 结反偏截止，只有很小的正向漏电流，故晶闸管仍然截止。此时，晶闸管的状态被称为正向阻断状态。

（3）晶闸管加阳极正电压 $+U_A$，同时也加控制极正电压 $+U_G$（控制极接电源的正极，阴极接电源的负极），则 VT_1、VT_2 两个三极管都满足放大条件。在 U_G 的作用下，产生控制极电流 I_G，为 VT_2 提供基极电流 I_{B2}，I_{B2} 经 VT_2 放大后形成集电极电流 $I_{C2}=\beta_2 I_{B2}=\beta_2 I_G$；$I_{C2}$ 就是 VT_1 的基极电流 I_{B1}，I_{B1} 经 VT_1 放大后，产生较大的集电极电流 I_{C1}，$I_{C1}=\beta_1 I_{B1}=\beta_1\beta_2 I_G$，这个电流又流回 VT_1 的基极，再进行放大。这个正反馈过程如此循环往复，使 VT_1 和 VT_2 的电流迅速增大，从而进入饱和导通状态，即晶闸管由截止状态转变为导通状态。晶闸管导通后，如果撤掉控制极电压，由于 I_{C1} 远大于 I_G，故 VT_2 仍有较大的基极电流进入放大循环，使晶闸管继续导通。因此，U_G 只起触发作用，一经触发后，晶闸管就不受 U_G 的控制。

控制极电压 U_G 被称为触发电压。一般选用正脉冲电压作为触发电压，它必须有足够的电压值、电流值和脉冲宽度，才能保证可靠触发。

晶闸管导通时，管压降约为 1V。晶闸管导通后，性能与二极管相同。

（4）要使导通的晶闸管截止，必须将阳极电压降至零或负值，使晶闸管阳极电流降至维持电流 I_H 以下。维持电流指维持上述正反馈过程所需的最小电流，具体定义见晶闸管的主要参数。

综上所述，可得如下结论：

① 晶闸管与硅整流二极管相似，都具有反向阻断能力，但晶闸管还具有正向阻断能力，即晶闸管正向导通必须具有一定的条件：阳极加正向电压，同时控制极也加正向触发电压。

② 晶闸管一旦导通，控制极则失去控制作用。要使晶闸管重新关断，必须满足以下任意一个条件：将阳极电流减小到小于维持电流 I_H；将阳极电压减小到零或使之反向。

3. 晶闸管的电压–电流特性

晶闸管的导通和截止是由阳极电压 U_A、阳极电流 I_A 及控制极电压 U_G（电流 I_G）等因素决定的，在实际应用中，常用实验曲线表示它们之间的关系，这条曲线被称为晶闸管的电压–电流特性曲线，如图 10.4 所示。

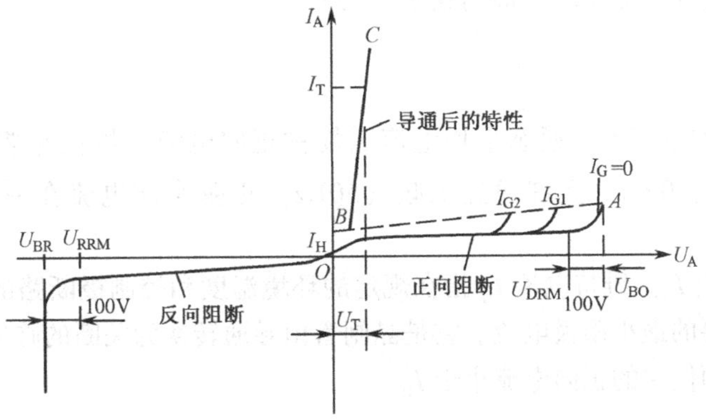

图 10.4　晶闸管的电压–电流特性曲线

曲线表明：在控制极电流 $I_G=0$ 的情况下，当阳极正向电压小于某一数值范围时，阳极电流一直很小，这个电流就是正向漏电流，这时晶闸管处于正向阻断状态。当正向漏电流突然增大，晶闸管由正向阻断状态突然转化为导通，这时的正向电压被称为正向转折电压 U_{BO}，这样的导通被称为晶闸管硬导通，这种导通方法易造成晶闸管损坏，正常情况下是不允许的。

当控制极加上正向电压后，即 $I_G>0$ 时，晶闸管仍有一定的正向阻断特性，但此时使晶闸管从正向阻断转化为正向导通所对应的阳极电压比 U_{BO}要低，且 I_G 越大，相应的阳极电压越低。也就是说，当晶闸管的阳极加上一定的正向电压时，在其控制极再加一适当的触发电压，晶闸管就会导通，这正是实现可控的原因。

晶闸管导通后可以通过很大的电流，而它本身的压降只有 1V 左右，因此这一段特性曲线（*BC* 段）靠近纵轴而且陡直，与二极管正向特性曲线相似。

晶闸管的反向特性与一般二极管相似，当反向电压在某一数值以下时，只有很小的反向漏电流，晶闸管处于反向阻断状态。当反向电压增加到某一数值时，反向漏电流急剧增大，使晶闸管反向击穿，这时所对应的电压被称为反向转折电压 U_{BR}，晶闸管一旦反向击穿就被永久损坏，在实际应用中应避免出现此类现象。

10.1.2 晶闸管的主要参数

1. 电压参数

（1）正向阻断峰值电压 U_{DRM}。正向阻断峰值电压 U_{DRM}（又被称为断态重复峰值电压）指当控制极断开时，允许重复加在晶闸管两端的正向峰值电压，一般比 U_{BO} 低 100V。

（2）反向阻断峰值电压 U_{RRM}。反向阻断峰值电压 U_{RRM}（又被称为反向重复峰值电压）指允许重复加在晶闸管上的反向峰值电压，一般比 U_{BR} 低 100V。

（3）额定电压 U_D。通常把 U_{DRM} 和 U_{RRM} 中较小的一个值称作晶闸管的额定电压。

（4）通态平均电压 U_T。通态平均电压 U_T 指在规定的环境温度和标准散热条件下，当正向通过正弦半波额定电流时，阳极与阴极间的电压在一个周期内的平均值，习惯上称为导通时的管压降。该电压值较小，一般为 0.4～1.2V。

2. 电流参数

（1）通态平均电流 I_T。通态平均电流 I_T 简称正向电流，指在标准散热条件和规定环境温度下（不超过40℃），允许通过工频（50Hz）正弦半波电流在一个周期内的最大平均值。

（2）维持电流 I_H。维持电流 I_H 指在规定的环境温度和控制极断路的情况下，维持晶闸管继续导通时需要的最小阳极电流。它是晶闸管由导通转换为关断的临界电流，要使导通的晶闸管关断，必须使它的正向电流小于 I_H。

10.2 晶闸管的应用

10.2.1 晶闸管交直流开关

1. 交流开关

如图 10.5（a）所示为用两只普通晶闸管 VS_1 和 VS_2 反向并联组成的交流调压电路，其调压原理如下。

① 电源电压 u 的正半周，在 t_1 时刻（$\omega t_1 = \alpha$，α 又被称为控制角）将触发脉冲加到 VS_2 的控制极，VS_2 被触发导通，此时 VS_1 承受反向电压而截止。当电源电压 u 过零时，VS_2 自动关断。

② 电源电压 u 的负半周，在 t_2 时刻（$\omega t_2 = 180° + \alpha$）将触发脉冲加到 VS_1 的控制极，VS_1 被触发导通，此时 VS_2 承受反向电压而截止。当电源电压 u 过零时，VS_1 自动关断，负载上获得的电压波形如图 10.5（b）所示，调节控制角 α 便可实现交流调压。

当控制角 $\alpha = 0°$ 时，即为交流开关。

2. 直流开关

如图 10.6 所示为一种连接在直流电源上的直流开关电路。开关 S 合在 A 端使晶闸管 VS_1 接通，VS_2 断开，电容 C 按图中的极性充电。然后，当 S 合在 B 端时，VS_2 接通，C 上

的电荷通过 VS_2 放电，使 VS_1 反向偏置而截止。

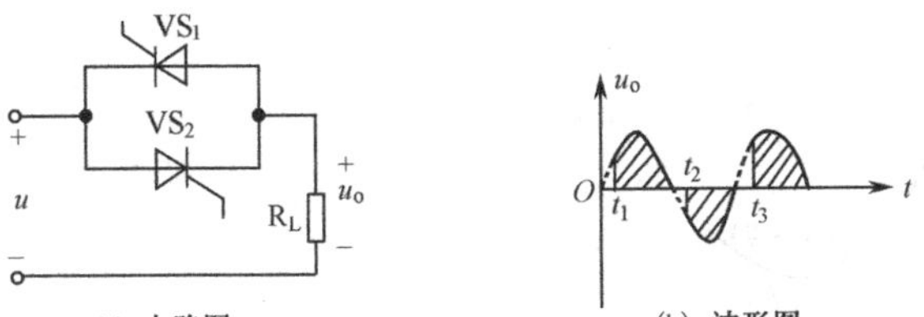

(a) 电路图　　(b) 波形图

图 10.5　晶闸管交流调压

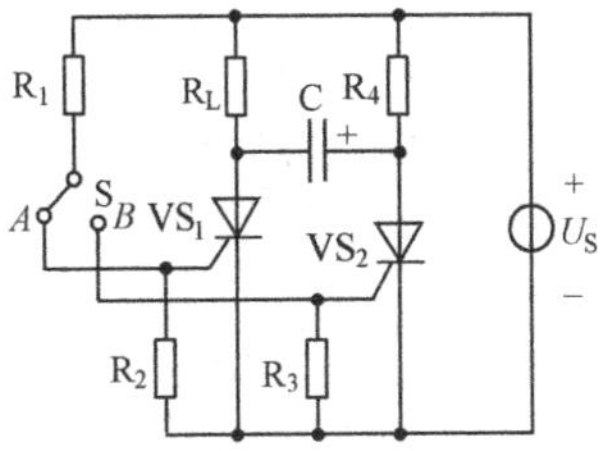

图 10.6　直流开关电路

10.2.2　触发电路

对触发电路的要求，除必须有足够的功率和脉冲宽度外，还应该有足够的控制角 α 的调节范围，并易于与主电路电压同步。产生触发信号的电路有许多种，这里只介绍应用较广泛的单结管触发电路。

1. 单结管的结构与特性

单结管的结构如图 10.7（a）所示，它由一个 PN 结组成。从 N 型硅片上引出的两个电极分别被称为第一基极 B_1 和第二基极 B_2，从 PN 结 P 区引出的电极被称为发射极 E。其符号和等效电路分别如图 10.7（b）和图 10.7（c）所示。

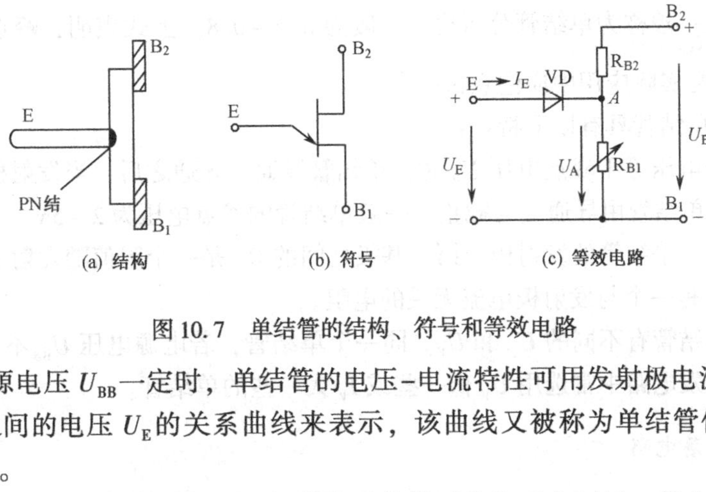

(a) 结构　　(b) 符号　　(c) 等效电路

图 10.7　单结管的结构、符号和等效电路

当基极电源电压 U_{BB}一定时，单结管的电压−电流特性可用发射极电流 I_E 和发射极与第一基极 B_1 之间的电压 U_E的关系曲线来表示，该曲线又被称为单结管伏−安特性曲线，如图 10.8所示。

由图 10.8 可知，单结管的电压−电流关系曲线可分为三个区域：截止区、负阻区和饱和区。

（1）截止区。截止区对应曲线中的起始段（*AP* 段）。由于 U_E 从零增大到 U_P 之前，PN 结尚未导通，因此在此阶段，$U_E < U_D + U_A$（U_D 为等效二极管正向压降），电流 I_E 极小，E 和 B_1 两电极间呈现高阻状态。

（2）负阻区。负阻区对应曲线中的 *PV* 段。当 $U_E > U_D + U_A$ 后，等效二极管导通，即 P 区的空穴不断注入 N 区，使 R_{B1}迅速减小，从而使 U_A 也迅速减小，I_E 进一步增大；I_E 增大又进一步促使 R_{B1}减小。当 R_{B1}的减小作用超过 I_E 的增大作用时，从 E、B_1 两端看，U_E 随 I_E 的增大而减小，即具有负阻特性，这是单结管特有的。

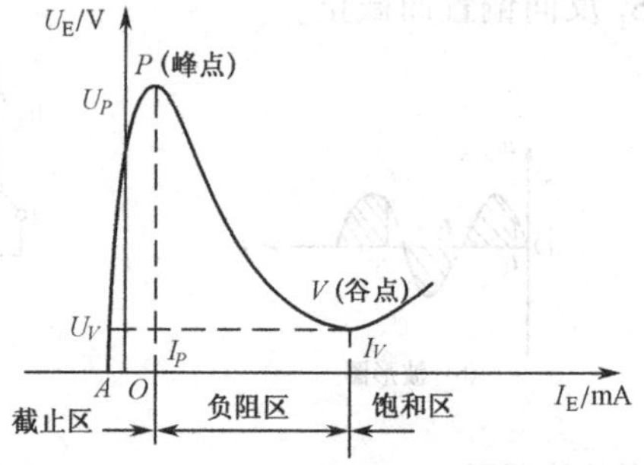

图 10.8　单结管的电压-电流特性曲线

(3) 饱和区。饱和区对应曲线中 V 点以后的部分，过 V 点后 I_E 继续增大，当注入 N 区的空穴增大到一定程度时，部分空穴来不及与基区电子复合，出现空穴剩余，阻碍空穴继续注入，相当于 R_{B1} 变大，单结管进入饱和导通状态，又呈现正阻特性，与二极管正向特性相似。

三个区域的分界点是 P（峰点）和 V（谷点）。U_P、I_P 分别被称为峰点电压和峰点电流；U_V、I_V 分别被称为谷点电压和谷点电流。

由图 10.7（c）可知

$$U_P = U_D + U_A \approx U_A = \frac{R_{B1}}{R_{B1}+R_{B2}}U_{BB} = \eta U_{BB}$$

式中，$\eta = \frac{R_{B1}}{R_{B2}+R_{B2}}$ 被称为单结管分压比，一般为 0.5～0.8。上式表明，峰点电压随基极电压变化而改变，在实际应用中应注意这一点。

综上所述，单结管具有以下特点：

① 当发射极电压等于峰点电压 U_P 时，单结管导通。导通之后，当发射极电压减小，即满足 $U_E < U_V$ 时，单结管由导通变为截止。一般单结管的谷点电压为 2～5V。

② 在负阻区，单结管的发射极与第一基极之间的 R_{B1} 是一个阻值随发射极电流增大而变小的电阻，R_{B2} 则是一个与发射极电流无关的电阻。

③ 不同的单结管有不同的 U_P 和 U_V。同一个单结管，若电源电压 U_{BB} 不同，它的 U_P 和 U_V 也不同。在触发电路中常选用 U_V 低一些或 I_V 大一些的单结管。

2. 单结管振荡电路

单结管振荡电路如图 10.9（a）所示，该电路能产生一系列脉冲，用来触发晶闸管。

当合上开关 S 后，电源通过 R_1、R_2 加到单结管的两个基极上，同时又通过 R、RP 向电容 C 充电，u_C 按指数规律上升。在 u_C（$u_C = u_E$）$< U_P$ 时，单结管截止，R_1 两端的输出电压近似为零。当 u_C 达到峰点电压 U_P 时，单结管的 E、B_1 极之间突然导通，R_{B1} 急剧减小，电容上的电压通过 R_{B1}、R_1 放电，因为 R_{B1}、R_1 都很小，所以放电很快，放电电流在 R_1 上形成一个脉冲电压 u_o。当 u_C 下降到谷点电压 U_V 时，E、B_1 极之间恢复阻断状态，单结管从导通跳变到截止，输出电压 u_o 下降到零，完成一次振荡。

当 E、B_1 极之间截止后，电源又对 C 充电，并重复上述过程，结果在 R_1 上得到一个周期性尖脉冲输出电压，如图 10.9（b）所示。

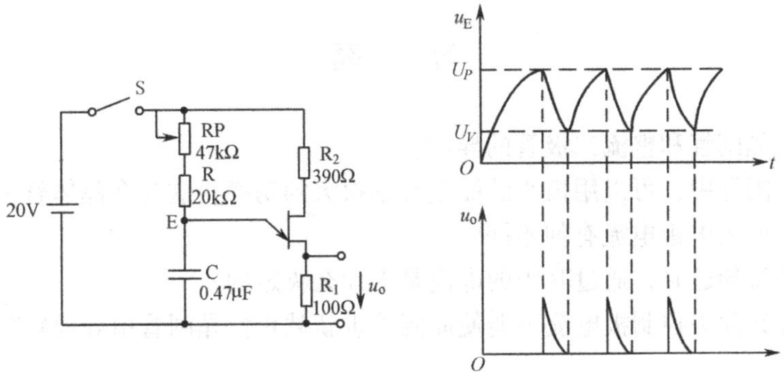

(a) 电路图　　　　　　　　　　(b) 波形图

图 10.9　单结管振荡电路及波形

上述电路的工作过程：利用单结管负阻特性和 RC 充放电特性，如果改变电阻值 RP，便可改变电容充放电的快慢，使输出的脉冲前移或后移，从而改变控制角 α，控制晶闸管触发导通的时刻。显然，充放电时间常数$\tau = RC$ 的数值较大时，触发脉冲后移，α 大，晶闸管推迟导通；τ的数值较小时，触发脉冲前移，α 小，晶闸管提前导通。

说明：在实际应用中，必须解决触发电路与主电路的同步问题，否则会产生失控现象。用单结管振荡电路提供触发电压时，解决同步问题的具体办法是用稳压管对全波整流输出限幅后作为基极电源，如图 10.10 所示。图中，TS 被称为同步变压器，初级接主电源。

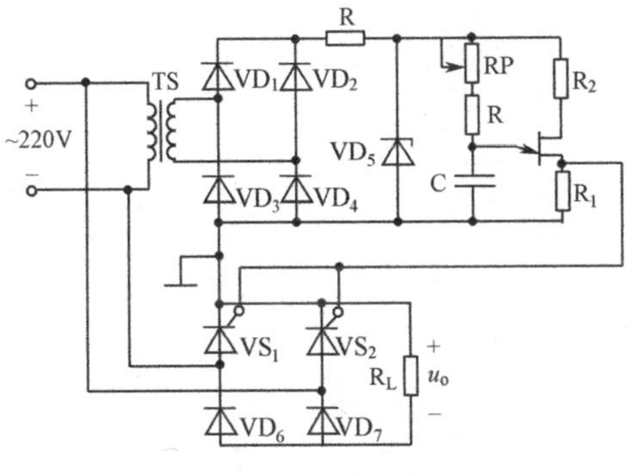

图 10.10　单结管触发电路

本章小结

1. 晶闸管是一种大功率可控整流元件，其主要特点是具有正反向阻断特性和触发导通特性等。晶闸管被广泛用于交流调压（交流开关）、直流逆变（直流开关）等场合。

2. 晶闸管的触发需要触发电路提供触发脉冲。一般情况下，触发电路可由单结管组成。单结管具有负阻特性，与电容组合可实现脉冲振荡。改变电容充放电的快慢（τ的大小），可改变第一个触发脉冲出现的时刻，从而控制晶闸管导通的时刻，实现晶闸管可控。

习　　题

10.1　比较晶闸管和整流二极管的异同。

10.2　在晶闸管中，可以用极小的能量控制很大的功率，这与在晶体管中，用较小的基极电流控制较大的集电极电流有何不同？

10.3　晶闸管导通时，通过其中的电流是由什么决定的？

10.4　为什么除去控制极电流不能使晶闸管重新截止？晶闸管由导通转变为截止需要什么条件？

10.5　单结管自激振荡电路的振荡频率是由什么决定的？

10.6　为什么在晶闸管交流调压电路中，触发电路要与主电路同步？采用什么办法使单结管触发电路与主电路同步？

第11章　电子技术基础技能训练

11.1　电阻、电容的识别与检测及万用表的应用

1. 训练目的

① 熟悉电阻、电容的外形、型号及命名方法。
② 学习使用万用表检测电阻、电容的方法。
③ 学习使用万用表。

2. 训练器材

训练所需的器材及数量见表11.1。

表11.1　训练所需的器材及数量

器　材	数　量
万用表	一只
不同型号的电阻、电容	若干只

3. 训练内容和步骤

（1）对电阻进行识别和检测，将结果填入表11.2中。

表11.2　电阻的识别和检测结果

序号	标志	识　别				测　量		合格否
		材　料	阻　值	允许误差	功　率	量　程	阻　值	

（2）对色环电阻进行识别和检测，将结果填入表11.3中。

表11.3　色环电阻的识别和检测结果

序号	色环颜色（按顺序填写）	识　别			测　量		合格否
		阻　值	允许误差	功　率	量　程	阻　值	

（3）对电容进行识别和检测，将结果填入表 11.4 中。

表 11.4　电容的识别和检测结果

序号	标志	识别			测量漏电电阻		合格否
		材料	容量	耐压	量程	阻值	

（4）万用表的应用。

① 将万用表的功能转换开关旋至交流电压挡，按照要求测量三相交流电源的线电压、相电压值，将结果填入表 11.5 中。

表 11.5　三相交流电源的电压

挡位	项目					
	线电压			相电压		
	U_{UV}/V	U_{VW}/V	U_{WU}/V	U_{UN}/V	U_{VN}/V	U_{WN}/V
500V				/	/	/
250V	/	/	/			

② 测量直流电压和电流：按照如图 11.1 所示的电路进行连接，测量电源电压、电阻 R 的电压及回路中的电流，将结果填入表 11.6 中。

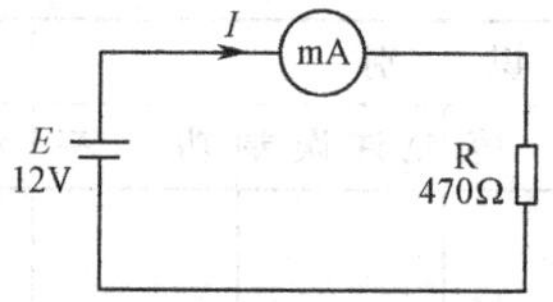

图 11.1　直流电压和电流检测电路

表 11.6　直流电压和电流的测量结果

电源电压		电阻电压		电流	
挡位	测量值	挡位	测量值	挡位	测量值

4. 报告要求

① 画出检测电路图。

② 整理测量数据。

③ 总结万用表的使用方法及注意事项。

11.2 基尔霍夫定律和叠加定理的验证

1. 训练目的

① 练习电路接线，学习电压表、电流表、稳压电源的使用方法。

② 加深对基尔霍夫定律、叠加定理的理解。

③ 加深对电压、电流参考方向的理解。

2. 训练器材

训练所需的器材及数量见表11.7。

表 11.7 训练所需的器材及数量

器材	数量
直流稳压电源30V（可调）	一台
电阻20Ω、50Ω、100Ω（±5%/0.5W）	各一只
直流毫安表0~500mA	两只
直流毫安表0~50~100mA	一只
直流电压表0~15~30V	一只

3. 训练内容和步骤

(1) 验证基尔霍夫定律。

① 电路如图11.2所示（开关S_1、S_2均断开），经教师检查无误后，方可进行下一步。

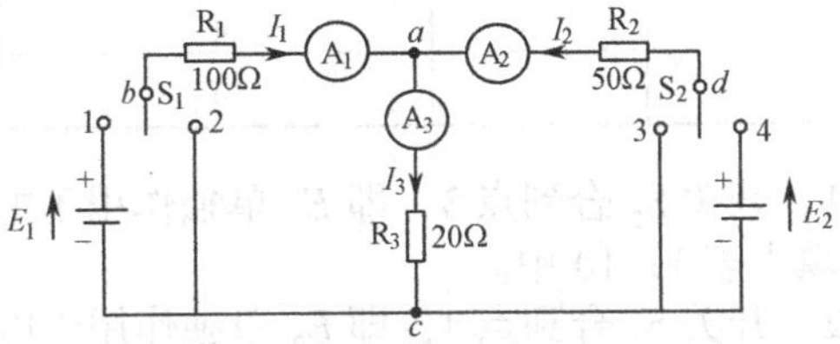

图11.2 基尔霍夫定律验证电路

② 调节稳压电源，使第一组的输出电压E_1为15V，第二组的输出电压E_2为3V，将S_1、S_2分别合向点1和点4。

③ 将各电流表读数填入表11.8中，并验算节点a电流的代数和$\sum I=0$是否成立？

表 11.8 数据记录表

项目	有关数值			
	数值栏			验算栏
	I_1/mA	I_2/mA	I_3/mA	节点a电流的代数和$\sum I=0$是否成立？
理论计算值				
测量值				

④ 用电压表分别测量电压U_{ab}、U_{bc}、U_{cd}及U_{da}，将结果填入表11.9中，并验算回路ab-

cda 及 *abca* 的电压代数和 $\sum U = 0$ 是否成立？

表 11.9　数据记录表

项　　目	有关数值						
	数值栏					验算栏	
	U_{ab}/V	U_{bc}/V	U_{cd}/V	U_{da}/V	U_{ca}/V	回路 *abcda* $\sum U = 0$ 是否成立？	回路 *abca* $\sum U = 0$ 是否成立？
第一次测量							
第二次测量							

注意：在电路中串联电流表时，电流表的极性应参照如图 11.2 所示的电流参考方向，如果表针反偏，则应将电流表“+”“-”接线柱上的导线对换，但其读数应记为负值，这就是参考方向的实际意义。测量电压时也有同样的情况。

（2）验证叠加定理。

① 验证电路如图 11.2 所示。将开关 S_1 合到点 1，开关 S_2 合到点 4，即 E_1、E_2 共同作用于电路，将电流表测出的电流值及电压表测出的电压值填入表 11.10 中。

表 11.10　数据记录表

作用情况	有关数值					
	电　　流			电　　压		
	I_1/mA	I_2/mA	I_3/mA	U_{ac}/V	U_{ba}/V	U_{da}/V
E_1、E_2 共同作用						
E_1 单独作用						
E_2 单独作用						

② 将开关 S_1 合到点 1，开关 S_2 合到点 3，即 E_1 单独作用于电路，将电流表测出的电流值及电压表测出的电压值填入表 11.10 中。

③ 将开关 S_1 合到点 2，开关 S_2 合到点 4，即 E_2 单独作用于电路，将所测得的电流值和电压值填入表 11.10 中。

注意：接线时，必须将 E_1 和 E_2 关掉，以免稳压电源因输出端短路而被烧坏。

4. 报告要求

① 画出验证电路图，简述训练过程。

② 将理论值与测量值列表说明，并进行比较。

③ 利用表 11.8、表 11.9、表 11.10 中的数据，分别验证基尔霍夫定律和叠加定理的正确性。

11.3　戴维南定理的验证

1. 训练目的

① 初步掌握有源线性二端网络参数的测量方法。

② 加深对戴维南定理的理解。

2. 训练器材

训练所需的器材及数量见表 11.11。

表 11.11　训练所需的器材及数量

器　材	数　量
双路直流稳压电源	一台
直流毫安表 0 ~ 50 ~ 100mA	一只
电阻 100Ω/0.5W、510Ω/0.5W、1kΩ/0.5W、2kΩ/0.5W	各一只
电位器 470Ω/0.5W	两只
数字万用表或指针式万用表	一只

3. 训练技术知识

① 线性有源二端网络参数 U_{OC} 的测量方法：U_{OC} 采用直接测量法。当万用表的内阻值 R_V 远大于等效电阻 R_0 时，可直接将电压表并联在线性有源二端网络的两端，电压表的指示值即开路电压 U_{OC}，如图 11.3 所示。

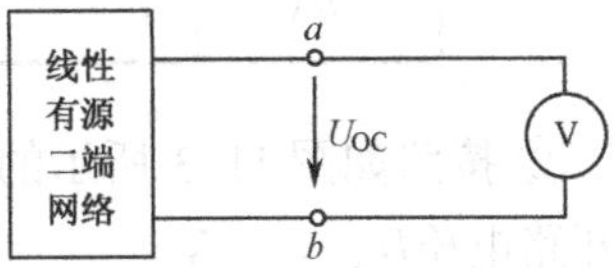

图 11.3　测量 U_{OC}

② R_0 的测量方法有开路短路法、附加电阻法和附加电源法三种。

开路短路法：由戴维南定理和诺顿定理可知，$R_0 = \dfrac{U_{OC}}{I_{SC}}$，利用内阻值 R_A 很小的电流表测出 I_{SC}。这种方法不适合不允许直接短路的二端网络，如图 11.4所示。

附加电阻法：测出二端网络的开路电压后，在端口处接一负载电阻 R_L，然后测出负载电阻 R_L 两端的电压 U_{R_L}，如图 11.5 所示。

根据公式

$$U_{R_L} = \frac{U_{OC}}{R_0 + R_L} \times R_L$$

可求出等效电阻 R_0，即

$$R_0 = \left(\frac{U_{OC}}{U_{R_L}} - 1\right) R_L$$

附加电源法：令有源二端网络中的所有独立源置零，然后在端口处加一个给定电压为 U 的电压源，测得入口电流 I，如图 11.6 所示，则

$$R_0 = \frac{U}{I}$$

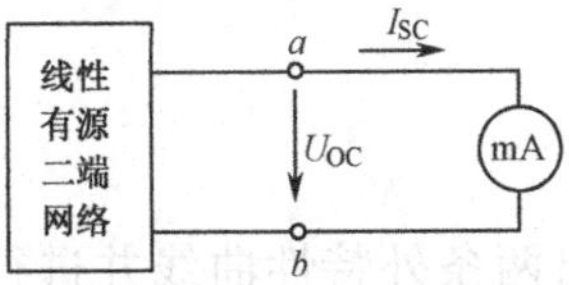

图 11.4　开路短路法

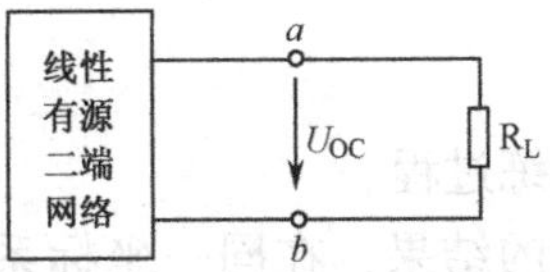

图 11.5　附加电阻法

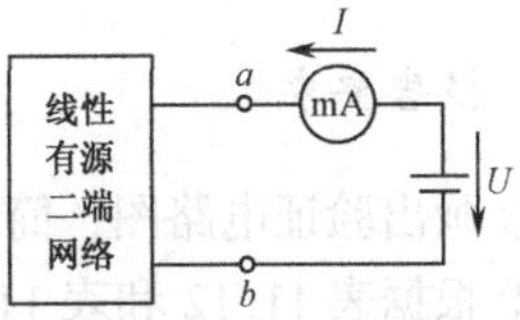

图 11.6　附加电源法

4. 训练内容和步骤

① 测量有源二端网络（如图 11.7 的虚线框内所示）的外特性 $U=f(I)$。按照如图 11.7 所示的电路进行连接，调节 RP，测量电压 U 和电流 I，将数据填入表 11.12 中。

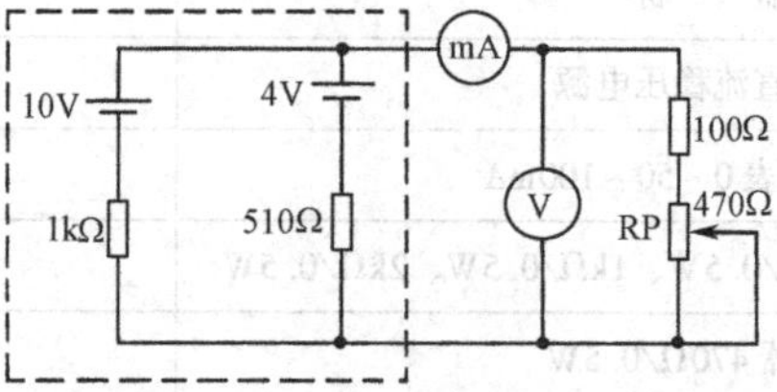

图 11.7　有源二端网络的外特性检测电路

表 11.12　测量电压 U 和电流 I

I/mA							
U/V							

② 按照如图 11.3 所示的测量开路电压 U_{OC} 的方法，测出如图 11.7 所示的有源二端网络的开路电压 U_{OC} = __ V。

③ 测量二端网络的等效电阻 R_0。任选一种测量 R_0 的方法，测量网络除去电源后的等效电阻，并记录 R_0 = __ Ω。

④ 利用上面测得的 U_{OC} 和 R_0，组成戴维南等效电路，如图 11.8 所示。调节 RP，测量其外特性 $U'=f(I')$，将结果填入表 11.13 中。

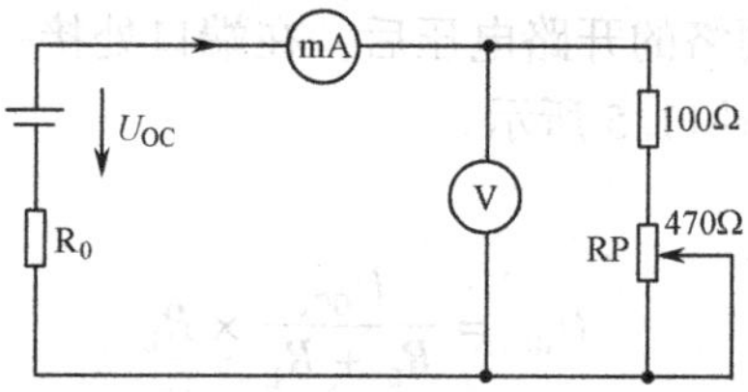

图 11.8　戴维南等效电路

表 11.13　在戴维南等效电路中测量电压 U' 和电流 I'

I'/mA							
U'/V							

5. 报告要求

① 画出验证电路图，简述训练过程。

② 根据表 11.12 和表 11.13 的结果，在同一坐标系画出两条外特性曲线并进行比较，分析产生误差的原因。

11.4 日光灯照明电路及功率因数

1. 训练目的

① 熟悉日光灯照明电路的接线方法，了解日光灯的工作原理。
② 了解提高功率因数的意义和方法。
③ 学习用实验的方法求线圈的参数。
④ 学习使用功率表。

2. 训练器材

训练所需的器材及数量见表 11.14。

表 11.14 训练所需的器材及数量

器材	数量
日光灯（40W）照明电路接线板	一块
MF－47 万用表	一只
交流毫安表 0～500mA	三只
多量程功率表	一只

3. 训练技术知识

（1）日光灯电路的组成结构。日光灯电路由灯管、镇流器、启辉器三部分组成。如图 11.9（a）所示为日光灯电路，其中，1 是灯管，2 是镇流器，3 是启辉器。

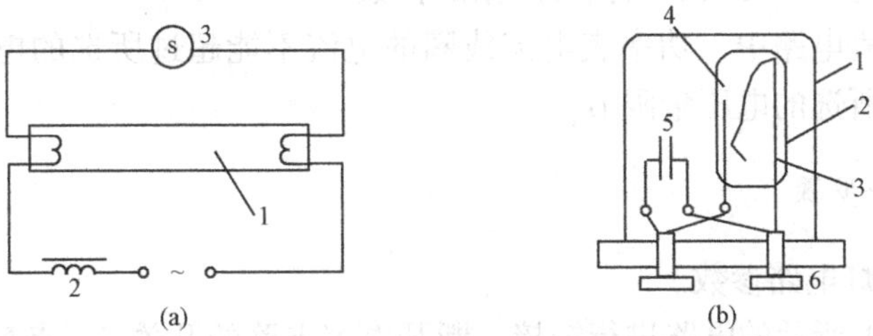

图 11.9 日光灯电路及启辉器的内部结构

灯管是一根细长的玻璃管，内壁均匀地涂有荧光粉，管内充有水银蒸气和稀薄的惰性气体。在管子的两端装有灯丝，在灯丝上涂有受热后易发射电子的氧化物。镇流器是一个带有铁心的电感线圈。启辉器的内部结构如图 11.9（b）所示，其中，1 是圆柱形外壳，2 是辉光管，3 是辉光管内部的倒 U 形双金属片，4 是固定触头，通常情况下双金属片和固定触头是分开的，5 是小容量的电容，6 是插头。

（2）日光灯的启辉过程。当接通电源后，由于日光灯没有点亮，电源电压全部加在启辉器的两端，使辉光管内两个电极放电，放电产生的热量使双金属片受热趋向伸直，与固定触头接通。这时日光灯的灯丝与辉光管的电极、镇流器构成一个回路。灯丝因通过电流而发热，从而使氧化物发射电子。同时，当辉光管内两个电极接通时，电极之间的电压为零，辉光管放电停止。双金属片因温度下降而复原，两电极脱离。在电极脱离的瞬间，回路中的电流因突然切断，立即使镇流器两端感应电压比电源电压高得多。这个感应电压连同电源电压一起加在灯管两端，使灯管内的惰性气体分子电离而产生弧光放电，管内温度逐渐升高，水银蒸气游离，并猛烈地撞击惰性气体分子而放电。同时辐射出不可见的紫外线，紫外线激发灯管壁的荧光物质发出可见光。

日光灯点亮后，两端电压较低，灯管两端的电压不足以使启辉器内的辉光管放电。因此，启辉器只在日光灯启辉时起作用。一旦日光灯点亮，启辉器就处于断开状态。此时，镇流器、灯管构成一个电流通路，由于镇流器与灯管串联，并且感抗很大，因此，可以限制和稳定电路的工作电流。

（3）多量程功率表的使用方法。对功率表的电压线圈与电流线圈而言，标有 * 的一端是同极性端，连线时要连在电源的同一侧。功率表的两种接法如图 11.10 所示。

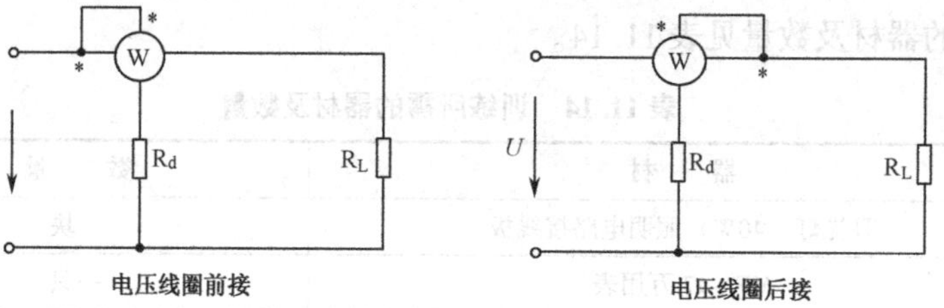

图 11.10　功率表的两种接法

读数方法：功率表不注明瓦数，只标出分格数，每个分格代表的功率值由电压、电流量限 U_N 和 I_N 确定，即分格常数 C 与 U_N、I_N 的关系为

$$C = \frac{U_N I_N}{\alpha_m}$$

功率表的指示值 $P = C\alpha$（α 为指针所指的格数）。

注意：在功率表电路中，功率表电流线圈的电流不能超过所选的电流量限 I_N；电压线圈的电压不能超过所选的电压量限 U_N。

4. 训练内容和步骤

（1）测量日光灯电路参数。

按照如图 11.11 所示的电路进行链接。断开电容支路的开关 S，点亮日光灯，测量电源电压 U、灯管两端的电压 U_R、镇流器两端的电压 U_{rL}、I_1 及功率表的指示值 P 等，将结果填入表 11.15 中。

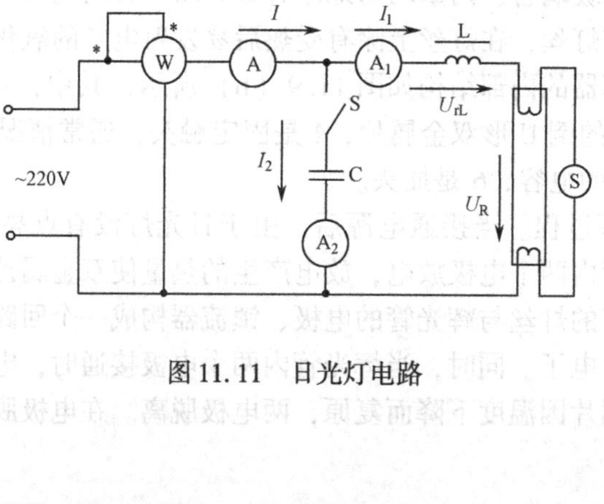

图 11.11　日光灯电路

表 11.15　测量数据（S 断开）

项　目	测量数据					计算数据			
	U/V	U_{rL}/V	U_R/V	I/mA	P/W	$\cos\varphi$	R	r	L
测量值									

（2）提高日光灯电路的功率因数。

闭合电容支路的开关 S，将电容从零开始增加，使电路从感性变为容性。每改变电容一次，测出日光灯支路的电流 I_1、电容支路的电流 I_2、总电流 I 及电路的功率 P，将结果填入表 11.16中。

表 11.16　测量数据（S 闭合）

项　目	给　定		测量数据				计算数据	
	U/V	C/μF	I/mA	I_1/mA	I_2/mA	P/W	$\cos\varphi$	Q
1	220	1						
2	220	2						
3	220	3						
4	220	4						
5	220	5						

5. 报告要求

① 完成表格中的计算值。

② 画出 $I=f(C)$ 曲线及功率因数曲线 $\cos\varphi=f(C)$。

③ 说明功率因数提高的原因和意义。

11.5　常用电子仪器的使用方法

1. 训练目的

① 了解双踪示波器、低频信号发生器、稳压电源、晶体管毫伏表的原理和主要技术指标。

② 掌握用双踪示波器测量信号幅值、频率、相位和脉冲信号的有关参数。

③ 掌握晶体管毫伏表的正确使用方法。

2. 训练器材

训练所需的器材及数量见表 11.17。

表 11.17　训练所需的器材及数量

器　材	数　量
双踪示波器	一台
低频信号发生器	一台
双路稳压电源	一台
晶体管毫伏表	一只
数字式（或指针式）万用表	一只

3. 训练内容和步骤

（1）稳压电源的使用方法。接通稳压电源的开关，旋转电压调节旋钮使两路电源分别输出 +3V 和 +12V，用数字式（或指针式）万用表“DCV”挡测量输出电压的值。

（2）低频信号发生器及晶体管毫伏表的使用方法。

① 信号发生器输出频率的调节方法：按下“频率范围”波段开关，并旋转面板上的频率调节旋钮，可使信号发生器输出频率在 1kHz ~ 2MHz 的范围内改变。

② 信号发生器输出幅值的调节方法：调节输出“衰减”（-20dB，-40dB）波段开关和“输出调节”电位器，便可在输出端得到所需的电压，其输出范围是 0 ~ 10V。

③ 低频信号发生器和毫伏表的使用方法：将信号发生器的频率旋钮调至 1kHz，旋转“输出调节”旋钮，使仪器输出幅值为 5V 左右的正弦波，将分贝衰减的开关分别置于 0dB、-20dB、-40dB 和 -60dB 挡，用毫伏表分别测出相应的电压值。

注意：毫伏表接于被测信号时，应先接“接地”端，再接“非接地”端，测量结束时，应按相反的顺序取下。非测量时，应将两输入端短接或置于 1V 以上的量程。

（3）示波器的使用方法。

① 使用前进行检查与校准。先将示波器面板上的各键置于如下位置：“显示方式”选择“X - Y”；“极性”选择“+”；“触发方式”选择“内触发”；“DC、GND、AC”选择“AC”；“高频、常态、自动”选择“自动”；“微调、V/div”选择“校准”和“0.2V/div”挡。然后用同轴电缆将校准信号输出端与 CH1 通道的输入端相连，开启电源后，示波器屏幕应显示幅值为 1V、周期为 1ms 的方波。调节“辉度”、“聚焦”和“辅助聚焦”各旋钮，使观察到的波形细而清晰，调节亮度旋钮于适中位置。

② 测量交流信号电压幅值：使低频信号发生器的信号频率为 1kHz，信号有效值为 5V，适当选择示波器灵敏度选择开关“V/div”的位置（“微调”置于“校准”），从而在示波器上能观察到完整、稳定的正弦波，根据示波器中纵向坐标每格代表的电压值，以及被测波形在纵向所占格数便可读出电压的数值，将信号发生器的分贝衰减器的开关分别置于 0dB、-20dB、-40dB 和 -60dB，并将各项参数的测量结果填入表 11.18 中。

表 11.18 不同输出衰减时的测量结果

输出衰减/dB	0	-20	-40	-60
示波器 V/div 位置				
峰 - 峰波形高度/格				
峰 - 峰电压/伏				
电压有效值/伏				
注意：若使用 10 : 1 探头时，则应将探头本身的衰减量考虑进去				

③ 测量交流信号频率：将示波器的“*t*/div 微调”旋钮置于“校准”，此时，扫描速率开关“*t*/div”所置刻度值表示屏幕横坐标每格所表示的时间值。根据被测信号波形在横向所占的格数直接读出信号的周期，若要测量频率，则只需求被测周期的倒数，结果即频率值。按照如表11.19所示的不同频率，由信号发生器输出信号，用示波器测出其周期，计算频率，并将所测的结果与已知的频率进行比较。

表 11.19 测量交流信号频率

信号频率/kHz	1	5	10	100
扫描速度				
一个周期占有的水平格数				
信号频率				

④ 测量交流信号的相位差：测量两个频率相同的信号之间的相位关系时，使“显示方式”开关置于“交替”或“断续”工作状态，触发信号取自 Y_B 通道，从而测量两个信号的相位差，如图 11.12（a）所示。

如图 11.12（a）所示为被测波形，波形的一个周期在横坐标上占 8 格（div），这时每格对应 360°/8 = 45°。

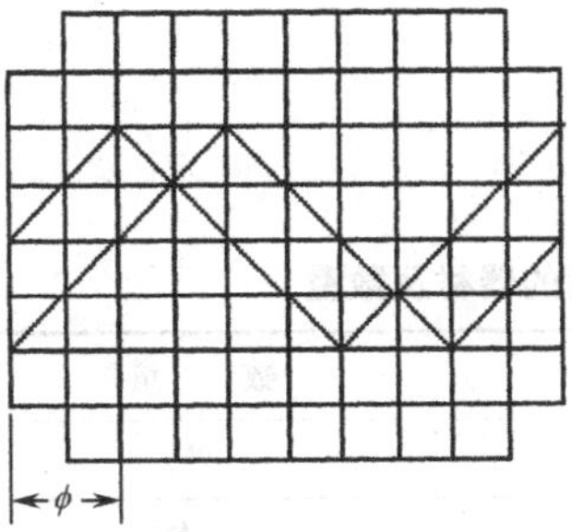

(a) 测量两个信号的相位差

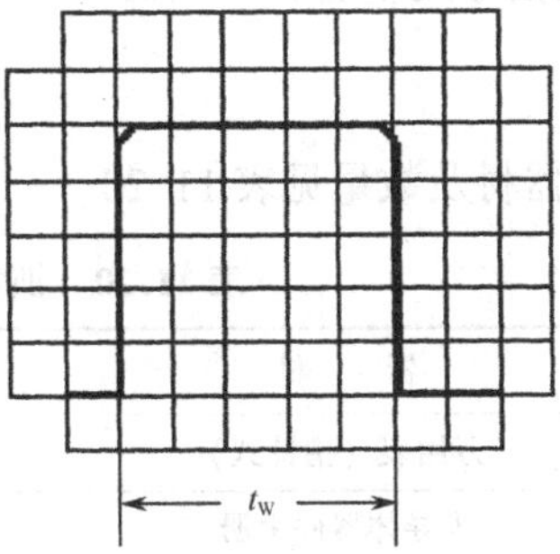

(b) 测量脉冲信号宽度

图 11.12 测量相位差及脉冲宽度

可计算出相位差为

$$\varphi = 45°/\text{div} \times \phi(\text{div}) = 45° \times 2 = 90°$$

⑤ 测量脉冲信号宽度：首先通过示波器的移位旋钮将脉冲波形移至屏幕中心，并调节“t/div”开关，使其在 X 轴方向基本占据整数格。

例如，在图 11.12（b）中，t/div 为 1ms/div，求得脉宽

$$t_w = 1\text{ms/div} \times 5\text{div} = 5\text{ms}$$

4. 报告要求

① 认真记录数据并填写相应的表格。

② 回答思考题。

5. 思考题

① 使用示波器时，若要达到下列要求，应调节哪些旋钮和开关？

a. 波形清晰、亮度适中。

b. 波形稳定。

c. 移动波形位置。

d. 改变波形的显示个数。

e. 改变波形的高度。

f. 同时观察两路波形。

② 用示波器测量信号的频率与幅值时，如何保证测量精度？

11.6 二极管的识别与检测及应用电路

1. 训练目的

① 熟悉二极管的外形及引脚的识别方法。

② 练习查阅半导体器件手册，熟悉二极管的类别、型号及主要性能参数。

③ 掌握使用万用表检测二极管质量的方法。

④ 学习二极管伏-安特性曲线的测量方法，熟悉二极管应用电路的工作原理及测量方法。

⑤ 练习使用信号发生器和示波器。

2. 训练器材

训练所需的器材及数量见表 11.20。

表 11.20 训练所需的器材及数量

器　材	数　量
万用表（指针式）	一只
半导体器件手册	一本
不同规格、类型的二极管	若干
直流稳压电源	一台
双踪示波器、低频信号发生器	各一台
二极管（2CZ）	两只
电阻 620Ω，电位器 220Ω	各一只
面包板	一块

3. 训练内容和步骤

（1）识别与检测二极管。按照附录 A 中有关二极管的识别与检测的方法，用万用表检测普通二极管的极性及质量，测量正向和反向电阻的阻值，将结果填入表 11.21 中。

表 11.21 识别与检测二极管

二极管型号	正向电阻		反向电阻		质量（好/坏）
	$R\times100$ 挡	$R\times1\text{k}$ 挡	$R\times100$ 挡	$R\times1\text{k}$ 挡	

（2）测量二极管伏-安特性曲线。二极管的伏-安特性曲线指二极管两端的电压与通过二极管的电流之间的关系，检测电路如图 11.13 所示。用逐点测量法，调节 RP，改变输入电压 u_i，分别测出二极管 VD 两端的电压 u_D 和通过二极管的电流 i_D，即可在坐标纸上描绘出它的伏-安特性曲线 $i_D=f(u_D)$。

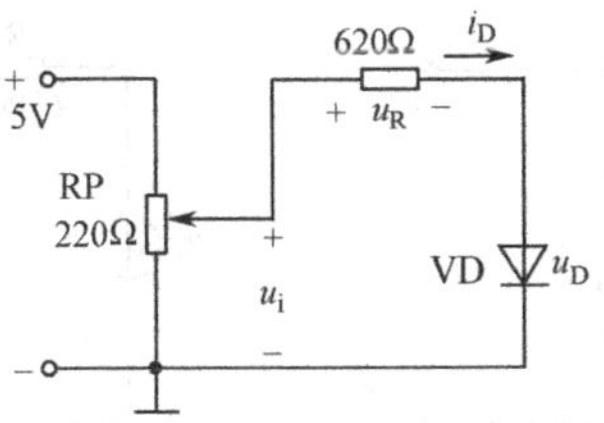

图 11.13　二极管伏–安特性曲线检测电路

按照如图 11.13 所示的电路进行连接，经检查无误后，接通 5V 直流电源。调节电位器 RP，使输入电压 u_i 按照如表 11.22 所示的数值从 0 逐渐增大到 5V。用万用表分别测出电阻 R 两端的电压 u_R 和二极管的两端的电压 u_D，并根据 $i_D = u_R/R$ 算出通过二极管的电流 i_D，将结果填入表 11.22 中。用同样的方法进行两次测量，然后取平均值，即可得到二极管的正向特性。

表 11.22　二极管的正向特性

u_i/V		0.00	0.40	0.50	0.60	0.70	0.80	1.00	2.00	3.00	4.00	5.00
第一次测量	u_R/V											
	u_D/V											
第二次测量	u_R/V											
	u_D/V											
平均值	u_R/V											
	u_D/V											
	i_D/mA											

将如图 11.13 所示的电路的电源正、负极性互换，使二极管反偏，然后按照如表 11.23 所示的 u_i 值调节 RP，分别测出对应的 u_R 和 u_D，将结果填入表 11.23 中。

表 11.23　二极管的反向特性

u_i/V	0.00	−1.00	−2.00	−3.00	−4.00
u_R/V					
u_D/V					
i_D/μA					

（3）二极管应用电路。按照如图 11.14（a）所示的电路搭建半波整流电路，在输入端加频率为 1kHz、幅值为 3V 的正弦信号 u_i，用双踪示波器观察 u_i 和 u_o 的波形，并画出它们的对应关系。

按照如图 11.14（b）所示的电路搭建限幅电路，使直流基准电压 U_{REF} = 5V，在输入端加频率为 1kHz、幅值为 8V 的正弦信号 u_i，用示波器观察 u_i 和 u_o 的波形，画出它们的对应关系，并记下它们的数值。

4. 报告要求

① 整理表格数据，在坐标纸上画出二极管的伏–安特性曲线。

② 画出半波整流电路和限幅电路的输入、输出波形，分析测量结果。

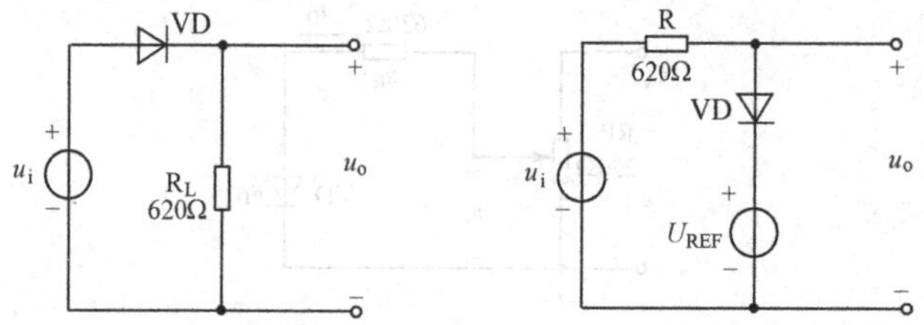

(a) 半波整流电路　　　　(b) 限幅电路

图 11.14　二极管应用电路

11.7　三极管的识别和检测

1. 训练目的

① 练习查阅三极管的产品手册。

② 掌握使用万用表检测三极管的方法。

③ 加深对三极管特性和参数的理解。

2. 训练器材

训练所需的器材及数量见表 11.24。

表 11.24　训练所需的器材及数量

器　材	数　量
万用表（指针式）	一只
NPN 型和 PNP 型小功率三极管	若干只
直流稳压电源	一台
10kΩ 电位器，100kΩ/0.5W、2kΩ/0.5W 电阻	各一只

3. 训练内容和步骤

① 按照提供的三极管的型号查阅产品手册，将其主要参数填入表 11.25 中。

表 11.25　三极管型号与参数

型号与类型		参　数					
		I_{CM}/mA	P_{CM}/mW	$U_{(BR)CEO}$/V	I_{CEO}/μA	h_{FE}	合格否
	手册值						
	测量值	/	/				
	手册值						
	测量值	/	/				

② 用万用表判别三极管的管脚和管型，将结果填入表 11.26 中。

表 11.26　三极管的管脚与管型

型　号	3DG6B	3AX31B	DX211
管脚图	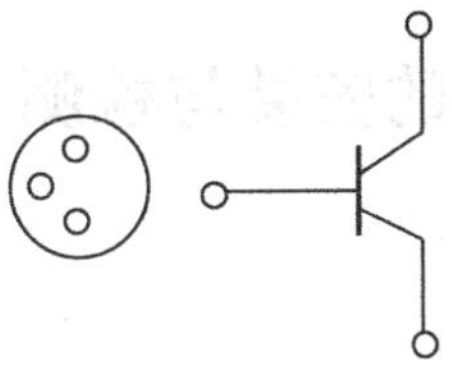	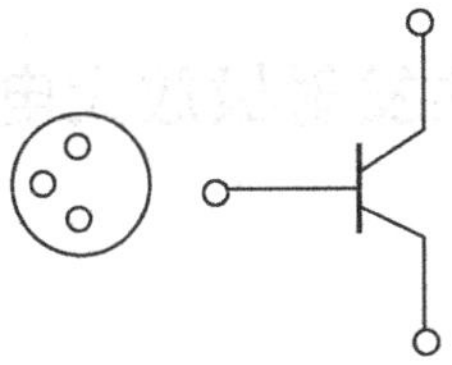	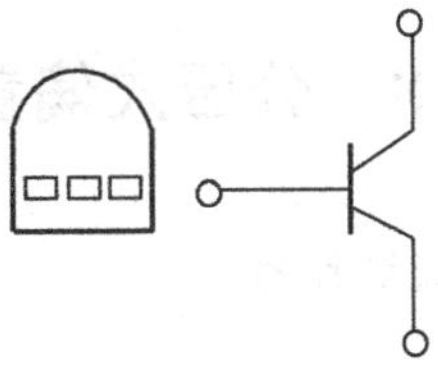
管型			

③ 用万用表检测三极管的性能，将结果填入表 11.27 中。

表 11.27　三极管的性能

型　号	基极接红表笔		基极接黑表笔		合格否
	b，e 之间	b，c 之间	e，b 之间	c，b 之间	

④ 测量三极管电路的电压传输特性。按照如图 11.15 所示的电路进行连接，检查无误后，接通直流电源 V_{CC}。

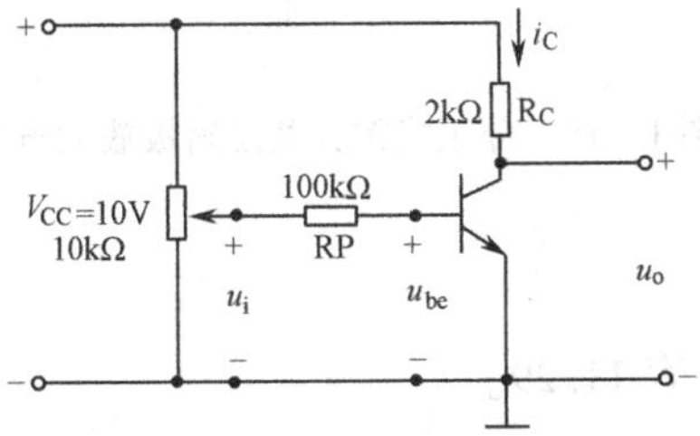

图 11.15　三极管电路的电压特性检测电路

调节电位器 RP，使输入电压 u_i 由零逐渐增大，如表 11.28 所示，用万用表测出对应的 u_{be}、u_o 值，并计算 i_C，将结果填入表 11.28 中。

表 11.28　三极管电压传输特性

u_i/V	0	1.00	2.00	2.50	3.00	3.50	4.00	5.00	6.00	7.00	8.00
u_{be}/V											
u_o/V											
i_C/mA											

4. 报告要求

① 整理表格中的测量数据。

② 在坐标纸上画出电压传输特性曲线 $u_o=f(u_i)$ 和转移特性曲线 $i_C=f(u_{be})$，求出线性

部分的电压放大倍数 $A_u = \frac{\Delta u_o}{\Delta u_i}$ 的值。

11.8　分压式偏置共发射极放大电路的安装与检测

1. 训练目的

① 掌握印制电路板的制作方法（刀刻法或腐蚀法）及电路的安装、调试和检测方法。
② 观察静态工作点和负载对放大电路输出波形及电压放大倍数的影响。
③ 熟练掌握常用的电子仪器、仪表的使用方法。

2. 训练内容

① 连接分压式偏置共发射极放大电路，如图 11.16 所示。
② 测量电压放大倍数、输入电阻及输出电阻。

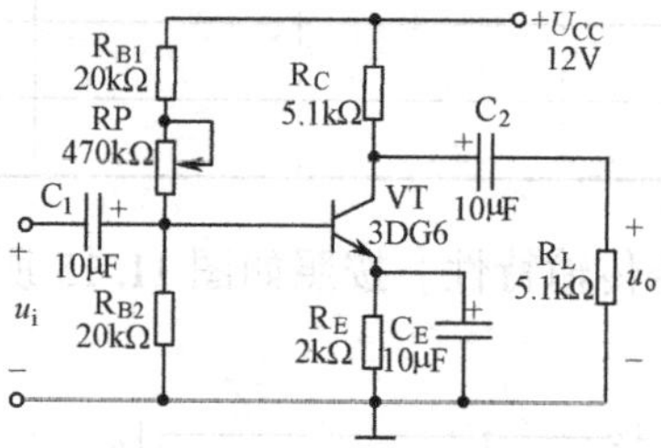

图 11.16　分压式偏置共发射极放大电路

3. 训练器材

训练所需的器材及数量见表 11.29。

表 11.29　训练所需的器材及数量

器　材	数　量
直流稳压电源	一台
低频信号发生器	一台
示波器	一台
晶体管毫伏表	一只
万用表	一只
敷铜板（或空心铆钉板）	一块
电烙铁	一台
微型电钻或小型台钻	一台
常用工具	一套
焊锡	若干

4. 训练步骤

① 根据图 11.16 绘制印制电路板图，如图 11.17 所示。

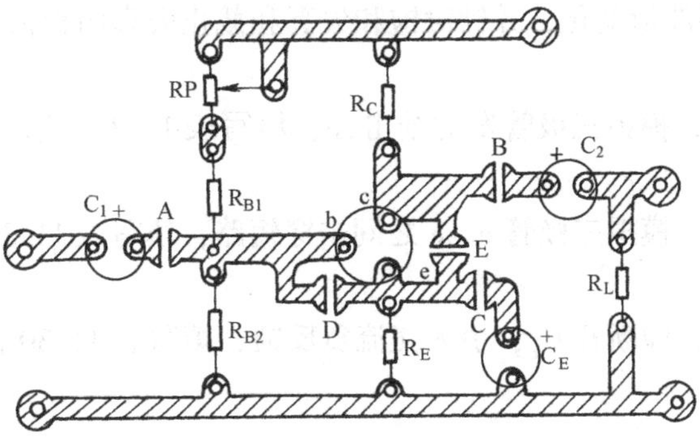

图 11.17 分压式偏置共发射极放大电路印制电路板图

② 根据图 11.17 用刀刻法或腐蚀法制作印制电路板，并在相应位置上打孔，涂酒精、松香溶液。若选用空心铆钉板，则此步骤可省去。

③ 根据图 11.16 列出元器件清单。备好元器件，检测各元器件的质量。

④ 根据图 11.17，连接各元器件。装配工艺要求如下：

a. 电阻采用水平式安装，贴紧印制电路板，色环方向应该一致。

b. 三极管采用直立式连接，底面到印制电路板的距离为（5 ±1） mm。

c. 电容尽量插到底，底面到印制电路板的距离为（5 ±1） mm。

d. 电位器尽量插到底，不能倾斜，三只脚均要焊接。

e. 插件装配美观、均匀、端正、整齐，不能歪斜，高矮有序。

f. 所有插入焊片孔的元器件引线及导线均采用直脚焊，并严格遵循先剪后焊的原则。

g. 焊点要求圆滑、光亮，防止虚焊、搭焊和散焊。

⑤ 检查各元器件，装配无误后，用烙铁将断口 A、B、C 连接好，接通 12V 直流电源。

⑥ 调整放大电路的静态工作点。调节 RP，使三极管的集射极电压 $U_{ce}=5\sim7V$，测量 U_{be}和 U_{R_C}，并计算集电极电流 I_C，其中

$$I_C = \frac{U_{R_C}}{R_C}$$

⑦ 测量电压放大倍数。向放大电路输入端输入 $f=1kHz$，$U_i=5mV$ 的正弦交流信号，用示波器观察输出波形，用毫伏表测量输出电压 U_o，记录波形和数据。将断口 B 断开，观察测量放大电路输出端开路时的输出波形和输出电压 U'_o，记录波形和数据，连接断口 B。分别计算带负载和空载时的放大倍数 A_u，将结果填入表 11.30 中。

提示：必须在关闭电源后，才能将断口断开或连上。

⑧ 测量输入/输出电阻。断开断口 A，用毫伏表测量输入端电压 U_i，记录数据；用 R_1（电阻值为 1kΩ）连接断口 A，用毫伏表测量基极输入电压 U'_i，记录数据。用下式计算输入电阻，即

$$R_i = \frac{U_i}{U_i - U'_i}R_1 = \frac{U_i}{U_i - U'_i}\times 1k\Omega$$

输出电阻可利用⑦测得的数据和式 $R_o=\left(\frac{U'_o}{U_o}-1\right)R_L$ 求得。将求出的输入/输出电阻填入表 11.30中。

⑨ 调节 RP，观察波形变化，并针对饱和失真和截止失真两种情形，填写表 11.30 需要的测量数据。

⑩ 将断口 D 封好，模拟三极管发射结击穿，填写表 11.30 需要的测量数据，然后将断口 D 断开。

⑪ 将断口 E 封好，模拟三极管 c、e 之间击穿短路，填写表 11.30 需要的测量数据，然后将断口 E 断开。

⑫ 将断口 C 断开，即断开 C_E，引入交流负反馈，填写表 11.30 需要的测量数据，然后将 C 封好。

5. 注意事项

① 严禁在带电状态下拆接线路。
② 测量放大倍数时，各仪器的接地端应连接在一个公共接地端上，以防干扰。

6. 报告要求

① 整理测量数据，并填入表 11.30 中。
② 分析调整偏置电阻时，波形失真的变化情况。
③ 比较测量值和理论值，分析产生误差的原因。
④ 完成实训报告。

表 11.30　静态工作点对放大倍数、输出波形的影响

工作状态		U_{ce}/V	U_{be}/V	A_u	R_i/kΩ	R_o/kΩ	输出波形	波形分析
工作点合适	$R_L=5.1k\Omega$							
	R_L 开路							
工作点过高								
工作点过低								
发射结击穿								
c、e 间击穿								
C_E 断开								
检测中出现的故障及排除方法								

11.9　共源极场效应管放大电路的安装与检测

1. 训练目的

① 学习场效应管放大电路的安装方法。
② 掌握场效应管放大电路的电压放大倍数的测量方法。

2. 训练内容

① 连接共源极场效应管放大电路，如图 11.18 所示。
② 测量电压放大倍数、输入/输出电阻。

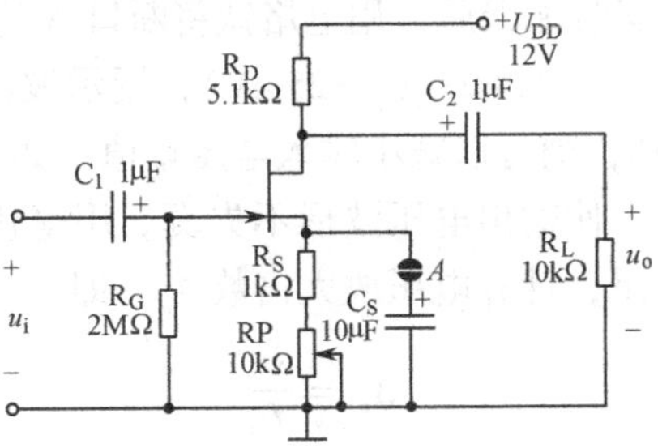

图 11.18　共源极场效应管放大电路

3. 训练器材

训练所需的器材及数量见表 11.31。

表 11.31　训练所需的器材及数量

器　材	数　量
直流稳压电源	一台
低频信号发生器	一台
示波器	一台
晶体管毫伏表	一只
万用表	一只
纹孔板（或空心铆钉板）	一块
电烙铁	一台
常用工具	一套
焊锡	若干

4. 训练步骤

① 根据图 11.18 绘制装配电路图，并标清楚各元器件的位置。

② 根据图 11.18 列出元器件清单。备好元器件，检测各元器件的质量。

③ 根据绘制好的装配电路图，在纹孔板上连接各元器件。纹孔板如图 11.19 所示。

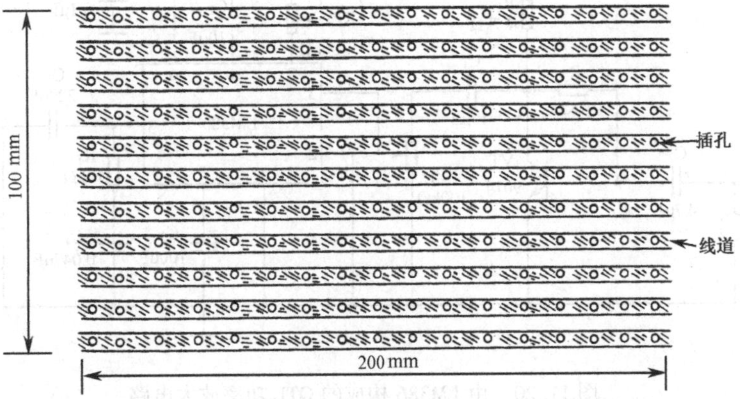

图 11.19　纹孔板

④ 检查各元器件，确认安装无误后，用电烙铁将断口 A 连接好，接通 12V 电源。

⑤ 输入端输入正弦信号（$f=1\text{kHz}$，$U_i=25\text{mV}$），用示波器观察输出电压波形。如果输出电压波形出现双向切顶失真，则可以减小输入电压幅值；如果输出电压波形出现单向切顶失真，则可以增大或减小 RP，使输出电压波形不失真。用毫伏表测出放大电路的输出电压 U_o 和输入电压 U_i，并做好记录，计算电压放大倍数 A_u，即

$$A_u=\frac{U_o}{U_i}$$

⑥ 去掉输入信号，测出静态工作点 I_D（万用表应串联接入漏极电路）和 U_{DS} 的值，并做好记录。

⑦ 将断口 A 断开，重复步骤⑤和⑥，并进行比较。

5. 报告要求

① 画出装配电路图。
② 整理测量数据，填入自行设计的表格中。
③ 完成实训报告。

11.10 LM386 集成功率放大器的应用

1. 训练目的

① 学会识别和选择集成功率放大器。
② 掌握由 LM386 构成的 OTL 功率放大电路的调整与检测方法。

2. 训练内容

① 连接由 LM386 构成的 OTL 功率放大电路，如图 11.20 所示。
② 调整并检测 LM386 构成的 OTL 功率放大电路。

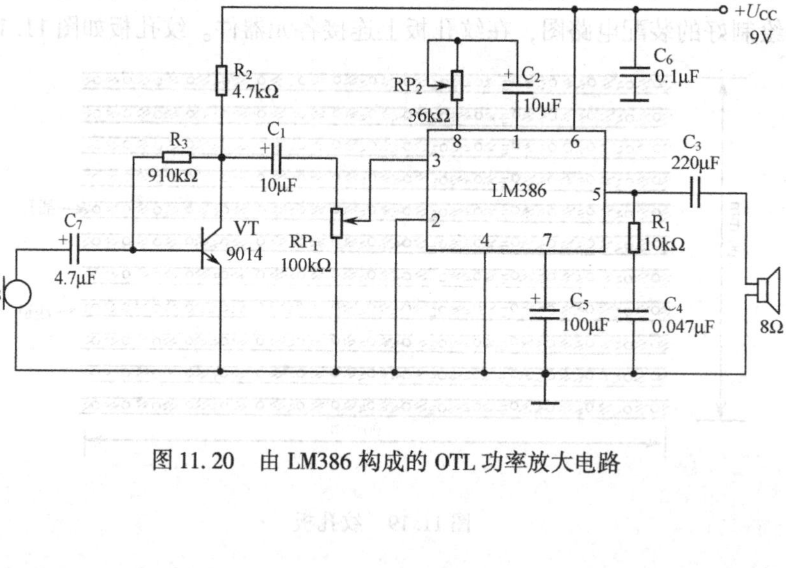

图 11.20 由 LM386 构成的 OTL 功率放大电路

3. 训练器材

训练所需的器材及数量见表 11.32。

表 11.32　训练所需的器材及数量

器　材	数　量
万用表	一只
双踪示波器	一台
函数信号发生器	一台
直流稳压电源	一台
毫伏表	一台

提醒：实验用的其他元器件见图 11.20。

4. 训练步骤

① 按照如图 11.20 所示的电路在实验台上进行搭建（注意：驻极体话筒暂时不要接入电路），音量电位器 RP_1 调至中间的位置，功放增益调节电位器 RP_2 调至阻值最大的位置，检查接线，确认连接无误后，接通 9V 直流电源。

② 用万用表直流电压挡测量三极管 VT 的直流工作点及 LM386 各引脚的电位，填入表 11.33中。

表 11.33　直流电位测量结果

VT1	U_{EQ}/V			U_{BQ}/V		U_{CQ}/V		
电压值								
LM368 引脚	1	2	3	4	5	6	7	8
电压值								

③ 调整好函数信号发生器，使其产生一个 1000Hz、10mV 的正弦波信号，并加到电路的输入端（C_1电容的正端），这时扬声器发出音频信号，当调节 RP_1时，音量将随之变化。

④ 调节 RP_1使音量最大，并用示波器测量电路输出端 5 脚的波形，然后调节 RP_2使功率放大器的放大倍数逐步提高，同时观察示波器上的波形，确保不出现失真（如果出现失真，则应该停止调节 RP_2，并向相反方向调回一点）。

⑤ 在保证输出信号不失真的前提下，使扬声器的音量最大，然后用交流毫伏表测量电路的电压放大增益，$A_u = U_o/U_i$。

⑥ 将函数信号发生器产生的信号去掉，在电路的输入端接上驻极体话筒，检验该扩音电路的功率放大效果。

5. 报告要求

① 整理测量数据。

② 简单分析扩音电路的工作原理。

11.11 TDA2030 集成功率放大器的应用

1. 训练目的

① 学会识别和选择集成功率放大器。
② 掌握功率放大器的性能参数、主要指标的测量方法。

2. 训练内容

① 连接 TDA2030 集成功率放大电路，如图 11.21 所示。
② 测量最大输出功率、电源供给功率和效率。

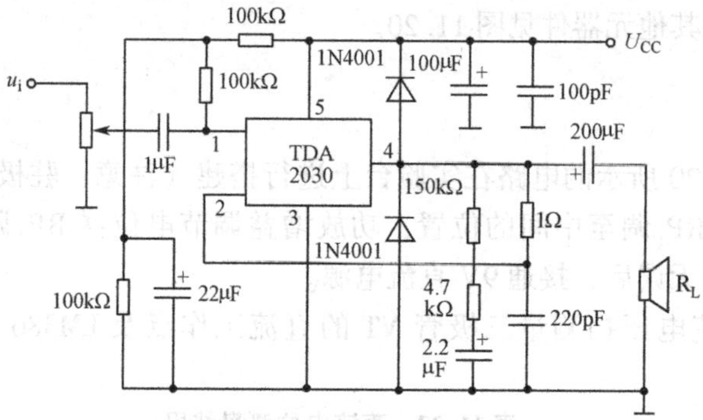

图 11.21 TDA2030 集成功率放大电路

3. 训练器材

训练所需的器材及数量见表 11.34。

表 11.34 训练所需的器材及数量

器　材	数　量
直流稳压电源（可调）	一台
低频信号发生器	一台
示波器	一台
晶体管毫伏表	一只
万用表	一只
纹孔板（或空心铆钉板）	一块
电烙铁	一台
常用工具	一套
焊锡	若干

4. 训练步骤

① 根据图 11.21 绘制装配电路图，如图 11.22 所示，并标清各元器件的位置。
② 根据图 11.21 列出元器件清单。备好元器件，检测各元器件的质量。
③ 正确识读 TDA2030 集成功率放大器的各引脚。正面识读时，从左到右为 $P_1 \sim P_5$。

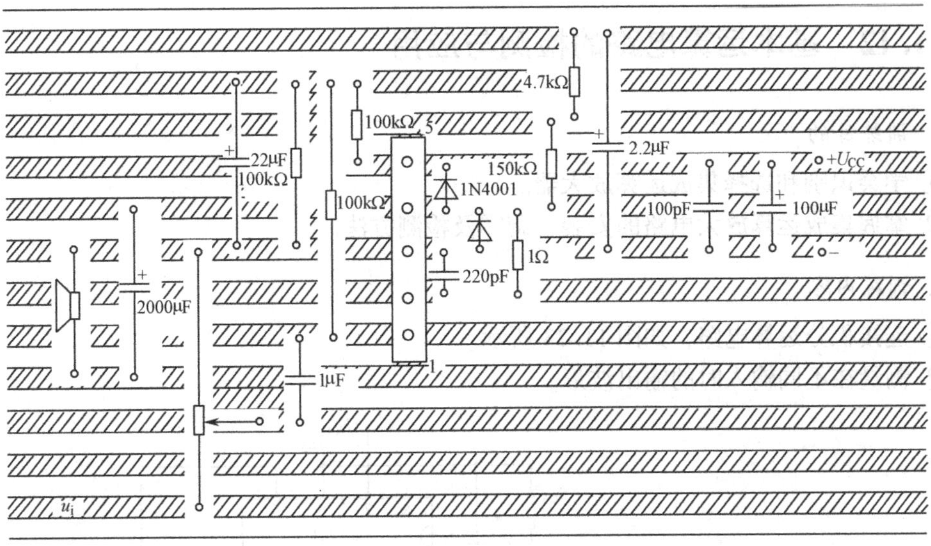

图 11.22　TDA2030 装配图

④ 根据绘制好的装配电路图，连接各元器件。

⑤ 检查各元器件，确认连接无误后，接通 9V 电源。

⑥ 在电路输入端输入 1kHz 正弦信号，用示波器观察 R_L 两端的波形，并做好记录。

⑦ 增大输入信号，同时用示波器观察输出波形，直到最大不失真为止。用毫伏表测出输出电压 U_{om}的值，并做好记录。此时最大输出功率为

$$P_{om} = \frac{U_{om}^2}{R_L}$$

⑧ 测出直流电源输出电流 I_{Um}的值（万用表要串联接入电源电路中），并做好记录。此时电源供给的功率为

$$P_U = U_{CC} I_{Um}$$

则

$$\eta = \frac{P_{om}}{P_U}$$

⑨ 将 $R_L = 4\Omega$ 的负载拆下，换上 $R_L = 8\Omega$ 的负载，重复步骤⑥～⑧，再测量 P_{om}、P_U 和 η。

⑩ 改变电源电压 U_{CC} 的大小，使其分别为 6V 和 12V，重复步骤⑥～⑧，再测量 P_{om}、P_U 和 η。

5. 报告要求

① 整理测量数据，填入自行设计的表格中。

② 对下列两种情况下的测量结果进行比较，从中归纳出有关结论。

a. 改变负载时，输出功率和效率的变化。

b. 改变电源电压时，输出功率和效率的变化。

③ 完成实训报告。

11.12　基本运算电路的检测与应用

1. 训练目的

① 学会识别和选择集成运算放大器。

② 掌握集成运算放大电路的安装、调零及检测方法。

2. 训练内容

① 连接积分运算电路，如图 11.23 所示。

② 测量在不同输入时的输出波形。

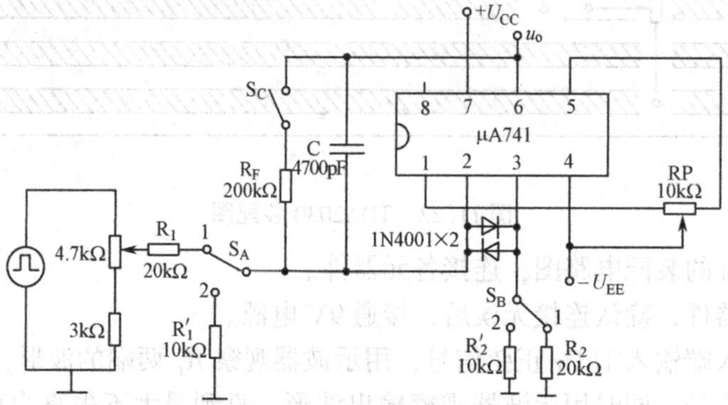

图 11.23　积分运算电路

3. 训练器材

训练所需的器材及数量见表 11.35。

表 11.35　训练所需的器材及数量

器　材	数　量
直流稳压电源（双路）	一台
低频信号发生器	一台
双踪示波器	一台
晶体管毫伏表	一只
万用表	一只
纹孔板（或铆钉板）	一块
电烙铁	一台
常用工具	一套
焊锡	若干

4. 训练步骤

① 根据图 11.23 绘制装配电路图，标清各元器件的位置。

提示：开关 S_A、S_B、S_C 可分别用断口 A_1、A_2、B_1、B_2、C 代替。

② 根据图 11.23 列出元器件清单。备好元器件，检测各元器件的质量。

③ 正确识读 μA741 集成运算放大器的各引脚。正面识读时，从左下脚起，逆时针方向为 $P_1 \sim P_8$。

④ 根据绘制好的装配电路图，连接各元器件。

⑤ 检查各元器件，确认连接无误后，S_A 置于 2（连上断口 A_2），S_B 置于 2（连上断口 B_2），接通 ±12V 电源。

⑥ 调节 RP 使 $U_o=0$ 后，S_A 置于 1（断开断口 A_2，连上断口 A_1），S_B 置于 1（断开断口 B_2，连上断口 B_1）。

⑦ 在输入端输入 $f=1\text{kHz}$，幅值为 1V 的方波信号，记录输出波形和幅值。

⑧ 合上开关 S_C（连上断口 C），在电容 C 的两端并联 $R_F=200\text{k}\Omega$ 的电阻，再观察并记录输出波形。

⑨ 输入信号的幅值不变，将频率依次改变为 50Hz、500Hz 和 2kHz，观察并记录输出波形和幅值，比较它们之间的关系。

⑩ 维持输入信号的频率仍为 1kHz，改变输入信号的幅值，观察输出信号的幅值如何变化，并做好记录。

5. 报告要求

① 画出装配电路图。

② 整理测量数据，画出波形图。

③ 比较测量值与理论值，分析产生误差的原因。

④ 完成实训报告。

11.13 集成运算放大器在波形产生电路中的应用

1. 训练目的

① 进一步熟悉集成运算放大器在波形产生电路中的应用。

② 掌握集成运算放大器组成的正弦波振荡器的安装及检测方法。

2. 训练内容

① 连接 RC 文氏桥振荡电路，如图 11.24 所示。

② 测量振荡波形。

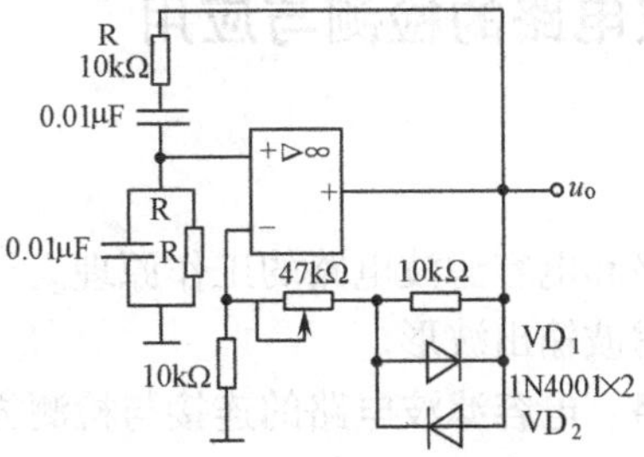

图 11.24 RC 文氏桥振荡电路

3. 训练器材

训练所需的器材及数量见表 11.36。

表 11.36 训练所需的器材及数量

器　材	数　量
直流稳压电源（双路）	一台
双踪示波器	一台
万用表	一只
纹孔板（或铆钉板）	一块
电烙铁	一台
常用工具	一套
焊锡	若干

4. 训练步骤

① 根据图 11.24 绘制装配电路图，标清各元器件的位置。

提示：在图 11.24 中，没有画出调零、保护、电源等端子。在实际应用中，这些端子是不能省略的。画装配图时，可参考图 11.23，把这些端子的连接情况也画出。

② 根据图 11.24 列出元器件清单。备好元器件，检测各元器件的质量。

③ 根据绘制好的装配电路图，连接各元器件。

④ 检查各元器件，确认连接无误后，接通 ±12V 电源。

⑤ 用示波器观察 u_o 的波形，改变 47kΩ 电位器的阻值，继续观察波形变化，并做好记录。

⑥ 利用示波器的扫描频率旋钮测出振荡频率，并做好记录。

⑦ 分别断开 VD_1 和 VD_2，观察波形的变化，并做好记录。

⑧ 同时断开 VD_1 和 VD_2，观察波形的变化，并做好记录。

5. 报告要求

① 绘出装配电路图。

② 整理测量数据，画出波形图。

③ 比较测量值与理论值，并根据有关原理对实训结果进行分析讨论。

④ 完成实训报告。

11.14 整流、滤波电路的检测与应用

1. 训练目的

① 理解单相桥式整流电路和电容滤波电路的工作原理。

② 熟悉整流输出波形与滤波输出波形。

③ 掌握单相桥式整流电路、电容滤波电路的连接与检测方法。

2. 训练内容

① 连接单相桥式整流电路，如图 11.25 所示。

② 测量整流输出和滤波输出的结果。

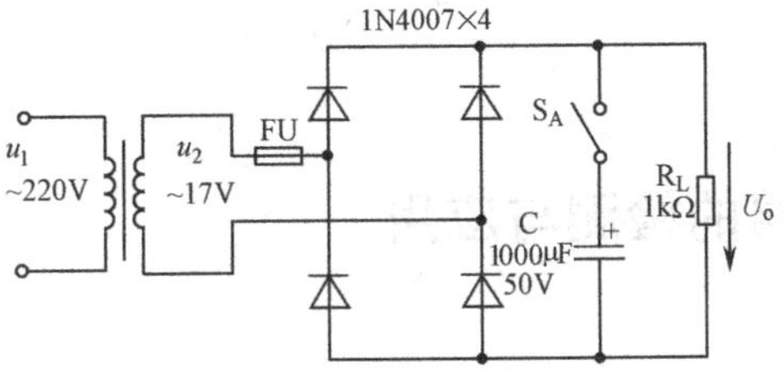

图 11.25 单相桥式整流电路

3. 训练器材

训练所需的器材及数量见表 11.37。

表 11.37 训练所需的器材及数量

器　材	数　量
晶体管毫伏表	一只
双踪示波器	一台
万用表	一只
纹孔板（或铆钉板）	一块
电烙铁	一台
常用工具	一套
焊锡	若干

4. 训练步骤

① 根据图 11.25 绘制装配电路图，标清各元器件的位置。

② 根据图 11.25 列出元器件清单。备好元器件，检测各元器件的质量。

③ 根据绘制好的装配电路图，连接各元器件。

④ 检查各元器件，确认连接无误后，装上 2A 的熔断器，接通 220V 交流电源。

提示：通电时，须有实习教师在现场指导，应注意安全。

⑤ 用示波器分别观察变压器输出电压 u_2 和桥式整流输出电压 u_{o1} 的脉动波形；用晶体管毫伏表测量变压器输出电压有效值 u_2 和桥式整流输出电压的交流分量有效值 $\tilde{U}_{o1}$；再用万用表直流电压挡测量桥式整流输出电压的直流分量 U_{o1}，并做好记录。

⑥ 合上开关 S_A（用断口代替开关时，用焊锡连上断口 A），用示波器观察滤波输出电压的脉动波形；用晶体管毫伏表测量其交流分量有效值 $\tilde{U}_o$；用万用表直流电压挡测量其输出直流电压 U_o，并做好记录。

5. 报告要求

① 画出装配电路图。

② 整理测量数据，填入自行设计的表格中，画出观察到的波形。

③ 根据测量数据，计算纹波系数，并进行分析。纹波系数指输出电压中交流分量的有效值与直流电压值之比，即

$$\gamma = \frac{\widetilde{U}_o}{U_o}$$

④ 完成实训报告。

11.15　稳压电路的检测与应用

1. 训练目的

① 掌握稳压电路的连接、调试、检测方法。

② 掌握稳压电路性能指标的检测方法。

2. 训练内容

① 根据如图 11.26 所示的串联型稳压电路进行连接。

② 调试串联型稳压电路，并对电路及性能指标进行检测。

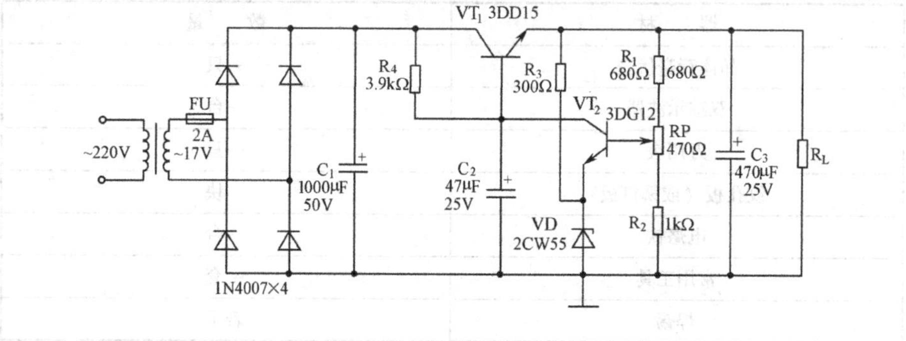

图 11.26　串联型稳压电路

3. 训练器材

训练所需的器材及数量见表 11.38。

表 11.38　训练所需的器材及数量

器　材	数　量
万用表	一只
纹孔板（或空心铆钉板）	一块
电烙铁	一台
常用工具	一套
焊锡	若干

4. 训练步骤

① 根据图 11.26 绘制装配电路图，标清各元器件的位置。

② 根据图 11.26 列出元器件清单。备好元器件，检测各元器件的质量。

③ 根据绘制好的装配电路图，连接各元器件。

④ 检查各元器件，确认连接无误后，装上 2A 的熔断器，接通 220V 交流电源。

⑤ 用万用表检测 C_3 两端的输出电压是否正常。若输出电压不正常，则按照如图 11.27 所示的流程进行检查；若输出电压正常，则调节电位器 RP，测量输出电压的变化范围，并做好记录。

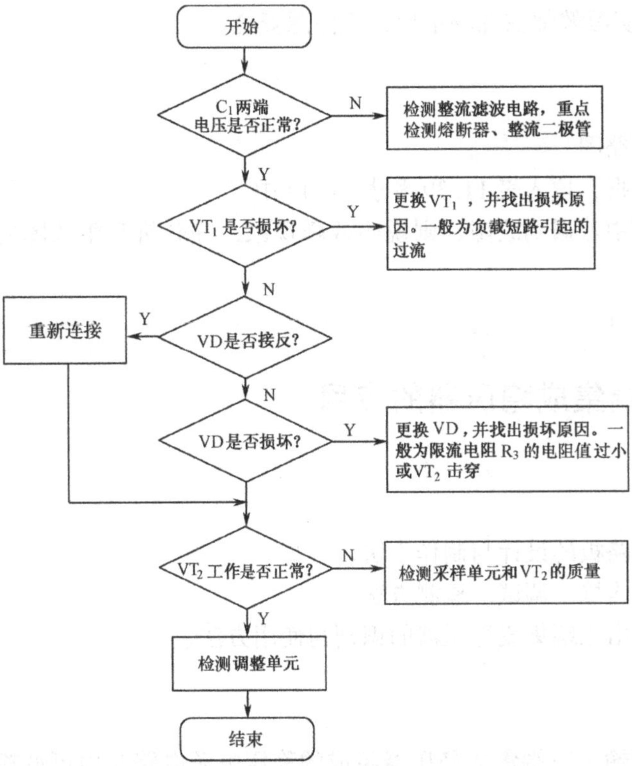

图 11.27　稳压电路故障检修流程图

⑥ 调节电位器 RP，使空载时的输出电压为 12V，按照如表 11.39 所示的内容测量有关数据，并将结果填入表中。

表 11.39　稳压电路电压数据

输入端交流电压/V	C_1 两端电压/V	VT_1		VT_2		VD 两端电压/V	空载输出电压/V
		U_{BE}/V	U_{CE}/V	U_{BE}/V	U_{CE}/V		
三极管工作状态							

⑦ 空载时调节电位器 RP，使输出电压为 12V。然后分别接入 270Ω 和 100Ω 的负载电阻，按照如表 11.40 所示的内容进行测量，将结果填入表中，并根据下式计算稳压性能，填入表中相应的位置。

$$稳压性能=\frac{输出电压-12V}{12V}\times 100\%$$

表 11.40　稳压性能测量数据

输入交流电压/V	C_1 两端电压/V	U_{CE1}/V	U_{C2}/V	R_L/Ω	输出电压/V	稳压性能/%
				∞		
				270Ω		
				100Ω		

提示：必须有实习教师在现场指导，应注意安全。

5. 报告要求

① 画出装配电路图。

② 整理测量数据，填入表 11.39 和表 11.40 中。

③ 在调试过程中若遇到故障，则说明故障现象，并分析产生故障的原因，思考解决故障的措施。

④ 完成实训报告。

11.16 三端集成稳压器的应用

1. 训练目的

① 掌握印制电路板的设计与制作方法。

② 掌握电路的连接、调试、检测方法。

③ 掌握固定输出三端集成稳压器的识别与使用方法。

2. 训练内容

① 连接由固定输出三端集成稳压器组成的稳压电源电路与由可调输出三端集成稳压器组成的稳压电源电路，分别如图 11.28 与图 11.29 所示。

② 调试并检测两种稳压电源电路。

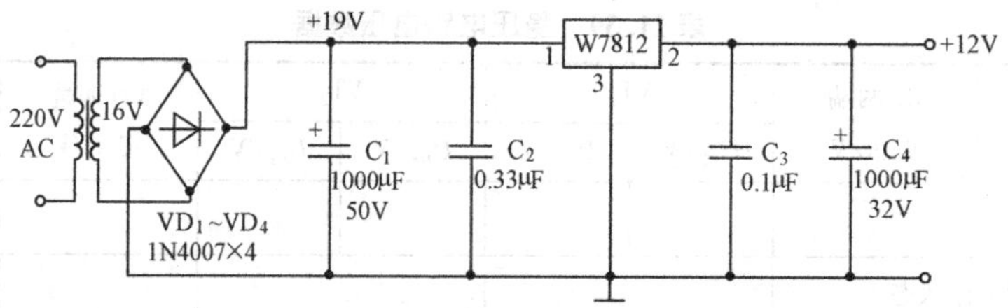

图 11.28 由固定输出三端集成稳压器组成的稳压电源电路

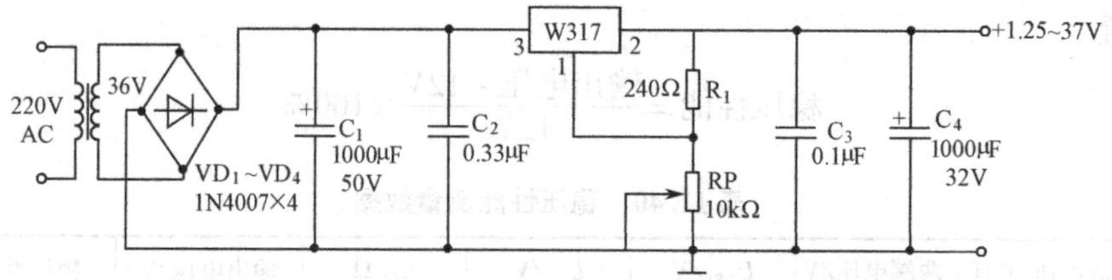

图 11.29 由可调输出三端集成稳压器组成的稳压电源电路

3. 训练器材

训练所需的器材及数量见表 11.41。

表 11.41　训练所需的器材及数量

器　材	数　量
万用表	一只
敷铜板（或空心铆钉板）	一块
电烙铁	一台
微型电钻或小型台钻	一台
交流调压器	一台
常用工具	一套
焊锡	若干

4. 训练步骤

① 根据图 11.28 和图 11.29 绘制印制电路板图，如图 11.30 所示。

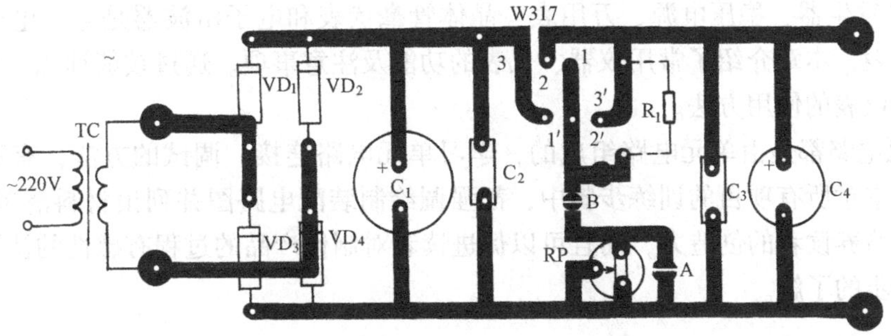

图 11.30　集成稳压电源印制电路板图

② 根据图 11.30，用刀刻法或腐蚀法制作印制电路板，并在相应位置打孔，涂酒精、松香溶液。若选用空心铆钉板，则此步骤可省去。

③ 根据图 11.28 和图 11.29 列出元器件清单。备好元器件，检测各元器件的质量。

④ 根据图 11.28 连接由固定输出三端集成稳压器组成的稳压电源电路。

提示：选 1、2、3 焊点连接 W7812，并注意查阅所选型号的固定输出三端集成稳压器的引脚排列。

⑤ 检查各元器件，确认连接无误后，用烙铁将断口 A 封好，在断口 B 装上 1A 的熔断器，接通 220V 交流电源。

⑥ 调节调压器，使输出为 16V，用万用表测量 C_1 和 C_4 两端的电压是否分别为 19V 和 12V。若不是，则说明电路有故障，分析原因并排除故障。

⑦ 根据图 11.29 连接可调输出三端集成稳压器组成的稳压电源电路。

提示：选 1、2、3 焊点连接 W317，并注意查阅所选型号的可调输出三端集成稳压器的引脚排列。

⑧ 检查各元器件，确认连接无误后，用烙铁将断口 A 断开，在断口 B 装上 1A 的熔断

器，接通 220V 交流电源。

⑨ 调节调压器，使输出为 36V，用万用表测量 C_1 两端的电压是否为 43V。若不是，则说明电路有故障，分析原因并排除故障。

⑩ 调节电位器 RP，测量输出电压的变化范围是否在 1.25 ~ 37V 之间。若不是，则分析原因，找出故障并排除。

5. 报告要求

① 分别画出由固定输出和可调输出三端集成稳压器组成的稳压电源电路的装配电路图。

② 在调试过程中若遇到故障，则描述故障现象，分析产生故障的原因，并思考解决故障的措施。

③ 完成实训报告。

本章小结

1. 本章介绍了常用电子元器件（电阻、电感、电容、二极管和三极管）的命名方法和性能指标等，通过技能训练，使读者掌握常用元器件的检测及选用方法。

2. 信号发生器、稳压电源、万用表、晶体管毫伏表和电子示波器是电工电子实验的常用仪器、仪表，本章介绍了常用仪器、仪表的功能及注意事项。通过技能训练，使读者掌握常用仪器、仪表的使用方法。

3. 整机电路都是由单元电路组成的，学习单元电路连接、调试的方法，有利于提高操作技能。在本章所有项目的训练步骤中，都强调绘制装配电路图并列出材料清单，这样做，不仅有利于培养读者的创造力，而且可以促进读者对制作产品的过程有感性的认识，并对生产工艺有初步的了解。

第 12 章　电子技术基础应用实践

12.1　敲击式音乐门铃

1. 功能

敲击式音乐门铃没有普通门铃所需的按钮。客人来访时，用手轻轻敲击房门，室内的门铃就会演奏出轻快的电子乐曲。

2. 原理

电路如图 12.1 所示。在音乐集成电路芯片 HY-1 的触发端 2 脚与电源正极之间接一片压电陶瓷片 HTD，HTD 固定在房门上，当有人敲门时，HTD 就受到机械振动，由于压电效应，它的两端就会输出感应电压，从而触发音乐集成电路工作，扬声器 BL 就会播放电子音乐。HY-1 各引脚的功能见表 12.1。

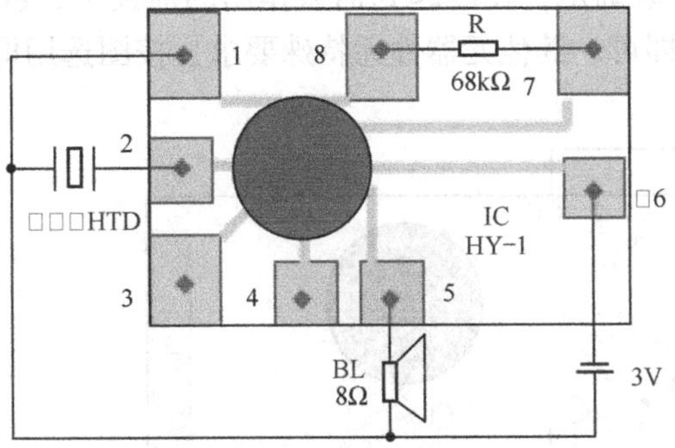

图 12.1　敲击式音乐门铃电路

表 12.1　HY-1 各引脚的功能

引 脚 号	功 能
1	V_{DD}
2	TRIG
3	OUT_3
4	OUT_2
5	OUT_1
6	V_{SS}
7	OSC_1
8	OSC_2

3. 元器件的选择

IC① 选用含有功率放大器的 HY-1 型集成电路芯片，它不需要外接三极管就能驱动扬声器发声，因此可以简化电路。压电陶瓷片可用 FT-27、HTD27A-1 型。扬声器 BL 用YD65-1型 8Ω/0.25W 的小型电动扬声器。

4. 安装

安装时，可在压电陶瓷片铜底板背面涂上少许环氧树脂胶，把它粘贴在房门背面，一般应距地面 1.5m 左右，因为这通常是人敲门的位置，从而提高实用性。

① IC：Integrated Circuit，集成电路芯片。通常在电路中用字母“IC”表示集成电路。

12.2 断线报警器

1. 功能

在报警器的两个接线端之间连接一条细漆包线，将这条线布置在欲增强防范的位置，一旦被误入的陌生人碰断，报警器立即发出“嘀、嘀……”的报警声。

2. 原理

电路如图 12.2 所示。该电路是一个以四声报警芯片 CL9561 为主的发声电路，但因为 CL9561 的 2 脚与 8 脚之间被一条漆包线 P 短接了，所以 CL9561 内部的振荡器停振，集成电路无输出，扬声器无声。显然，一旦 P 被碰断，BL 就会立即发出报警声。图中，R 是 CL9561 的振荡电阻；VT 的作用是对音频信号进行放大；C 是消振电容。CL9561 各引脚的功能如表 12.2 所示。其中 SEL_1 和 SEL_2 是 CL9561 发声种类选择端（简称选声端），发声种类与选声端电平的关系如表 12.3 所示，表中的斜线表示该选声端悬空。

说明：理论上，按照如图 12.2 所示的 SEL_1 和 SEL_2 的接法可以让 BL 发出救护车声，但因 R_1 的电阻值较小，故实际的报警声变成了“嘀、嘀……”声。

3. 元器件的选择

BL 为 16Ω 的微型讯响器；C 的容量由实验确定，在能起到消振作用的前提下，容量要尽量小，一般情况下，选用不到 1μF 的电容即可。其他元器件无特殊要求，按图选用即可。

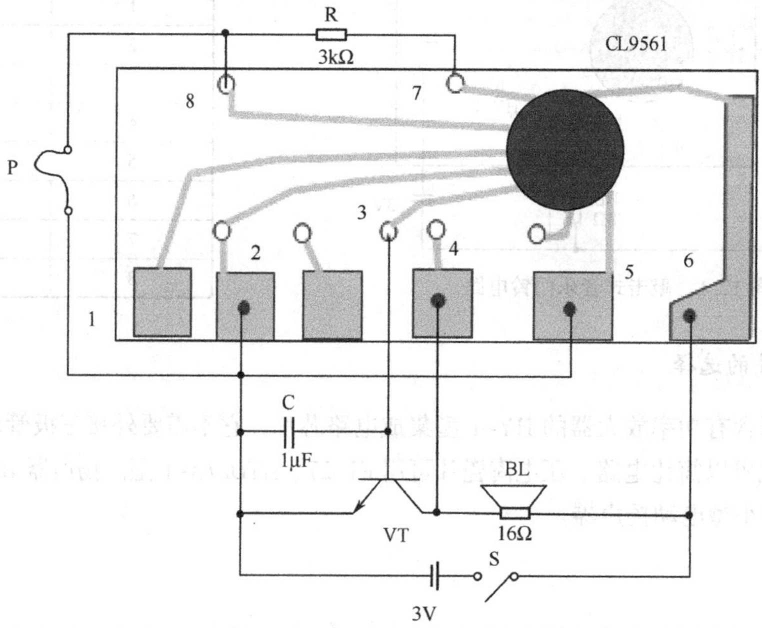

图 12.2　断线报警器电路

表 12.2　CL9561 各引脚的功能

引　脚　号	功　　能
1	SEL_2
2	E（也是 V_{SS}）
3	B（也是 O/P）
4	C（也是 SP）
5	SEL_1
6	V_{DD}
7	OSC_2
8	OSC_1

表 12.3　发声种类与选声端电平的关系

模拟声种类	选声端电平	
	SEL_1	SEL_2
机枪声	/	V_{DD}
警车声	/	/
救护车声	V_{SS}	/
消防车声	V_{DD}	/

12.3　洗衣机水位报警器

1. *功能*

一些洗衣机没有水位控制装置，因此给这些洗衣机注水时，应格外留意水位变化，若稍有疏忽，则可能造成水满溢出。

因此，设计一款洗衣机水位报警器，若洗衣机安装此装置，则当水位上升到预定的位置时，就会发声报警，提醒用户及时停止注水。

2. *原理*

电路如图 12.3 所示。三极管 VT_1 相当于一只开关，截止时相当于开关断开，导通时相当于开关闭合。水位探头采用耳塞机二芯插头。使用时，将它置于洗衣机欲控制的水位线上。当水未达到 A 点时，A、B 两点间电阻很大，VT_1 呈截止状态；而当水位达到 A 点时，由于水是导电的，相当于 A、B 两点间接入一只阻值很小的电阻，这样 VT_1 的基极电流很大，导致 VT_1 饱和导通，CW9300 获得触发信号，扬声器发声，告知用户。

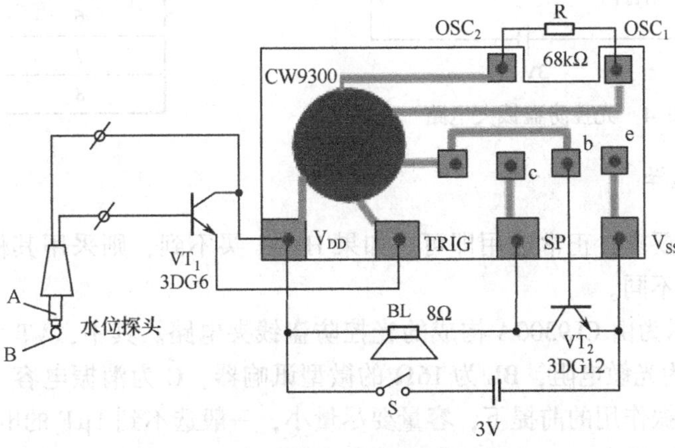

图 12.3　洗衣机水位报警器电路

3. 元器件的选择

VT_1 选用3DG6，$\beta<200$；VT_2 选用 3DG12，$\beta<70$；扬声器采用 8Ω 小型电动扬声器，以减小体积和重量。

12.4 光控防盗钱夹

1. 功能

将光控防盗钱夹放在衣袋里，本身不发出声音，若钱夹被小偷从衣袋中掏出来，则钱夹立即发声报警，而钱夹主人自己掏钱夹时不报警。

2. 原理

电路如图 12.4 所示。整个电路装在钱夹的一个夹层内。触发端 2 和电源正极之间的光敏电阻 R_G 露在钱夹的外面。主人把钱夹放入衣袋中时，手在衣袋中顺便将电源开关 S 闭合。这时，钱夹处于警戒状态。一旦小偷把钱夹从主人的衣袋中掏出，则 R_G 见光后阻值变得很小，音乐集成电路芯片 HY-1 受到触发而工作，压电陶瓷片 HTD 发出报警声。而主人自己将钱夹掏出之前，先用手在衣袋里把 S 断开，因此掏出钱夹后就不会发出报警声。HY-1各引脚的功能如表 12.4 所示。

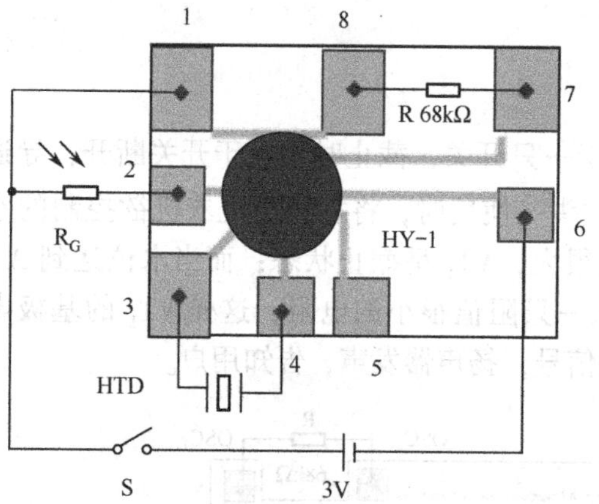

图 12.4 光控防盗钱夹电路

表 12.4 HY-1 各引脚的功能

引 脚 号	功 能
1	V_{DD}
2	TRIG
3	OUT_3
4	OUT_2
5	OUT_1
6	V_{SS}
7	OSC_1
8	OSC_2

3. 元器件的选择

元器件无特殊要求，正常选用即可。如果 HY-1 买不到，则采用其他音乐集成电路芯片，只是接法略有不同。

如图 12.5 所示为由 CL9300A 构成的光控防盗钱夹电路。其中，VT 为放大音频信号的 9013 三极管，R_G 为光敏电阻，BL 为 16Ω 的微型讯响器，C 为消振电容（其容量大小由实验确定，在能起消振作用的前提下，容量要尽量小，一般选不到 1μF 的电容即可），电源为两节电池，S 为电源开关。CL9300A 各引脚的功能如表 12.5 所示。

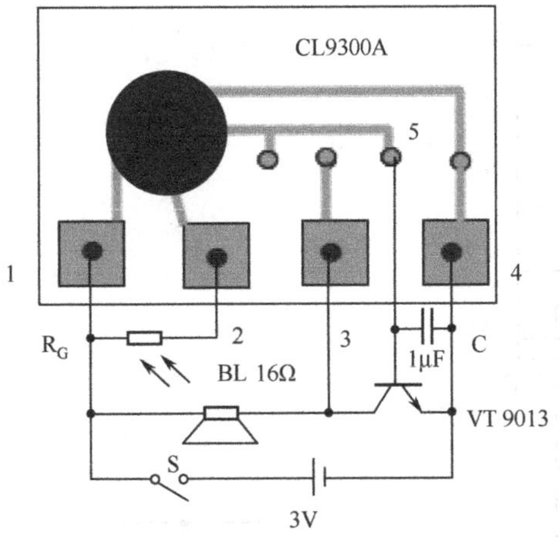

图12.5　由 CL9300A 构成的光控防盗钱夹电路

表 12.5　CL9300A 各引脚的功能

引脚号	功　能
1	V_{DD}
2	TRIG
3	C（集电极）
4	E（发射极，也是 V_{SS}）
5	B（基极）

12.5　摸鼻子游戏机

1. 功能

在儿童游乐活动中，有一种游戏很受小朋友的欢迎，即游戏者用手蒙着眼睛或套上一个已封闭眼孔的大头娃娃，向前走几米后，来到一幅卡通人物画像前，游戏者只有一次机会触摸卡通人物的鼻子。如果摸到了，画像内部就会奏出一首电子乐曲，表示游戏者获胜；如果没有摸到，画像就毫无反应。

2. 原理

电路如图 12.6 所示。它的核心器件是音乐集成电路芯片，其引脚功能如表 12.5 所示。三极管 VT_1 和 VT_2 组成电子触摸开关。平时，VT_1 和 VT_2 均处于截止状态，VT_2 的发射极连接 CL9300A 的引脚 2，均为低电平，集成电路处于静止状态，扬声器 BL 无声。当人手触摸到鼻子即触摸电极片 M 时，人体感应的杂散电磁信号经 VT_1 和 VT_2 放大，使 VT_2 发射极电位升高，集成电路被触发工作，引脚 5 就输出电子音乐信号，经 VT_3 放大推动 BL 发声。集成电路一旦被触发，即使人手离开 M，也能输出音乐信号，直到一首乐曲奏完才停止。

此外，还需要搭建一个照明电路，如图 12.7 所示。HL_1、HL_2 为交流电供电的白炽灯，用来照亮画像中卡通人物的双眼，它的另一个用途是在周围建立低频交流磁场，以便游戏参与者能感应出较强的杂散电磁信号，从而对电路进行有效可靠的触发。

3. 元器件的选择

本例可选用任何型号的单曲音乐集成电路芯片，如 KD-9300、LH-9300、HFC9300 等，这里用的是 CL9300A。VT_3 用 9013 型硅 NPN 三极管，要求 $\beta \geq 100$；VT_1、VT_2 用 9014 型硅 NPN 三极管，$\beta \geq 200$。R 用 RTX-1/8W 型碳膜电阻。C 为消振电容（其容量大小由实验确定，在能起消振作用的前提下，容量要尽量小）。BL 用 YD57-1 型 8Ω/0.25W 的小型电动扬声器。HL_1 和 HL_2 可用 220V/5W～220V/15W 的白炽灯。

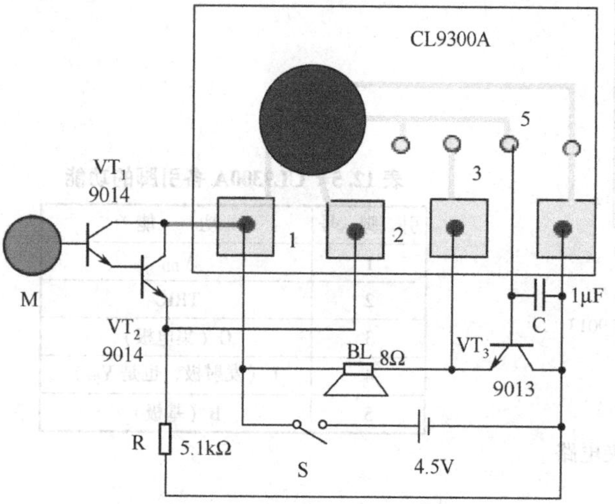

图 12.6　摸鼻子游戏机电路

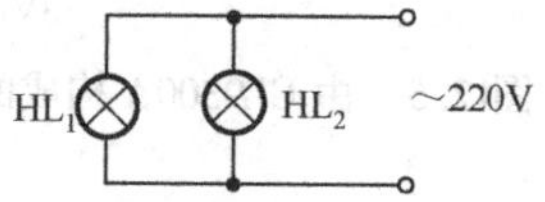

图 12.7　卡通人物两眼的电路

4. 制作

卡通人物画像用三合板制作，在上面画一个卡通人物图案，板材背后做一个撑脚，使画像能直立在地面。电路安放在画像背面。卡通人物的鼻子用直径 ϕ80mm 的圆形马口铁皮制作，在背后引出电线连到 VT_1 的基极。在卡通人物的眼孔位置，开两个 ϕ50mm 的圆孔，在圆孔上覆盖红色有机玻璃，玻璃背后安装白炽灯，两个白炽灯并联，焊一条双芯电线，电线另端接一个两芯电源插头。

12.6　学生视力保护器

1. 功能

根据教育部等十单位联名颁发的《保护学生视力工作实施办法（试行）》，要求每张课桌的光线照度应不低于 100 lx。当环境光线照度低于 100 lx 时，本视力保护器就会发出急促的“嘀、嘀……”声，提醒用户注意当前光照较暗；当光线照度大于或等于 100 lx 时，视力保护器无声响。

2. 原理

电路如图 12.8 所示。整个电路分为两部分：虚线上面是以四声报警芯片 CL9561 为核心的发声电路；虚线下面是一个光控电子开关，控制 CL9561 的 2 脚与电源负端接通。具体工作过程如下：当光敏电阻 R_G 受到的光照强度降低时，其阻值增大，使 M 点的电位提高，高到一定值（此值由 RP 设定）时，由 VT_2 和 VT_3 组成的复合管饱和导通，CL9561 的 2 脚与电源负端接通，于是扬声器 BL 发声报警。图中，R_1 是 CL9561 的振荡电阻；VT_1 的作用是对音频信号进行放大；C 是消振电容；VT_2 和 VT_3 组成的复合管作为电子开关，这里不用单管而用复合管，其目的是使光控更灵敏；R_2 的作用是防止因 RP 调到零而引起 VT_2 和 VT_3

被损坏。CL9561 各引脚的功能如表 12.6 所示。其中，SEL_1 和 SEL_2 是 CL9561 发声种类选择端（简称选声端），发声种类与选声端电平的关系如表 12.7 所示，表中斜线表示该选声端悬空。

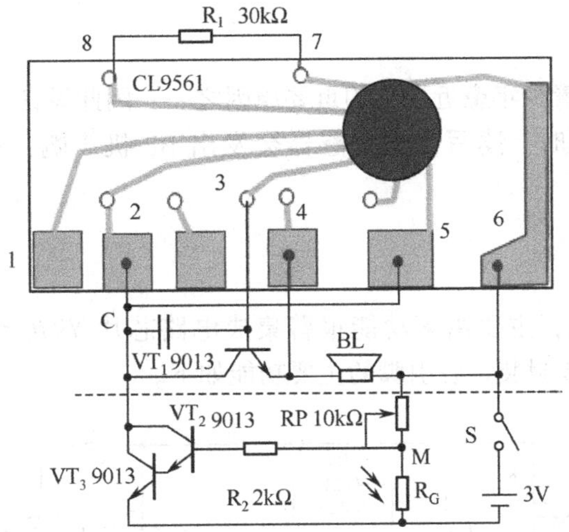

图 12.8　学生视力保护器电路

表 12.6　CL9561 各引脚的功能

引　脚　号	功　　能
1	SEL_2
2	E（也是 V_{SS}）
3	B（也是 O/P）
4	C（也是 SP）
5	SEL_1
6	V_{DD}
7	OSC_2
8	OSC_1

表 12.7　发声种类与选声端电平的关系

模拟声种类	选声端电平	
	SEL_1	SEL_2
机枪声	/	V_{DD}
警车声	/	/
救护车声	V_{SS}	/
消防车声	V_{DD}	/

说明：理论上，按照如图 12.8 所示的 SEL_1 和 SEL_2 的接法，扬声器 BL 本应发出救护车声，但因 R_1 的阻值较小，故实际的报警声变成了“嘀、嘀……”声。

3. 元器件的选择

VT_1、VT_2 和 VT_3 均选择 9013；R_1 的阻值为 30kΩ；R_2 的阻值为 2kΩ；R_G 为光敏电阻；BL 为 16Ω 的微型讯响器；C 的容量由实验确定，在能起消振作用的前提下，容量要尽量小；RP 为可变电阻，最大阻值为 10kΩ。

4. 调试

接通 S，电路进入工作状态。让 R_G 处于 100 lx 的照度下，RP 由大往小调，当出现报警声时，立即停止调节，调试完毕。100 lx 的照度可由下面的方法确定：用 15W 的白炽灯作为光源，在灯泡正下方约 0.3m 处的照度约为 100 lx。

12.7 读写姿势提醒器

1. 功能

读写姿势不正确是青少年患近视眼的重要原因之一，因此设计一款读写姿势提醒器，当用户的读写姿势不正确时，读写姿势提醒器会发出 BP 机声响，提醒用户及时纠正读写姿势。

2. 原理

电路如图 12.9 所示，主要由多功能报警集成电路芯片 Y976 组成。Y976 内含典型的 CMOS 电路，标准 DIP-8 封装。各引脚的主要功能如下。

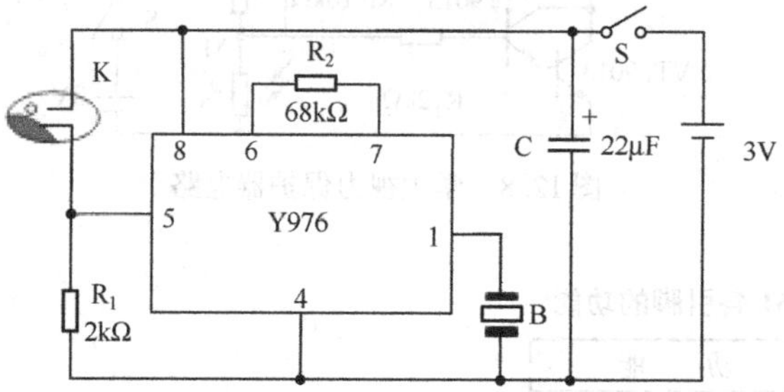

图 12.9 读写姿势提醒器电路

1 脚为报警信号输出端 OUT，2 脚与 3 脚分别为报警声响设置端 S_1 与 S_2。当 S_1、S_2 都悬空时，报警声为每秒四声的 BP 机声；当 S_1 接地，S_2 悬空时，为每秒两声的 BP 机声；当 S_1 悬空，S_2 接地时，为每秒一声的“嘟”声。本电路 2 脚和 3 脚均悬空，故报警声为每秒四声的 BP 机声。4 脚为电源负端 GND。5 脚为使能端 EN，当 EN 为低电平时，电路不工作；当 EN 端为高电平（$\geq 1/2V_{DD}$）或悬空时，电路工作，输出报警声。6 脚与 7 脚分别为外接振荡电阻端 OSC_2 与 OSC_1，改变 6 脚与 7 脚间的外接电阻的数值，可以调节报警声响的频率。8 脚为电源正端 V_{DD}。K 为水银开关，当读写姿势正确时，水银开关断开，Y976 的使能端即 5 脚为低电平，故电路不报警；当读写姿势不正确时，水银开关里的触点被水银导通，Y976 的使能端即 5 脚为高电平，电路就输出电信号，推动压电陶瓷片 B 发出 BP 机报警声响。

3. 元器件的选择

本例选用 Y976 型多功能报警集成电路芯片。K 可选用任意型号的水银导电开关，只要体积小巧即可。R_1 和 R_2 可选用普通 RTX-1/8W 型碳膜电阻。C 为 CD11-6.3V 型电解电容。B 为 ϕ27mm 的压电陶瓷片，如 HTD27A-1、FT-27 型等。

4. 制作

全部元器件可安装在一个小型塑料烟盒里，在盒面适当位置开设一个 ϕ20mm 的小圆孔，然后用环氧树脂将压电陶瓷片 B 从里面粘贴在圆孔上，这样既固定了压电陶瓷片，同时又使烟盒起共鸣腔的作用，可增大陶瓷片的发声音量。水银开关 K 在盒里的位置需要调整：要求烟盒放在学生的上衣口袋里，当学生挺直上身，读写姿势正确时，水银开关内部两触点断开，电路不报警；而当上身前倾即读写姿势不正确时，水银开关内两触点接通，电路发声报警。位置调整合适后，可用透明胶带将其封固，便于以后调整。

12.8 声控小猫

1. 功能

声控小猫是一个声控玩具，用户只要拍一下手掌，玩具小猫就会发出“喵～”的叫声，同时玩具猫上的两只“眼睛”也会随叫声闪光。

2. 原理

电路如图12.10所示。声波接收器MIC是驻极体电容话筒，它接收到击掌声波信号后，输出相应的电信号，经电容C_1送到三极管VT_1基极进行放大，放大后信号由VT_1集电极输出，经电容C_2加到声控小猫集成电路的触发端，触发电路工作，即输出三个“喵～”声电信号，经三极管VT_2放大后推动小型电磁讯响器BL发声，并驱动两只发光二极管VD_1和VD_2发出与声音同步的闪光。

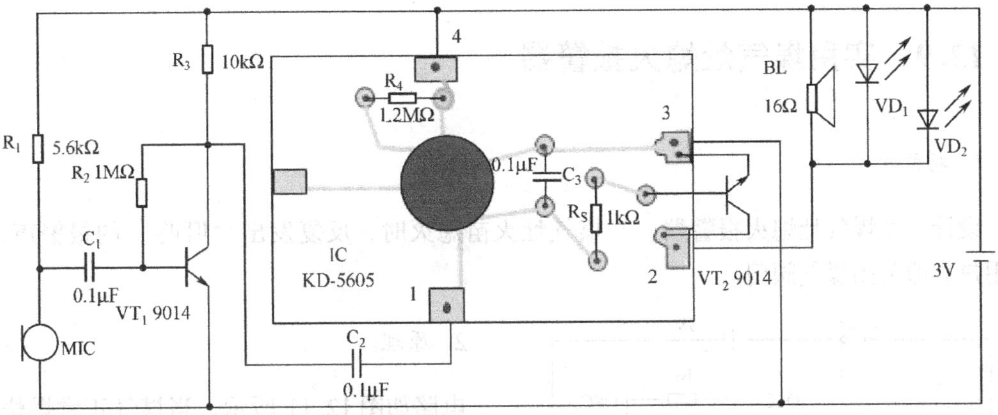

图12.10 声控小猫电路

因为KD-5605集成电路芯片触发灵敏度很高，所以声控信号只需经VT_1一级放大就能触发工作。实践证明，虽然将整个电子机芯藏在玩具猫体内，但拍手声可以被话筒接收到。因为KD-5605在语音结束时能产生一个停止信号，使自己在过后的一小段时间内暂停工作，所以BL发出的猫叫声不会因声音反馈到MIC而使电路发生自我触发进而连续工作，这就令电路设计变得很简单，因此，本电路比许多声控玩具电路精简得多。KD-5605各引脚的功能可参见表12.8。

表12.8 KD-5605各引脚的功能

引脚号	功　能	引脚号	功　能
1	TRIG	3	V_{SS}
2	SP	4	V_{DD}

3. 元器件的选择

用 KD-5605 芯片构成声控小猫集成电路。VT_1 用 9014 型硅 NPN 三极管，要求 $\beta \geq 200$；VT_2 用 9014 型 NPN 三极管，要求 $\beta \geq 200$。VD_1 和 VD_2 分别采用绿、黄两种颜色的发光二极管（玩具模仿名贵波斯猫的一绿一黄两只双眼）。MIC 用小型驻极体电容话筒，BL 用 YX 型 16Ω 小型电磁讯响器。如果 BL 用 8Ω 电动扬声器，则音量可适当调大些，但需要在扬声器支路中串联一个 220～560μH 的小电感，否则发光极暗，甚至无光，这是由 KD-5605 的输出特性决定的。阻容元件尽量选用小体积的。

4. 制作

可购买一只毛绒玩具猫，在玩具猫的腹部开一个口子，挖出里面部分填充料，在开口处装上拉链。整个电子机芯和电池安装在大小合适的塑料小盒里，然后将小盒装入玩具猫体内，拉上拉链即可。如果想在玩具猫眼里镶入发光二极管，则需要在小猫颈部开一口子，取下玩具猫眼的塑料眼珠，在眼珠背后向前钻一个 ϕ3mm 或 ϕ5mm 的小孔（由所用发光管直径而定），注意不要钻透，然后将发光二极管嵌入小孔里，并滴上胶水加以封固。为发光二极管引脚焊上长度适当的软接线，将眼珠按原样装好，接线通过颈部穿入小猫腹部。最后用与小猫颜色相同的棉线将颈部开口缝好。拉开小猫腹部的拉链，抽出发光二极管引线接到机芯上。

12.9 实用煤气灶熄火报警器

1. 功能

设计一款煤气灶熄火报警器，当煤气灶火苗熄灭时，反复发出“叮咚”的报警声，提醒用户立即关闭煤气阀门。

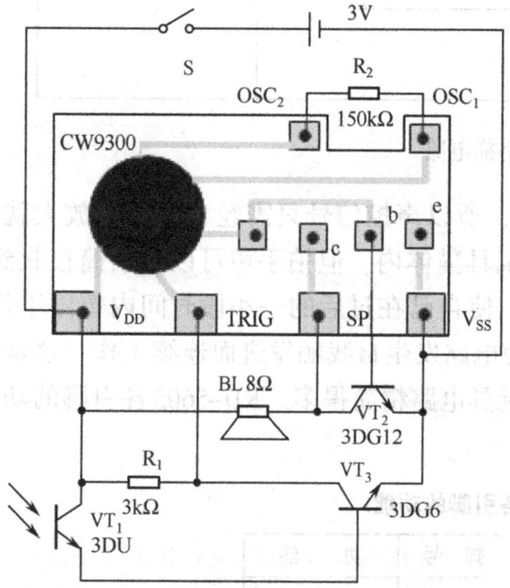

图 12.11 实用煤气灶熄火报警器

2. 原理

电路如图 12.11 所示。当煤气正常燃烧时，VT_1 受光照射呈低阻状态，VT_2 获得合适偏流而饱和导通，与 VT_2 集电极相连的集成电路触发端处于低电位，集成电路不工作，扬声器无声；一旦煤气灶因故熄灭，VT_1 就会失去强光照射而内阻增大，VT_2 退出饱和而趋于截止，其集电极转为高电位（实测电压高于 1.8V），集成电路受触发而工作，BL 反复发出“叮咚”声，提醒用户及时关闭煤气阀门。

3. 元器件的选择

可选用 CW9300 集成电路芯片。VT_1 选用

3DU 型硅光电三极管。VT_2 和 VT_3 可分别选用 3DG12 和 3DG6 型硅三极管，要求 β 均大于 50。R_1 和 R_2 选用 1/8 碳膜电阻。BL 选用 8Ω/0.25W 的小口径动圈扬声器。

4. 安装

整机安装在体积合适的绝缘小盒内。盒面板固定安装电源开关 S，并分别留出 VT_1 受光窗口和扬声器释音孔。

12.10 调频无线话筒

1. 功能

对着调频无线话筒讲话，用调频收音机在远处即可收到并播放讲话的声音。信号收发距离因环境不同会有所差异，在有建筑物的区域，信号收发距离为 100 ~ 200m，在开阔地带，信号收发距离可达 400m 左右。

2. 原理

电路如图 12.12 所示。驻极体话筒 MIC 把声音转变成电信号，经 C_1 送给 VT_1 的基极进行放大，放大后的音频信号经 C_2 送给由 VT_2 等组成的高频振荡器进行调频，所产生的调频信号经天线 Y 以无线电波的形式向空中发射。远处的调频收音机收到这种调频的无线电波后经过解调、放大等过程后还原成语音，并由扬声器播放出来。

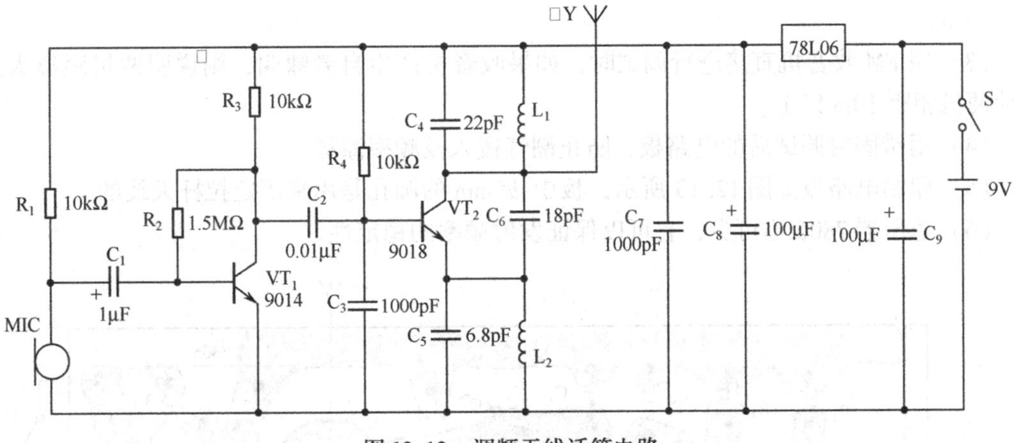

图 12.12　调频无线话筒电路

3. 元器件的选择

VT_1 选用 3DG6、9014 型三极管等，$\beta \geq 60$。VT_2 选用 9018 型三极管。如果 VT_2 选用功率较大的三极管（如 D-40、38066 等），则发射距离会明显增大，在有建筑物的区域可达 400 ~ 500m，在开阔地带可达 1000m 左右。C_4、C_5、C_6 一定要用高频瓷片电容，误差不大于 5%。L_1、L_2 可用 ϕ0.71mm 的漆包线分别绕 5 圈和 10 圈制成，直径均为 3mm。天线用 1.2m 拉杆天线，并用 ϕ（3 ~ 5）mm（视天线根部螺孔直径而定）的螺钉直接将它固定在电路板上放元件的一面，不要用导线连接，否则会影响发射效果。印制电路板要用调频机专用的电路板，否则会影响发射距离。其他元器件正常选用即可。

4. 调试

调试时，用 160MHz 频率计配合进行。先将频率计两个测试夹头夹在一起，使测试线自然下垂，并距发射机天线 1m。再接通发射机电源，天线全部拉出，频率计立即显示发射机频率。按照如图 12.12 所示的电路进行连接，开机时频率一般为 88MHz 左右（也有少数在 90MHz 以上）。然后打开 FM 收音机，调谐选台旋钮，可以收到并播放出对着 MIC 讲话的声音，说明制作成功。如果频率计显示频率准确，即 88 ~ 108MHz，而收音机无声，说明音频部分有问题。如果频率计显示频率在 88 ~ 108MHz 以外，说明高频部分有问题。

若无频率计，可用 FM 收音机直接调试，方法如下：将收音机和发射机分别放置，并相距 20m 以上，打开发射机电源，把收音机天线缩到最短，音量放到刚能听到“沙沙”声的位置，转动调谐选台旋钮，如果收音机收到并播放出对着 MIC 讲话的声音，说明频率正确，发射正常。否则，可根据现象判断存在故障的部位，需要排除故障。

当制作的发射机频率和当地调频广播、电视伴音频率重合时，应调整发射机频率，避开电台频率，方法如下：用小于 C_4 的电容（1 ~ 22pF）代换 C_4，可使频率在 85 ~ 108MHz 之间变化。如需微调频率（1MHz 以内），可调整 L_1 的匝间距离。

5. 几点说明

（1）元器件引脚或接线尽量短。

（2）如果天线不能直接固定在电路板上，则要求天线与板之间的连线尽量短，一般不超过 5cm。

（3）用 FM 收音机直接进行调试时，如果收音机产生自激啸叫，则说明两机距离太近，应使两机相距 10m 以上。

（4）用蜡固封调试后的电路板，防止潮气侵入及频率漂移。

（5）印制电路板如图 12.13 所示，板中 ϕ5mm 的圆孔是用来固定拉杆天线的。

（6）稳压器 7806 不可少，它可以保证发射频率的稳定性。

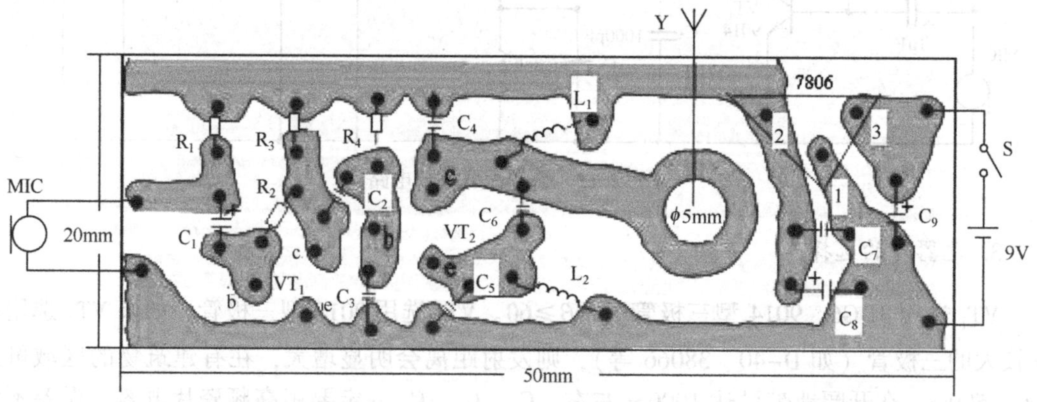

图 12.13 印制电路板

12.11 “请随手关门”提醒器

1. 功能

设计一款提醒器装置，当门打开时，它会发出悦耳动听的女士声音“请随手关门”；门关妥后，声音停止，并且不再消耗电能。

2. 原理

电路如图 12.14 所示，“请随手关门”提醒器由语音电路、功率放大电路、门控开关等组成。图中，K 为干簧管，处于两块磁铁的合磁场中，当门关上时，合磁场为零，触点断开，电源被切断，电路不工作。两块磁铁有一块固定在门上，开门时，该磁铁远离 K，K 在另一块磁铁的作用下，触点被磁化吸合，电路通电工作：集成电路 IC_1 输出“请随手关门”电子合成音信号，经 C_1 送入功率放大集成电路 IC_2 的同相输入端 3 脚进行放大，驱动扬声器 BL 发声。语音信号同时被送入 VT 进行放大以驱动发光二极管 VD 发光。

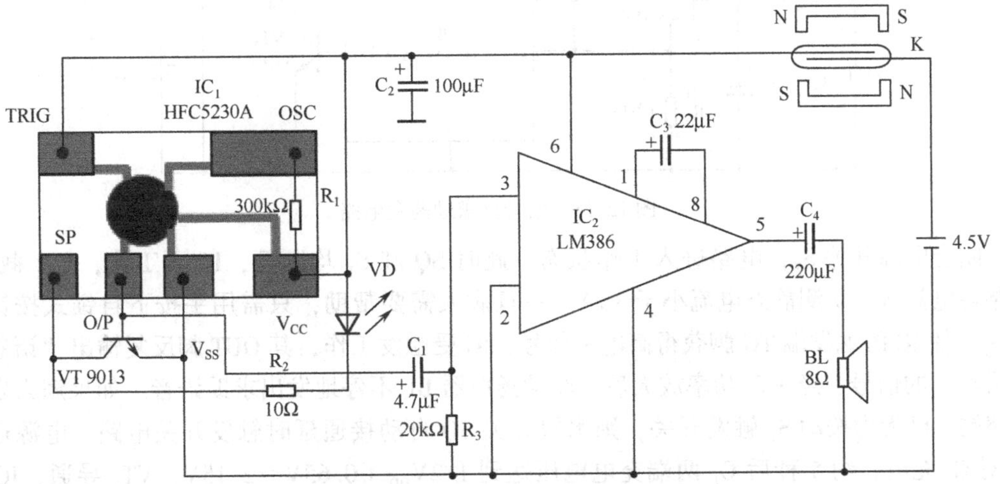

图 12.14 “请随手关门”提醒器电路

3. 元器件的选择与制作

IC_1 选用 HFC5203A 语言集成电路芯片。IC_2 选用 LM386 功率放大集成电路芯片。VT 用 9013 型硅 NPN 三极管，$\beta \geq 100$。VD 可用 ϕ5mm 红色圆形发光二极管。电阻均用 RTX-1/8W 型碳膜电阻。电容均为 CD11-10V 型电解电容。K 可用任何型号的干簧管。磁铁宜采用磁性较强的条形磁体。BL 用 YD57-1 型 8Ω/0.25W 电动扬声器。

本电路一般不用调试就能正常工作，需要调整的仅是磁性门控开关。一块磁铁安装在门上，干簧管和另一块磁铁固定在门框上。门关妥后，调整两块磁铁的位置，使它们产生的合磁场为零，干簧管无动作；打开门后，干簧管在一块磁铁的作用下应能可靠吸合。

12.12 语音型求助药盒

1. 功能

设计一款语音型求助药盒，帮助部分有服药困难的病人，具体功能如下：病人发病时，只需按动盒子面板上的按钮开关，便会触发电路反复发出“请您帮我服药”的提示声音，从而引起他人的注意，及时得到救助。如果病人摔倒在地，则电路也会发出求助声。

2. 原理

电路如图 12.15 所示。水银开关 SQ 和 VT_1、VD、$R_1 \sim R_3$、C_1 组成人体姿态延迟触发开关，S_1 为手动触发开关，集成电路 IC、R_4、VT_2 和 BL 等组成语音发生器。

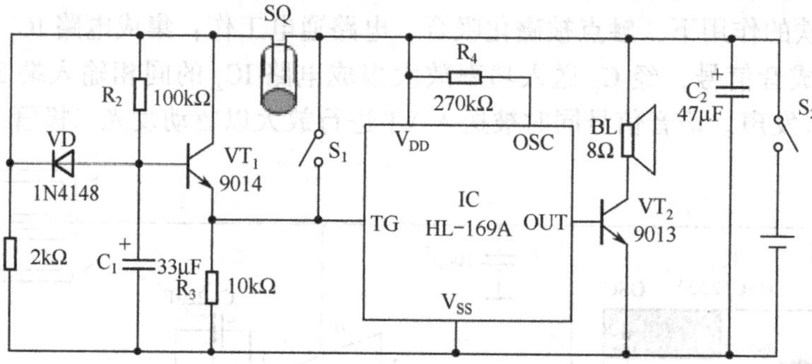

图 12.15　语音型求助药盒电路

闭合电源开关 S_2，电路进入工作状态。此时 SQ 和 S_1 均断开，IC 不工作，VT_2 截止，电路耗电甚微，实测静态电流小于 3μA。一旦病人需要帮助，只需用手按下自锁式按钮开关 S_1，使 IC 的触发端 TG 脚获得高电平信号，IC 受触发工作，其 OUT 脚反复输出“请您帮我服药”的信号，经 VT_2 功率放大后，驱动扬声器 BL 不停地发出求助语音。如果病人发病时摔倒，已无力按动 S_1 触发开关，则水银开关 SQ 自动接通延时触发开关电路，电源通过 R_2 对 C_1 充电，约 5 秒后 C_1 两端充电电压达到 $1/2V_{DD} + 0.65V \approx 2.15V$，$VT_1$ 导通，IC 的 TG 脚亦获得高电平触发信号，同样发出求助声。

R_2 和 C_1 组成的延迟电路能够有效地防止病人平时弯腰等动作而引起的误报警。VD 和 R_1 为 C_1 提供快速放电回路，以便延时电路始终准确地工作。C_2 用来降低电源的交流内阻，使 BL 发声更加清晰。

3. 元器件的选择

IC 选用 HL-169A 系列集成电路芯片，并在其内部存储器上录入“请您帮我服药”语音。HL-169A 内含 CMOS 大规模集成电路，它采用黑胶封装在一块尺寸约 24mm×14mm 的小印刷板上，俗称软包封装。它共有五个引脚，外形和引脚功能分别如图 12.16 和表 12.9 所示。1 脚接负电源（V_{SS}），2 脚为高电平或正脉冲触发端（TG），3 脚为外接振荡电阻端（OSC），4 脚为语音信号输出端（OUT），5 脚接正电源。这种语音集成电路的主要电气参数如下：工作电压范围为 2～5V，典型值为 4.5V。输出端驱动电流为 3～6mA。静态耗电小于

2μA。使用温度范围为 $-10℃ \sim +60℃$。

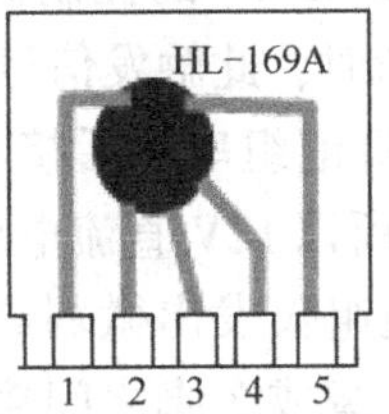

图 12.16 HL－169A 外形图

表 12.9 HL–169A 引脚功能

引脚号	功能
1	V_{SS}
2	TG
3	OSC
4	OUT
5	V_{DD}

VT_1 用 9014 或 3DG8 型硅 NPN 三极管，要求 $\beta>150$；VT_2 用 9013 或 3DG12 型硅 NPN 三极管，要求 $\beta>100$。VD 用 1N4148 型硅开关二极管。SQ 选用 KG–205 型万向玻璃水银开关，工作角度宜选大些，如 40° ~60°。S_1 用小型 1 ×1 按钮自锁开关。S_2 用 1 ×1 小型拨动开关。$R_1 \sim R_4$ 为 RTX–1/8W 型碳膜电阻。C_1、C_2 用 CD11–10V 型电解电容。BL 用 8Ω/0.1W 超薄微型动圈式扬声器，以减小体积，方便安装。电源用两粒 SR44 或 G13–A 型纽扣式微型电池串联而成，电压为 3V。如对体积无严苛要求，可用两节 5 号干电池串联供电。

4. 制作与使用

全部元器件都焊在一块印制版上。焊接时注意：电烙铁外壳应良好接地，以免交流感应电压击穿 IC 芯片内的 CMOS 集成电路！电路机芯与电池均装在病人的急救保险药盒内。S_1 固定在盒面上，S_2 固定在盒侧面，并在盒面板为 BL 开出释音孔。SQ 在盒内竖立（指相对药盒在病人口袋内正立放置而言）固定，要求内部水银触点在平时呈断开状态，病人倒地或卧躺时，触点能准确接通。在药盒的正面应注明“请帮我含服盒内 × 药丸 × 粒”等字样，以便病人得到他人的有效救助。

使用时，病人可将这种求助药盒放置在自己衣服的左上方口袋内，并且盒面板朝前。这样，发病时便于用右手隔着衣服触动药盒上的开关 S_1 或取出药盒。电路延时触发的时间一般应略大于使用者每次弯腰拾取地上东西所需的时间，按照图 12.15 连接电路，实测延时为 5 秒。如果担心这个时间太长（短），则可适当减小（增大）R_2 的阻值或 C_1 的容量。如果担心 BL 发声不够真切，可适当改变 R_4 的阻值（200 ~330kΩ 范围）。一般情况下，只需按照如图 12.15所示的参数正确选择元器件，电路便可正常工作。

12.13 音乐花灯

1. 功能

制作一款音乐花灯，将 20 个微型小电珠散开装在一只塑料花盆的花丛中，当音响装置（收录机等）播放音乐时，电珠群会随着音乐声的节奏此起彼伏地闪闪发光。

2. 原理

电路如图 12.17 所示。取自音响装置（收录机等）扬声器两端的部分音频信号，经接线柱 a、b 和分压电位器 RP（用于灵敏度调节）后，通过 C_1、VD_1、VD_2 和 C_2 构成的倍压整流滤波电路，加到大功率驱动开关集成电路芯片 TWH8778 的控制极 5 脚和接地极 4 脚之间，作为 TWH8778 的触发信号。当音乐声微弱或间断时，此触发信号电压小于 1.6V，输入端 1 脚与输出端 2 脚或 3 脚断开，ZD_1 灯泡组和 ZD_2 灯泡组串联后接入 12V 直流电回路，因为 ZD_1 灯泡组的总电阻远大于 ZD_2 灯泡组的总电阻，所以 12V 直流电压大部分加到了 ZD_1 灯泡组的两端，使之发出接近正常的亮光，而 ZD_2 灯泡组仅发出微弱红光；当音乐声较强时，IC 的 5 脚上的触发信号的电压大于 1.6V，1 脚与 2 脚或 3 脚之间接通，于是 ZD_1 灯泡组两端被短路，不再发光，12V 直流电压全部加到 ZD_2 灯泡组两端，使之正常发光。综上所述，当播放音乐时，ZD_1、ZD_2 就会随着音乐声，此起彼伏地闪闪发光。

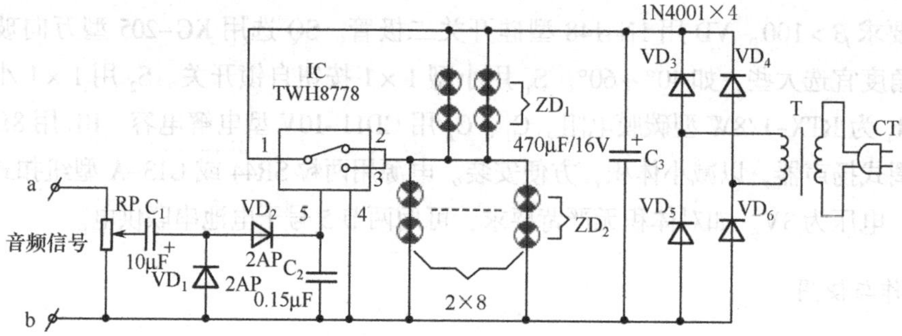

图 12.17　音乐花灯电路

3. 元器件的选择

IC 选用大功率驱动开关集成电路芯片 TWH8778，其外形和引脚功能分别如图 12.18 和表 12.10所示。

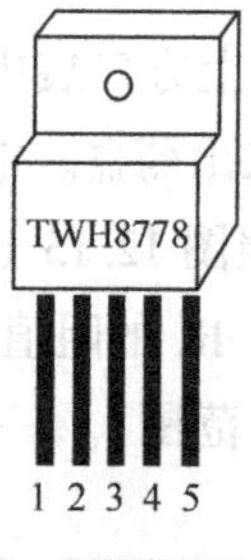

图 12.18　TWH8778 外形图

表 12.10　TWH8778 引脚功能

引 脚 号	功　能
1	输入
2	输出
3	输出
4	地
5	控制

RP 选用标称阻值为 4.7kΩ 左右的小型电位器。变压器 T 选用市售 220V/12V 小型成品电源变压器，要求额定容量大于 8VA。ZD_1 和 ZD_2 灯泡组均用 6.3V/0.1A（或 0.15A）微型小电珠混联而成。需要说明：因为 TWH8778 能够通过的电流上限为 1A，故 ZD_2 灯泡组最多只能包含 10 个支路，图 12.17 中为 8 个支路。VD_1、VD_2 用 2AP 型锗二极管，VD_3 ~ VD_6 用 1N4001 型塑封硅整流二极管。C_1、C_3 用普通铝电解电容，C_2 用金属化纸介电容。a、b 是普通接线柱。CT 是照明电路常用的普通二芯电源插头。

4. 安装和使用

除 CT 和灯泡组外，其余元器件均焊装在塑料花盆内。a、b 接线柱和 RP 在花盆的适当位置钻孔安装。CT通过双股软塑料导线引出花盆。

使用时，首先将a、b与音响装置（收录机）扬声器两端用导线连接起来，然后将CT插入220V交流电源插座。调节RP旋钮使花灯随收录机的音乐节奏而发光，达到最合适的效果为止。

12.14 手感应控制电灯开关

1. 功能

设计一款手感应控制电灯开关，当控制交流或直流电路中的负载时，只要用手在开关面板前晃动一下，就能使被控设备（如灯泡）打开或关闭，为用户带来方便。

2. 原理

电路如图12.19所示，电路主要由红外反射开关集成电路IC_1（TX05D）、记忆自锁式继电器KA及电源部分构成。

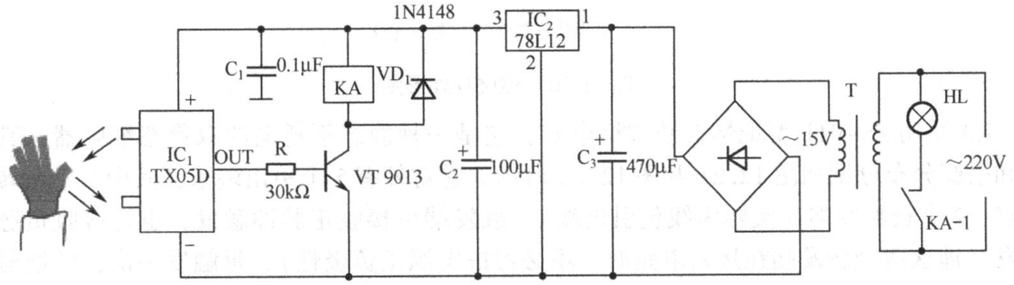

图12.19 手感应控制电灯开关

通电后，IC_1内部红外发光管向外发射频率为40kHz的调制红外线，一般情况下，当IC_1外无遮挡物时，输出端OUT为低电平，VT截止，继电器KA无动作，KA-1处于断开状态。如果使用者用手在IC_1前晃动一下，IC_1发射的红外线就有部分被反射回来，由IC_1的红外接收管接收红外线后，经IC_1内部电路放大、解调、整形、比较处理，最后从OUT端输出高电平脉冲。在此脉冲时间内，VT迅速导通，KA得电吸合，KA-1接通，HL点亮。因为这种记忆自锁式继电器的结构比较特殊，KA-1进入“自锁”状态，即在脉冲过去之后，KA-1仍然保持接通的状态，所以HL保持点亮。

需要关灯时，只需再用手在IC_1前面晃动一下，使IC_1的OUT端再输出一个正脉冲信号，经VT放大，即可使KA的线包又一次获得脉冲电流，状态发生翻转，KA-1恢复到原来的断开状态，HL便熄灭了。

变压器T、二极管VD_2 ~ VD_5、三端稳压集成电路IC_2（78L12）组成电源部分，为整机提供12V稳定的直流工作电压。

3. 元器件的选择与制作

IC_1采用红外反射探测模块TX05D，模块尺寸为46.5mm × 32mm × 17mm（不包括安装支架)，其外形如图 12. 20 所示。正面有红外接收管与红外发光管，侧面有一个发光二极管指示灯与一个灵敏度调节孔，指示灯用来指示模块的工作状态，平时该灯熄灭，一旦有阻挡物反射时，指示灯发光。调节孔可调节反射探测距离，顺时针调节可加大探测距离，逆时针调节则缩小探测距离。模块的探测距离还与工作电压有关，电压高则探测距离大，反之小。模块标称工作电压范围为 5 ~ 12V，对应最大探测距离为30 ~ 120mm。模块外引线是长约 2m 的双芯屏蔽线，屏蔽层为电源负极接线，红色芯线为电源正极接线，白色芯线为信号输出线（OUT）。在实际使用过程中，若担心引线不够长，则可用屏蔽线加长。

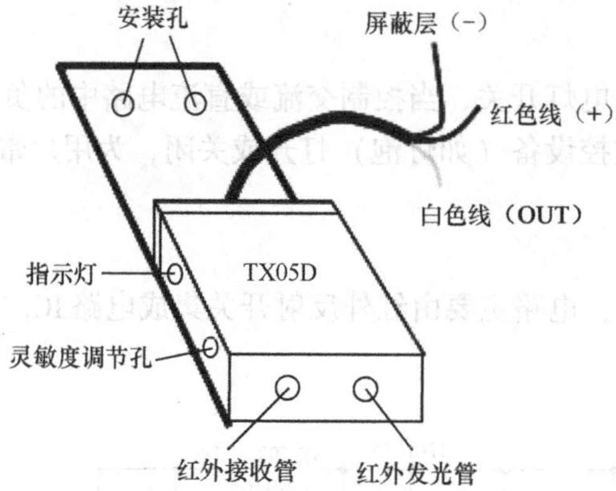

图 12. 20　TX05D 外形图

KA 采用 ZS-01F 型记忆自锁式继电器，它是一种静态不耗电的双稳态继电器，其外形和引脚分布分别如图 12. 21 和图 12. 22 所示。它对外有 5 个引出端子，其中 3 个是转换触点，2 个是触发端（实际为线包引出端），触发端可接收正脉冲触发，也可接收负脉冲触发（即这两个触发端在接入电路时，不必考虑电源正负极性），每触发一次，转换触点的状态就改变一次，因此器件在静态时可以不加电（无功耗）。器件触发端与控制端的波形关系如图 12. 23 所示。

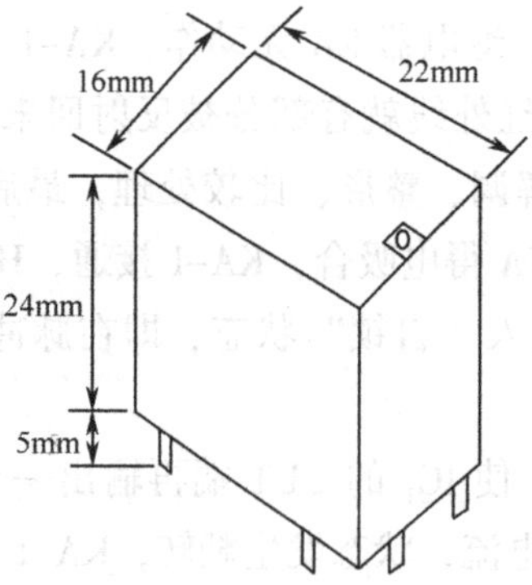

图 12. 21　ZS-01F 外形

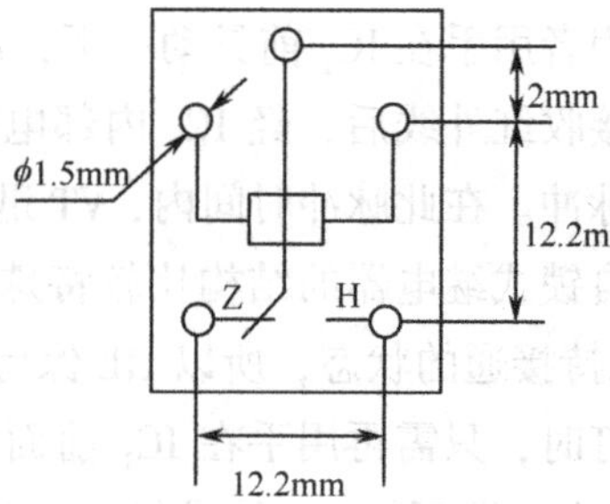

图 12. 22　ZS-01F 引脚分布

ZS-01F 型记忆自锁式继电器主要电参数：触发脉冲是宽度≥20ms、功率≤0. 9W 的矩形或电容脉冲，触点容量为交流 3A ×220V（或直流 5A ×28V）。目前，ZS-01F 型系列继电器的线包工作电压有 5V、6V、9V、12V 和 24V 五种规格，其规格数据如表 12. 11 所示。

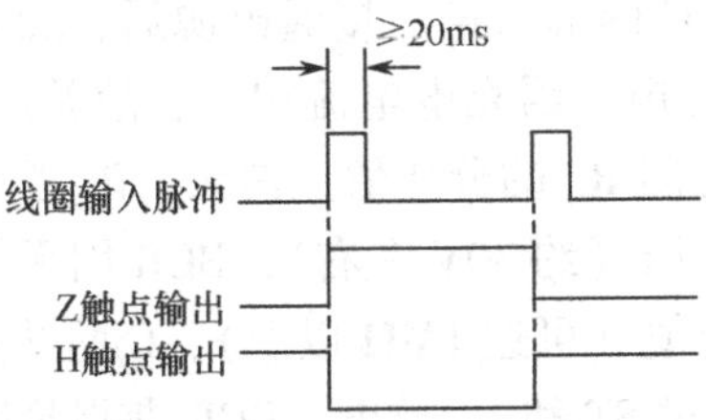

图 12.23 触发端与控制端的波形关系

表 12.11 ZS-01F 规格数据

规格代号	005	006	009	012	024
额定电压/V	5	6	9	12	24
线包电阻/Ω	35 ±10%	50 ±10%	112 ±10%	200 ±10%	800 ±10%
额定电流/mA	140	120	80	60	30
触点形式	一组转换（1Z）				
触点负荷	AC: 3A×220V; DC: 5A×28V				

ZS-01F 型系列继电器的主要技术指标：介质耐压≥500V（50Hz 以下 1 分钟不击穿）；在相对湿度低于 80% 时，绝缘电阻≥100MΩ，在相对湿度高于 90% 时，绝缘电阻≥5MΩ；振动强度 50Hz，单振幅 0.35mm，冲击强度 100m/s^2 达 1000 次；工作寿命 10 万次；外形尺寸 24mm×22mm×16mm（不包括引出脚）；重量≤14g。使用环境温度范围为 -10～+55℃，允许相对湿度在 +20℃时可达 98%，大气压力范围为 65～106kPa。

VT 采用 9013 型硅 NPN 三极管，要求 $\beta \geq 100$。VD_1 可用 1N4148 型硅开关二极管，VD_2～VD_5 采用 1N4001 型普通硅整流二极管。

C_1 采用 CT_4 独石电容，C_2、C_3 采用 CD11-25V 型电解电容。R 为 RTX-1/8W 型碳膜电阻。T 可用 220V 转 15V/3VA 小型优质电源变压器，以确保长时间通电不过热。

除 ZD 外，其余部分焊装在一块自制的印刷电路板上，安装在一个大小合适的塑料盒内，将盒挂在墙上，要求 IC_1 的红外发射与接收管朝外，而且要在塑料盒上与 IC_1 的灵敏度调节孔相对应的位置开一个小孔，便于用小螺丝刀进行灵敏度调节。接上 ZD 和市电电源，调节灵敏度，手距离本装置 5～20cm 的范围内晃动时，ZD 能被正常点亮和熄灭。

用户也可将本装置用在其他地方，例如，将 KA 的触点与室内照明灯的开关并联在一起。

12.15 光控闪光警示灯

1. 功能

光控闪光警示灯在夜晚自动发出闪烁的红光，而白天自动熄灭，这种灯主要用于城建施工，可以发挥夜间安全警示作用。光控闪光警示灯也可用在电视发射塔和高层建筑的顶端，以保证飞机在夜间安全航行。

2. 原理

电路如图 12.24 所示。BCR 是双向可控硅，其触发电压经双向触发二极管 ST（这里作为单向触发二极管用）从电容 C 两端获得。接通电源后，220V 交流电经二极管 VD 半波整流后，通过电阻 R_1 对 C 进行充电。因充电电流很小，故警示灯灯泡 HL 不会亮。C 两端的充电电压值受制于 R_1 和光敏电阻 R_G 的分压值。白天，R_G 受自然光照射呈低阻值(≤2kΩ)，C 两端电压不超过 ST 的转折电压（约 30V 左右），BCR 因无触发电压而截止，HL 不亮。夜晚，自然光线变暗，R_G 呈高阻值（可达 1MΩ 以上），C 两端充电电压不断升高，当超过 ST 的转折电压时，ST 导通，C 通过 ST 和 R_2 放电，BCR 获得足够的触发电流而导通，HL 通电发光；当 C 放电到一定程度时，ST 重新截止，BCR 失去触发电流，在交流电过零时刻关断，HL 熄灭。随后，C 按上述过程反复充电、放电，使 BCR 不断地截止与导通，控制 HL 发出闪烁亮光。

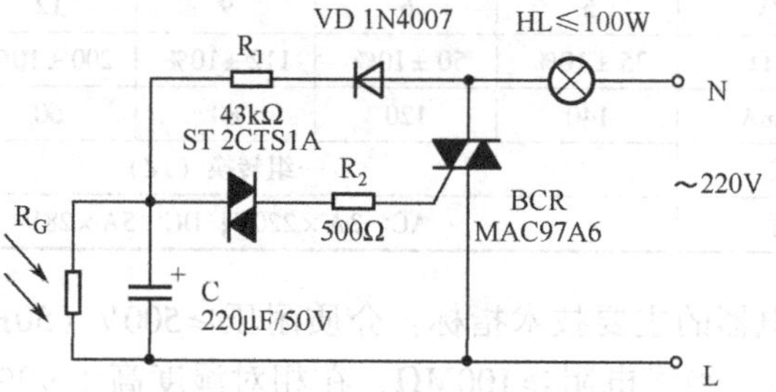

图 12.24　光控闪光警示灯电路

HL 的闪光周期由 R_1、C、ST 和 R_2 的数值确定。按图 12.24 选用元器件，实测 HL 的闪光周期为 0.6 秒左右。HL 的光控灵敏度则取决于 R_1、ST 和 R_G 的参数。整个电路在白天耗电甚微，实测总电流小于 0.66mA。

3. 元器件的选择

BCR 选用 MAC97A6（0.6A/400V）型或 BCR1AM-8（1A/400V）型普通小型塑封双向可控硅。ST 选用转折电压为 26～40V 的双向触发二极管，如国产 2CTS1A 型或进口 DB3 型等。VD 用 1N4004 型或 1N4007 型硅整流二极管。R_G 用普通 MG45-12 型非密封光敏电阻，其他一些电阻小于 2kΩ 的光敏电阻也可代用。R_1、R_2 采用 RTX-1/4W 型碳膜电阻。C 用 CD11-50V 型电解电容。HL 为 220V/15W～220V/100W 的红色钨丝灯泡。

12.16　智力竞赛抢答器

1. 功能

设计一款智力竞赛抢答器，主要由可控硅和音乐集成电路构成，电路如图 12.25 所示。在图 12.25 中，虽然只画出了三路抢答线路，但实际上可以设置任意数量的抢答线路。

2. 原理

整个电路由两部分构成：虚线右边的部分是一个以音乐集成电路为核心的发声电路，可以发出“叮咚”声。虚线左边为抢答器的操作、控制和显示部分。AN_1、AN_2、AN_3 是抢答按钮，当无人抢答时，单向可控硅 VD_1～VD_3 均关断，发光管 VL_1～VL_2 都不亮。这时稳压管 VD_4 被击穿，使三极管 VT_1 饱和导通，导致集成电路芯片 KD－153 失电而不工作，故扬声器 BL 无声。当有人抢答时，如第二路 AN_2 按下，VD_2 则被触发导通，VL_2 通电发光，此时电阻 R_1 左端电位下降到约 2.5V 左右，使 VD_4 截止，VT_1 也随之截止，其集电极输出高电位，集成电路芯片 KD－153 得电工作，BL 发出“叮咚”响声，表示有人抢答。VL_2 发光指示抢答者的位置。而由于 VD_4 截止使电阻 R_2 左端失电，此时即使再按下 AN_1（或 AN_3），VD_1（或 VD_3）都不会被触发导通，可见，导通的一路对其他各路具有封闭作用。裁判知道第二路有人抢答后，按一下常闭按钮 AN_4，电路即恢复到原先的静止状态，可准备抢答下一个题目。

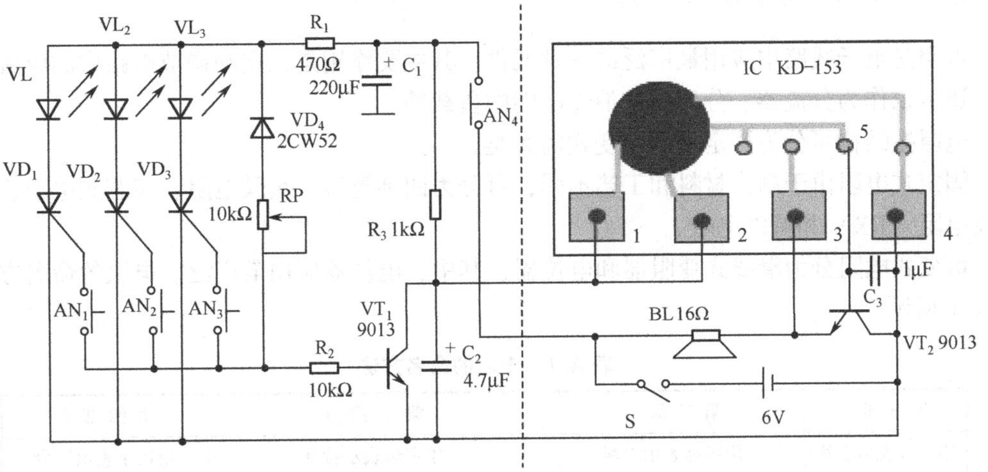

图 12.25　智力竞赛抢答器电路

3. 元器件的选择

IC 可用 KD-153 型音乐集成电路芯片。VT_1、VT_2 均采用 9013 型硅 NPN 三极管，$\beta \geq 100$。$VL_1 \sim VL_3$ 可用 ϕ5mm 红色圆形发光二极管。$VD_1 \sim VD_3$ 可用 2N6565 型等小型塑封单向可控硅。VD_4 用 2CW52 型稳压二极管。$R_1 \sim R_3$ 均用 RTX-1/8W 型碳膜电阻。RP 用 WSW 型有机实芯微调电位器。C_1、C_2 用 CD11-10V 型电解电容。$AN_1 \sim AN_3$ 均为小型常开按钮。AN_4 为小型常闭按钮。C_3 为消振电容，其容量由实验确定，在能起消振作用的前提下，容量要尽量小，一般选不足 1μF 的电容即可。

4. 调试

闭合电源开关 S，电路开始工作。在 $AN_1 \sim AN_3$ 均未按动的前提下，调节 RP 使喇叭刚好不发声，这时，只要按动 $AN_1 \sim AN_3$ 中的任何一个，该路发光管即被点亮，同时 BL 发出“叮咚”响声，调试完毕。

附录A 常用元器件的识别与检测及万用表的使用

A1 电阻的简单识别与检测

1. 电阻的分类与命名

电阻是电子线路中应用最广泛的一种元件。其主要作用是稳定和调节电路中的电流和电压，还可以作为分流器、分压器和消耗电能的负载等。

电阻按结构可分为固定式和可变式两大类。

固定式电阻由于制作材料和工艺不同，可分为四种类型：炭膜电阻、实芯式电阻、金属绕线电阻（RX）和特殊电阻。

可变式电阻分为滑线式变阻器和电位器，其中，电位器应用最广泛。电阻的命名方法如表A.1所示。

表A.1 电阻的命名方法

第一部分		第二部分		第三部分		第四部分
用字母表示主称		用字母表示材料		用字母表示特征		用数字表示序号
符号	意义	符号	意义	符号	意义	
R RP	电阻 电位器	T P U C H I J Y S N X R G M	炭膜 硼膜 硅膜 沉积膜 合成膜 玻璃釉膜 金属膜 氧化膜 有机实心 无机实心 线绕 热敏 光敏 压敏	1，2 3 4 5 7 8 9 G T X L W D	普通 超高频 高阻 高温 精密 电阻—高压 电位器—特殊函数 特殊 高功率 可调 小型 测量用 微调 多圈	包括：额定功率、阻值、允许误差、精度等级

2. 电阻的主要性能指标

（1）额定功率：电阻的额定功率是在规定的温度和湿度下，假定周围空气不流通，在负载不损坏或基本不改变性能的情况下，电阻上允许消耗的最大功率。额定功率分19个等级，常用的有1/20W、1/8W、1/4W、1/2W、1W、2W、4W、5W……

（2）标称阻值：标称阻值是产品标志的“名义”阻值，其单位有欧（Ω）、千欧（kΩ）、兆欧（MΩ）。标称阻值如表A.2所示。